Die Grüne Stadt

Jürgen Breuste

Die Grüne Stadt

Stadtnatur als Ideal, Leistungsträger
und Konzept für Stadtgestaltung

Jürgen Breuste
FB Geographie und Geologie
Universität Salzburg
Salzburg, Österreich

ISBN 978-3-662-59069-0   ISBN 978-3-662-59070-6   (eBook)
https://doi.org/10.1007/978-3-662-59070-6

Die Deutsche Nationalbibliothek verzeichnet diese Publikation in der Deutschen Nationalbibliografie; detaillierte bibliografische Daten sind im Internet über http://dnb.d-nb.de abrufbar.

Springer Spektrum
© Springer-Verlag GmbH Deutschland, ein Teil von Springer Nature 2019
Das Werk einschließlich aller seiner Teile ist urheberrechtlich geschützt. Jede Verwertung, die nicht ausdrücklich vom Urheberrechtsgesetz zugelassen ist, bedarf der vorherigen Zustimmung des Verlags. Das gilt insbesondere für Vervielfältigungen, Bearbeitungen, Übersetzungen, Mikroverfilmungen und die Einspeicherung und Verarbeitung in elektronischen Systemen.
Die Wiedergabe von allgemein beschreibenden Bezeichnungen, Marken, Unternehmensnamen etc. in diesem Werk bedeutet nicht, dass diese frei durch jedermann benutzt werden dürfen. Die Berechtigung zur Benutzung unterliegt, auch ohne gesonderten Hinweis hierzu, den Regeln des Markenrechts. Die Rechte des jeweiligen Zeicheninhabers sind zu beachten.
Der Verlag, die Autoren und die Herausgeber gehen davon aus, dass die Angaben und Informationen in diesem Werk zum Zeitpunkt der Veröffentlichung vollständig und korrekt sind. Weder der Verlag, noch die Autoren oder die Herausgeber übernehmen, ausdrücklich oder implizit, Gewähr für den Inhalt des Werkes, etwaige Fehler oder Äußerungen. Der Verlag bleibt im Hinblick auf geografische Zuordnungen und Gebietsbezeichnungen in veröffentlichten Karten und Institutionsadressen neutral.

Planung: Sarah Koch

Springer Spektrum ist ein Imprint der eingetragenen Gesellschaft Springer-Verlag GmbH, DE und ist ein Teil von Springer Nature.
Die Anschrift der Gesellschaft ist: Heidelberger Platz 3, 14197 Berlin, Germany

Vorwort

Städte sind der bedeutendste Lebensraum der Mehrzahl der Menschen. Ihr Flächenbedarf zu Lasten von Umgebungs- und Stadtnatur im Innern wächst immer weiter. Die Stadtbewohner scheinen sich gerade von dieser Natur frei gemacht zu haben. Obwohl Sie urbanes Leben oft anderen Lebensformen vorziehen, wollen sie auch in Städten nicht ohne Natur leben. Die sie dort umgebende Stadtnatur ist aber oft nur mehr in wenigen Resten vorhanden, zurückgedrängt in der Konkurrenz um Flächen, oft auch vernachlässigt und als weniger wichtiger Bestandteil einer Stadt abgetan. Gerade Stadtnatur ist jedoch ein wesentlicher Teil von Städten. Erst sie macht das Stadtleben erträglich und attraktiv. Dafür benötigt man jedoch Natur, die von den Stadtbewohnern auch angenommen, akzeptiert und genutzt wird.

Stadtnatur ist ein Konglomerat aus verschiedenen Natur-Arten und schließt Reste der agrarisch-forstlichen Natur ebenso ein wie die für Städte speziell gestaltete Natur der privaten und öffentlichen Gärten und Parks. Reste „alter Wildnisse", wie Wälder und Feuchtgebiete, in denen Gestaltung nach menschlichen Prinzipien nicht im Vordergrund stand, haben sich neben „neuen Wildnissen" wie Brachen, die sich nach Nutzungsaufgabe selbst sukzessiv entwickeln, erhalten. Der private Garten und der öffentliche Park haben sich fast überall und weltweit als bevorzugte Stadtnatur etabliert. Sie entsprechen dem Bedürfnis, sich zeitlich befristet vom Stress des Stadtlebens ein wenig zu entfernen und in eine grüne Oase einzutauchen. Das macht Garten und Park so attraktiv. Sie sind die zeitlich befristete Alternative. Wälder und Gärten, Einzelbäume und Parks, Wildnisse und Gartenkunstwerke, alle gehören sie in Städte.

Mit Stadtnatur beschäftigen sich verschiedene Wissenschaften unter jeweils unterschiedlichen Perspektiven. Die Gestaltung der Stadtnatur, die in erster Linie auch Gestaltung des menschlichen Lebensraumes ist, bedarf der Ergebnisse aus Ökologie, Sozialwissenschaften, Psychologie, Urbanistik, Architektur und Stadtplanung, um mit Stadtnatur „bessere", lebenswertere Städte zu schaffen. Dies heißt in erster Linie, die vorhandenen Stadtnaturpotenziale sinnvoll und zielgerichtet zu nutzen, zu bewahren und weiter zu entwickeln. Naturschutz bedeutet in Städten auch immer Naturnutzung. Am Anfang dieses Prozesses stehen jedoch Erkenntnis und Akzeptanz von allen Stadtnaturarten und der Wille, ihrer Spezifik in der Nutzung gerecht zu werden und von ihren Leistungsangeboten zu profitieren. Die Stadtbewohner erfreuen sich nicht nur an Stadtnatur durch Betrachtung, sondern begehen Sie, treiben dort Sport, bauen Gemüse an oder verschaffen sich dort eine Auszeit von der hektischen und lauten Stadt. Das alles trägt auch zu ihrer Gesundheit und zu einem ausgefüllten Leben in Städten bei. Deshalb ist Stadtnatur nicht ein schmückendes Beiwerk der Stadtarchitektur, auf das man ggf. auch verzichten könnte, sondern ein essenzieller Teil der Städte, ohne den Städte nicht das sein können, was sie sollten – der attraktivste Lebensraum der Menschen, die Grüne Stadt.

Jürgen Breuste
Salzburg
im Winter 2019

Inhaltsverzeichnis

1	**Was Stadtnatur ist**.	1
1.1	Was bedeutet „Grüne Stadt"?.	2
1.2	Was bedeutet Stadtnatur?.	6
1.3	Bausteine der Stadtnatur.	9
	Literatur.	16
2	**Wie die Stadtnatur entstand**.	19
2.1	Stadtnatur als kulturelles Gestaltungsergebnis.	20
2.2	Stadtnatur wird etabliert.	30
2.3	Öffentliche Stadtnatur für Verschönerung, Erholung, Volksgesundheit und Volkserziehung.	32
2.4	Der Parkfriedhof – Erholungsort für die Lebenden.	45
2.5	Die Stadtwälder und Waldparks – wie der Wald in der Stadt blieb.	47
2.6	Der private Garten für jedermann ergänzt die öffentliche Stadtnatur.	50
2.7	Wie die Gewässer urban wurden.	57
	Literatur.	64
3	**Wie Stadtnatur im Kontext von Natur und Kultur besteht**.	67
3.1	Das Verhältnis Stadt – Naturumgebung.	68
3.2	Beispiel Waldstadt – Zuwendung zur Naturumgebung.	74
3.3	Beispiel Wüstenstadt – Abwendung von der Naturumgebung.	74
3.4	Beispiel Gebirgsstadt – Umgang mit extremer Naturumgebung.	79
3.5	Beispiel Wald und Wildnis in der Stadt – Orte für Religion und Rituale.	85
3.6	Gärten und Parks – bevorzugte Natur der städtischen Erholungslandschaft.	90
	Literatur.	96
4	**Was Stadtnatur leistet**.	99
4.1	Welche Ökosystemleistungen erwarten wir von Stadtnatur?.	100
4.2	Welche Stadtnaturen erbringen welche Ökosystemleistungen?.	114
4.3	Wie können urbane Ökosystemleistungen bewertet werden?.	121
	Literatur.	123
5	**Welche Stadtnatur welche Leistung erbringt**.	127
5.1	Der Stadtpark.	128
5.1.1	Naturelement Stadtpark.	128
5.1.2	Leistungen von Stadtparks.	133
5.2	Der Stadtbaumbestand *(urban forest)*.	144
5.2.1	Naturelement Stadtbäume und Stadtwald.	144
5.2.2	Leistungen der Stadtbäume.	146
5.3	Die Stadtgärten.	167
5.3.1	Naturelement Stadtgarten.	167
5.3.2	Leistungen von Stadtgärten.	177

5.4	**Die Stadtgewässer**	193
5.4.1	Naturelement Stadtgewässer	193
5.4.2	Leistungen von Stadtgewässern	196
5.4.3	Wiederherstellung der Ökosystemleistungen von Stadtgewässern	201
	Literatur	212
6	**Was urbane Biodiversität ausmacht**	**221**
6.1	Urbane Biodiversität – ein Paradigmenwechsel?	222
6.2	Wie kann man urbane Biodiversität messen?	224
6.2.1	Integrationsstufen biologischer Diversität	224
6.2.2	Struktur urbaner Lebensräume als Bilanzgrundlage und Indikator	225
6.2.3	Artenvielfalt als Indikator	228
6.3	Wie wird urbane Biodiversität wahrgenommen?	234
6.4	Urbane Biodiversität und Ökosystemleistungen	238
	Literatur	241
7	**Was Stadtnatur im Konzept der Grünen Stadt ausmacht**	**245**
7.1	Die Grüne Stadt, ein konzeptionelles Mosaik von Handlungszielen	246
7.2	Grüne Infrastruktur – das lokale Basiskonzept	252
7.3	Das Konzept der urbanen Biodiversität	256
7.4	*Wild goes urban* – Wildnis als Teil der Stadtnatur	270
7.5	Das Konzept der Grünen Stadt in europäischer und globaler Perspektive	287
	Literatur	294
8	**Welche Wege es zu einer Grünen Stadt gibt es?**	**299**
8.1	Die ersten Schritte	300
8.2	Raum für Stadtnatur erhalten, gewinnen und vernetzen	302
8.3	Stadtnatur allen zugänglich machen	311
8.4	Den Nutzen von Stadtnatur vergrößern und dabei alle Naturarten einbeziehen	315
8.5	Stadtnatur zum Naturerlebnisraum und zum Lernort für Naturerfahrung machen	321
8.6	Stadtnatur schützen und nutzen	324
8.7	Stadtnatur zur Klimamoderation nutzen	342
8.8	Mit Stadtnatur Probleme lösen und Risiken reduzieren – Nature-Based Solutions (NbS)	346
8.9	Mit guten Beispielen Orientierung geben	350
	Literatur	363
	Serviceteil	
	Sachverzeichnis	371

Was Stadtnatur ist

1.1 Was bedeutet „Grüne Stadt"? – 2

1.2 Was bedeutet Stadtnatur? – 6

1.3 Bausteine der Stadtnatur – 9

Literatur – 16

© Springer-Verlag GmbH Deutschland, ein Teil von Springer Nature 2019
J. Breuste, *Die Grüne Stadt*, https://doi.org/10.1007/978-3-662-59070-6_1

Der Terminus „Grün" gerät in der Alltagssprache derzeit in Gefahr belanglos zu werden, zumindest aber unkonkret und bedeutungsvariabel. Dies trifft auch auf „Grüne Stadt" zu. Hier können sehr vielfältige Inhalte von Verkehr über Energie bis zu Natur einbezogen werden. In diesem Kapitel wird eine Begrenzung und Konkretisierung auf Stadtnatur als Hauptinhalt von „Grün" im Konzept der Grünen Stadt vorgenommen. Stadtnatur wird als Konzept der Betrachtung von ganz unterschiedlich entstandenen Naturstrukturen in Städten erklärt und in seinen Bestandteilen vorgestellt. Dies führt in das facettenreiche Thema der Charakterisierung, der Analyse, der Bewertung und des Umgangs mit Stadtnatur ein.

1.1 Was bedeutet „Grüne Stadt"?

Der Terminus „Grüne Stadt" wird heute verbreitet, häufig und mit unterschiedlicher Bedeutung in Politik, Planung, Wissenschaft und öffentlicher Debatte benutzt, sodass er fast zum Allgemeinplatz geworden ist. Er drückt ein positives Ziel aus, dass entweder als bereits erreicht oder aber zumindest anzustreben ausgewiesen wird. Als Ziel sollte die Grüne Stadt auch erreichbar und konkret sein. Bürger, ihre Vertretungen, Medien und Politiker fordern oder postulieren das Ziel der Grünen Stadt auf nationaler, regionaler oder lokaler Ebene. Städte sind immer lokal und konkret. Die Grüne Stadt muss damit einen konkreten Inhalt von „Grün" im lokalen Maßstab haben. Die Grüne Stadt ist ein Konzept, das nicht nur eine Vision bleiben sollte, sondern realistische Züge eines Programms haben kann.

Was die Inhalte des Konzepts sind, wird jedoch sehr unterschiedlich bestimmt. Schlüsselwort ist „Grün". Seine Nutzung in der öffentlichen Debatte ist normativ meist positiv und vielschichtig. Politische Gruppen und Parteien bezeichnen ihr Politikangebot damit, Energieproduzenten ihr Produkt, Transportunternehmen ihre Dienstleistung, Nahrungsmittelhersteller ihre Produkte, Universitäten ihren als innovativ-positiv verstandenen Campus. „Grün" ist in der öffentlichen Debatte ein Sammelbegriff positiv apostrophierten Verhaltens geworden. Dieses kann vom Ressourcensparen über Verzicht individueller Automobilität, dem Konsum bestimmter Lebensmittel (z. B. Verzicht auf Fleisch, Konsum fair gehandelter Produkte etc.), Gesundheit, die Erreichung von Klima- und CO_2-Zielen bis zu sozialen Zielen (z. B. sozialer Ausgleich, Gender-Konformität) reichen. „Grün" steht dann häufig für generelle Nachhaltigkeit und umweltgerechtes Handeln.

„Grün" als Ersatzbegriff für Nachhaltigkeit als Leitbild der Stadtentwicklung hat eine breite Palette von Zugängen und dient als Orientierung zum Erreichen eines idealen Zieles, oft ohne ein konkretes, regulatives Modell. Die Zugänge sind nicht zwangsläufig gesetzt, sondern werden von Akteuren, Planern oder Wissenschaftlern z. T. in kommunikativen Prozessen bestimmt. Was eine nachhaltige, zukunftsfähige, eben eine „Grüne Stadt" ausmachen kann, wird von den aktuellen und zukünftigen Herausforderungen bestimmt. Hier wird von begründeten Annahmen und Prognosen, aber auch von visionären Vorstellungen von Innovation ausgegangen.

Handlungsfelder nachhaltiger Stadtentwicklung sind:
- neue ökologische, technische und organisatorische Problemlösungen
- Einsatz erneuerbarer Energiequellen
- vorsorgender Umweltschutz
- stadtverträgliche Mobilitätssteuerung
- sozialverantwortliche Wohnungsversorgung
- standortsichernde Wirtschaftsförderung
- haushälterisches Bodenmanagement
- Ressourceneffizienz u. a. (Breuste et al. 2016).

1.1 · Was bedeutet „Grüne Stadt"?

Organisationen wollen „Green" sein – Strategie Green Campus 2020 der Universität Kopenhagen

Mit einer Strategie für Ressourceneffizienz und Nachhaltigkeit möchte die Universität Kopenhagen (UCPH) eine der grünsten Universitäten weltweit werden. Wissen, Verantwortung und Nachhaltigkeit unterlegt sie dabei den drei Green-Campus-Zielen:

» „PHYSICAL SETTINGS UCPH must have a sustainable physical environment: buildings, facilities, technology and infrastructure.
LIVING LAB Development and demonstration of the sustainability solutions that UCPH itself researches and teaches. UCPH should be a living laboratory for the development of tomorrow's sustainability solutions.
CULTURE We must create a university with a sustainability culture in which all staff and students encounter and practice sustainable behaviour in everyday life. Sustainability and resource efficiency should be integrated effectively and meaningfully in the organisation and management of the university" (University of Copenhagen 2017).

Die Nachhaltigkeitsziele für 2020 sind:

CO_2/Klima
— Minderung des CO_2-Ausstoßes für Energienutzung und Transport je Vollbeschäftigten-Einheit

Energie
— Minderung des Energieverbrauchs um 50 % je Vollbeschäftigten-Einheit

Ressourcen
— Minderung des Abfallvolumens um 20 % je Vollbeschäftigten-Einheit
— Recycling von 50 % des Abfalls
— Minderung des Wasserverbrauchs um 30 % je Vollbeschäftigten-Einheit

Chemikalien
— Beschaffungs- und Bauaktivitäten ohne Gesundheitsgefahren und Umweltverunreinigungen
— Reduzierung der gesamten durch die Universität hervorgerufenen Verunreinigungen und chemischen Abfälle

Organisation/Verhalten
— Nachhaltigkeit und Ressourceneffizienz bei allen wichtigen Entscheidungen und Aktivitäten
— Bewusstsein als nachhaltige Universität und Nachhaltigkeit als tägliche Praxis

Der Campus als Experimentierfeld
— Entwicklung und Demonstration von nachhaltigen Lösungen für die Zukunft auf dem Campus

(University of Copenhagen 2017)

Ursprünglich hatte der Begriff „grün" immer eine Verbindung zu dem, was in unserer Lebensumwelt grün ist, also zu den grünen Pflanzen, der Natur. Mit dieser Bedeutung, Grün als Synonym für Natur, soll er hier ausschließlich verwendet werden. Dies schließt auch abiotische Natur als Voraussetzung für biotische Natur ein. Auch in dieser Reduzierung auf einen Wesensinhalt wird der Begriff heute vielfach gebraucht. Der Terminus „Grüne Stadt" soll nicht die Begriffe „Nachhaltigkeit", „Biodiversität" oder „umweltgerechtes Handeln" ersetzen. Er wird als programmatischer Überbegriff mit konkreten Inhalten verstanden. Es geht in diesem Buch um Stadtnatur, ihre Arten und Strukturierungen, ihr Leistungsvermögen für ein gesundes Leben in Städten und darum, wie wir aktuell und perspektivisch mit Stadtnatur umgehen, bzw. besser umgehen könnten.

Die Grüne Stadt

Die Grüne Stadt ist eine Stadt in der alle Formen von Natur (Lebewesen, Lebensgemeinschaften und ihre Lebensräume) einen hohen Stellenwert als grüne Infrastruktur haben und zum Nutzen der Stadtbewohner erhalten, gepflegt und erweitert werden. Stadtnatur ist Ideal, Leistungsträger und Konzept für die Stadtentwicklung.

Unternehmen bieten „Green City" als Unterstützungskonzept im Energie-, Mobilitäts- und Klimaschutzmanagement kundenbezogen an – Green City Projekt München

Mit den Zielgruppen Kommunen, Organisationen und Unternehmen unterstützt Green City Projekt klimafreundliche Mobilität und Energie und partizipative Stadt- und Regionalplanung. Das Portfolio reicht von der Erstellung von Mobilitäts- und Energiekonzepten, bis hin zur Beratung zu Klimaschutzzielen und Klimaanpassungsstrategien. Angeboten werden die Entwicklung und Implementierung innovativer Kommunikationsstrategien in Form von Kampagnen, Beteiligungsprozessen und Veranstaltungsformaten (Green City Projekt GmbH 2017).

Green City e. V. – Bürger organisieren sich in einer Umweltorganisation um ihre Stadt „grüner" werden zu lassen

Green City e. V. ist als gemeinnütziger Verein eine seit 1990 in München arbeitende Umweltorganisation mit über 1500 Mitgliedern und Aktiven. Green City organisiert Veranstaltungen in München, darunter das Streetlife-Festival (◘ Abb. 1.1). Im Jahr 2014 startete Green City ein Begrünungsprojekt für Münchner Fassaden und Hausdächer. Green City e. V. gilt heute nach über 25 Jahren seit der Gründung als eine der am meisten beachteten Umweltorganisationen Münchens. Mit ihrer Tochtergesellschaft Green City Energy AG (gegr. 2005) will Green City den Ausbau der Ökostromversorgung in München durch eine Kapitalanlagegesellschaft finanzieren.

◘ Abb. 1.1   Street Festival Mai 2017 in München. (© Foto Gleb Plovnykov, Green City e. V. 2017)

1.1 · Was bedeutet „Grüne Stadt"?

Städte bezeichnen ihr energiebasiertes Nachhaltigkeitskonzept als Green City. – Wie viel Grün steckt im Green City Konzept Freiburg?

Freiburg beschreibt seine Umweltpolitik unter der Bezeichnung „Green City Freiburg" als ehrgeiziges Bekenntnis zu erneuerbaren Energiequellen mit einer Vielzahl ökologischer, technischer und organisatorischer Lösungen. Die Stadt nimmt für sich in Anspruch, sich damit als Green City weltweit einen Namen gemacht zu haben (Stadt Freiburg 2017).

Freiburg ist mit Wald, Weinbergen und einer Vielfalt an Biotoptypen und Naturräumen eine der grünsten Städte Deutschlands. Im Green City Konzept stellt Freiburg sein Naturkonzept als Teilbereich dar und empfiehlt sich als „grüne Wohlfühlstadt" mit 660 ha Stadtgrünflächen, Landschafts- und Naturschutzgebieten, Parkanlagen, Kleingärten, Kinderspielplätzen und Friedhöfen, die seit über 20 Jahren naturnah unter Pestizidverzicht gepflegt werden. Artenvielfalt wird durch nur zweimal jährliches Mähen der Wiesen, lokales Mikroklima durch 50.000 Straßen- und Parkbäume verbessert. Grünraumgestaltung erfolgt mit Bürgerbeteiligung. Traditionelle Formen des Gärtnerns in Kleingärten (4000 Kleingärten) werden durch neue Formen des Gärtnerns ergänzt und fördern die individuelle Gestaltung eines privat nutzbaren Freiraums, das soziale Miteinander unterschiedlicher Bevölkerungsgruppen sowie den Kontakt zur Natur. Fast 50 % der Fläche Freiburgs (6966 ha, 46 %) sind Stadtwald und Landschaftsschutzgebiet, 683 ha stehen unter Naturschutz, 200 ha sind besonders geschützte Biotope, 3623 ha sind Bestandteil des europäischen Schutzgebietssystems „Natura 2000". Kernstück des Freiburger Grüns ist der Stadtwald und mit ca. vier Millionen Besuchern im Jahr der wichtigste stadtnahe Erholungsraum. Mit der „Freiburger Waldkonvention" (2001, 2010 fortgeschrieben) bekennt sich die Stadt zur ökologischen, ökonomischen und sozialen Verantwortung einer nachhaltigen Waldwirtschaft (◘ Abb. 1.2). Der Holzeinschlag aus dem Wald kommt als Ressource dem Bauen in der Region zugute. Natur- und Umweltbildung werden aktiv gefördert.

Das Freiburger Stadtnatur-Angebot umfasst unterschiedliche Naturräume und Biotoptypen: Bergwiesen und Wälder bis hin zu trockenwarmen Biotopen mit einer Vielzahl seltener Arten, die durch ein kommunales Artenschutzkonzept und ein Biotopverbundkonzept geschützt werden. Freiburg hat Anteil am Naturpark Südschwarzwald und am Biosphärengebiet Schwarzwald. Die Stadt hat durch ihre vorsorgende Schutzgebietspolitik neue Naturerholungs- und -erlebnisräume für die Menschen geschaffen und engagiert sich im Bündnis „Kommunen für Biologische Vielfalt". Luftreinhaltung, Bodenschutz und naturnahe Fließgewässergestaltung, seit 2014 Ausweisung von Hochwassergefahrengebieten, Niederschlagswasserrückhalt und Niederschlagswassernutzung, sind Bestandteile des Stadtnatur-Konzeptes.

Mit dem „Rieselfeld" (70 ha) hat Freiburg das größte neue Stadtteilprojekt im Bundesland Baden-Württemberg mit 3700 Wohnungen für 10.500 Menschen mit über 120 privaten Bauherrengemeinschaften und Investoren realisiert. Umfassende und bedarfsgerechte öffentliche Infrastruktur, intaktes Stadtteilleben, bürgerschaftliches Engagement, Freiraum- und Grünausstattung, Energiekonzept und ihre Lage direkt angrenzend an ein 250 ha großes Naturschutzgebiet, das als Naherholungsgebiet dient, machen den Stadtteil attraktiv.

Das Stadtnatur-Konzept wird im 25-seitigen Strategiepapier zur Green City jedoch lediglich auf zwei Seiten (S. 16–18) dargestellt und tritt damit in seiner Bedeutung relativ hinter Energie, Mobilität und Klimaschutz als Teilbereiche zurück (Stadt Freiburg 2017).

Abb. 1.2 Der Freiburger Nachhaltigkeitsprozess. (© FWTM GmbH & Co. K.G., Stadt Freiburg 2017)

Die Grüne Stadt wird in diesem Buch als Metapher dafür verstanden, die vorhandene Natur zu erhalten und noch besser für die Menschen in der Stadt nutzbar zu machen, Natur jeder Art in der Stadt zu mehren und Natur in die Stadt zurückzubringen, eine neue Partnerschaft zwischen gebauter Stadt und Natur zu schaffen. Stadtnatur wird auch in Green Cities Konzepten immer mehr als wertvoller Beitrag zur urbanen Lebensqualität und darüber hinaus als unverzichtbares Element unseres urbanen Lebens verstanden. Stadtnatur gehört zur Stadt. Um sie zu erhalten und richtig zu nutzen *(nature-based solutions)*, bedarf es Verständnis und Wissen über Stadtnatur, guter Beispiele, realistischer Bewertungen und engagierter Bürger und Kommunen. Für all dies gibt es bereits viele Beispiele weltweit. Natur in der Stadt kann nicht länger nur als Verschönerung und „ästhetische Aufschmückung", sondern muss als wichtiger funktionaler Beitrag zu einer lebensfähigen Stadt verstanden werden, der sich in Konzepten zur grünen (und blauen) Infrastruktur dokumentiert.

1.2 Was bedeutet Stadtnatur?

Was ist Natur? Natur als die „Gesamtheit der Dinge, aus denen die Welt besteht," („Alles-Natur") zu verstehen führt in eine philosophische Diskussion, die an dieser Stelle wenig weiterführend ist, da sich der Naturbegriff inzwischen in verschiedene Einzelbegriffe aufgelöst und verschiedenen „Naturen" Platz gemacht hat (Leser 2008). „Natürlich" als „vom Menschen nicht beeinflusst" zu verstehen und dies als „reine" Natur zu definieren, würde Natur kaum mehr auffindbar machen (Breuste et al. 2016). Die normativ als „gut" wahrgenommene Natur ist

1.2 · Was bedeutet Stadtnatur?

mannigfaltig, dezentral, unkontrolliert, wird spontan wahrgenommen und hat damit die sympathischen Züge eines gesellschaftlichen Vorbilds (Trepl 1983).

Die isolierte Natur („Teil-Natur") ist als Natur der Naturwissenschaft ein „gedankliches Isolat" einer nicht erkennbaren Ganzheit der Realität (Trepl 1983, 1988, 1992). Die symbolische Natur („Kultur-Natur") der Kulturgeschichte bestimmt unser Naturbild (Breuste et al. 2016).

> „Natur erleben wir als etwas Gegebenes – und doch ist sie eine Projektion kultureller Ideen und gesellschaftlicher Ideale. So ist sie nicht nur ökologisches System, sondern auch vieldeutiges Symbol: ›locus amoenus‹ und ›locus terribilis‹, einerseits Wildnis und andererseits grandiose, heimatliche, heroische, idyllische Landschaft" (Kirchhoff und Trepl 2009b, Fronttext).

Was Natur in der Stadt ist, kann abhängig vom generellen Naturverständnis sehr unterschiedlich beantwortet werden (Breuste 1994a, 2016; Brämer 2006, 2010; Reichholf 2007). Üblicherweise wird Natur nicht in Städten, sondern in der („unberührten") Landschaft (Wälder, Küsten, Moore, Gebirge) gesehen. Auch in der Agrarlandschaft widmet man sich ihrer „Wiederentdeckung" (z. B. Müller 2005), findet „Wildnisse" in unserer Kulturlandschaft (z. B. Rosing 2009) oder entdeckt sogar die Landschaft (Küster 2012, auch 1995, 1998) mitten in Europa als „neues" Phänomen der Natur. Neben dem wissenschaftlich-analytischen Bemühen um „Naturverstehen" (z. B. Brämer 2006, 2010; Trepl 1992) steht immer auch das „Naturempfinden", das besonders in der Romantik in allen Formen der Kunst wiederzufinden ist (Kirchhoff und Trepl 2009a, b). Naturverstehen, Naturempfinden und Naturnutzung sollten in Städten gut verstanden werden, um die „richtige" Natur an den „richtigen" Plätzen gestaltend „anzubieten", um den menschlichen Lebensraum „Stadt" damit zu bereichern.

Verstehen und Empfinden von Natur sind heute in der Stadt die wichtigsten Zugänge zur Akzeptanz, Hinwendung zur und Nutzung von Stadtnatur. Sie schließen sich gegenseitig nicht aus. Es zeigt sich jedoch in vielen Studien (z. B. Schemel 2001; Schemel et al. 2005), dass die ästhetisch-emotionale Zuwendung zu Natur in der Stadt bei den meisten Stadtbewohnern und Nutzern von Stadtnatur dominiert. Dem entsprechen auch eine überwiegend stadtgärtnerische, landschaftsarchitektonische Gestaltung von Natur in der Stadt und eine weitgehende Abwendung von ungestalteter, spontaner Natur in der Stadt, da sich hier menschliche Ordnung und „Sauberkeit" nicht realisieren. Der ungeordneten, spontanen Natur wir darüber hinaus auch ein höheres Risiko bei der Benutzung zugesprochen (z. B. Gesundheitsgefahren, soziale Risiken etc.), was den realen Verhältnissen oft nicht entspricht.

Der Naturbegriff in der Stadt muss selbstverständlich auch „spontane bis anthropogene Natur" einschließen (Leser 2008, S. 214). Die „gestaltete" oder „anthropogene" Natur dominiert schließlich überall im menschlichen Lebensraum und insbesondere in Städten. Es wäre wenig sinnvoll, gerade sie im Verstehen und Bemühen um Natur auszuschließen und stattdessen vorrangig nach wenig oder nicht gestalteter Natur, die sich auch in Städten findet, zu suchen.

> **Definition Stadtnatur**
>
> Stadtnatur (◘ Abb. 1.3) umfasst die Gesamtheit der in urbanen Räumen vorhandenen Naturelemente einschließlich ihrer ökosystemaren funktionalen Beziehungen und im Bezug zu ihrer Nutzung.
> Als Stadtnatur können damit alle Lebewesen, Lebensgemeinschaften und ihre Lebensräume in Städten verstanden werden. Damit findet sich Stadtnatur spontan („wild") oder durch menschliche Entscheidungen eingebracht begleitend (z. B. Bäume, Pflanzungen)

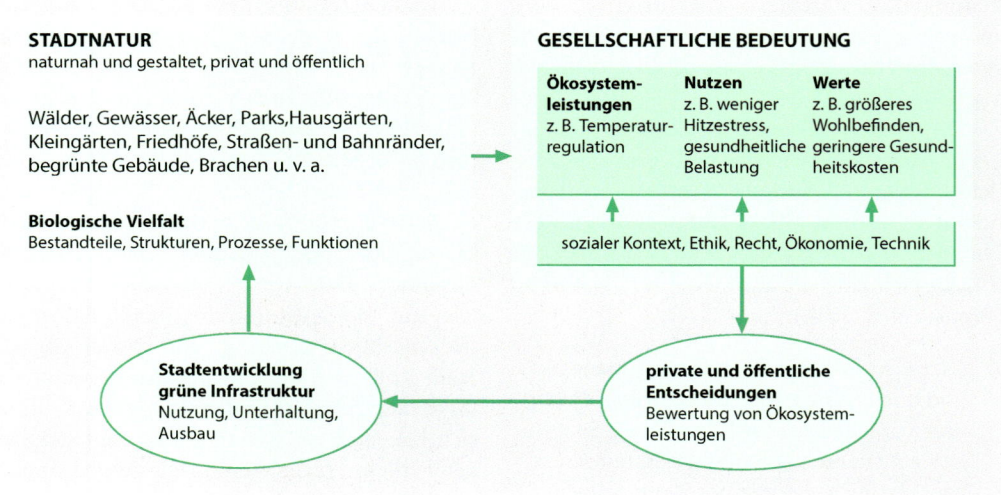

◘ Abb. 1.3 Konzept der Stadtnatur. (© Breuste und Endlicher 2017)

zu nahezu allen städtischen Nutzungen. Sie existiert vorrangig im Freiraum, aber auch auf, an und in Gebäuden. Ungenutzte oder dafür bestimmte Flächen werden durch Vegetation als dominante Stadtnatur bestimmt. Auch sie sind genutzt (z. B. Wiesen, Weiden, Parks, Gärten, Stadtwälder etc.) oder sind aus einer vorangegangenen Nutzung ausgeschieden (z. B. Brachflächen, bestimmte Feuchtgebiete und Waldflächen) (s. a. Naturkapital Deutschland – TEEB DE 2016, S. 15).

Stadtnatur erklärt sich ökologisch durch spontane Verbreitung und Etablierung entsprechend der vielfältigen Lebensraumbedingungen in der Stadt und kulturhistorisch-utilitaristisch durch Nutzungen und deren Geschichte. Sie hat Symbolcharakter und verkörpert positive Werte (Zuwendung) oder steht partiell für negative Werte (Abwendung, Brachen, Schmutz, Risiko etc.) (Breuste 1994b, 1999, 2016; Hard 1988).

Im weiteren Sinne gehören zur Stadtnatur natürlich auch die die Lebensräume prägenden abiotischen Bedingungen wie klimatische Parameter, hydrologische Merkmale und stoffliche Bestandteile des Bodens und der Erdoberfläche. Im Sphärenmodell werden Sie zu Atmosphäre, Hydrosphäre und Pedosphäre zusammengefasst, obwohl sie natürlich nicht unbelebt, sondern von der Biosphäre durchdrungen sind. Zusammen mit ihren Prozessen, Rückkopplungen und Wechselwirkungen bilden sie das von verschiedenen Wissenschaften selektiv oder holistisch untersuchte „Natursystem" Stadt (◘ Abb. 1.4; Breuste 2016).

Wenn der Naturbegriff an den Stadtbegriff gekoppelt wird, ergeben sich Unschärfen bezüglich der Einbeziehung oder Ausgrenzung von bestimmten konkreten Flächen oder Naturbestandteilen. Üblicherweise wird entweder das politische Stadtgebiet oder aber die Stadtregion als „Stadt" in diesem Sinne verstanden. Zu empfehlen ist, Stadtnatur immer mit ihrer Einbindung in städtische Strukturen und Nutzungen zu verbinden. Sie findet sich damit auch außerhalb der administrativen Städte, oft weit über deren Rand hinaus verbreitet. In diesem Sinne wird allein durch

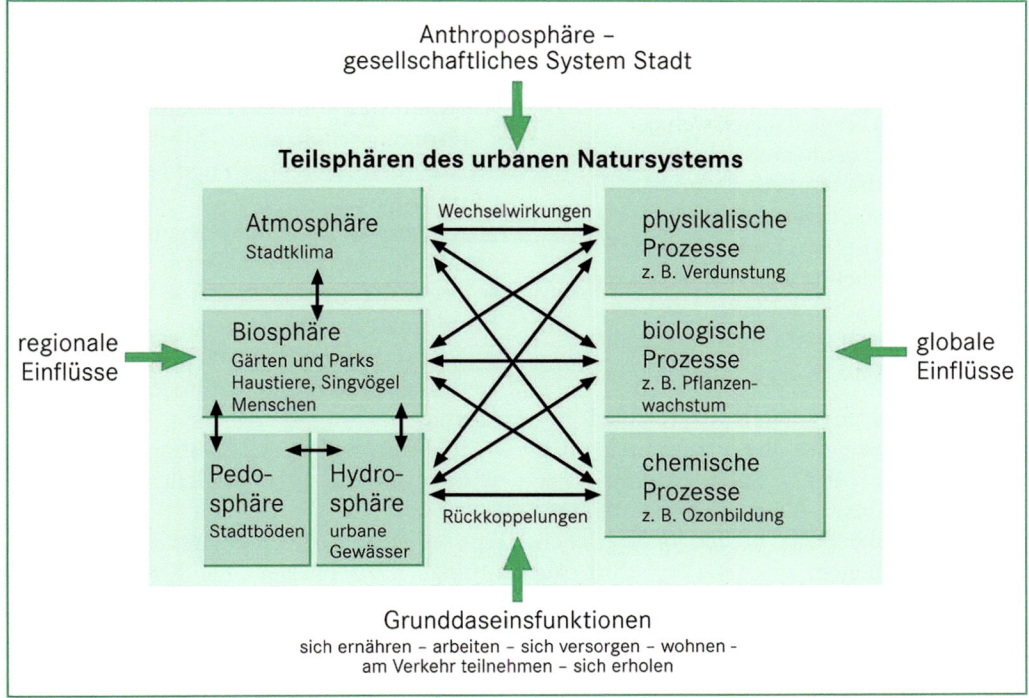

☐ Abb. 1.4   Das urbane Natursystem. (© Breuste und Endlicher 2017)

die räumliche Ausdehnung von Städten immer mehr „Natur" zur „Stadtnatur".

Zu verstehen ist, dass Stadtnatur kein „Ideal" ist, auch wenn es dazu immer wieder menschliches Bemühen gibt, gerade diese kulturhistorisch als „ideal" gesehene Natur in der Stadt vorzuführen und den menschlichen Nutzern zur „Erbauung und Belehrung" nahezubringen. Solche Naturersatzstücke finden sich als Reminiszenzen der Idealisierung von Natur vom barocken Park über den Englischen Landschaftsgarten, den Schrebergarten, den Öko-Park bis hin zur „urbanen Wildnis" als Naturerfahrungsraum (Schemel 2001; Schemel et al. 2005; Reidl et al. 2005; Rink und Arndt 2011) oder zum Gemeinschaftsgarten. All diese Naturausprägungen haben immer noch oder wieder neue Anhänger und Nutzer gefunden.

1.3 Bausteine der Stadtnatur

Gestaltete Agrarlandschaft und die Naturlandschaft „Wald" als „Ur-Natur" bilden in den meisten Regionen der Welt die ursprünglichen Gegensätze kultureller Naturaneignung. Die gestaltete Natur zeigte, dass man Unabhängigkeit von der „Wildnis", für die symptomatisch der Wald stand und meist immer noch steht, „Kultur" entwickelt hat. Als Symbole sind beide überall in den Städten zu finden, Scherrasen aus den viehreichen bewirtschafteten Auenlandschaften, der städtische Nutzgarten aus dem dörflich-agrarischen Lebensmilieu, Bäume und Strauchpflanzungen aus dem Naturwald (Breuste 2016). Die Stadtnatur hat damit kulturhistorische Begründung und Symbolcharakter (Breuste 1994a, 1999; Hard 1988).

Verglichen mit agrarisch geprägten Kulturlandschaften und großen Wäldern ist Stadtnatur vielfältig und artenreich.

> „'Stadtnatur' ist vielfältiger, weniger bedroht und geringeren Belastungen ausgesetzt. Vor allem ist sie uns näher! Warum ist Stadtnatur so, wie sie (geworden) ist? Was sind die Gründe für die überraschende Vielfalt an Arten, die wir in den Städten vorfinden? Welche Chancen bietet uns ‚Natur in der Stadt'?" (Reichholf 2007, S. 7)

Die Ursachen für diesen Unterschied liegen einerseits in der fortschreitenden Verminderung des Artenreichtums der Agrarlandschaften durch intensive Bewirtschaftung, andererseits in den ökologischen Sonderbedingungen der Städte selbst als Lebensräume. Der stadtgestaltende Mensch schafft durch differenzierte Nutzung und Gestaltung Vielfalt an besiedelbaren Lebensräumen, siedelt selbst Pflanzen an und schafft Lebensraumangebote für einwandernde Tiere und Pflanzen aus anderen Lebensräumen (◘ Tab. 1.1).

Die generellen Ursachen städtischer Naturvielfalt und des Artenreichtums sind begründet in (◘ Tab. 1.2):
— Strukturreichtum des Lebensraumes Stadt (Strukturvielfalt, unterschiedliche Baustrukturen, Nutzungen und Nutzungsintensitäten),
— Angebot an nährstoffarmen, trockenen und warmen Lebensräumen,
— Begünstigung von schadstoff- und störungstoleranten Arten,
— Nahrungs- und Habitatangebote und reduzierte Konkurrenz für viele Tierarten und
— Einbringung und Ausbreitung von Neobiota (Breuste 2016; s. a. Reichholf 2007).

Eine einfache Art, Stadtnatur überschaubar zugänglich zu machen, hat Kowarik (1992) durch ihre Gliederung in vier „Naturkategorien" entwickelt (◘ Abb. 1.5). Diese bilden die Besonderheiten städtischer Natur (Flora und Vegetation, Fauna) gut ab und erlauben es, die Vielfalt von anthropogen, urbanen Naturgestaltungen durch nur vier „Naturtypen" zusammenzufassen und überschaubar

◘ **Tab. 1.1** Ursprüngliche Standorte von Apophyten der Siedlungen Mitteleuropas (Wittig 2002, S. 37)

Ursprünglicher Standort	Beispiele
Bruchwälder, Auenwälder, Hochstaudenfluren an Flussufern	*Aegopodium podagraria, Calystegia sepium, Elymus repens, Equisetum arvense, Galium aparine, Glechoma hederacea, Humulus lupulus, Lamium maculatum, Poa trivialis, Urtica dioica*
Spülsäume, Schlamm-, Sand- und Kiesflächen an Binnengewässern (Pionierfluren)	*Bidens tripartita, Chenopodium glaucum, Ch. rubrum, Corrigiola litoralis, Plantago major, Polygonum lapathifolium, Polygonum persicaria, Potentilla anserine, P. reptans, Rumex obtusifolius*
Spülsäume, Dünen und Felsen an Meeresküsten Windwurf- und Verlichtungsflächen	*Atriplex postrata, Elymus repens, Sonchus arvensis, Tripleurospermum perforatum* *Cirsium arvense, C. vulgare, Verbascum-* Arten
Lockergestein (Geröllhalden, Sanddünen) Felsen	*Chaenorhinum minus, Galeopsis segetum, Sedum telephium agg. S. acre, Tussilago farfara* *Asplenium ruta-muraria, A. trichomanes, Sedum album, Bryum capillare, Orthotrichum anomalum, Tortula muralis, Caloplaca saxicola, Lecanora muralis*

1.3 · Bausteine der Stadtnatur

◘ Tab. 1.2 Auswirkungen menschlicher Einflussnahme aus „Sicht" der Pflanzen. (Aus Wittig 1996, verändert nach Wittig 2002, S. 17)

Menschliche Einflussnahme			Auswirkungen aus „Sicht" der Pflanzen[a]
Art	Objekt	Effekt[a]	
Indirekt	Klima	Wärmer (insbesondere auch mildere Winter), trockener Luft stärker verschmutzt	Begünstigung wärmeliebender und trockenheitsresistenter Arten; Erhöhung der Überlebenschance frostempfindlicher Arten; kaum Existenzmöglichkeiten für stark (luft-) feuchtigkeitsabhängige Arten (Hygrophyten); Verlängerung der Vegetationsperiode Begünstigung toxitoleranter Arten; Benachteiligung empfindlicher Arten
	Boden	Nährstoffreicher, basischer Schadstoffreicher Wasserärmer	Begünstigung nährstoffliebender, basophiler Arten Konkurrenzvorteil für schadstoffresistente Arten
	Wasser	Grundwasser abgesenkt, Oberflächenwasser schneller abfließend	Vorteil für Wassersparer und/oder extreme Tiefwurzler; kaum Existenzmöglichkeiten für Hygrophyten
	Gewässer	Eingefasst, kanalisiert oder verrohrt, verschmutzt	Kaum Chancen für Sumpf- und Wasserpflanzen (Helo- und Hydrophyten)
Direkt	Gesamter Standort	Störung, Vernichtung, Neuschaffung	Begünstigung von einjährigen Arten (Therophyten) mit kurzem Generationszyklus (mehrere Generationen pro Jahr), hoher Samenproduktion, effektiven Ausbreitungsmechanismen (z. B. Windverbreitung), langlebiger Samenbank; Verringerung der Konkurrenz; bessere Chancen für Neuankömmlinge (Neophyten)
	Pflanze	Bekämpfung	
		Mechanische Schädigung	Vorteile für regenerationskräftige Arten; Nachteile für zart gebaute und bruchempfindliche Spezies

[a] Im Vergleich zum Umland

zu machen. Detailstudien lassen sich darauf aufbauend besser einordnen (Kowarik 1992, 2011, 2018; Breuste 2016; s. ▶ Kap. 2).

Reste ursprünglicher Natur Natur der ersten Art (Kowarik 1992) erfasst die Relikte alter Nutz- oder „Ur"-Landschaften wie Wälder und Feuchtgebiete, die idealisiert als „ursprüngliche Naturlandschaft" gelten können. Sie sind die „alten Wildnisse" (◘ Abb. 1.6), denen noch etwas Ursprüngliches, Ungestaltetes anhaftet und die in besonderer Weise durch spontane Entwicklung geprägt sind. Der Begriff „Wildnis" ist kein naturwissenschaftlicher Begriff. In seiner kulturellen Bedeutung wird er jedoch leicht verstanden und ist kommunikationsunterstützend.

> „`Wild` ist keine naturwissenschaftlich beschreibbare Eigenschaft, und `Wildnis` kein naturwissenschaftlicher Gegenstand. Diese Begriffe bezeichnen vielmehr in der Gesellschaft entstandene Bedeutungen der Natur" (Kirchhoff und Trepl 2009a, S. 22).

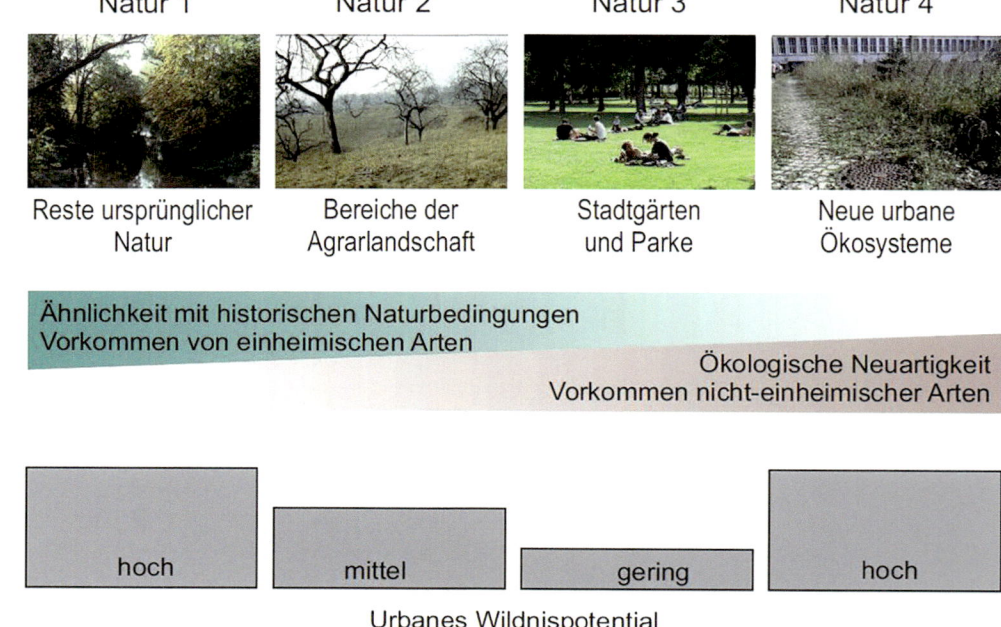

● Abb. 1.5 Urbane Naturkategorien. (© Nach Kowarik 2018 verändert, Zeichnung Gruber 2018)

● Abb. 1.6 Auwald Rabeninsel (NSG) in Halle/Saale. (© Breuste 2006)

1.3 · Bausteine der Stadtnatur

Bereiche der Agrarlandschaft Natur der zweiten Art erfasst die Agrarlandschaften, die als Reste eingebettet in urbane Strukturen oder aber in der Umgebung der Städte weiter ihre landwirtschaftlichen Nutzfunktionen erfüllen. Dies sind Wiesen (◘ Abb. 1.7), Weiden, Ackerland und ihnen zuzuordnende begleitende Landschaftselemente wie Hecken, Heiden, Triften und Trockenrasen. Oft ist dieser Naturtyp bereits städtisch mitbestimmt und durch intensives Management gekennzeichnet.

Stadtgärten und Parks Die für städtische Nutzung gestaltete Natur der öffentlichen und privaten Grünflächen, Parks und Gärten, die „symbolische Natur der gärtnerischen Anlagen" (Breuste et al. 2016) bezeichnet Kowarik (1992) als Natur der dritten Art.

Als Nutzgarten war sie ursprünglich wirtschaftlich begründet, als Schmuck- und Landschaftsgarten („Stadtgarten" oder Park; ◘ Abb. 1.8) kam sie von den Landsitzen des Adels oder als Herrschaftspark in die Stadt und wurde als „Bürgerpark" in der sich ausdehnenden und verschönernden Stadt weiterentwickelt. Hausgärten, Stadtgrünplätze, Kleingärten (◘ Abb. 1.9), Verkehrsgrün, Stadtparke, große Erholungsparke, Einzelbäume und Alleen bilden dieses ornamentale Grün der Stadt. Management, Benutzung und Gestaltung unterliegen Moden und ökonomischen Begründungen. Spontane Entwicklung wird hier meist zurückgedrängt oder gar nicht zugelassen. Ästhetische Gestaltung steht im Vordergrund.

Neue urbane Ökosysteme Neue urbane Wildnisse in Form neuer urban-industriell begründeter Lebensräume, die spontane Entwicklung von Natur (wieder) ermöglichen, bilden die Natur der vierten Art (◘ Abb. 1.10). Dieser Naturtyp entstand unter mehr oder weniger anthropogenem Einfluss, immer aber in enger Beziehung zu den stark anthropogen veränderten

◘ Abb. 1.7 Streuobstwiese im Stadtrandgebiet von Halle/Saale. (© Breuste 2006)

◘ Abb. 1.8   Hans-Donnenberg-Park Salzburg, Österreich. (© Breuste 2017)

◘ Abb. 1.9   Kleingarten in Hildesheim. (© Breuste 2018)

1.3 · Bausteine der Stadtnatur

◘ **Abb. 1.10** Spontanvegetation in Greifswald. (© Breuste 2006)

Standortbedingungen (Boden, Wasserhaushalt, Mikroklima etc.) nach Aufgabe von Nutzungen. Hier bilden sich Pioniergesellschaften, spontane Gebüsche bis hin zu städtischen Vorwäldern als Sukzessionsstadien und Anpassungen an Standorte und Störungen aus. Häufig sind sie Untersuchungsobjekte stadtökologischer Forschung (z. B. Rebele und Dettmar 1996; Wittig 2002 u. v. a.). Das Verständnis dieser „neuen" Stadtnatur-Art ist immer noch in weiterer Entwicklung begriffen (z. B. Kowarik 1993, 2018; Wittig 2002; Breuste 2016 u. v. a.).

Die Grüne Stadt ist eine gestaltete Landschaft mit vernetzter Natur, damit auch mit benachbarten Städten und Nachbargemeinden als eine Stadtlandschaft zu begreifen, wie z. B. das Ruhrgebiet (Vogt und Dunkmann 2015). In der Grünen Stadt können alle Natur-Arten zur Naturerfahrung beitragen (Reidl et al. 2005; Rink und Arndt 2011).

Stadtplaner und Landschaftsarchitekten bezeichnen Stadtnatur häufig als „Grünräume" und unterscheiden sie nach ihrer Lage, Erreichbarkeit und Bedeutung für die Stadtbewohner. Diese Gliederungen betreffen Stadtnatur meist nur im öffentlichen oder zumindest öffentlich zugänglichen Freiraum. Der private Freiraum der Gärten und Parks auf privaten Grundstücken wird fast nie betrachtet, da er nicht Gegenstand der Stadtplanung ist. Verwendet werden in der Planung übliche Nutzungskategorien wie Park, Sportplatz, Kleingärten, Friedhof, Wald etc. Sie sollen als Typen für Art und Umgang mit Stadtnatur stehen (Gälzer 2001; Gälzer und Hansely 1980, S. 43):

1. **Wohnungsbezogene Grünräume:**
   Garten an der Wohnung (Hausgarten, Erdgeschoss- und Mietergarten), Spielbereiche für kleine Kinder, Aufenthalts- und Bewegungsbereiche für Mütter mit kleinen Kindern und für ältere Bewohner, die in ihrer Mobilität eingeschränkt sind. Entfernung höchstens 500 m bzw. 5 min Fußweg (Kinderwagenentfernung).

2. **Wohngebietsbezogene Grünräume:**
   vor allem Spielbereiche für ältere Kinder

und Jugendliche, Aufenthalts- und Bewegungsbereiche (Parks) für Familien und Gruppen von Erwachsenen, kleingärtnerisch genutzte Flächen (Mietergärten) für bestimmte Personengruppen (Familien mit kleinen Kindern, ältere Personen), Anlangen für häufig ausgeübte Sportarten (Schul- bzw. Jugendsportplätze). Entfernung höchstens 1000 m bzw. 15 min Fußweg.
3. **Stadtteilbezogene Grünräume:** teilweise Kleingärten, Freibäder und Sportanlagen, Friedhöfe, größere Parks mit einem vielfältigen Angebot an Nutzungsmöglichkeiten. Mit öffentlichen Verkehrsmitteln gut erreichbar.
4. **Stadt- oder regionsbezogene Grünräume (Naherholungsgebiete):** Erholungsgebiete, auch für den Aufenthalt am Wochenende, Kleingärten, größere Sportanlagen (z. B. Stadien, Anlagen für spezielle Sportarten), Campingplätze, Botanische und Zoologische Gärten.

Literatur

Brämer R (2006) Natur obskur: Wie Jugendliche heute Natur erfahren. Oekum, München

Brämer R (2010) Natur: Vergessen? Erste Befunde des Jugendreports Natur 2010, Bonn

Breuste J (1994a) „Urbanisierung" des Naturschutzgedankens: Diskussion von gegenwärtigen Problemen des Stadtnaturschutzes. Naturschutz und Landschaftsplanung 26(6):214–220

Breuste J (1994b) Flächennutzung als stadtökologische Steuergröße und Indikator. Geobot Kolloq 11:67–81

Breuste J (1999) Stadtnatur – warum und für wen? In: Breuste J (Hrsg) 3. Leipziger Symposium Stadtökologie: „Stadtnatur – quo vadis" – Natur zwischen Kosten und Nutzen (=UFZ-Bericht 10/99, Stadtökologische Forschungen 20), Leipzig, S III–V

Breuste J (2016) Was sind die Besonderheiten des Lebensraumes Stadt und wie gehen wir mit Stadtnatur um? In: Breuste J, Pauleit S, Haase D, Sauerwein M (Hrsg) Stadtökosysteme. Springer, Berlin, S 85–128

Breuste J, Pauleit S, Haase D, Sauerwein M (Hrsg) (2016) Stadtökosysteme. Springer, Berlin

Breuste J, Endlicher W (2017) Stadtökologie. In: Gebhardt H, Glaser R, Radtke U, Reuber P (Hrsg) Geographie – Physische Geographie und Humangeographie. Elsevier, München, S 628–638

Gälzer R, Hansely H-J (1980) Grünraum, Freizeit und Erholung. Probleme, Entwicklungstendenzen, Ziele. Magistrat der Stadt Wien, Wien

Gälzer R (2001) Grünplanung für Städte. Planung, Entwurf, Bau und Erhaltung. Ulmer, Stuttgart

Green City e. V. (2017) Wikimedia. ▶ www.wikipedia.org/wiki/Green_City. Zugegriffen: 15. Dez. 2017

Green City Projekt GmbH (2017) Green City Projekt. München. ▶ www.greencity-projekt.de/de/. Zugegriffen: 15. Dez. 2017

Hard G (1988) Die Vegetation städtischer Freiräume – Überlegungen zur Freiraum-, Grün- und Naturschutzplanung in der Stadt. In: Stadt Osnabrück (Hrsg) Perspektiven der Stadtentwicklung: Ökonomie – Ökologie. Osnabrück, Selbst, S 227–243

Kirchhoff T, Trepl L (2009a) Landschaft, Wildnis, Ökosystem: Zur kulturbedingten Vieldeutigkeit ästhetischer, moralischer und Naturauffassungen. Einleitender Überblick. In: Kirchhoff T, Trepl L (Hrsg) Vieldeutige Natur. Landschaft, Wildnis und Ökosystem als kulturgeschichtliche Phänomene. transcript, Bielefeld, S 13–29

Kirchhoff T, Trepl L (Hrsg) (2009b) Vieldeutige Natur. Landschaft, Wildnis und Ökosystem als kulturgeschichtliche Phänomene. transcript, Bielefeld

Kowarik I (1992) Das Besondere der städtischen Flora und Vegetation. Natur in der Stadt – der Beitrag der Landespflege zur Stadtentwicklung. Schriftenreihe des Deutschen Rates für Landespflege 61:33–47

Kowarik I (1993) Stadtbrachen als Niemandsländer, Naturschutzgebiete oder Gartenkunstwerke der Zukunft? Geobot Kolloq 9:3–24

Kowarik I (2011) Novel urban ecosystems, biodiversity and conservation. Environ Pollut 159(8–9):1974–1983. ▶ https://doi.org/10.1016/j.envpol.2011.02.022

Kowarik I (2018) Urban wilderness: supply, demand, and access. Urban Forestry Urban Greening 29:337–347

Küster H (1995) Geschichte der Landschaft in Mitteleuropa. Beck'sche Verlagsbuchhandlung, München

Küster H (1998) Geschichte des Waldes. Beck, München

Küster H (2012) Die Entdeckung der Landschaft. Einführung in eine neue Wissenschaft. Beck, München

Leser H (2008) Stadtökologie in Stichworten, 2., völlig neu bearbeitete Aufl. Borntraeger, Berlin

Müller J (2005) Landschaftselemente aus Menschenhand: Biotope und Strukturen als Ergebnis extensiver Nutzung. Elsevier, München

Naturkapital Deutschland – TEEB DE (2016) Ökosystemleistungen in der Stadt – Gesundheit schützen und Lebensqualität erhöhen. In: Kowarik I, Bartz R, Brenck M (Hrsg) Technische Universität Berlin, Helmholtz-Zentrum für Umweltforschung – UFZ, Leipzig

Rebele F, Dettmar J (1996) Industriebrachen. Ökologie und Management. Ulmer, Stuttgart

Literatur

Reichholf JH (2007) Stadtnatur. Eine neue Heimat für Tiere und Pflanzen. Oekom, München

Reidl K, Schemel HJ, Blinkert B (2005) Naturerfahrungsräume im besiedelten Bereich. Ergebnisse eines interdisziplinären Forschungsprojektes. Nürtinger Hochschulschriften 24, Nürtingen

Rink D, Arndt T (2011) Urbane Wälder: Ökologische Stadterneuerung durch Anlage urbaner Waldflächen auf innerstädtischen Flächen im Nutzungswandel: Ein Beitrag zur Stadtentwicklung in Leipzig (=UFZ-Bericht 03/2011). Helmholtz-Zentrum für Umweltforschung – UFZ, Department Stadt- und Umweltsoziologie, Leipzig

Rosing N (2009) Wildes Deutschland: Bilder einzigartiger Naturschätze. National Geographic, 5. Aufl. G + J NG Media, Hamburg

Schemel H-J (2001) Erleben von Natur in der Stadt – die neue Flächenkategorie „Naturerfahrungsräume". Z Erlebnispädagogik 21(12):3–13

Schemel H-J, Reidl K, Blinkert B (2005) Naturerfahrungsräume in Städten – Ergebnisse eines interdisziplinären Forschungsprojekts. Naturschutz und Landschaftsplanung 37(1):5–14. ► www.naturerfahrungsraum.de/pdfs/ner_ziegenspeck_02.pdf. Zugegriffen: 14. Dez. 2017

Stadt Freiburg (2017) Green city Freiburg. Freiburg. ► www.freiburg.de/greencity. Zugegriffen: 15. Dez. 2017

Trepl L (1983) Ökologie – eine grüne Leitwissenschaft? Über Grenzen und Perspektiven einer modischen Disziplin. Kursbuch 74:6–27

Trepl L (1988) Stadt – Natur, Stadtnatur – Natur in der Stadt – Stadt und Natur. Stadterfahrung – Stadtgestaltung. Bausteine zur Humanökologie. Deutsches Institut f. Fernstudien an der Univ. Tübingen, Tübingen, S 58–70

Trepl L (1992) Natur in der Stadt. Natur in der Stadt – der Beitrag der Landespflege zur Stadtentwicklung. Schriftenreihe d. Deutschen Rates f. Landespflege 61:30–32

University of Copenhagen (2017) Knowledge, responsibility and sustainability GREEN CAMPUS 2020. Strategy for resource efficiency and sustainability at the University of Copenhagen. ► greencampus.ku.dk/strategy2020/english_version_pixi_GC2020_webversion.pdf. Zugegriffen: 15. Dez. 2017

Vogt C, Dunkmann N (2015) Green City. Geformte Landschaft – Vernetzte Natur: Das Ruhrgebiet in der Kunst. Kerber, Bielefeld

Wittig R (1996) Die mitteleuropäische Großstadtflora. Geogr Rundsch 48:640–646

Wittig R (2002) Siedlungsvegetation. Ulmer, Stuttgart

Wie die Stadtnatur entstand

2.1 Stadtnatur als kulturelles Gestaltungsergebnis – 20

2.2 Stadtnatur wird etabliert – 30

2.3 Öffentliche Stadtnatur für Verschönerung, Erholung, Volksgesundheit und Volkserziehung – 32

2.4 Der Parkfriedhof – Erholungsort für die Lebenden – 45

2.5 Die Stadtwälder und Waldparks – wie der Wald in der Stadt blieb – 47

2.6 Der private Garten für jedermann ergänzt die öffentliche Stadtnatur – 50

2.7 Wie die Gewässer urban wurden – 57

Literatur – 64

Stadtnatur war lange Zeit ausschließlich gestaltete Natur in städtischem Kontext. Sie entstand mit der Entwicklung von Städten, nahm damit auch unterschiedliche Gestaltungs- und Akzeptanzformen an. Sie begann als vorwiegend private Natur im persönlichen Umfeld, als Gärten für Herrscher- und Besitzeliten, wurde als moden- und trendunterworfene Schmucknatur deren Statussymbol. Als Nutznatur der Obstgärten und Landwirtschaftsflächen verblieb sie lange in den Städten, bis der Wert ihrer Flächen sie in Konkurrenz zu anderen Nutzungen an den Stadtrand verdrängte bzw. ganz verschwinden ließ.

Bäume gehörten zu den ersten gezielt etablierten Naturelementen in Städten. Sie waren oft frühzeitig auch bereits als Alleen oder Einzelbäume öffentlich. Sie sind noch heute die am intensivsten wahrgenommenen Einzelelemente von Stadtnatur mit hoher Wertschätzung durch die Bevölkerung.

Die öffentliche Stadtnatur, die nutzbar und zugänglich für jedermann ist, ist eine mit der Aufklärung und den politischen Umwälzungen im Zuge der Französischen Revolution geborene europäische Idee. Ziel dieser öffentlichen Stadtnatur sollte Verschönerung, Erholung, Volksgesundheit und Volkserziehung sein. Sie breitete sich als Volkspark im 19. Jahrhundert weltweit, gefördert durch die europäische Kolonialisierung, aus. Daneben entstanden neue Formen von Stadtnatur, indem neue Nutzungen (z. B. Golf- und Pferderennplätze) oder etablierte, bisher nicht städtische Nutzungen (z. B. Parkfriedhof, Stadtwald) in die wachsenden Städte des 19. Jahrhunderts einbezogen wurden.

Für eine Vielzahl von Städten gehörten und gehören Gewässer, oft als Fließgewässer ursprünglicher Lokalisationsgrund der Städte, zu ihrer Naturausstattung. Sie waren über lange Zeiträume wichtige genutzte Naturbestandteile, lieferten Wasser und Energie zu vielfältiger Verwendung und führten Abfälle und Abwässer ab. Als diese Aufgaben anders und effektiver gelöst wurden (z. B. Wasserleitungen, Abwassersysteme, neue Energieträger), wandelten sich die urbanen Gewässer in ihren Funktionen. Sie wurden Teil von Erholungsgebieten und boten Lebensraum für sich selbständig entwickelnde Natur mit nur dort anzutreffender Pflanzen- und Tierwelt, die das Interesse des aufkommenden Naturschutzes fand. Wo diese Funktionsablösung noch nicht erfolgt ist, z. B. in vielen Städten von Entwicklungsländern, besteht die multifunktionale Nutzung und Übernutzung der Gewässer weiter fort.

2.1 Stadtnatur als kulturelles Gestaltungsergebnis

Stadtnatur war immer entweder Nutznatur, Schmucknatur oder (Rest-)Wildnatur. Damit diente sie entweder der Befriedigung der materiellen Bedürfnisse (tierische oder pflanzliche Nahrung, Brennholz, Medizin etc.) oder ideellen Bedürfnissen (Schönheit der Lebensumwelt, spirituelle Erfahrung, Erholung etc.) der Städter. Wildnatur ohne Bedürfnisanspruch des Stadtbewohners, als nie genutzte und gegenwärtig ungenutzte Natur im städtischen Umfeld, gab es lange nicht (s. ▶ Abschn. 7.4). Wildnatur als Stadtnatur meint Ökosysteme, die lediglich als Wildbeuter (Wild, Waldfrüchte etc.) „mit-genutzt" wurden oder die sich seit geraumer Zeit völlig ohne materielle Nutzung, oft durchaus aber durch ideelle Nutzung (Besuch, Erholung), selbständig entwickelt haben. In vielen Städten fehlt diese Naturart völlig oder entsteht gerade erst seit einigen Jahrzehnten durch Nutzungsaufgabe neu. Die Wildnatur ist damit eine spezielle Nutznatur, ohne materielle Nutzungsansprüche, aber auch (noch) ohne Schmuckcharakter. Zu ihr bildet sich gerade erst eine neue ethische Beziehung aus Respekt vor der sich unabhängig vom Menschen entwickelnden Natur heraus. Hier entsteht evtl. ein neues „Ethikkonzept" für Stadtnatur, das den ideellen Bedürfnissen zuzuordnen ist.

Nutz- und Schmucknatur sind Teil eines Konzeptes der Lebensqualität. Da, wo der Stadtbewohner von der Nahrungserzeugung zum eigenen Verbrauch entbunden ist, konzentriert sich das Interesse an Stadtnatur vorrangig auf die ideellen Bedürfnisse. In den entwickelten industriellen und postindustriellen Gesellschaften ist dies weitgehend der Fall. In anderen Gesellschaften, anderen Kulturen und bei städtischen Bevölkerungsteilen mit oft extrem niedrigen Einkünften spielt die Nahrungserzeugung als Hauptnutzungsart von Natur, auch in der Stadt, nach wie vor eine große Rolle. In vielen Städten Asiens, Afrikas und Lateinamerikas produzieren auch die kommerziellen Nahrungsproduzenten nahe zu ihren städtischen Kunden, in der Stadt oder an ihrem Rand. Diese Nutznatur ist oft nicht städtisch geplant. Planung von Stadtnatur bezieht sich als städtische Aufgabe oft überhaupt nur auf Park- und Schmucknatur im öffentlich zugänglichen Raum. Viele Städte weltweit haben entweder keine Planung der Stadtnatur (Grünplanung) oder diese ist weitgehend wirkungslos (s. ▶ Abschn. 3.1).

Stadtnatur kann also entweder dem Nutzungskonzept oder dem Schmuckkonzept zugeordnet werden. Die Übergänge sind fließend, wenn z. B. sowohl produziert als auch ideelle Bedürfnisse befriedigt werden (z. B. Kleingarten). Der Grad der Nutzung (intensiv oder nur begleitend) und die Eigentumsverhältnisse der Flächen mit Stadtnatur sind ebenso von Bedeutung.

Stadtnatur war zuerst private Natur in privaten Gärten (s. ▶ Abschn. 5.3) und Parks (s. ▶ Abschn. 5.1 und 3.6) oder als landwirtschaftlich genutzte Fläche. Der öffentliche Raum war weitgehend „naturfrei". Das trifft auf die frühen Städte des Vorderen Orients, der Induskultur oder Chinas genauso zu wie auf Ägypten, Griechenland oder Rom. Dies war auch noch im europäischen Mittelalter so. Ein Nutzgarten sicherte die Gemüse- und z. T. Obstversorgung am Wohnort in der Stadt (s. ◘ Abb. 2.1). Auch Stadtbürger hatten bis ins 19. Jahrhundert hinein z. B. in Deutschland teilweise Gemüsegärten, Obstgärten, Weingärten oder kleine Feldstücke. Wer darauf nicht angewiesen war, leistete sich einen Garten nur zum Schmuck und Lustwandeln. Stadtnatur war fast zu 100 % Privatnatur. Diese lag sowohl innerhalb, meist aber auch außerhalb der Stadtmauern. Große Landwirtschafts- oder Gartenflächen wurden nur dann in den Mauerring eingeschlossen, wenn dies für die Versorgung in Kriegszeiten geboten oder durch die Topographie möglich erschien.

Die antike und mittelalterliche europäische Stadt war weitgehend baumlos, Obstbäume in Gärten ausgenommen. Einzelne Bäume als Dekorationselement, Schattenspender und religiöses Naturobjekt fanden jedoch vereinzelt den Weg in die Städte (s. ▶ Abschn. 5.2). Alte, gepflanzte Einzelbäume standen z. B. auf Kirchhöfen, in Klostergärten, an Rechtsprechungs-, Kultur- und Versammlungsstätten und an Plätzen für traditionelle Wettkämpfe, Feste und Spiele. Einige in Europa und Amerika erhaltene Stadtbäume sind bis zu 400 Jahre alt (z. B. Salzburg, Kotor, Surce), in anderen Kulturen noch wesentlich älter (z. B. im Iran über 4000 Jahre, in China über 1000 Jahre) (s. ◘ Abb. 2.2, 2.3, 2.4 und 2.5). Der Stadtplatz als öffentlicher Raum war ursprünglich baumfrei.

Über den flächenmäßig größten Anteil an Stadtnatur entscheidet auch heute der Stadtbewohner als Flächeneigentümer selbst. Hierin wird er durch seine private Nutzung beeinflussende Vorschriften (nur in stark regulierten Gesellschaften) begrenzt (z. B. Rechtsvorschriften, Baumschutzsatzungen, Abstandsregelungen, Pflanzvorschriften etc.). Im privaten Freiraum zeigt sich das durch Moden und Vorlieben geprägte persönliche Interesse des Stadtbewohners an Stadtnatur. Hier bleibt der Naturzustand erhalten, der den Bedürfnissen des Eigentümers am besten entspricht, bzw. wird wandelnden Moden angepasst. Der private Nutzgarten ausschließlich als Nahrungsgrundlage oder Nahrungsergänzung dominiert heute in Europa bei Stadtbewohnern niedrigen Einkommens oder spezieller Lebensstile.

Der private Schmuckgarten dominiert weitgehend als Ausdruck ästhetischen Empfindens. Dieses gleicht sich weltweit stark an und führt zu „ähnlicher" Naturausstattung mit

◘ Abb. 2.1 Ehemalige Gartenflächen innerhalb der historischen Stadtmauer von Kotor, Montenegro. (© Breuste 2017)

oft gleichen, nichteinheimischen Arten. Städtische Schmucknatur vereinheitlicht sich aufgrund von ästhetischer Vereinheitlichung. Dies trifft auch für die Stadtnatur des öffentlichen Raums zu.

Die Stadtnatur im öffentlichen Raum ist in der frühen Neuzeit auf wenige Bäume, Friedhöfe, Festplätze oder Exerzierfelder, z. T. bereits außerhalb der Stadtmauern, begrenzt gewesen. Lange Zeit ist sie noch nicht Gegenstand der Planung, diese nimmt sich ihr erst spät, z. B. bei planmäßigen Stadtneuplanungen (z. B. St. Petersburg 1703; Karlsruhe 1715) und systematisch erst im 19. Jahrhundert, an. Die Grünplanung des öffentlichen Raumes hat also eine kurze Geschichte. Erst in der planmäßig zu entwickelnden Stadt der Neuzeit maß man der öffentlichen Natur große Bedeutung in der Volkserziehung und Stadthygiene zu.

» „Die Grünplanung im Städtebau hatte in der Geschichte bereits einen höheren Stellenwert als heute. Ihre Missachtung führt zur Entfremdung von Mensch und Natur. Mangelnde Lebensqualität ist die Folge" (Krauskopf 2003, S. 78).

Die Naturgestaltung unterliegt der Grünplanung als Teil der Stadtplanung. Da, wo geplant wird, werden den öffentlichen Flächen Funktionen und dafür entsprechende Naturausstattungen zugewiesen. Stadtnatur wird „eingerichtet" (gepflanzt) und „betreut" (gepflegt). Welche Naturausstattung für welche Flächen und welche Nutzungen infrage kommt, bestimmen Erfahrung, Verfügbarkeit und finanzieller Spielraum der durch Stadtverwaltungen angestellten Stadtgärtner. In einigen Fällen wird dies auch privaten Gartenbaufirmen überlassen, die diese Aufgabe

2.1 · Stadtnatur als kulturelles Gestaltungsergebnis

◘ Abb. 2.2 Etwa 1000 Jahre alte Gingko-Bäume *(Gingko biloba)* im Konfuzius-Tempel (孔庙 „Kǒng Miào") in Qufu, China. Die Bäume sollen in der Song Dynastie (960–1279) gepflanzt worden sein. (© Breuste 2009)

kommerziell im Auftrage der Stadtverwaltung mehr oder weniger kontrolliert und beauflagt übernehmen und nicht nur ästhetisch, sondern auch ökonomisch und nach Verfügbarkeit von Pflanzmaterial handeln.

Ziel ist es, den öffentlichen Raum so zu gestalten, dass er den Bedürfnissen der Stadtbewohner am besten entspricht. Diese Bedürfnisse ändern sich naturgemäß durch kulturelle Wandlungen und Moden, wodurch eine stetige Anpassung durch geänderte Ausstattung, Nutzung und Pflege der öffentlichen Stadtnatur stattfindet.

Was wir heute als Stadtnatur in Städten vorfinden, ist also das Ergebnis eines Anpassungsprozesses der Stadtverwaltungen an gegebene Umstände und Bedürfnisse und nicht zuletzt auch an verfügbare Budgets. Den Bedürfnissen der Stadtbewohner wird dabei durchaus nicht in gleicher Weise entsprochen, manchen Stadtteilen misst man größeren öffentlichen Raum und mehr, oft auch andere

 Abb. 2.3 350 Jahre alte (Pflanzung 1667) Schwarzpappel *(Popolus nigra)* aus dem Garten des ehemaligen Franziskanerklosters auf der Pjaca od Kina in Kotor, Montenegro. (© Breuste 2017)

2.1 · Stadtnatur als kulturelles Gestaltungsergebnis

◘ **Abb. 2.4** „*El árbol milenario*", 400 Jahre alte Westindische Zedrele (oder Zeder) *(Cedrela ordorata)* im Convento de La Recoleta (gegr. 1601), Sucre, Bolivien. (© Breuste 2015)

Abb. 2.5 Abarkooh-Zypresse *(Cupressus sempervirens),* mehr als 4000 Jahre alt, nationales Naturdenkmal seit 2003 in Abarkooh, Iran, Höhe 25 m, Stammdurchmesser 3,14 m, Kronendurchmesser 14,07 m. (© Breuste 2018)

2.1 · Stadtnatur als kulturelles Gestaltungsergebnis

Stadtnatur zu, anderen weniger, oft auch mit weniger Pflegebudget. Dies ist einerseits stadthistorisch begründet, andererseits aber auch auf Ungleichbehandlung der unterschiedlichen sozialen Schichten oder aber auf politische Intensionen der Stadtverwaltungen zurückzuführen. Grünplanung und -pflege ist damit Teil der Stadtpolitik und die Grüne Stadt nicht zuletzt ein kommunalpolitisches Statement (s. ▶ Abschn. 8.3).

In diesem Spannungsfeld kam Stadtnatur in die Stadt und behauptet sich dort oder wurde von anderen Interessen im Zuge der Stadtentwicklung als weniger wichtig verdrängt. Um Stadtnatur wurde und wird damit ökonomisch, politisch, sozial und ästhetisch überall eifrig gerungen. Das Ergebnis davon ist sichtbar und kann entsprechend analysiert werden. Der Entstehungsprozess ist oft undurchsichtig, manchmal schwer zu rekonstruieren und oft verschleiert. Die vorgebrachten Argumente in den Debatten um Stadtnatur sollen meist andere Interessenlagen weniger deutlich sichtbar machen. Dies trifft insbesondere gegenwärtig auf „ökologische" Argumente zu, die von verschiedenster Seite vorgebracht, andere, weniger gesellschaftlich akzeptierte, oft individuelle Interessen verdecken sollen.

Als in der westlichen Philosophie des 18. Jahrhunderts die Natur normativ als ursprünglich und als ideelles Leitbild entwickelt wurde („Zurück zur Natur"), übertrug sich dies in die Gestaltung der englischen Landschaftsgärten des Landadels. Es bestimmte als positives Leitbild die Epoche der anbrechenden Moderne auch im Städtebau und der Grünplanung. Der Landschaftsgarten wurde in die städtische Planung und Gestaltung integriert und Grün wurde Teil der Stadtplanung. Dies war ein wesentlicher Schritt hin zu einem neuen Stadtverständnis, in dem Natur als, immanenter Bestandteil der Stadt gesehen wurde. Bestehende Städte wurden zunehmend als „Un-Natur" verstanden, obwohl man das Fehlen von Natur oder ihre Vernachlässigung bis dahin gar nicht bemerkt und auch nicht reklamiert hatte. Die rasch voranschreitende und rücksichtslose Industrialisierung vor allem des 19. Jahrhunderts schuf ungeplante Städte, deren wachsende Zahl der Stadtbewohner wenig einflussreich auf Stadtgestaltung und Stadtnatur war. Auf ein Minimum der physischen Existenz der Mehrzahl ihrer Bewohner reduziert, wurde die Industriestadt zum Gegenbild eines guten und gesunden Lebens.

> „Die große Stadt erscheint als Symbol, als stärkster Ausdruck der vom Natürlichen, Einfachen und Naiven abgewandten Kultur, in ihr häuft sich zum Abscheu aller Gutgesinnten wüßte Genusssucht, nervöse Hast und widerliche Degeneration zu einem gräulichen Chaos… Man schilt die unsägliche Häßlichkeit der Städte mit ihrem wüsten Lärm, ihrem Schmutz, ihren dunklen Höfen und ihrer dicken, trüben Luft" (Endell 1908, S. 20).

Die große Stadt kann in den Augen von Optimisten wie Endell (1908, S. 30) die „verborgene Schönheit" der Stadt als Natur zurückgewinnen, „eben weil diese Schönheit fast immer übersehen wird, weil man gar nicht gewohnt ist, eine Stadt so anzusehen, wie man die Natur, wie man Wald, Gebirge und Meer ansieht". Was der modernen Großstadt fehlte, waren planmäßige Gestaltung, auch gegen Grundstücksspekulation und Profitmaximierung, im Interesse des gesellschaftlichen Gesamtwohls. Dies drückte sich in der Forderung nach „Raum für Licht, Luft und Sonne" aus (Krauskopf 2003, S. 78).

Die Gesundheit der Stadtbewohner schien bereits früher noch, als die industrielle Großstadt gerade erst entstand, gefährdet. Als geeignetes Mittel zur Förderung der Gesundheit der Stadtbewohner erschien bereits im 18. Jahrhundert die idealisierte Natur. Mit der allgemeinen Akzeptanz der gesundheitsförderlichen Wirkungen der Natur eröffnete sich für Architekten, Städteplaner und Gartenkünstler ein neues, unermessliches Aufgabenfeld, um die Stadt durch Natur in ihr zu verbessern und ihre Entwürfe den Entscheidungsträgern gegenüber zu begründen. Dafür stand bereits seit der zweiten Hälfte des 18. Jahrhundert die Metapher „Grüne Lungen", die auch heute noch im Gebrauch ist (z. B. Thorén 2008).

> **Was die Metapher „grüne Lungen" meint – „Lungen" reinigen die Luft für mehr Gesundheit in der Stadt**
>
> Die Gesundheitstheorie des 18. Jahrhunderts beruhte auf krankheitserregenden Miasmen, basierend auf fauligen Prozessen in Wasser und Luft und dadurch bedingte Verunreinigung der Luft. Dabei ging es noch nicht in erster Linie um z. B. industrielle Luftverunreinigungen im heutigen Sinne. Luft ohne Miasmen wurde als gesundheitsförderlich angesehen. Der Theologe und Chemiker Joseph Priestley (1733–1804) hatte 1771 das Gas Sauerstoff, das er „dephlogistierte Luft" nannte, entdeckt und 1779 dessen Neubildung durch Photosynthese nachgewiesen (Willeford 1979).
>
> Seit Beginn des 19. Jahrhunderts waren große Grünbestände, in denen Sauerstoff produziert und Verunreinigungen der Luft reduziert wurden, insbesondere Parks, als Gegenmittel gegen krankheitsbegründende Miasmen in der öffentlichen Diskussion anerkannt. Der schottische Botaniker und bekannte Landschaftsarchitekt John Claudius Loudon (1783–1843) bezeichnete die Squares von London als *„of greatest consequence to the health of its inhabitants"* wegen der Förderung der *„free circulation of air"* (Loudon 1803, S. 739).
>
> Priestley fand heraus, dass *„…no vegetable grows in vain… but cleanses and purifies the atmosphere"* (Raven et al. 2005, S. 116). Es ging also nicht um mehr Sauerstoff, an dem es auch in schadstoffbelasteter Luft nicht mangelt, sondern um weniger Schafstoffe, die „Reinigung der Luft" von Miasmen. Dass man diese Funktion der Vegetation zuschrieb, war richtig, sie mit den Lungen zu verknüpfen, wohl eher eine Fehlinterpretation, die aber bis heute aufrechterhalten und von jedem akzeptiert wird: Lungen reinigen die Luft.
>
> Ein System von „Lungen" über die Stadt verteilt wurde als Mittel angesehen, um durch Zugang der Stadtbewohner zur durch Vegetation gesäuberten Luft dieser Grünräume die Ausbreitung von Krankheiten zu vermeiden. In der industriellen Stadt konnten das nur größere, vegetationsreiche Grünräume sein. Die Idee der Einrichtung von Parks zur „Reinlufterzeugung" als „Gegengewicht" zur luftverunreinigenden Industrie war geboren. Die Reduzierung der Luftverunreinigung durch die Industrie stand nicht zur Debatte, da man dies als unzulässige Einschränkung privaten Handelns ansah. Im 1848 verabschiedeten Public Health Act wurde im Vereinigten Königreich die Einrichtung von Parks mit dem Grüne-Lungen-Argument erstmals festgeschrieben (Compton 2016).
>
> » „A metaphor can be a valuable tool for raising awareness. The lungs metaphor was effective in the nineteenth century because it aligned parks with the prevailing political and social concerns of that era" (Crompton 2016, S. 12).

Die moderne Stadt als liberale Stadt, zuerst London und Manchester in England, sollte eine auf das Wohl der Regierten bedachte Regierung haben. Das schloss das gesundheitliche Wohl ein.

» „The sanitary economy of the town was like that of the body. Both were characterized by a dynamic equilibrium between living organisms and their physical environments" (Joyce 2003, S. 65).

Um die Gestaltung dieser „physischen Umwelt", der vorhandenen Stadtnatur, ging es nun auch im 18. Jahrhundert bereits. Vorhanden und öffentlich war Natur in Städten des 18. Jahrhunderts kaum. Bereits seit dem 17. Jahrhundert hatte sich in England der Zugang zum Besitz der Krone als Gewohnheitsrecht fast überall durchgesetzt (Hyde Park z. B. 1637) (Kostof 1993, S. 167). Die Royal Parks in London wurden für *exercises*, Pferderennen, Wettläufe, Ausritte, Spaziergänge etc. genutzt. Die Einschränkung dieses Nutzungsrechts führte immer wieder zu heftigen, auch politisch genutzten Auseinandersetzungen im House of Commons.

2.1 · Stadtnatur als kulturelles Gestaltungsergebnis

> **Die „grünen Lungen" – Wie eine Metapher entstand und 1808 erstmals dokumentiert wird: Es geht um das Recht an öffentlichem Grün – ein aktueller Gegenstand**
>
> Der Begriff „grüne Lungen" steht heute wie kein anderer seit nunmehr mehr als etwa 240 Jahren für die positiven gesundheitlichen Wirkungen von Stadtgrün und Stadtnatur überhaupt. Ihn zu hinterfragen, bietet sich an, da Lungen im Allgemeinen keinen lebensnotwendigen Sauerstoff produzieren, sondern CO_2. Aber darum geht es bei diesem Begriff auch nicht. Die inzwischen begrünten Squares und Royal Parks, Hyde Park und daran anschließend Green Park und St. James's Park, wurden bereits im 18. Jahrhundert als „grüne Lungen" Londons angesehen. Die Metapher geht auf William Pitt d. Ä. (1708–1778), den ersten Earl of Chatham, zurück und wurde in einer Parlamentsdebatte über den Hyde Park am 30. Juni 1808 vom irischen Wigh-Politiker Lord Windham (1750–1810), Secretary of State for War and the Colonies, in der Auseinandersetzung um den Hyde Park als schlagkräftiges Argument für die Bewahrung des Parks dem Tory-Schatzkanzler Spencer Perceval (1762–1812) entgegen gehalten. Die Debatte mutet an, als könnte Sie auch 200 Jahre später stattgefunden haben.
>
> Die Metropolisierung Londons führte zu zunehmender baulicher Erweiterung und Grundstücksspekulation. Die Verhandlungen eines Konsortiums mit dem Königlichen Schatzamt über den Bau von acht Häusern auf einem Teil des Hyde Park waren 1808 öffentlich geworden und man sah bei Anerkennung der königlichen Eigentumsrechte am Park die Rechte der Allgemeinheit zur Nutzung des Parks dadurch gefährdet.
>
> Lord Windham:
>
> » „Now, if in addition to these a number of houses should be erected, the power of vegetation would be completely destroyed. The park would no longer be that scene of health and recreation it formerly was. **It was a saying of Lord Chatham, that the parks were the lungs of London.** He could devise no mean more effectual for the destruction of these lungs than the proposed plan. … He had heard of parks decorated with grottos and temples, but here was a plan to decorate a park with houses; as if a citizen, who should leave Whitechapel on a Sunday evening to get a little fresh air, would feel much gratified when he arrived at Hyde-park to see nothing but houses" (Hansard 1812, S. 1124–1125).
>
> Der Plan zur teilweisen Bebauung des Hyde Park wurde mit 36 Nein-Stimmen gegen 23 Ja-Stimmen abgelehnt (Hansard 1812; George 2017; Crompton 2016). Die Metapher der „grünen Lungen" wurde im Kampf um Stadtnatur seitdem unzählige Male genauso erfolgreich bis in die Gegenwart wieder angewandt (u. a. Murray 1839; Corbin 2005).

Das Gegensatzpaar Stadt und Natur war zumindest in der europäischen Tradition scheinbar unauflösbar. Mystische Begriffe und wirksame Schlagworte dienten den Stadtplanern genauso wie wissenschaftlich fundierte Argumente dazu, den offensichtlichen Widerspruch zu überwinden. Im 19. und 20. Jahrhundert entwickelten Stadtplaner in Europa und der Neuen Welt immer neue Pläne, die als die „naturgerechteste" Lösung angepriesen wurden und entweder die offensichtlichen physischen und Gesundheitsbelastungen der Stadt durch „Natur-Ergänzungen" mildern sollten oder die Stadt im Verhältnis zur Natur völlig neu definierten (Krauskopf 2003). Der Natur, durchaus auch gestaltete Natur, wurde eine Funktion zur Förderung der Gesundheit der Stadtbewohner zugewiesen.

Sozialreformer wie der Architekt Edwin Chadwik (1800–1890) wollten in den 1840er-Jahren in England die unerträglichen Gesundheitsbelastungen der in wachsender Armut lebenden Arbeiterschaft in den industriellen Großstätten durch ein System sanitärer Maßnahmen verbessern (Chadwick 1843). Öffentliche Ausgaben für gesunde Lebensbedingungen, so wurde argumentiert, würden sich durch Rückgang von Krankheiten und Armut langfristig auszahlen. Dazu gehörten Abwasser- und Abfallentsorgung, sauberes Trinkwasser, gesundheitspolizeiliche Maßnahmen und auch sanitäre Wirkung öffentlicher Grünräume. Die Forderung nach öffentlichen Parks, bereits 1803 durch den schottischen Landschaftsarchitekten John Claudius Loudon (1783–1843) erhoben (Kostof 1993), wurde in den 1848 verabschiedeten Public Health Act *(pleasure grounds)* integriert (Hansard 1848).

2.2 Stadtnatur wird etabliert

Spätestens im 18. Jahrhundert wird in großen europäischen Städten bestehende private Stadtnatur (Herrscherparks) zugänglich bzw. werden (halb)öffentliche Naturelemente in die städtischen Wohngebiete der Oberschicht eingefügt. Letztere dienen mehr der Dekoration und der Wertsteigerung der Grundstücke als einer wirklichen Nutzung durch Aufenthalt. Die Londoner Squares sind dafür ein Beispiel. Begrünte Stadtplätze wurden bereits im 17. Jahrhundert in London angelegt (Squares und ab der 2. Hälfte des 19. Jahrhunderts auch halbkreisförmige Crescents). Ihre Größen variierten zwischen 0,6 und 28 ha (Grosvenor Square 1725–1735). Um 1780 wurde der baumbestandene Square Standard. Die meisten Squares sind heute immer noch private Grünräume, die attraktive Wohnlagen schaffen, einige sind öffentlich zugänglich (Mader 2006).

Amsterdam war die erste Stadt Europas, die großflächig Bäume pflanzte. Bereits vor 1600 wurden bei jeder neu gegrabenen Gracht an beiden Seiten Linden und später Ulmen gepflanzt. Die Bäume wurden nicht nur aus ästhetischen Gründen gepflanzt, sondern auch um den Kai zu festigen und später wegen der luftreinigenden Wirkung (Amsterdam 1999–2018).

Das aufkommende Bürgertum übernahm vor allem im 18. Jahrhundert das ländlich-aristokratische Freizeitvergnügen des „Lustwandelns" in herrschaftlichen Gärten und Parks, übertrug es in seinen städtischen Lebensraum und mache es zum „Spazier-Gang oder lustigen Zeit-Vertreib im Grünen" (Zedler 1743). Der Spaziergang wurde und ist immer noch eine grundlegende Freizeitaktivität. Er wurde im 18. Jahrhundert Element bürgerlichen Lebensstils. Er findet in der Landschaft außerhalb der noch kleinen Städte und in der Stadt im dafür eigens geschaffenen Raum der Promenaden oder Parks statt. Die Entstehung von Parks oder Promenaden in den Städten, dem Lebensort des Bürgertums, hängt unmittelbar mit dem Spaziergang und der bürgerlichen Lebensweise zusammen. Kontemplative als auch soziale Komponente kommen hierin zusammen (Natureindrücke genießen, sich in gesunder Umwelt aufhalten, Nachdenken, Kontakte knüpfen, ungestört Gespräche führen). Dazu kamen Spazierritt oder Kutschenfahrt.

Die Alleen der italienischen Gärten des 15. und 16. Jahrhunderts wurden wie auch andere landschaftsgärtnerische Elemente in die Stadtgestaltung der europäischen Renaissance und des Barock übernommen. Dazu gehörten repräsentative Alleen, vor allem als Verbindungselemente zwischen fürstlichem Schloss und Jagdgebieten oder Lustschlössern außerhalb der Städte (z. B. Untern den Linden, Berlin; Champs-Élysées, Paris; Hellbrunner Alle, Salzburg; Paseo de la Reforma, Mexico City).

2.2 · Stadtnatur wird etabliert

Boulevards und Promenaden

Breite baumbestandene, öffentliche Promenaden wurden in Städten angelegt, um dem Bedürfnis nach Spaziergang, vor allem aber Spazierfahrt mit Kutschen in schattiger Umgebung, nachzukommen. Oft verbinden sie die Stadt und die Wohngebiete ihrer Nutzer, der begüterten Mittel- und Oberschicht. Mit der Entfestigung der Städte entstand der dafür nötige Raum auf ehemaligen Stadtbefestigungen und verfüllten Stadtgräben. Das französische Wort *boulevard* bezeichnete eine Stadtmauer und leitet sich aus dem Niederländischen *bollwerc*, „Bollwerk", ab.

Zwischen 1668 und 1705 entstanden auf den Freiflächen der beseitigten nördlichen Pariser Stadtbefestigungen Nouveau Cours, baumbestandene Chausseen, die ihren Namen von der nördlich der Bastille gelegenen Bastion Grand Boulevard erhielten. Die Grands Boulevards sind mindestens dreißig Meter breite Alleestraßen mit meist baumbestanden Fußgängerwegen *(trottoires)* und mehrspurigen Fahrstraßen. Sie sind die ältesten Pariser Boulevards und bilden eine halbkreisförmige, knapp drei Kilometer lange Verkehrsachse zwischen Place de la Madeleine im Westen und Place de la Bastille im Osten.

Der Gartenarchitekt André Le Nôtre (1613–1700) gestaltete 1667 in der Verlängerung der Zentralallee des Tuilerien-Gartens einen Grand-Cours, 70 m breit und 1910 m lang, aus dem die Champs-Élysées hervorgingen, eine nach Westen orientierte baumbepflanzte Schauachse.

Im Zweiten Kaiserreich nahm der Pariser Präfekt Georges-Eugène Haussmann (1809–1891) die Grands Boulevards als Vorbild für die Umgestaltung des damals noch mittelalterlich strukturierten Paris zwischen 1852 und 1870. Ab 1853 ließ Haussmann weitere Boulevards als Prachtstraßen quer durch die Stadt anlegen. Große Teile der dicht bebauten Innenstadt wurden dafür abgerissen. Der Ingenieur, Stadtplaner und Gartengestalter Jean-Charles Alphand (1817–1891) übernahm Entwurf und Gestaltung der Boulevards, einiger Parke und die Umgestaltung der beiden Stadtwälder Bois de Bologne und Bois de Vincennes zu Parkwäldern (Alphand 1867–1873).

Die Wiener Ringstraße wurde 1864–1865 (1. Mai 1865 offiziell eröffnet) auf den ehemaligen Befestigungen, Gräben und des Glacis um die Wiener Altstadt als Promenade mit 5,2 km Länge gebaut. Der 6,5 ha große Stadtpark, 1862 fertiggestellt, und umfangreiche Baumbepflanzungen der Straße gehören zum Projekt Ringstraße (Wagner-Rieger 1972–1981).

Der etwa 15 km lange und 60 m breite Paseo de la Reforma, unter Leitung des österreichischen Offizier Ferdinand von Rosenzweig (1812–1892) 1864 bis 1867 realisiert, ist die Hauptverkehrsader von Mexico City. Sie verband Wohn- und Amtssitz des Kaisers Maximilian, Schloss Chapultepec, und die Innenstadt. Heute ist sie eine der Hauptgeschäftsstraßen der Stadt (s. ◘ Abb. 2.6).

Die Stadt Köln nutzte nach Erwerb des inneren Befestigungsring 1881 die 104 handgroße Freifläche in Anlehnung an die Pariser Stadtplanung und die Wiener Ringstraße zum Bau eines Prachtboulevards. Die repräsentative Kölner Ringstraße bestand bei ihrer Eröffnung 1886 aus einer Kette repräsentativer Straßenräume, zwischen 32 m und 114 m breit. Leider haben sich ihre ursprünglich bepflanzten Mittelstreifen und ein Teil des Baumbestandes nicht vollständig erhalten.

Die 2,5 km lange Hellbrunner Allee in Salzburg, die 1613–1618 angelegt wurde, ist die **älteste erhaltene herrschaftliche Allee in Mitteleuropa** und vermutlich weltweit. Sie führt vom Schloss Hellbrunn in der gedachten Achse zum Wasserschloss Freisaal. An der als Kutschenfahrweg vorgesehenen Straße liegen mehrere herrschaftliche Anwesen. Die Allee ist seit 1933 Naturdenkmal und seit 1986 Geschützter Landschaftsteil. Der Baumbestand besteht aus Schwarzpappeln, Stieleichen und Rotbuchen. Bis heute haben sich zahlreiche Eichen aus der Entstehungszeit (ca. 400 Jahre alt) erhalten. Sie stellen den größten und wertvollsten Altbaumbestand der Stadt dar. Auch als Lebensraum für Fledermäuse, baumbrütende Vögel und holzbewohnende Käfer, viele davon geschützt, hat die Hellbrunner Allee eine herausragende Bedeutung. Sie ist damit auch von naturschutzfachlichem Interesse (Medicus 2006; s. ◘ Abb. 2.7).

◘ **Abb. 2.6** Paseo de la Reforma, Mexico City. (© Breuste 2005)

2.3 Öffentliche Stadtnatur für Verschönerung, Erholung, Volksgesundheit und Volkserziehung

Die Idee der öffentlichen Parks in Städten (s. ► Abschn. 5.1) ist eine europäische Idee, die von hier aus in die Städte der Welt exportiert wurde. Sie wurde zuerst in Nord- und Südamerika, später weltweit in europäische Kolonien als Lebensstilelement und Teil moderner Stadtentwicklung auch in andere Teilen der Welt (z. B. Kolkata, Indien: Maida Park, 1847; Tokyo, Japan: Ueno Park 1876; Shanghai, China: Public Garden (Huangpu Park) 1886; Fuxing Park 1909, Bangkok, Thailand: Lumphini Park 1947) implementiert.

Der erste Park in der Neuen Welt schmückt Neuspaniens Hauptstadt Mexico

Verschiedene Quellen berichten, dass in der Neuen Welt der Vizekönig Neuspaniens Luis de Velasco y Castilla (1539–1617) im Zusammenhang mit dem Aufbau seiner Hauptstadt Mexico City am Rande der Stadt 1592 den öffentlichen Park Alameda, ein mit Pappeln bepflanztes Areal von 200 × 100 m, anlegen ließ (s. ◘ Abb. 2.8). 1791 wurde seine Fläche auf 8,8 ha verdoppelt und durch Umzäunung nur mehr der Nutzung durch die Oberschicht zugänglich gemacht. Dies ist die erste nachweisbare Gründung eines öffentlichen Parks in Lateinamerika (Cocking 2016).

2.3 · Öffentliche Stadtnatur für …

Abb. 2.7 Hellbrunner Allee, Salzburg, Österreich. (© Breuste 2018)

Öffentliche Parkanlagen entstanden in europäischen Städten mit unterschiedlichen, manchmal miteinander verbundenen Intensionen, einerseits aus der Idee der Volkserziehung und andererseits aus der Idee der Volksgesundheit. Die ältere Idee ist die der Volkserziehung. Es sollten vor allem die ärmeren Stadtbewohner durch den Besuch eines gestalteten Parks „Erbauung" und „Erholung" erfahren und den „gehobenen" Klassen auf dem neutralen Gelände des Parks in der Stadt begegnen, um damit den „geistigen Charakter der niederen Klassen der Gesellschaft" zu heben (Kostof 1993, S. 169). Solche Parks wurden im späten 18. Jahrhundert in Deutschland mit dem Begriff „Volksgarten" oder „Volkspark" bezeichnet.

Öffentliche Parkanlagen entstanden in Europa zuerst aus schon **bestehenden**

Abb. 2.8 Park Alameda Central, Mexico City. (© Breuste 2010)

herrschaftlichen Parks, die anfangs zeitlich begrenzt, später allgemein für eine öffentliche Nutzung geöffnet wurden, jedoch weiterhin in privatem Besitz blieben. Oft war hier noch die räumliche Verbindung zu einem Schloss oder Landsitz vorhanden. Dafür gibt es mit den Royal Parks in London (Hyde Park 1637, Green Park und St. James' Park geöffnet im 17. und 18. Jahrhundert, Regent's Park geöffnet im 19. Jahrhundert) und vielen herrschaftlichen Parks im übrigen Europa (z. B. St. Petersburg, Berlin, Wien, Prater 1766) und in Asien (z. B. Tokyo) viele Beispiele (s. Abb. 2.9 und 2.10).

Keiner dieser Parks war jedoch für eine öffentliche Nutzung gestaltet und entworfen worden. Der erste nachweisbare Park, der von Anfang an für öffentliche Nutzung vorgesehen war, war der **Englische Garten in München.** Er wurde vom bayrischen Kurfürsten Carl Theodor mit dem Namen Theodorspark am 13. August 1789 als **Volkspark** in Auftrag gegeben und am 1. April 1792 offiziell eröffnet. Ihm folgte als Volkspark der fünf Hektar große *Wiener Volksgarten*, 1819–1823 auf dem Gelände der ehemaligen Burgbastei der früheren Festungsanlagen Wiens im Auftrag des „Gärtner-Kaisers" Franz II. (I.) errichtet. Er wurde als erster im Habsburger Reich für die öffentliche Nutzung geplanter Park in regelmäßiger Gestaltung für eine „disziplinierte Nutzung" anlegt und am 1. März 1823 eröffnet (Hajós 2005). 1830 wurde der **Magdeburger Herrenkrugpark** als öffentlicher Stadtpark, vom preußischen Gartenarchitekten Peter Joseph Lenné (1789–1866) entworfen, fertiggestellt (Hesse 1907; Hoke 1991).

2.3 · Öffentliche Stadtnatur für …

Abb. 2.9 Allee im Park von Schloss Hellbrunn, Wien, Österreich. (© Breuste 2018)

Volkspark

Der Volksgarten bzw. Volkspark ist eine Gestaltungsform der öffentlichen Parkanlage. Sie entstand Ende des 18. Jahrhunderts. Zugang zur Natur und Erholung für alle Stadtbürger waren die Aufgabe von Volksgärten. Ihre Anlage erfolgte auf verfügbarem und möglichst günstig zu erwerbendem öffentlichem Gelände mit Bezug zu den städtischen Wohngebieten im Auftrag der Stadtverwaltungen. Zur Ausstattung gehören im Stile englischer Landschaftsgärten arrangierte Wald- und Wiesenflächen, Baumpflanzungen, Teiche, Wasserspiele, Ruheplätze, Denkmäler und Pavillons. Im Vordergrund steht die ästhetische Gestaltung. Mit der Integration von neuen Funktionen wie Spiel und Sport entwickelte sich der Volksgarten am Ende des 19. Jahrhunderts zum Volkspark weiter. Typisch für Volksparks sind zentrale, große und zusammenhängende, betretbare Spiel- und Sportflächen und Rasenflächen (Bsp. Volkspark Jungfernheide, Berlin) (Kostof 1993).

Abb. 2.10 Fürstlicher Park Valdštejnská zahrada (Waldstein-Garten), Prag, Tschechische Republik (© Breuste 2017)

Der Englische Garten in München

Der Englische Garten in München wurde im Auftrag des bayrischen Kurfürsten Carl Theodor 1789 vom Kriegsminister Benjamin Thompson (1753–1814) als öffentlicher Volksgarten zwischen 1789 und 1792 für die damals rund 40.000 Münchner Bürger angelegt. Das entspricht ca. 94 m^2 Park je Einwohner, eine Größenordnung die heute kaum irgendwo erreicht wird. Mit 375 ha Größe zählt er auch heute zu den größten Parkanlagen der Welt (s. ◘ Abb. 2.11). Er zählte zu den ersten großen kontinentaleuropäischen Parkanlagen, die von jedermann betreten werden durften. Als eine der ausgedehntesten innerstädtischen Parkanlagen der Welt erfreut sich der Englische Garten sowohl bei den Münchnern als auch bei den Touristen anhaltender Beliebtheit. In seiner Gestaltung hat er sich immer wieder den Bedürfnissen seiner Nutzer angepasst, ohne seinen Landschaftscharakter dabei zu verlieren. 1972 öffnete die Parkverwaltung die Wiesen des Parks für eine öffentliche Nutzung, 1982 wurden zwei Areale für die Freikörperkultur ausgewiesen. Seit 1990 werden im Amphitheater öffentliche Vorstellungen geboten. 2000 bis 2011 wurde die Flusslandschaft der Isar in einem acht Kilometer langen Abschnitt naturnah gestaltet.

Landschaftsgärtner und Gestalter des Parks nach englischem Vorbild war der Hofgärtner Friedrich Ludwig von Sckell (1750–1823). Anfangs arbeitete er unter der Leitung von Thompson, ab 1804 bis zu seinem Tode in alleiniger Verantwortung. Unter seiner Leitung entstand entlang der Isar-Auen ein Landschaftsensemble aus Waldbereichen, Wiesen, Hügeln und Wasserläufen, dekoriert mit Amphitheater, Statuen und Schmuckbauten und erschlossen durch ein Wegenetz für Fußgänger, aber auch für Kutschen und Reitpferde.

Sckell formulierte als Nutzungsauftrag 1807: „Hier will das Volk gesehen, gefallen, und bewundert werden, alle Stände müssen sich also da versammeln, und in langen bunten Reihen bewegen, und die frohe Jugend unter ihnen hüpfen" (Sckell 1807; zitiert in Freyberg 1989, S. 97; Freyberg 1989, 2001; Landeshauptstadt München 2000).

2.3 · Öffentliche Stadtnatur für …

Abb. 2.11 Englischer Garten, München. (© Breuste 2011)

1842 wurde im Osten Londons als Gegengewicht zu den Royal Parks des West Ends der **Victoria Park** durch Parlamentsbeschluss ausdrücklich der Arbeiterklasse gewidmet (Kostof 1993). Lage und Nachbarschaft stehen zumindest für eine Idee des sozialen Ausgleichs in der Versorgung der Stadtbewohner mit Stadtnatur.

Nahe der aufstrebenden Industriemetropole Liverpool gestaltete der englische Gärtner Joseph Paxton (1801–1865) ebenfalls in städtischem Auftrag den 1847 eröffneten **Birkenhead Park** mit umgebender Wohnbebauung aus mehr als 100 luxuriösen Reihen- und Einzelhäusern für die gehobene bürgerliche Mittelschicht, deren Verkauf die Kosten des Parks erwirtschaftete. Dies war damit auch ein früher **Gartenstadtentwurf.** Der Birkenhead Park in Liverpool wird häufig unzutreffend als erster öffentlicher Park überhaupt angeführt (Kostof 1993). Im eigentlichen Sinne ist er jedoch weder der erste noch ein typischer Volkspark für die breite Stadtbevölkerung. Der 91 ha große Birkenhead Park lag weit vom eigentlichen Liverpool entfernt auf der anderen Seite des Mercey, in einem neuen Stadtentwicklungsbereich für gehobene Mittel- und Oberschichten (s. Abb. 2.12). Der Birkenhead Park ist ein Beispiel von Stadtnatur-Entwicklung im Zuge gezielter sozialer Segregation. In seiner Intension und seinem Entwurf wurde er allerdings berühmt, nicht zuletzt deshalb, weil ihn Frederick Law Olmsted (1822–1903), der berühmteste Landschaftsarchitekt der USA,

◘ Abb. 2.12 Birkenhead Park, Liverpool. (© Breuste 2017)

zum Vorbild vieler weiterer Parks vor allem in den USA, z. B. des Central Parks in New York (Kostof 1993; Metropolitan Borough of Wirral 2008; Brocklebank 2003; Greaney 2013), nahm. 1865 besaßen die meisten Städte Englands und die meisten Stadtteile Londons öffentliche Parks (Mader 2006; Wiede 2015).

Um die Mitte des 19. Jahrhunderts wurden Parks erstmals zentrale Elemente neuer Stadtentwicklungskonzepte, insbesondere für dynamisch wachsende Städte. Die Natur wurde in einem „begehbaren Landschaftsgemälde" idealisiert in die Stadt geholt. „Glückliche Landschaften" wurden durch „ästhetische Aufschmückung" neu gestaltet.

> » „Auch die glücklichste Landschaft… kann durch die richtige Anwendung der Gartenkunst… ästhetisch aufgeschmückt und ökonomisch verbessert werden", Peter Joseph Lenné (Wieland 2012, S. 59).

Der Hyde Park in London

Der Hyde Park ist mit 140 ha einer der großen und bekanntesten Stadtparks weltweit. Der Park wurde als königlicher Besitz (Royal Park) vom 16. Jahrhundert bis 1768 als königliches Jagdgebiet genutzt. Bereits 1637 wurde er der Öffentlichkeit zugänglich gemacht. Er ist damit auch einer der ersten öffentlich nutzbaren Herrschaftsparks. Er ist in seiner Gestaltung und Funktion Vorbild für vor allem europäische und nordamerikanische Parks.

Im 1830 angelegten, über 11 ha großen See Serpentine können Besucher rudern und mit Erlaubnis auch angeln. Es gibt eine 1384 m lange Pferdereitbahn (Rotten Row), eine Bowlinganlage und weitläufige Rasenflächen für Picknicken und Entspannung.

Im Crown Lands Act 1851 ist der öffentliche Zugang zu den königlichen Gärten geregelt. Dieses Regelwerk wird regelmäßig den lokalen Entwicklungen zur Benutzung des Parks angepasst (Hennebo und Wagner 1977).

Ein Hyde Park für New York

1873 wurde der „Hyde Park für New York" (Rosenzweig und Blackmar 1992; Taylor 2009; Schwarz 2005a), der Central Park auf 341 ha Fläche, eröffnet (= 2,3 m² / Ew.). Vorausgegangen waren eine jahrzehntelang geführte öffentliche Debatte und ein Medienkrieg der Gegner und Befürworter, beide auf der Seite der einflussreichen Grundbesitzer, Kaufleute und Politiker. Die New York Tribune mit ihrem Verleger Horace Greeley (1811–1872) und der Dichter und Herausgeber der Zeitschrift Post William Cullen Bryant (1794–1878) hatten idyllische Bilder vom ländlichen Jones's Wood (Louvre Farm), einer Farm an der Ostseite Manhattans, veröffentlicht. Benachbart schlugen sie vor, könnte ein großer Park entstehen. Parkbefürworter Bryant stimulierte die öffentliche Diskussion, führte an, dass wegen Mangels an anderen Alternativen an jedem Sonntag Tausende „freiluft-hungrige" Familien auf dem Green-Wood-Friedhof in Brooklyn zwischen Gräbern picknicken würden (Burns et al. 2002). Auch Andrew Jackson Downing (1815–1852), der erste amerikanische Landschaftsarchitekt, argumentierte in Publikationen seit 1844 für die Notwendigkeit eines öffentlichen Parks für New York. Arthur Tappan (1786–1865), Herausgeber des Journal of Commerce, argumentierte für die Grundbesitzer, die ihre Grundstücke in wertvolles Bauland verwandeln wollten: „Es besteht keine Notwendigkeit die Hälfte der Insel (gemeint ist Manhattan – der Verf.) auf ewig in einen Erholungswald für Faulenzer zu verwandeln" (zitiert in Burns et al. 2002, S. 108).

Bereits 1811 sah die Planungskommission für New York für die gesamte Insel Manhattan ein Gitternetz aus Parzellen mit Einfamilien-Reihenhäusern mit Hinterhofgärten vor (Commissioners' Plan). Für Zerstreuung und Erholung sollte die lange Küstenlinie genutzt werden. Zwischen 1821 und 1855 hatte New York seine Bevölkerung jedoch bereits vervierfacht. 1870 lebten fast 1,5 Mio. Menschen in selten mehr als fünfstöckigen Häusern mit verbauten Hinterhöfen in äußerster Enge mit nur wenigen winzigen grünen Vierecken südlich der 23. Straße. Die Idee kam auf, einen Teil der Insel Manhattan für Gesundheits- und Erholungszwecke zu retten und nun auch zu handeln.

1853 begann der städtische Landerwerb zwischen 59. und 106. Straße an der nördlichen Stadtgrenze von 750 *acres* (304 ha). Fünf Millionen Dollar wurden für 34.000 Parzellen erworben und 1600 schwarze, irische und deutsche Einwanderer erhielten Zwangsräumungsbescheide (Burns et al. 2002). Den 1857 ausgeschriebenen Wettbewerb des „Board of Commissioners of the Central Park" für den Entwurf eines Parks gewannen die an europäischen, besonders englischen Vorbildern orientierten Frederick Law Olmsted (Journalist und Farmer, 1822–1903) und Calvert Vaux (Architekt, 1825–1895), ein Schüler Downings. Weder Olmsted noch Vaux hatten je zuvor einen Park oder eine Landschaft geplant. Ihren erfolgreichen „Greensward Plan" bezeichnete Olmsted 1858 als *„of great importance as the first real Park made in this country – a democratic development of the highest significance…"* und als Schlüssel *„to the progress of arte & of esthetic culture"* (zitiert nach Scobey 2002, S. 20). Ihr Entwurf war ein sozialreformerisches öffentliches Raumkonzept, in dem die gestaltete Natur die harten sozialen Gegensätze der Metropole ausgleichen sollte, „Plätze und Gelegenheiten zur Wiedervereinigung, wo die Blicke der Reichen und Armen, Gebildeten und Ungebildeten sich begegnen und wo jene vielleicht wieder zueinander finden" (Burns et al. 2002, S. 109) waren vorgesehen.

Zwischen 1858 und 1873 war mit über 4000 Arbeitern eine „neue Landschaft" als modelliertes Gelände, mit Teichen, Bepflanzungen (25.000 Bäume), mit von Kutschen befahrbaren Wegen, Brücken, Pavillons (6 Mio. Ziegel wurden verbaut) etc. geschaffen, die Olmsted zum „Vater der amerikanischen Landschaftsarchitektur" und den Park zum „größten amerikanischen Kunstwerk des 19. Jahrhunderts" machten (Schwarz 2005b, S. 135). Alles war nach Olmstedt dort platziert, wo es seinen Zweck erfüllt, ein kunstvoll angelegtes Kaleidoskop der Natur (s. ◘ Abb. 2.13).

Mit dem Central Park waren große Erwartungen verbunden. Von ihm wurden therapeutische und heilende Wirkung für die sozialen und gesundheitlichen Probleme großer Teile der Stadtbevölkerung erwartet. Er sollte ein Ort der Naturbegegnung für alle Schichten der urbanen Gesellschaft sein, in dem die unterschiedlichen sozialen Schichten, die „Rowdies" und „Ruffians" vom Benehmen der Mitbenutzer des Parks, der Mittel- und Oberschichten, lernen konnten. Diese Sozialillusion wurde in eine Vielzahl von Besucheregeln vom Verhalten bis hin zur Anzugsordnung und deren Kontrolle überführt. Letztlich war der Central Park im 19. Jahrhundert aber ein Park für die Mittel- und Oberschicht, die ihn mit ihren Kutschausfahrten und Ausritten in ihren elitären Lebensstil integrierten und in vielerlei Hinsicht förderten (Wiede 2015; Breuste et al. 2016).

Noch heute gilt mit Blick auf die Luxus-Apartments in den Wohntürmen um den Park: „Es gibt keinen besseren Ausdruck von Macht und Reichtum als einen Ausblick auf den Central Park" (Wilner 2017).

„In ferner Zukunft", so Olmsteds Vision, „wird New York endgültig stehen, alles planiert und zugebaut sein. Dann wird sich die eindrucksvolle Felslandschaft dieser Insel in Reihen monotoner, schurgerader Straßenzüge verwandelt haben, gesäumt von Unmengen hoher Gebäude. Nichts wird mehr an ihre heutige Vielgestaltigkeit erinnern, wäre da nicht der Park. Dann wird man den unschätzbaren Wert der heute ungewöhnlich anmutenden Architektur des Areals zu würdigen wissen und besser begreifen, wie gut sie ihren Zweck erfüllt" (Burns et al. 2002, S. 113).

Im Zuge der bürgerlichen Inbesitznahme der europäischen und amerikanischen Städte wurden **Stadtplanung und Stadtverschönerung** in Angriff genommen. In vielen europäischen Städten wurden bürgerliche Stadt-Verschönerungsvereine gegründet, die Vorschläge und Pläne ausarbeiteten, Geldmittel bereitstellten, Grundstücke erwarben

◘ Abb. 2.13   Central Park, New York, USA. (© Grimm 2013)

2.3 · Öffentliche Stadtnatur für …

und die Stadtverwaltungen zu Stadt-Begrünungsmaßnahmen veranlassten oder diese selbst durchführten, da nicht immer bereits Grünflächenämter als Verwalter existierten. Ziel der Vereine ist es, ihre Stadt durch gepflanzte und gestaltete, aber auch bewahrte (z. B. Wälder) Stadtnatur zu „verschönern" und diese Naturoasen der Öffentlichkeit zur Erholungsnutzung zur Verfügung zu stellen.

Viele von Verschönerungsvereinen für die Grüne Stadt gesicherte Flächen und Bepflanzungen sind auch heute noch wesentliche und geschätzte Bestandteile, ja bilden den Grundstock der städtischen grünen Infrastruktur.

Durch Bürgerengagement werden Flächen erworben, auf denen Grünanlagen für die Öffentlichkeit entstehen – das Beispiel: Verschönerungsverein Stuttgart e. V.

Der Stuttgarter Verschönerungsverein wurde im Jahre 1861 gegründet. Er hat heute ca. 580 Mitglieder und ist Eigentümer von fast 40 Grünanlagen, Aussichtsplätzen, Denkmälern, Brunnen, Aussichtstürmen, Schutzhütten und alten Häusern (die meisten davon auf eigenen Grundstücken) in Stuttgart. Von 1861 bis 1902 ist der Verschönerungsverein für Grünplanung und Gestaltung anstelle eines Städtischen Gartenbauamtes tätig gewesen. Erst 1902 wurde eine Stadtgarteninspektion in Stuttgart gegründet, die die öffentliche Aufgabe der Grüngestaltung übernahm. Damit waren alle in diesem Zeitraum entstandenen Grünanlagen der Stadt durch den Verschönerungsvereins entstanden. Jedoch wurde nur ein kleinerer Anteil dieser Anlagen auf vereinseigenen Grundstücken errichtet. Die Grünanlagen im Grundeigentum des Vereins blieben bis heute Vereinseigentum und damit privat, jedoch nach Vereinssatzung öffentlich zugänglich. Die anderen Vereinsanlagen auf städtischem oder staatlichem Grund werden durch den Verein weiter gepflegt, wurden leider aber auch durch städtische Baumaßnahmen reduziert. Die jüngste Grünanlage des Verschönerungsvereins ist der Chinesische Garten „Qingyin – Garten der Schönen Melodie" (Bruckmann 2018).

Der Parque Central in lateinamerikanischen Städten – das Beispiel: Plaza Mayor in Antigua Guatemala, ein Stadtplatz wird Grün

Die heute etwa 35.000 Einwohner zählende Stadt La Antigua Guatemala, war von 1543 an Hauptstadt der spanischen Kolonien in ganz Zentralamerika bis sie 1773 durch ein Erdbeben völlig zerstört wurde. Die geplante Stadtanlage hatte den ca. 1 ha großen Stadtplatz (100 × 100 m) mit den ihn einrahmenden repräsentativen Bauten zum Zentrum. Die Plaza ist wie in allen lateinamerikanischen Städten der Mittelpunkt und wichtigster sozialer Begegnungsort der Stadt. Ursprünglich war der Platz für eine flexible öffentliche Nutzung ungepflastert und ohne jede Ausstattung. Stierkämpfe, Pferderennen, öffentlicher Strafvollzug, Viehmarkt und Bauernmarkt fanden hier regelmäßig statt. 1704 wurde die Plaza gepflastert, 1738 mit einem Brunnen in der Mitte dekoriert (s. ◘ Abb. 2.14). Im Zuge von Stadtverschönerungsmaßnahmen, die vom örtlichen Bürgertum initiiert wurden, wurde 1912 der Markt verlegt und mit einer attraktiven stadtgärtnerischen Gestaltung mit Bäumen und Bepflanzungen, Wegen und Bänken begonnen. Auch alle anderen Plätze in der Stadt wurden nun durch Bepflanzung, vor allem durch schattenspendende Bäume, verschönert. Die ursprünglich völlig vegetationslose Plaza wurde nach europäischen Vorbildern zum öffentlichen Park. Sie ist es seit ca. 100 Jahren und erfreut sich großer Beliebtheit und intensiver Nutzung durch die Einwohner und Besucher der Stadt. In ähnlicher Weise wandelten sich auch in vielen anderen Städten Lateinamerikas die Plazas zu Parks (Bell 1993).

Abb. 2.14 Plaza Mayor in Antigua Guatemala. (© Breuste 2012)

Neue Nutzungsbedürfnisse des öffentlichen Freiraums wie Sport und Spiele verlangten am Ende des 19. Jahrhunderts deren Realisierung auch in öffentlichen Parks, unabhängig von speziell dafür vorgesehenen Flächen. Aus dem Volksgarten entwickelte sich der Volkspark bzw. Stadtpark. Dieser bietet sich neben dem kontemplativen Spaziergang auch als Sport, Spiel- und Bewegungsraum an (Breuste 2010) (s. **Abb. 2.15**).

Pferderennbahnen und Golfplätze – spezieller Sport in speziellen Stadtgrünflächen

Spezielle Freizeitinteressen führten zu dafür eingerichteten öffentlichen Räumen, häufig auch zu speziellen Grünflächen. Ein Beispiel dafür ist das Pferderennen als eine besonders in Großbritannien und seinen Kolonien verbreitete Vergnügung, das zu Pferderennbahnen in vielen Städten des Commonwealth führte. Seit dem 17. Jahrhundert waren Pferderennen in England, ab 1700 auch professionell, verbreitet. Seit 1750 wurde der Rennsport durch Jockey Clubs kontrolliert. Überall in britischen Kolonien wurden städtische Pferderennbahnen eingerichtet (Colombo, Nuwara Elya/Sri Lanka, Hongkong, Shanghai etc.). Die Shanghaier Pferderennbahn wurde nach der Gründung der Volksrepublik in den heute bekannten zentralen Park der Stadt, People's Square, umgewandelt. Die größte Wertschätzung erhalten die Pferderennen in Kanada, Großbritannien, Irland, den USA, Australien, Neuseeland und in Südafrika. Auch Deutschland hat 50 Trab- und Galopprennbahnen in Städten.

Das ursprünglich aus Schottland stammende Golfspiel verbreitete sich im 16. Jahrhundert über Großbritannien in Europa

2.3 · Öffentliche Stadtnatur für …

als Unterhaltung der adligen Oberschichten. 1764 wurde bereits der erste 18-Loch-Golfplatz in St. Andrews eingerichtet. Der erste Londoner Golfplatz (Blackheath) wurde 1603 eröffnet. Mit dem British Empire verbreitete sich das Spiel im 19. Jahrhundert über die Städte der Welt (Bengaluru/Bangalore, Indien 1820; Ireland 1856), Adelaide 1870; Montreal 1873; Cape Town 1885; New York 1888; Hong Kong 1889). Im Jahre 1900 existierten bereits in den USA 1000 Golfclubs. Heute sind für den Golfsport große Flächen weltweit in Nutzung, viele davon in und um Städte. Großbritannien ist auch für diesen Sport das Land in Europa mit den mit Abstand meisten Golfplätzen (6935) (gefolgt von Deutschland mit 732 Golfplätzen) und Golfspielern. London ist mit 67 Golfplätzen die Golf-Hauptstadt Europas. Die Golfplätze sind als privates Grün nur Mitgliedern zugänglich. Viele davon liegen in Städten oder im städtischen Umfeld mit speziellem, häufig intensivem Naturmanagement. Die Eliten Chinas implementieren den Sport und seine Sportplätze derzeit rasch und ausgedehnt in den großen Städten des Landes (z. B. 20 Golf Clubs in Beijing) (Golftoday 2018; Johnson 2018).

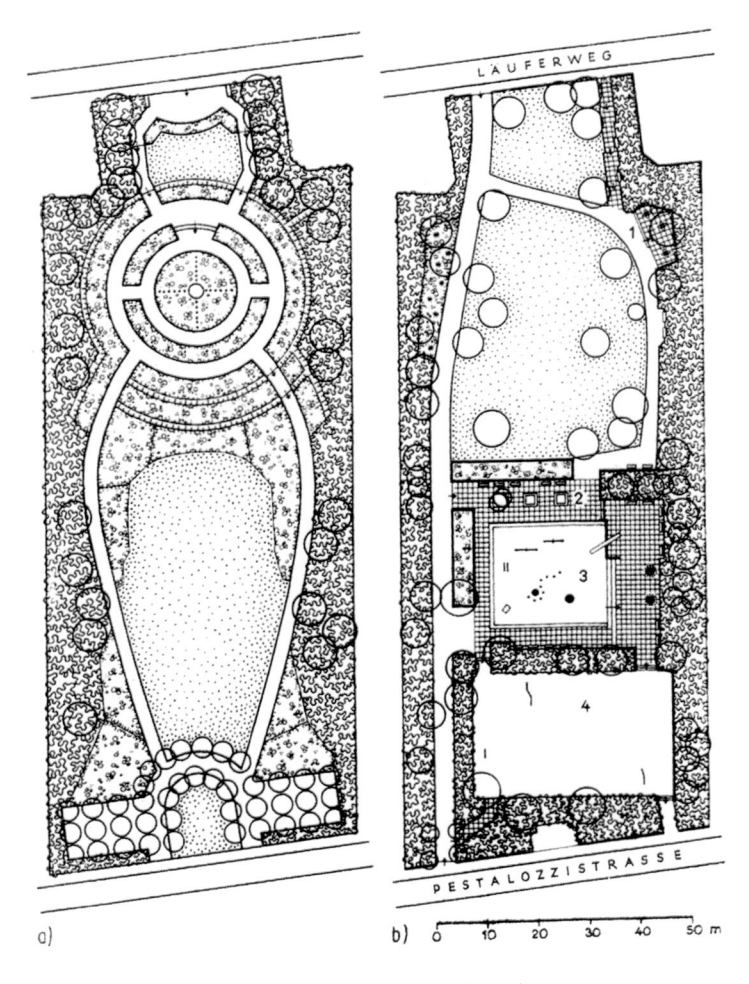

◘ Abb. 2.15 Pestalozzi-Park Halle. (Greiner und Gelbrich 1975, S. 132)

Company's Garden Cape Town, Südafrika – vom Gemüsegarten zum Erholungspark

Im Jahre 1652 gründete der Niederländer Jan van Riebeeck (1619–1677, 1. Gouverneur der Kap-Kolonie 1652–1662) in der Tafelbucht von Kapstadt, Südafrika, eine Versorgungsstation für die Handelsschiffe der Niederländischen Ostindien-Kompanie (Vereenigde Oost-Indische Compagnie; VOC) auf ihrer Route nach Indien. Die Nahrungsmittelversorgung der Schiffe bedurfte einer größeren Gartenfläche, des Company's Garden. Der heutige Park (8,5 ha) ist wahrscheinlich der älteste afrikanische Stadtpark im Subsahararaum. 1652, im ersten Jahr der Kolonie, wurde er bereits erwähnt und nahm auch noch 100 Jahre später ca. ein Drittel der gesamten damaligen Stadtfläche ein. Der Garten wurde von Quellen in den Unterhängen des Tafelberges, angestaut durch einen Damm, bewässert. War der Garten zuerst vorrangig Obst- und Gemüsegarten, so wandelte er sich mit der Zeit und vielfältigeren und besseren Versorgungsmöglichkeiten für die Schiffsbesatzungen. Er wurde in englischer Kolonialzeit für die Akklimatisierung von tropischen Gewächsen aus Asien vor ihrem Weitertransport nach England genutzt. Heute ist der Park die wichtigste öffentliche Grünfläche der Kapstädter für Erholung und Spaziergänge mitten in der Stadt. 1929 wurde der Rosengarten angelegt. Im Park findet sich noch der älteste kultivierte Birnbaum, der nun mehr als 350 Jahre alt ist (Worde et al. 1998, s. ◘ Abb. 2.16).

◘ Abb. 2.16 Company's Garden, Kapstadt, Südafrika. (© Breuste 2006)

2.4 Der Parkfriedhof – Erholungsort für die Lebenden

Mit der Übernahme des Beerdigungsrechts von der Kirche durch die Kommunen am Beginn des 19. Jahrhunderts, zuerst in Frankreich, durften Grabstätten künftig nicht mehr als Kirchhöfe innerhalb der Stadtgrenzen angelegt werden, sondern wurden unter die Aufsicht der politischen Gemeinden gestellt. 1803 wurde eine bestehende weitläufige Gartenanlage des Paters François d'Aix de Lachaise in Paris für diesen Zweck erworben. Auf dem Cimetière du Père-Lachaise, dem heute größten Friedhof von Paris und zugleich die erste als Parkfriedhof angelegte Begräbnisstelle der Welt, fand 1804 die erste Beerdigung statt. Mit rund 3,5 Mio. Besuchern im Jahr ist er eine der meistbesuchten Stätten in Paris.

In Nordamerika entstanden Parkfriedhöfe zwischen 1830 und 1860. Als ihre Vorbilder dienten der Pariser Père-Lachaise-Friedhof und die englischen Landschaftsgärten. Der 1831 errichtete Mount Auburn Cemetery war der erste derartige Friedhof in den Vereinigten Staaten. Die ca. 70 ha große Anlage liegt rund 6,4 km westlich von Boston (Reps 1992). Er war damals der größte ländliche und bewaldete Friedhof der Welt und der erste dieser Art in den Vereinigten Staaten. Parkfriedhöfe wurden jedoch auch rasch als städtische Parkelemente übernommen. Der Green-Wood Cemetery wurde 1838 vom Ingenieur David Bates Douglass (1790–1849) auf 1,9 km² als Parkfriedhof in der damals selbständigen Stadt Brooklyn, seit 1898 Stadtteil von New York, angelegt. Er ist damit der älteste Park New Yorks und wurde zum Vorbild vieler ähnlicher Anlagen in Amerika und Europa. Nach 1860 rivalisierte Green-Wood mit den Niagarafällen als größte Touristenattraktion der USA. Green-Woods Popularität förderte die Schaffung von weiteren öffentlichen Parks, darunter New York Central Park.

> Als **Parkfriedhof** bezeichnet man eine städtische Begräbnisanlage, die sich in der Gestaltung am Konzept des englischen Landschaftsgartens orientiert und deren ergänzende Aufgabe die respektvolle Nutzung für Erholungszwecke, insbesondere Spaziergänge, ist. Charakteristische landschaftliche Gestaltungselemente wurden integriert und durch angepasste Wegführung, gestaltete Hügel- und Teichanlagen und waldartige Bereiche ergänzt.

Der Stadtgottesacker in Halle/Saale – Ein Friedhof wurde zum Stadtnaturraum

Als im 16. Jahrhundert in vielen deutschen Städten die Begräbnisplätze aus hygienischen Gründen an den Stadtrand außerhalb der Stadtmauern verlegt wurden, entstand in Halle/Saale ab 1557 in über dreißigjähriger Bauzeit nach dem Vorbild der italienischen Camposanto-Anlagen, speziell des Camposanto in Pisa, ein Friedhofsmeisterwerk der Renaissance nördlich der Alpen. Die Anlage hat die Form eines unregelmäßigen Rechtecks aus fünf bis sechs Meter hohen Mauer von 113 × 123 × 129 × 150 Metern mit 94 Schwibbögen und nach innen geöffneten Arkaden mit Grüften. Nach Kriegsbeschädigungen 1945 und anschließender jahrzehntelanger Vernachlässigung wurde die Anlage durch private Initiative einer „Bauhütte Stadtgottesacker" e. V. und mit weiteren privaten und öffentlichen Mitteln restauriert. Der Stadtgottesacker steht unter Denkmalschutz und gehört zu den schönsten Friedhöfen in Deutschland. Erst ab 1822 wurde auch im inneren Freiraum der Anlage, der aus einem Waldpark mit altem Baumbestand besteht, bestattet. Erst im 19. Jahrhundert zieht die Stadtnatur mit nun über hundertjährigem Baumbestand in den Friedhof ein. Ein Gestaltungsplan von 1818 sah vor allem „Verschönerungsmaßnahmen" wie parkartige Gestaltung, Grabbepflanzungen und Baumpflanzungen unter Leitung eines Vereins vor.

Die teilweise sehr ausgeprägte geschlossene Pflanzendecke (Efeu, artenreiche Krautschicht), Moose, Flechten und Farne an Mauern und der alte Laubbaumbestand, der gärtnerisch gepflegt wird, machen heute den Wert der Anlage als Naturoase inmitten der Stadt aus (Schweinitz 1993; Tietz 2004; Därr 2018; s. ◘ Abb. 2.17).

Als **Waldfriedhof** bezeichnet man eine städtische Begräbnisanlage, die einen relativ dichten und gepflegten Baumbestand aufweist und dadurch einen waldartigen Charakter hat. Zum Teil sind Waldfriedhöfe direkt in bestehende Wälder integriert worden, z. T. wurde der Baumbestand nachträglich gepflanzt. Der Begriff ist nicht eindeutig von dem des Parkfriedhofs abgesetzt.

◘ Abb. 2.17 Stadtgottesacker, Halle/Saale. (© Breuste 2018)

> **Wald- und Parkfriedhöfe**
>
> **Skogskyrkogården in Stockholm**
>
> Der 108 ha große Skogskyrkogården („Waldfriedhof") im Südstockholmer Stadtteil Enskede wurde von den schwedischen Architekten Gunnar Asplund (1885–1940) und Sigurd Lewerentz (1885–1975) zwischen 1917 und 1940 in einem Kiefernwald angelegt. Er gehört seit 1994 zum UNESCO-Weltkulturerbe. Er ist ein bedeutendes Beispiel für die Verschmelzung von Architektur, Kultur und Natur zu einem besonderen Teil von Stadtnatur, dem Waldfriedhof. Er hat die Gestaltung von Begräbnisstätten in einer gestalteten Naturumgebung in der ganzen Welt beeinflusst (Jones 2006; s. ◘ Abb. 2.18).
>
> **Der Ohlsdorfer Friedhof in Hamburg**
>
> Mit 389 ha ist der 1877 eröffnete Ohlsdorfer Friedhof weltweit der größte Parkfriedhof und der größte
>
> **Friedhof Europas** (Wiener Zentralfriedhof 250 ha). Auch mit großen Parkanlagen wie Hyde Park in London (140 ha) oder Central Park in New York (349 ha) ist er mindestens in der Ausdehnung vergleichbar.
>
> Der Parkcharakter entstand durch Pflanzung von umfangreichen Baumbeständen (ca. 36.000), die Einbeziehung von 17 Teichen, von Bachläufen und von historischen Bauten, Gartendenkmälern und modernen Themengrabstätten in einem Netz schachbrettartig angelegter Parzellen. Der Parkfriedhof integriert viele Bäume aus den Wallhecken der vorherigen landwirtschaftlichen Weidenutzung.
>
> Der Generalplan der Anlage wurde im Auftrag der Stadt Hamburg 1876 durch den Architekten Johann Wilhelm Cordes (1840–1911), der auch Friedhofsverwalter und Friedhofsdirektor wurde, erarbeitet.
>
> Der Friedhof beherbergt seit 1996 ein Museum, biete Führungen an und wird von Besuchern als Naherholungsgebiet und Landschaftsgarten der Stille und Ruhe angenommen.
>
> Die Pflege erfolgt zurückhaltend naturnah und bietet vielen Wildtierarten (z. B. Rehe, Eichhörnchen, Igel, Marder, Füchse, Hasen und über einhundert Vorgelarten, darunter Baumfalke, Buntspecht, Eisvogel, Graugans, Grünspecht, Mönchsgrasmücke, Rotkehlchen und Uhu) Lebensraum.
>
> Etwa die Hälfte der jährlich anfallenden Biomasse (ca. 60 m^3 Holzhackschnitzel aus Baum- und Strauchschnitt, ca. 5500 m^3 Laub, ca. 1400 m^3 krautige Pflanzenbestandteile und Rasenschnitt) werden kompostiert und als Dünger wiederverwendet (Leisner und Schoenfeld 1991).

2.5 Die Stadtwälder und Waldparks – wie der Wald in der Stadt blieb

Stadtwälder sind häufig die größten städtischen Naturflächen und von großer Bedeutung für die stadtnahe Erholung der Bewohner. Sie unterliegen einer besonderen darauf ausgerichteten Bewirtschaftung bei der nicht der Ertrag an Holz im Mittelpunkt steht und haben eine auf ihre Erholungsnutzung ausgerichtete Ausstattung und Pflege.

Erholungsfunktionen erfüllt. Die Lage auf kommunalem Stadtgebiet oder kommunaler Besitz sind dabei nicht notwendig. Das Waldmanagement ist auch unter Verzicht auf wirtschaftlichen Erfolg auf Erholungsnutzung ausgerichtet. Stadtwälder können naturnahe Wälder oder auch ursprünglich aus wirtschaftlichen Gründen angelegte Forsten sein. Stadtwälder sind Begegnungsstätten der Stadtbürger mit „wilder" Natur und einem vielfältigen Artenspektrum.

> **Stadtwald** ist ein Wald, der sich im unmittelbaren Einzugsbereich der Stadt befindet und der für die Stadtbürger

In der bisherigen Stadtgeschichte wurden kaum Wälder (Forsten) in und um Städte neu angepflanzt. Im Gegenteil versuchte

Abb. 2.18 8 Skogskyrkogården Friedhof in Stockholm. (© Breuste 2012)

man, bestehende Wälder zu beseitigen, um durch Landwirtschaftsflächen die Städte mit Nahrungsmitteln zu versorgen. Dies unterblieb nur dort, wo entweder die Böden kaum eine ertragreiche Landwirtschaftsnutzung versprachen, die Reliefverhältnisse (Hänge und Berge) oder Feuchtgebiete (Moorwälder) dies ausschlossen. Aber selbst dort wurden bestehende Wälder aufgelockert. Da, wo Wälder in städtischer Umgebung herrschaftliche Wälder waren, blieben sie teilweise als Jagdreviere erhalten, auch wenn die Stadt ihnen immer näher kam oder sie sogar umschloss (Tiergarten Berlin).

Berlin ist mit Grunewald, Köpenicker Stadtforst, Plänterwald, Großer Tiergarten u. a. Wäldern, gemessen an der Waldfläche, die waldreichste Stadt Deutschlands (◘ Tab. 2.1).

Ein Auwald wird zum Volkspark – der Wiener Prater

Der Wiener Prater ist ein sehr weitläufiger, etwa 6 km² umfassender öffentlicher Waldpark in der Donauaue, der noch heute zu großen Teilen aus der ehemals von der Donau geprägter Auenlandschaft besteht. Am 7. April 1766 gab Kaiser Joseph II. das ursprüngliche Jagdgebiet zur öffentlichen Benutzung frei. Bis 1774 war das Gelände umzäunt. Genehmig wurde auch die Ansiedlung von Kaffeesiedern und Wirten, die Voraussetzungen für den heutigen Vergnügungspark Wurstelprater. Der Prater wurde zu einem Zentrum der Unterhaltung, der Volksfeste und der Erholung für die Metropole Wien und wird vor allem an den Sonn- und Feiertagen von sehr vielen Besuchern genutzt (Pemmer und Lackner 1974; Schediwy und Baltzarek 1982; Sehnal 2008; Haas 2010).

2.5 · Die Stadtwälder und Waldparks – wie der Wald in der Stadt blieb

Tab. 2.1 Große Stadtwälder in Deutschland (Stadtwald 2018)

Stadtwälder	Flächengröße in ha
Berliner Stadtforsten mit Grunewald, Köpenicker Forst und weiteren Waldgebieten in und um Berlin	28.500
Baden-Baden, Stadtwald	8526
Briloner Stadtforst	7750
Augsburger Stadtwald	7000
Dresdner Heide	6133
Rostocker Heide	6000
Villingen-Schwenningen, Stadtwald	80.000 (5841 als „Stadtwald" bezeichnet)
Wiesbadener Stadtwald	5600
Freiburger Stadtwald	5200
Bopparder Stadtwald	4360
Frankfurter Stadtwald	5785 (3866 auf Gemeindegrund)
Stadtforst Fürstenwalde	4677
Mühlhäuser Stadtwald	3093
Weißenburger Stadtwald	2806
Koblenzer Stadtwald	2772
Bielefelder Stadtwald	2256
Leipziger Auenwald	2500
Stadtforst Salzwedel	1400
Lauerholz in Lübeck	960
Steigerwald in Erfurt	800
Dölauer Heide (Halle/Saale)	759
Eilenriede in Hannover	650
Duisburger Stadtwald	600
Fürther Stadtwald	560
Eschweiler Stadtwald	350
Kölner Stadtwald	205
Marienhölzung in Flensburg	200
Krefelder Stadtwald	120
Seelhorst in Hannover	100

Baden-Baden (54.000 Ew.) hat, obwohl kleinster Stadtkreis Baden-Württembergs, Deutschlands größten Stadtwald (8526 ha) und den größten Waldanteil einer Stadtgemeinde (60,8 % Waldfläche). Darin enthalten sind Anteile am Nationalpark Schwarzwald, sieben Naturschutzgebiete, vorwiegend Wälder in bergiger Umgebung unter Landschaftsschutz. Ein 40 km langer Panoramaweg führt durch die Wälder der

Stadt. Er wurde 2004 vom Deutschen Tourismusverband als „schönster Wanderweg" ausgezeichnet. Baden-Baden setzt seine Waldausstattung als Qualitätsmerkmal für Tourismus und Wohnen bewusst ein (Eidloth 2013).

> **Definition**
>
> **Waldstadt** ist eine mehrdeutig geführte Bezeichnung für Stadtteile in waldbezogener Lage, z. B. in Potsdam, Iserlohn, Karlsruhe und Halle/Saale. Der Begriff soll ein für bevorzugte Wohnlagen wichtiges Qualitätsmerkmal der Naturausstattung zum Ausdruck bringen.
>
> Als Waldstadt kann aber auch eine Stadt mit großem oder sogar dominierendem Waldanteil, bezogen auf die Stadtfläche, verstanden werden (z. B. Baden-Baden mit 60,8 % Waldanteil oder Berlin mit 28.500 ha Wald).
>
> Als **Forest City** kann auch eine Stadt bezeichnet werden, die sich bewusst auf die Vorteile und Ökosystemleistungen von bereits bestehenden oder neu zu schaffendem Wald in und an ihrem Stadtgebiet bezieht (Bsp. Liuzhou Forest City 2017 als Planstadt in China entworfen) (Alleyne 2017; s. 7 Abschn. 3.3).

Der Berliner Große Tiergarten – Jagdrevier, Gemüsegarten, jetzt Waldpark

Der Große Tiergarten hatte als Jagdgebiet mit eingehegten Wildtieren bereits 1530 seine heutige Ausdehnung von 210 ha und lag vor den Toren der Stadt. Ende des 17. Jahrhunderts begann man aus dem ehemaligen Jagdrevier einen „Lustpark für die Bevölkerung" zu schaffen, 1742 wurde die Umzäunung beseitigt, 1833 und 1838 wurde er vom Landschaftsarchitekten Peter Joseph Lenné (1789–1866) in einen englischen Volkspark umgestaltet, was er bis zum 2. Weltkrieg blieb. Nach dem Krieg wurde der Baumbestand fast vollständig zur Brennholzgewinnung kahlgeschlagen. Von rund 200.000 Bäumen blieben nur etwa 700 erhalten. Die freien Flächen wurden in 2550 Parzellen für den Anbau von Kartoffeln und Gemüse freigegeben. Der Große Tiergarten diente in Teilen auch der Ablagerung von Trümmerschutt. Die Wiederaufforstung mit Baumspenden aus anderen deutschen Städten begann 1949. Die Gewässer waren verschlammt, alle Brücken zerstört, die Denkmäler umgestürzt und beschädigt. Pläne, die Teich- und Fließlandschaft des Tiergartens mit Trümmerschutt aufzufüllen, wurden durch den Leiter des Berliner Hauptamtes für Grünplanung, Reinhold Lingner, verhindert. Der Waldpark ist ein Anziehungspunkt für alle Berliner und dient zur Durchführung von Großveranstaltungen (z. B. Fan Meile auf der Straße des 17. Juni während der Fußball-Weltmeisterschaft 2006 und der Fußball-Europameisterschaft 2008). Seit 1987 startet der Berlin-Marathon im Großen Tiergarten, und auch ein Teil der Strecke der Love-Parade verlief von 1996 bis 2003 hier. Seit der Inbetriebnahme des Tiergartentunnels 2006 verläuft der Nord-Süd-Verkehr unterirdisch (Wendland 1993; Krosigk 2001; Twardawa 2006; s. ◘ Abb. 2.19).

2.6 Der private Garten für jedermann ergänzt die öffentliche Stadtnatur

Der Herrschaftsgarten war seit Beginn der Stadtentwicklung Teil der ersten Städte. Jedoch blieb er nur einer sehr kleinen Elite zur Nutzung vorbehalten. Er war kein Nutz-, sondern zuerst ein Lustgarten. Der Übergang vom (kleinteiligen) Garten zum Park war dabei fließend, auch Form und Größe passten sich den örtlichen Gegebenheiten und Anforderungen an. Der Garten stand für das „irdische Paradies" (s. ▶ Abschn. 3.6).

2.6 · Der private Garten für jedermann ergänzt die öffentliche Stadtnatur

Abb. 2.19 Großer Tiergarten, Berlin. (© Breuste 2011)

Paradiesgärten der Gartenpaläste – der Garten als Ideal der „paradiesisch schönen" Natur in der urbanen Lebensumwelt

Eines der sieben Weltwunder der Antike waren die Hängenden Gärten der Semiramis, nach griechischen Autoren eine stufenartige, aufwendige Gartenanlage in Babylon. Die Gärten stellten lange Zeit in ihrer durch Bewässerung erzielten Pflanzenpracht das Ideal eines irdischen Paradises dar.

Die britische Assyriologin Stephanie Dalley argumentiert mit Belegen aus topographischen Untersuchungen und historischen Quellen, dass die Hängenden Gärten Teil eines Palastgartens des assyrischen Königs Sanherib (ca. 745–680 v. u. Z.) in Ninive am Tigris gewesen sein könnten, der für Sanheribs Gattin Tašmetun-Šarrat errichtet wurde (Dalley 2013).

Die Tradition des Gartenpalastes ist in der islamischen Welt zwischen Andalusien im Westen (Alhambra) und Indien im Osten (Fatehpur Sikri) weit verbreitet. Der Tschehel Sotun Palast aus safawidischer Zeit (17. Jh.) in Isfahan (Iran) repräsentiert inmitten einer großen Gartenanlage diese Tradition des Paradiesgartens (s. Abb. 2.20).

Abb. 2.20 Gärten des Tschehel Sotun Palastes in Isfahan, Iran. (© Breuste 2018)

Die im Mittelalter verbreiteten städtischen Bauerngärten waren Nutzgärten in der Stadt oder vor den Stadttoren. Aus ihnen gingen Bürgergärten hervor, die häufig aus Platzmangel vor der Stadtmauer angelegt wurden.

Für heute in Städten häufige Kleingärten waren entsprechend der geschichtlichen Situation unterschiedliche Motive ihrer Einrichtung von Bedeutung. In Krisenzeiten waren es immer ernährungswirtschaftliche Aspekte, in Zeiten der Stabilität insbesondere ideelle Motive, die die Kleingärtner bewegten.

> „Kleingärten sind wichtige Bestandteile der Stadt. Sie sind die letzten Verbindungen des Städters zum Lande, woher der größte Teil der heutigen Stadtbewohner einmal gekommen ist. Der Kleingartenverein ist ein wichtiger kultureller Faktor, er ist Ort des Lernens, der Erholung und der Begegnung. Kleingartenkolonien in der Stadt sind Grünräume, welche die bebauten Räume erst bewohnbar machen" (Schiller-Bütow 1976, S. 1).

Der Kleingarten und das Kleingarten-Vereinswesen entstanden mit der Entwicklung der Industriestädte. Gleichzeitig ist er ein Teil des vorindustriellen Landlebens, das sich mit den Gärten in die Städte übertragen hat. Viele seiner Akzente haben sich im Laufe der Entwicklung gewandelt, sein Kern, der selbstgestaltende Umgang mit der Natur, ist geblieben und im modernen Stadtleben heute so aktuell wie früher. Generell lassen sich in Deutschland mehrere Quellen der Kleingartenbewegung benennen (s. **Abb. 2.21**).

2.6 · Der private Garten für jedermann ergänzt die öffentliche Stadtnatur

Abb. 2.21 Kleingarten in der ältesten Salzburger Anlage Thumegg, gegr. 1940. (© Breuste 2007)

Der **Kleingarten,** auch als Schrebergarten, Heimgarten, Familiengarten oder Parzelle bezeichnet, ist eine gepachtete Fläche im Stadtgebiet zur Nutzung als Obst- und Gemüsegarten und zur Erholung. Kleingartenanlagen bestehen aus zusammenliegenden Pachtparzellen. Die Kleingartenpächter organisieren sich meist lokal, regional und national in Kleingartenvereinen und -organisationen. Die Nutzung der Gärten unterliegt meist einer Kleingartenordnung und/oder einem Kleingartengesetz. Die Pachtparzellen sind meist zwischen 150 und 400 m² groß und häufig mit einem Kleingebäude („Laube") von ca. 20–30 m² zur Geräteaufbewahrung oder zum kurzzeitigen Aufenthalt ausgestattet.

Armenhilfe und Naturpädagogik waren im 19. Jahrhundert die Wurzeln der Kleingartenbewegung in Deutschland und in anderen europäischen Ländern. Das Kleingartenwesen ist zwar weltweit verbreitet, ist jedoch kaum irgendwo sonst auf der Welt so entwickelt wie in Deutschland. Es hat mehrere Wurzeln und ist nicht allein auf die „Schrebergartenbewegung" zurückzuführen.

Armengärten: Der erste Kleingartenverein entstand im Jahre 1814 durch Verpachtung eines Stück Kirchenlands in Kappeln als Armengärten. In England wurde dies den Gemeinden ab 1819 ebenfalls möglich. Die Armengärten sind unmittelbare Vorläufer der heutigen Kleingärten. Bürgerliche und aristokratische Kreise wollten damit in wohltätiger Weise Hilfe zur Selbsthilfe leisten. In Kiel, Flensburg, Königsberg, Frankfurt a. M. und Leipzig entstanden nach 1830 Armengärten. Die Armengärten waren rechtlich nicht geschützt und bestanden oft nur einige Jahrzehnte. Sie wurden nach und nach wieder aufgekauft und für industrielle und bauliche Zwecke genutzt.

Die Industrialisierung und das Städtewachstum hatten um die Mitte des 19. Jahrhunderts zu sozialen Missständen, verbreitetem Alkoholismus und zu Verwahrlosung von Teilen der städtischen Bevölkerung geführt. Die dies reflektierende **Lebensreformbewegungen** erhofften sich eine Verbesserung der städtischen Lebensbedingungen durch Rückbesinnung auf einfache, naturbezogene Lebensweisen, Erziehung durch Gartenarbeit und Naturkontakt. Dazu propagierten sie die Gründung von Bodengesellschaften, Frauen- und Naturschutzvereinen und Gartenkolonien. Gartenkolonien sollten vereinsmäßig organisiert werden und mit Spielplätzen, Licht- und Luftbädern sowie Liegehallen ausgestattet werden (Katsch 1994).

Lebensreform

Der Begriff „Lebensreform" steht für verschiedene Reformbewegungen als Reaktion auf Entwicklungen der Moderne, die seit Mitte des 19. Jahrhunderts insbesondere von Deutschland und der Schweiz ausgingen. Gemeinsame Merkmale waren die Kritik an Industrialisierung, Materialismus und Urbanisierung und eine Idealisierung des Naturzustandes. Vertreter propagierten eine naturnahe Lebensweise mit ökologischer Landwirtschaft, vegetarischer Ernährung, Ablehnung von Alkohol und Tabak, Reformkleidung und Naturheilkunde. In der Körperkultur ging es darum, den Menschen Bewegung an frischer Luft und Sonne, auch in Form der Freikörperkultur (FKK, auch Naturismus), zu verschaffen (Barlösius 1997).

Die heute weit verbreiteten **Schrebergärten** hatten ihren Ursprung im Bemühen um Naturkontakt, Bildung und Gesundheitsförderung. Auf Initiative des Schuldirektors Dr. Ernst Innocenz Hauschild (1808–1866) in Leipzig beschlossen 1864 die Eltern seiner Schüler einen Verein zur Propagierung von Erziehungsfragen zu gründen (Lehrer- und Elternverein), dazu eine Bibliothek aufzubauen und von der Stadt Leipzig Land für einen Spiel- und Tummelplatz für Kinder zu erwerben. In Erinnerung und Würdigung des drei Jahre zuvor verstorbenen Leipziger Arztes Dr. Daniel Gottlob Moritz Schreber (1808–1861), der sich bereits in diesem Sinne ausgesprochen hatte und mit Hauschild eng verbunden gewesen war, wurde der Verein „Schreberverein" genannt. 1864 wurde von Hauschild ein Spielplatz auf einem städtischen Pachtgelände am Johannapark als „Schreberplatz" eingeweiht. Drei Jahre später ließ der Lehrer Karl Gesell (1800–1879) um diesen Spielplatz herum „Kinderbeete" anlegen, die bald schon zu „Familienbeeten" wurden. Eine Einzäunung als Abgrenzung und kleine Hütten als Wetterschutz wurden bald darauf nötig. **1869 wurden die ersten Gartenordnungen erlassen. Dies wird häufig als Geburtsjahr des Kleingartenwesens angegeben.** 1876 zog der Schreberverein auf Veranlassung der Stadt, die das ursprüngliche Gelände bebauen wollte, auf einen neuen Platz auf die Fleischerwiesen an der alten Elster. Diese Anlage besteht heute noch. Erst zehn Jahre nach Gründung des ersten Schrebervereins entstand in der Leipziger Südvorstadt ein zweiter Verein, im letzten Viertel des 19. Jahrhunderts dann allein in Leipzig in rascher Folge immer neue Schreber- und Naturheilvereine. Im Jahre 1900 zählte man in Leipzig bereits 119 Vereine mit 7741 Gärten.

2.6 · Der private Garten für jedermann ergänzt die öffentliche Stadtnatur

Kleingartenverein „Dr. Schreber" e. V.– der erste Schreberverein Deutschlands

Die 1864 angelegte Kleingartenanlage in Leipzig ist die älteste noch bestehende Kleingartenanlage in Deutschland. Die Kleingartenanlage verfügt über 162 Parzellen mit einer durchschnittlichen Größe von 170 m², eine große Vereinswiese mit historischen Spielgeräten für Kinder sowie einem Museums- und Laubengarten. Das 1896 erbaute und 1992 restaurierte Vereinshaus beherbergt das Deutsche Kleingärtnermuseum. Gepflegt werden auch historische Gärten mit unter Denkmalschutz stehenden Gartenlauben aus der ersten Hälfte des 20. Jahrhunderts, darunter der Garten Nr. 140, den von 1926–1933 der Universitätsprofessor und Leipziger Verleger und Buchhändler Dr. Heinrich Brockhaus bewirtschaftete (KGV Dr. Schreber e. V. 2018; s. ◘ Abb. 2.22 und 2.23).

Laubenkolonien: Obdachlosigkeit und unzureichende Lebensbedingungen in den Mietskasernenvierteln, besonders in Berlin, ließen, verbunden mit ländlicher Tradition, den Wunsch erwachsen, sich durch den Anbau von Obst und Gemüse für den Eigenbedarf die eigenen Lebensbedingungen zu verbessern oder den fehlenden Wohnraum zu ersetzen. In den 90er-Jahren des 18. Jahrhunderts hatten sich auf unbebauten Flächen im Stadtgebiet Berlins bereits 45.000 Laubenkolonisten („Laubenpieper"), oft unter unzureichenden hygienischen Bedingungen, als Pächter niedergelassen und begründeten eine bedeutende Berliner Gartentradition. In den „wilden Kleingärten", spontan entstandenen Marginalsiedlungen, lebten um die Jahrhundertwende in Berlin ständig etwa 40.000 Laubenkolonisten als Wohnungsersatz.

◘ **Abb. 2.22** Gedenktafel für Dr. Schreber und Dr. Hauschild in der Kleingartenvereinsanlage Dr. Schreber e. V. in Leipzig. (© Breuste 2011)

Abb. 2.23 Kleingartenverein Dr. Schreber e. V., Vereinshaus und Spielplatz, Sitz des „Deutschen Kleingärtnermuseums in Leipzig" e. V. (© Breuste 2011)

Orientiert am Arbeitergarten-Projekt des Jesuitenpaters Felix Volpette (1856–1922) in Saint-Étienne, Frankreich, gründete der Ministerialbeamter im Reichsversicherungsamt, Alwin Bielefeldt (1857–1942), 1901 in Berlin die erste **Arbeitergarten-Kolonie** aus 84 Arbeitergärten in Trägerschaft des Deutschen Roten Kreuzes des Vaterländischen Frauenvereins (Rot-Kreuz-Gärten). Sie sollten „zur Bekämpfung der Tuberkulose, zur Kräftigung kranker und invalider Personen und zur Ergänzung der oft nicht ausreichender Unfall-, Alters- und Invalidenrenten" von armen und kinderreichen Familien dienen. Die weiteren entstehenden Kolonien hatten Spielplätze, Unterkunftsräume, Trinkhallen, Einkaufsgenossenschaften und Büchereien. Die Berliner Arbeitergärten entwickelten sich neben den Laubenkolonien und den Schrebergärten als eigene Form der Kleingärten.

Große Industriebetriebe und Einrichtungen stellten ihren Angestellten als Bestandteil der sozialen Leistungen um 1900 häufiger kleine Pachtflächen zur kleingärtnerischen Nutzung zur Verfügung. So entstanden Kleingärtnervereine der Reichsbahn, der Deutschen Post, der Bergknappen u. a. Besonders die Eisenbahnvereine hatten überregionale Bedeutung (1909 bereits 761 Vereine).

Ziel der Bestrebungen für Gärten in der Stadt waren die Verbesserung der unzureichenden Lebensverhältnisse der Arbeiter durch Selbstversorgung mit Lebensmitteln und die Verbesserung ihrer Gesundheit durch Aufenthalt und physische Arbeit in der Natur. Spezielle Zielgruppe waren Kinder, die durch Gartenarbeit körperlich und geistig gefördert werden sollten.

Die Forderung nach Familiengärten, Kleinkinderspielplätzen, Kindergärten und

Abendstätten für die Jugend wurde von bürgerlichen Reformern und Pädagogen, wie Adelheid Poninska, Gräfin zu Dohna-Schlodien (1804–1881), bereits 1874 in ihrem Buch „Die Großstädte in ihrer Wohnungsnot und Grundlagen einer durchgreifenden Abhilfe" (Poninska 1874, unter Pseudonym veröffentlicht) erhoben. Reinhard Baumeister (1833–1917), Bauingenieur, Stadtplaner und Hochschullehrer, veröffentlichte 1876 das erste städtebauliche Lehrbuch, in dem die Forderung nach Kleingärten, Familienlauben, Feierabendstätten und Kinderspielplätzen erhoben wurde (Baumeister 1876). 1909 erfolgte die Gründung des „Zentralverbandes deutscher Arbeiter- und Schrebergärten" (922 Vereine). Der Vorsitzende des Zentralverbandes bekräftigte 1912:

> „Der Kleingarten ist ein ebenso wertvolles wie einfaches und wenig kostspieliges Mittel zur Förderung der Familie in wirtschaftlicher, gesundheitlicher und erzieherischer Hinsicht" (Katsch 1994).

Mit dem Erlass der Kleingarten- und Kleinpachtlandordnung (KGO) 1919 als Reichsgesetz erhielten die Gemeinden bodenrechtliche Handhaben (Kündigungsschutz, Schutz gegen Spekulation, Zwangspacht) und die Aufgabe zur Einrichtung von **Dauerkleingartenanlagen.** Das war der Beginn der gesellschaftlichen Institutionalisierung des „Kleingartenwesens" (Koller 1988). 1921 wurde in Bremen der Reichsverband der Kleingartenvereine Deutschlands als organisatorischer Rahmen des Kleingartenwesens gegründet. Von 100.000 Kleingärtnern im Gründungsjahr wuchs der Verband rasch bis 1926 auf 389.000 Mitglieder an. Von da an erfolgten jährliche Zuwächse um 10.000 Personen bis 1930 (Breuste 1996; Katsch und Walz 2011).

Das Gärtnern wurde zur Massenbewegung und ist bis heute als attraktive Form des Umgangs mit Natur in der Stadt beliebt.

2.7 Wie die Gewässer urban wurden

Urbane Gewässer sind keine einheitliche Kategorie im Sinne der klassischen Gewässertypologie. Ihr prägendes Merkmal sind urbane Lage und Nutzung. Der Übergang zwischen urbanen Gewässern und Gewässern in der freien Landschaft ist daher fließend. Damit sind ursprünglich natürliche, inzwischen jedoch stark veränderte Gewässer, aber auch künstliche Gewässer und Kanäle einbezogen (s. Abschn. 5.4).

> **Urbane Gewässer**
>
> Urbane Gewässer sind limnische Systeme, Fließgewässer und stehende Gewässer, die innerhalb städtischer Ökosysteme lokalisiert sind und durch städtische Nutzung und Gestaltung in unterschiedlichem Grad geprägt sind. Dies kann wenig beeinflusste (selten) bis zu völlig künstlich gestaltete Gewässern einschließen. Sie stellen somit keinen einheitlichen Gewässertyp dar, sind jedoch insbesondere durch Naturkontakt der umgebenden Bevölkerung und Erholungsnutzung gekennzeichnet. Mit urbanen Gewässern sind auch Nutzungsrisiken verbunden, die durch geeignetes Management reduziert oder ausgeschlossen werden (Gunkel 1991; Schuhmacher 1998).

Eine Vielzahl von Städten wurde an Fließgewässern, meist Flüssen, gegründet. Dadurch wurde die lebensnotwendige Wasserversorgung gesichert, ein Transportweg für den Austausch mit anderen Gebieten eröffnet, Fischfang, Abfallentsorgung und Energiegewinnung möglich. Gewässer schützten die Städte auch strategisch. Übergangspunkte über Flüsse (Furten oder Brücken) waren wichtige Knoten im Handelsnetz (z. B. Saarbrücken, Frankfurt oder Osnabrück). Fließgewässer waren einer der wichtigsten Standortfaktoren für die Lokalisation von Städten im Hinterland der Küsten. Gewässerveränderungen im urbanen Raum fanden bereits frühzeitig statt und hatten die bessere Nutzbarkeit der Gewässer und die Reduzierung der von ihnen ausgehenden Gefahren zum Ziel. In der mittelalterlichen europäischen Stadt standen vor allem die wirtschaftlichen Aspekte (Warentransport, Ver- und Entsorgung, Energiegewinnung) der Gewässer im Vordergrund.

Angesichts kaum verfügbarer Energie war die sich regenerierende Energie des Wassers für den Betrieb von Mühlen (Getreide-, Öl, Farbmühlen etc.) und Werkstätten (Hammerwerke, Sägen, Manufakturen etc.) essenziell wichtig. Dazu wurden umfangreiche Kanalbauten errichtet. Bei der Produktion von Leder und Textilien spielte das Wasser eine entscheidende Rolle (Schuhmacher und Thiesmeier 1991).

Die städtische Badekultur, z. B. im Römischen Reich, im Osmanischen Reich oder in Japan, war direkt mit Wasser aus Fließgewässern verbunden. Bei der relativ häufig notwendigen Brandbekämpfung war die Verfügbarkeit von Wasser durch Brunnen und Flüsse entscheidend (Löschwasserbäche, Löschteiche, „Feuerseen" etc.). Gewässerbelastung durch Abwässer war bereits im europäischen Mittelalter spürbar. Begradigte Gewässerläufe und ein möglichst wenig Reibung bietendes Gewässerbett sollten verhindern, dass sich feste Abfälle ansammelten. Wegen trotzdem immer wieder auftretender Probleme und zur Nutzung des Wassers, auch zur Bewässerung, wurden bereits im 16. Jahrhundert dazu städtische Nutzungsregulierungen erlassen (Kaiser 2005).

Der Almkanal in Salzburg – das bedeutendste städtische Wasserbauwerk des Hochmittelalters

Der Almkanal ist ein 12 km langer Kanal im Süden der Stadt Salzburg, der das Wasser der aus dem Königssee entspringenden Königsseeache durch den Stiftsarmstollen zwischen Mönchs- und Festungsberg in die Stadt Salzburg bringt. Er ist, 1137 bis 1143 gebaut, der älteste mittelalterliche Wasserstollen Mitteleuropas und heute noch in Betrieb. In der Stadt gabelt sich der Kanal fächerförmig in sieben Arme auf, die in die Salzach münden Der älteste Teil des Almkanalnetzes (der heutige Müllner Arm), der um die Stadtberge herumführt, entstand vermutlich schon im 8. Jahrhundert. Der Almkanal diente zur Versorgung der Stadt mit Nutz-, Trink- und Löschwasser sowie zum Mühlenbetrieb. Heute hat der Almkanal vor allem Erholungsfunktion und ist als Kulturdenkmal bedeutsam.

In geringem Maße erfolgt noch Energiegewinnung (14 Turbinen, darunter auch das älteste Elektrizitätskraftwerk des Landes Salzburgs, eine Mühle und das städtische Notstromaggregat sowie Teiche, Kühl- und Klimaanlagen, z. B. die des Salzburger Festspielhauses). Der Almkanal führt unter Normalbedingungen etwa 5,5 m³ Wasser je Sekunde.

Auftraggeber waren das Salzburger Domkapitel und das in der Stadt gelegene Stift St. Peter. Erst 1335 erteilte Erzbischof Friedrich III. den Bürgern der Stadt das Recht der freien Wasserentnahme. Bis dahin gehörte das Wasser in der Stadt dem Domkapitel und dem Stift St. Peter allein. Nach Errichtung eines Städtischen Brunnhauses am städtischen Almkanalarm 1548 konnte mit der Energie des Almwassers Salzachgrundwasser empor gepumpt und in der Stadt in zahlreiche Leitungen für Brunnen, Waschhäuser, Bäder, Pferdeschwemmen und Fischkalter genutzt werden. In der zweiten Hälfte des 19. Jahrhunderts wurden am Almkanal bis zu 120 Mühlen betrieben. Es bestanden damals über 400 Wasserrechte. Die Festungsbahn Salzburg (Spitzname Tröpferlbahn) wurde ab Eröffnung 1892 bis 1959 mit Ballastwasser (Zwischenbehälter in der Bergstation) betrieben und war daher im Winter nicht in Betrieb. Seit 1937 vereint eine Wassergenossenschaft alle Nutzer durch das „Almkanalgesetz" verpflichtend. Ein „Almmeister" leitet den Betrieb des Almhauptkanales (Klackl 2002; Ebner und Weigl 2014; s. ◘ Abb. 2.24).

2.7 · Wie die Gewässer urban wurden

Abb. 2.24 Almkanal in Salzburg, Österreich. (© Breuste 2003)

Die Entwicklung von Groß- und Industriestädten im 18. und 19. Jahrhundert belastete die städtischen Wasserläufe und führte zu nie dagewesenen Gesundheitsproblemen durch Gewässerverschmutzung, bis hin zu Pandemien.

Trotz bereits vorliegender Erkenntnisse zur Seuchenausbreitung wurde oft weiterhin nicht filtriertes Flusswasser in die Wasserleitungen eingespeist, um die hohen Kosten für sauberes, unbedenkliches Trinkwasser zu vermeiden.

Choleraepidemien – verunreinigtes Trinkwasser tötet Tausende Stadtbewohner

Als Reaktion auf erste Cholerafälle in London wurde unter Leitung von Edwin Chadwick (1800–1890) 1832 angeordnet, dass Abwässer und Verschlammungen aus den übelriechenden Abwasserkanälen in die Themse, aus der das Trinkwasser gewonnen wurde, gespült werden. Die Maßnahme führte jedoch zur Verseuchung des Trinkwassers und einer Epidemie mit weiteren 14.000 Toten. Die Hypothese, dass Cholera von lebenden Organismen im Trinkwasser hervorgerufen würde, setzte sich ab 1849 erst langsam durch. 1854 untersuchte John Snow (1813–1858), der Pionier der Choleraforschung, die Übertragung der Cholera über verschmutztes Trinkwasser und konnte auch die schwere Epidemie 1855 in Soho darauf zurückführen. Nachdem drei Choleraepidemien 30.000 Menschen, davon zuletzt 1853/1854 allein über 10.000 Menschen in Zentrallondon, getötet hatten, bedurfte es nur noch eines Auslösers für nun einschneidende Maßnahmen. Der Große Gestank (englisch The Great Stink oder The Big

Stink) im Sommer 1858 als Folge der ungehinderten Einleitung von Abwasser in die Londoner Themse erreichte als unerträgliche Auswirkung auch das Parlament, das im gleichen Jahr den Bau des großen Londoner Abwassernetzes unter Joseph Bazalgette (1819–1891) als Chefingenieur der Londoner Metropolitan Board of Works anordnete und 3 Mio. Pfund zur Verfügung stellte. Erst als Bazalgette auch noch die Filtration des Trinkwassers einführte, verschwand die Cholera aus London und kehrte nie wieder zurück (Hamlin 2009).

Zur Regulierung der Abwässer und um die hygienischen Bedingungen in den Großstädten zu verbessern, wurde in der 2. Hälfte des 19. Jahrhunderts damit begonnen, zentrale Anlagen zur Ableitung von Abwässern (Schwemmkanalisation) zu bauen, so 1850 in Wien, 1854 in Hamburg und 1856 in Paris. Die hohen Kosten für die Anlagen wurden oft unter Verweis auf die Selbstreinigungskraft der Flüsse als „sinnloser Luxus" kritisiert. Deshalb verfügten zahlreiche europäische Städte im 19. Jahrhundert nur über Kanalisationen, jedoch nur wenige über Kläranlagen oder Rieselfelder zur Verrieselung der Abwässer, führten also Abwässer weiterhin den Vorflutern zu. Anfang des 20. Jahrhunderts wurden vermehrt zumindest mechanische Reinigungsanlagen und Rieselfelder eingerichtet. 1910 reinigten immerhin schon etwa 400 Kommunen in Deutschland ihre Abwässer, 40 % davon mit biologischen Verfahren (Rieselfelder, Bodenfiltration, Wiesenberieselung) (Kaiser 2005). Fortschritte in der Klärtechnik (z. B. 1914 Schlammbelebungsverfahren) führten zu verbesserten Reinigungsleistungen, wobei die gewerblichen und industriellen Abwässer unbeachtet blieben. Deutsche Flüsse, wie die Wupper, Ruhr, Emscher oder Pleiße, verwandelten sich in durch Städte führende, offene industrielle Abwasserkanäle und blieben in diesem Zustand bis weit ins 20. Jahrhundert hinein. Diskutiert wurden lediglich stadthygienische Aspekte und die durch organische Abwässer verursachten Infektionskrankheiten. Industrieabwässern wurden teilweise sogar wegen angeblicher „neutralisierender Effekte" (Kaiser 2005, S. 51) im Vergleich zu kommunalen Abwässern als positiv bewertet. Erst als gegen Ende des 19. Jahrhunderts Landwirtschafts- und Fischereiverbände ihre Interessen durch die Gewässerverschmutzung gefährdet sahen, wurden einschränkende Vorschriften für die Abwassereinleitungen der Industrie in Fließgewässer erlassen. Die Argumente „natürliche Selbstreinigungskraft der Gewässer" und „Verdünnungseffekt" wurden vorgeschoben, um Investitionen in die Abwasserreinigung hinauszuschieben. Die städtischen Flüsse wurden zu Vorflutern, die an den industriellen Anforderungen orientiert, begradigt, ausgebaut und schadstoffbelastet blieben. Kleine Bäche verschwanden in einem verrohrten Kanalsystem im Untergrund. Damit verschwanden auch sichtbare hygienische, olfaktorische und ästhetische Beeinträchtigungen durch verschmutzte städtische Gewässer. Sie verschwanden auch aus dem Bewusstsein der Stadtbürger. Mit dem Generationswandel verlor sich die Kenntnis des teilweise unterirdischen Gewässersystems ganz. Anstatt die Gewässerverschmutzung zu bekämpfen, wurden Fernwasserleitungen und Tiefbrunnen eingerichtet, um durch die Erschließung neuer Wasserressourcen die Gesundheitsbelastung der Bevölkerung weitgehend auszuschließen. Die Aufgabe der städtischen Fließgewässer war nun nicht mehr die Versorgung mit Wasser, sondern die Abwasserentsorgung für Kommunen und Industrie. Diese Aufgabe behielten sie bis weit ins 20. Jahrhundert. Zuerst Dampfmaschinen und ab dem Ende

2.7 · Wie die Gewässer urban wurden

des 19. Jahrhunderts auch Elektromotoren ersetzten die industrielle Wasserkraft, die als Standortfaktor unbedeutend wurde (Schuhmacher und Thiesmeier 1991).

Der Hochwasserschutz wurde ein weiterer Grund für die Veränderung von städtischen Flüssen und Bächen, vor allem im 19. und 20. Jahrhundert. Die die Städte durchquerenden Flüsse erhielten bis zur Mitte des 20. Jahrhunderts ein „leistungsfähiges technisches Profil" mit Flut- und Entlastungskanälen zur Reduzierung der Hochwasserspitzen (s Abb. 2.25).

In den vor Hochwasser geschützten Auen konnten neben landwirtschaftlichen Nutzflächen neue städtische Nutzungen, Wohnbebauung, einschließlich neuer Industrie (z. B. Duisburg, größter Binnenhafen der Welt), Platz finden. Siedlungsflächen. Stadt und Gewässer kamen in noch engere Nachbarschaft.

> „Nach damaliger Sicht musste sich der Mensch nicht mehr der Naturgewalt der Gewässer unterwerfen, sondern er war nun derjenige, der Flüsse und Bäche den Anforderungen von Städtebau, Industrie, Hochwasserschutz, Schifffahrt und Energieerzeugung anpassen konnte. Diese rein ökonomisch orientierte Sichtweise führte auch in den Jahrzehnten nach dem Zweiten Weltkrieg zu gravierenden Veränderungen der Gewässer" (Kaiser 2005, S. 67).

Im 20. Jahrhundert entwickelten sich die mitteleuropäischen urbanen Gewässer in

Abb. 2.25 Pleißemühlgraben in Leipzig. (© Breuste 2003)

Tab. 2.2 Wandel der Funktionen von Gewässern und Wasser in mitteleuropäischen Binnenstädten durch anthropogene Nutzung und Wahrnehmung (Kaiser 2005, S. 22)

	Vor 1750	1750–1850	1850–1915	1915–1950	1950–1980	Ab 1980
Schutzfunktion	⬤	●	–	–	–	–
Ernährung, Fischerei, Bewässerung	⬤	⬤	●	•	–	–
Transportweg	⬤	⬤	●	•	•	•
Energielieferant	⬤	⬤	⬤	•	•	⬤
Trinkwasserversorgung	⬤	⬤	●	●	●	●
Brauchwasserlieferant	⬤	⬤	⬤	●	●	●
Entsorgung	⬤	⬤	⬤	⬤	●	●
Freizeit- und Erholungsnutzung	–	–	–	–	–	⬤
Aufwertung des Wohnumfelds	–	–	–	–	–	●
Lebensraum für Pflanzen und Tiere	–	–	–	–	–	●

Große Bedeutung ⬤	Mittlere Bedeutung ●	Geringe Bedeutung •	Keine Bedeutung –

völlig neue Richtung. Bei Beibehaltung des notwendigen Hochwasserschutzes verschwanden die wirtschaftlichen Funktionen bis auf wenige weiter genutzte Transportwege fast ganz zugunsten von Freizeit und Erholung, der Aufwertung des Stadtbildes und der Funktion als Lebensraum von Pflanzen und Tieren, die nun höher bewertet wurden (s. Tab. 2.2). Dies trifft jedoch nicht in dieser Weise auf Flüsse in Städten anderer Kontinente zu, wo wirtschaftliche Funktionen (s. Abb. 2.26) oder die Abwasservorflut noch immer von Bedeutung sind (s. Abb. 2.27 und 2.28).

2.7 · Wie die Gewässer urban wurden

Abb. 2.26 Hongkou River in Shanghai, China, als intensiv genutzter Transportweg. (© Breuste 2006)

Abb. 2.27 Rio Matanza-Riachuelo, der am stärksten verschmutzte Stadtfluss Lateinamerikas, in Buenos Aires, Argentinien. (© Breuste 2006)

● **Abb. 2.28** Historische Wasserstadt Tongli im Schwemmland des unteren Jangtse-Flusses in China, wo Kanäle immer noch für den Transport und nicht nur für den Tourismus von Bedeutung sind. (© Breuste 2006)

Literatur

Alleyne A (2017) China unveils plans for world's first pollution-eating ‚Forest City'. ▶ www.cnn.com/style/article/china-liuzhou-forest-city/index.html. Zugegriffen: 11. Jan. 2018

Alphand A (1867–1873) Les Promenades de Paris. J. Rothschild, Paris

Amsterdam.org (1999–2018) Kanäle von Amsterdam. ▶ https://amsterdam.org/de/kanale-von-amsterdam.php. Zugegriffen: 28. Dez. 2017

Barlösius E (1997) Naturgemäße Lebensführung. Zur Geschichte der Lebensreform um die Jahrhundertwende. Campus, Frankfurt a. M.

Baumeister R (1879) Stadterweiterungen in technischer, baupolizeilicher und wirtschaftlicher Beziehung. Ernst & Korn, Berlin

Bell E (1993) La Antigua Guatemala. La historia de la ciudad y sus monumentos. Elisabeth Bell, Guatemala

Breuste J (1996) Zur Entwicklungsgeschichte der Kleingärten. In: Breuste I, Breuste J, Diaby K, Frühauf M, Sauerwein M, Zierdt M (Hrsg) Hallesche Kleingärten: Nutzung und Schadstoffbelastung als Funktion der sozioökonomischen Stadtstruktur und physisch-geographischer Besonderheiten, Bd 3. UFZ-Bericht Nr. 8/1996 = Stadtökologische Forschungen. UFZ-Umweltforschungszentrum, Leipzig, S 3–6

Breuste J (2010) Green space, planning and ecology in German cities in the late twentieth century. In: Clark P, Niemi M, Niemelä J (Hrsg) Sport, Recreation and Green Space in the European City, Bd 16. Studia Fennica, Historica, Helsinki, S 113–124

Breuste J, Pauleit S, Haase D, Sauerwein M (Hrsg) (2016) Stadtökosysteme. Springer, Berlin

Brocklebank RT (2003) Birkenhead: an illustrated history. Breedon Books, Derby

Bruckmann E (2018) Verschönerungsverein Stuttgart e. V. ▶ www.vsv-stuttgart.de/. Zugegriffen: 10. Jan. 2018

Burns R, Sanders S, Ades L (2002) New York. Die illustrierte Geschichte von 1609 bis heute. Frederking & Thaler, München

Chadwick E (1843) Report on the sanitary conditions of the labouring population of Great Britain. A supplementary report on the results of a special inquiry into the practice of interment in towns. Made at the request of Her Majesty's principal secretary of state for the Home department. Clowes and Sons, London

Cocking L (2016) A brief history of Alameda Central Park, Mexico City. ▶ https://theculturetrip.com/…/

Literatur

mexico/.../a-brief-history-of-alameda-central-park-mexico-city/. Zugegriffen: 9. Jan. 2018

Corbin A (2005) Pesthauch und Blütenduft. Eine Geschichte des Geruchs („Le Miasme et la Jonquille. L'odorat et l'imaginaire social XVIIIe–XIXe siècles", 1982). Wagenbach, Berlin

Crompton JL (2016) Evolution of the „parks as lungs" metaphor: is it still relevant? World Leisure J 1–18. ▶ https://doi.org/10.1080/16078055.2016.1211171, ▶ www.rpts.tamu.edu/.../Evolution-of-the-parks-as-lungs-metaphor-is-it-still-relevant.pdf. Zugegriffen: 13. Dez. 2017

Dalley S (2013) The mystery of the Hanging Garden of Babylon: an elusive world wonder traced. Oxford University Press, Oxford

Därr M (2018) Stadtgottesacker Halle (Saale) Denkmalpflegerische Zielstellung-Bestandsaufnahme/ dokumentation. ▶ www.la-daerr.de/.../stadtgottesacker_halle/stadtgottesacker_halle.html. Zugegriffen: 8. Jan. 2018

Ebner R, Weigl H (2014) Das Salzburger Wasser. Geschichte der Wasserversorgung der Stadt Salzburg, Bd 39. Schriftenreihe des Archivs der Stadt Salzburg. Stadtarchiv und Statistik der Stadt Salzburg, Salzburg

Eidloth V (2013) Baden-Baden, europäische Kurstädte und das Welterbe der UNESCO. Grundzüge einer länderübergreifenden gemeinschaftlichen Bewerbung. Denkmalpflege in Baden-Württemberg 42(3):134–144

Endell A (1908) Die Schönheit der großen Stadt. Strecker & Schröder, Stuttgart

George P (2017) What are the lungs of London? history house, Essex. ▶ www.historyhouse.co.uk/articles/lungs_of_london.html. Zugegriffen: 13. Dez. 2017

Golftoday (2018) Golftoday. ▶ www.golftoday.co.uk/clubhouse/coursedir/london.html. Zugegriffen: 10. Jan. 2018

Greaney M (2013) Liverpool. A landscape history. The History Press, Liverpool

Greiner J, Gelbrich J (1975) Grünflächen der Stadt, 2. verb Aufl. Verlag für Bauwesen, Berlin

Gunkel G (1991) Die gewässerökologische Situation in einer urbanen Großsiedlung (Märkisches Viertel, Berlin). In: Schuhmacher H, Thiesmeier B (Hrsg) Urbane Gewässer. Westarp, Essen

Haas I (2010) Der Wiener Prater. Sutton, Erfurt

Hajós G (2005) Parkanlagen in Wien. In: Brunner K, Schneider P (Hrsg) Umwelt Stadt. Geschichte des Natur- und Lebensraumes Wien. Böhlau, Wien, S 440–449

Hamlin C (2009) Cholera: The biography. Oxford University Press, Oxford

Hansard (1812) June 30. Hyde park. The Parliamentary debates from the year 1803 to the present time. London, Vol. XI. The eleventh Day of April to Fourth Day of July 1808. TC Hansard, London, S 1122–1124

Hansard (1848) Public Health Act of 1848. HC Deb 09 March 1853 vol. 124 cc1349-57, London

Hennebo D, Wagner S (1977) Geschichte des Stadtgrüns in England von den frühen Volkswiesen bis zu den öffentlichen Parks im 18. Jahrhundert, Bd 3. Geschichte des Stadtgrüns. Patzer, Hannover

Hesse R (1907) Die Parkanlagen der Stadt Magdeburg. Rob. Hesse & Co., Magdeburg

Hoke G (1991) Herrenkrug: die Entwicklung eines Magdeburger Landschaftsparks. Magistrat der Stadt Magdeburg, Magdeburg

Johnson B (2018) The history of Golf. ▶ www.historic-uk.com/HistoryUK/HistoryofScotland/The-History-of-Golf/. Zugegriffen: 10. Jan. 2018

Jones PB (2006) Gunnar Asplund. Phaidon Press, New York

Joyce P (2003) The rule of freedom: Liberalism and the modern city. Verso, London

Kaiser O (2005) Bewertung und Entwicklung von urbanen Fließgewässern. Dissertation, Fakultät für Forst- und Umweltwissenschaften der Albert-Ludwigs-Universität Freiburg, Freiburg i. Brsg

Katsch G, Walz JB (2011) Deutschlands Kleingärtner in drei Jahrhunderten. Zum 90. Jahrestag der Gründung des Reichsverbandes der Kleingartenvereine Deutschlands. Bundesverband Deutscher Gartenfreunde e. V., Leipzig

Katsch G (1994) Ein „Deutsches Museum der Kleingärtnerbewegung" in Leipzig. Vorstand des Fördervereins „Dt. Museum der Kleingärtnerbewegung", Leipzig

KGV Dr. Schreber e. V. (2018) Kleingartenverein Dr. Schreber e. V. ▶ http://www.schreber-leipzig.de/. Zugegriffen: 11. Jan. 2018

Klackl H (2002) Der Almkanal. Seine Nutzung einst und jetzt. Selbstverlag, Salzburg

Koller E (1988) Umwelt-, sozial-, wirtschafts- und freizeitgeographische Aspekte von Schrebergärten in Großstädten, dargestellt am Beispiel Regensburgs. Regensburger Beiträge zur Regionalgeographie und Raumplanung (1), Regensburg

Kostof S (1993) Die Anatomie der Stadt. Geschichte städtischer Strukturen. Campus, Frankfurt

Krauskopf K (2003) Natur statt Stadt – Die Verwandlung der Stadt in Natur. In: Rohde M, Schomann R (Hrsg) Historische Gärten heute. Edition Leipzig, Leipzig, S 78–83

Landeshauptstadt München, Kulturreferat (Hrsg) (2000) Friedrich Ludwig von Sckell 1750–1823. Gartenkünstler und Stadtplaner in München. Kulturreferat der Landeshauptstadt München, München

Leisner B, Schoenfeld H (1991) Der Ohlsdorf-Führer. Spaziergänge über den größten Friedhof Europas. Christians, Hamburg

Loudon JC (1803) Letter to the editor. Literary J 2(12):739–742

Mader G (2006) Geschichte der Gartenkunst. Streifzüge durch vier Jahrtausende. Ulmer, Stuttgart

Medicus R (2006) Die Hellbrunner Allee und ihre Umgebung – Zur Geschichte der Allee und ihrer Bedeutung. Mitteilungen der Ges für Salzburger Landeskd 146:405–426

Metropolitan Borough of Wirral (2008) The history of Birkenhead Park. ► https://www.birkenheadpark1847.com. Zugegriffen: 26. März 2008

Murray JF (1839) The lungs of London. Blackwood's Magazine 46:212–227

Pemmer H, Lackner N (1974) Der Prater. Von den Anfängen bis zur Gegenwart. Neu bearbeitet von Günter Düriegl und Ludwig Sackmauer, 2. Aufl. Jugend und Volk, Wien

Poninska A (1874) Die Großstädte in ihrer Wohnungsnoth und die Grundlagen einer durchgreifenden Abhilfe. Duncker & Humblot, Leipzig

Raven PH, Evert RF, Eichorn SE (2005) Biology of plants. N.H. Freeman, Basingstoke

Reps JW (1992) The making of Urban America: A history of city planning in the United States, 2. Aufl. University Press Princeton, Princeton

Rosenzweig R, Blackmar E (1992) The park and the people. A history of central park. Cornell University Press, Ithaca

Schediwy R, Baltzarek F (1982) Grün in der Großstadt – Geschichte und Zukunft europäischer Parkanlagen unter besonderer Berücksichtigung Wiens. Edition Tusch, Wien

Schiller-Bütow H (1976) Kleingärten in Städten. Patzer, Hannover

Schuhmacher H (1998) Stadtgewässer. In: Sukopp H, Wittig R (Hrsg) Stadtökologie. Ein Fachbuch für Studium und Praxis. Gustav Fischer, Stuttgart, S 201–217

Schuhmacher H, Thiesmeier B (1991) Urbane Gewässer. Westarp, Essen

Schwarz A (2005a) Der Park in der Metropole. Urbanes Wachstum und städtische Parks im 19. Jahrhundert. Transcript, Bielefeld

Schwarz A (2005b) Ein „Volkspark" für die Demokratie: New York und die Ideen Frederick Law Olmsteds. In: Schwarz A (Hrsg) Der Park in der Metropole. Urbanes Wachstum und städtische Parks im 19. Jahrhundert. Transcript, Bielefeld, S 107–160

Sckell FL (1807) Denkschrift vom 6. März 1807. In: von Freyberg P (Hrsg) 200 Jahre Englischer Garten München. Offizielle Festschrift, Bayerisches Staatsministerium der Finanzen, Knürr, München, S 93–113

Scobey DM (2002) Empire city. The making and meaning of the New York city Landscape. Temple University Press, Philadelphia

Sehnal P (2008) Wiens grüne Arena, der Prater. Folio, Wien

Stadtwald (2018) ► https://de.wikipedia.org/wiki/Stadtwald. Zugegriffen: 11. Jan. 2018

Taylor DE (2009) The environment and the people in American cities, 1600–1900s. Duke University Press, Durham

Thorén KH (2008) De grønne lungene som forsvant. Om tap av grønnstruktur i byer og tettsteder. In: Berntsen B, Hågvar S (Hrsg) Norsk natur – farvel? En illustrert historie. Unipub, Oslo, S 223–235

Tietz AA (2004) Der Stadtgottesacker in Halle (Saale). Fliegenkopf, Halle

Twardawa S (2006) Der Tiergarten in Berlin: das Abenteuer liegt um die Ecke. Motzbuch, Berlin

von Freyberg P (2001) Der Englische Garten in München, 2. Aufl. Kürr, München

von Freyberg P (Hrsg) (1989) 200 Jahre Englischer Garten München. Offizielle Festschrift, herausgeben durch das Bayerische Staatsministerium der Finanzen, S 93–113

von Krosigk K (2001) Der Berliner Tiergarten, Bd 1. Berliner Ansichten. Braun MS, Berlin

von Schweinitz AF (1993) Der Stadtgottesacker in Halle. Die Gartenkunst 5(1):91–100

Wagner-Rieger R (Hrsg) (1972–1981) Die Wiener Ringstraße. Bild einer Epoche, Bd I–XI. Steiner, Wiesbaden

Wendland F (1993) Der Große Tiergarten in Berlin – Seine Geschichte und Entwicklung in fünf Jahrhunderten. Gebrüder Mann, Berlin

Wiede J (2015) Abendländische Gartenkultur. Die Sehnsucht nach Landschaft seit der Antike. Marix, Wiesbaden

Wieland D (2012) Historische Parks und Gärten. Schriftenreihe des Deutschen Nationalkomitees für den Denkmalschutz, Bd 45, 2. Aufl. SLUB, Bonn

Willeford BR (1979) Das Portrait: Joseph Priestley (1733–1804). Chem unserer Zeit 13:111–117. ► https://doi.org/10.1002/ciuz.19790130403

Wilner F (2017) Amsterdam. London, New York: Weltstädte (3/4). 1800–1880: Schock der Moderne. Erstsendung 16.12.2017. Arte France, Iliade Productions, Les Films de L'Odyssée

Worde N, van Heyningen E, Bickford-Smith V (1998) Cape Town. The making of a city. David Philipp Publishers, Cape Town

Zedler JH (1743) Grosses vollständiges Universal Lexicon aller Wissenschafften und Künste, Bd 38. Halle. ► https://www.zedler-lexikon.de/. Zugegriffen: 23. Dez. 2018

Wie Stadtnatur im Kontext von Natur und Kultur besteht

3.1 Das Verhältnis Stadt – Naturumgebung – 68

3.2 Beispiel Waldstadt – Zuwendung zur Naturumgebung – 74

3.3 Beispiel Wüstenstadt – Abwendung von der Naturumgebung – 74

3.4 Beispiel Gebirgsstadt – Umgang mit extremer Naturumgebung – 79

3.5 Beispiel Wald und Wildnis in der Stadt – Orte für Religion und Rituale – 85

3.6 Gärten und Parks – bevorzugte Natur der städtischen Erholungslandschaft – 90

Literatur – 96

© Springer-Verlag GmbH Deutschland, ein Teil von Springer Nature 2019
J. Breuste, *Die Grüne Stadt*, https://doi.org/10.1007/978-3-662-59070-6_3

Stadtnatur entstand in Anpassung an, aber auch manchmal im Gegensatz zur Natur der Stadtumgebung. Mit dem Export der Idee der „schönen" Stadtnatur aus dem humiden Europa wurde die öffentliche Stadtgestaltung mit Gärten, Sträuchern und Bäumen auch in andere, sogar aride Zonobiome übertragen. Auch dort wurden grüne Garten- und Parkoasen bevorzugt und mit großem Aufwand angelegt und gepflegt. Die Idee der persischen (Paradies-)Gärten verbreitete sich zwar bis nach Indien, blieb aber eine isolierte Stadtnatur für ausschließlich Eliten, ebenso wie chinesische und japanische Gärten.

Die Wüstenstädte repräsentieren Stadtnatur bereits traditionell in ihren Oasen-Nutzgärten und Schmuckgärten der Paläste. Gebirgsstädte versuchen auch unter extremen klimatischen und orografischen Bedingungen, Stadtnatur zu integrieren.

Die Waldstädte integrieren sich weitgehend in ihre traditionelle Naturumgebung, den Wald, der oft auch in den Städten in unterschiedlichen Formen weiter besteht. Wald als primäre Wildnis ist hier fast überall akzeptierte Wildnis.

Neue urbane Wildnisse, die nach der Aufgabe von Nutzungen entstehen, sind bisher weitgehend (noch) nicht akzeptiert. Wald und Wildnis sind oft auch in Städten Orte der Religion und von Ritualen.

Gärten und Parks sind mit ihren entweder individuell aktiven oder kontemplativ ästhetischen Nutzungsmöglichkeiten unbestreitbar die bevorzugte Stadtnatur.

3.1 Das Verhältnis Stadt – Naturumgebung

Die Grüne Stadt ist ein Kulturprodukt in einer Naturumgebung. Die Art des kulturellen Zusammenlebens in Städten, einschließlich des Verhältnisses zur Natur (Bevorzugung und Zurückdrängung) **(Kulturraum)** und die Naturausstattung des Lokalisationsraumes (besonders Vegetation, Wasserhaushalt, Relief und Klima) bestimmen die Ausprägung der konkreten Stadtnatur. Die Grüne Stadt ist damit eine individuelle Realität. Sie ist aber in verschiedenen Kulturräumen und **Zonobiomen** vergleichbar und weist sogar in globaler Betrachtung durch kulturelle Gemeinsamkeiten bestimmte vergleichbare Elemente auf.

> **Definition**
>
> **Kulturerdteile** sind zusammenhängende Großräume gemeinsamer, relativ einheitlicher kulturell prägender menschlicher Lebensformen auf der Grundlage ihrer natürlichen Umwelt. Sie beruhen auf dem individuellen Ursprung der Kultur, auf der besonderen Verbindung der landschaftsgestaltenden Natur- und Kulturelemente, auf der eigenständigen, geistigen und gesellschaftlichen Ordnung und dem Zusammenhang des historischen Ablaufes (Kolb 1962; Newig 2014).
> Allgemein werden 10 Kulturerdteile (mit Übergangsräumen untereinander) unterschieden:
> 1. Angloamerika
> 2. Australien/Ozeanien
> 3. Europa
> 4. Lateinamerika
> 5. Orient
> 6. Ostasien
> 7. Russland
> 8. Subsahara-Afrika
> 9. Südasien
> 10. Südostasien

> **Definition**
>
> Als **Zonobiom** wird eine zonale Pflanzenformation einschließlich der darin lebenden Tiere, also ein großer klimatisch einheitlicher Lebensraum innerhalb der Geo-Biosphäre, bezeichnet. Es werden global neun Zonobiome betrachtet:
> 1. Immergrüne tropische Regenwaldes (ZB I),
> 2. Savannen bzw. laubabwerfende Wälder und Graslander (ZB II),

3.1 · Das Verhältnis Stadt – Naturumgebung

3. Heiße Wüsten (ZB III),
4. Hartlaubwälder (ZB IV),
5. Lorbeerwälder (ZB V),
6. Winterkalte Laubwälder (ZB VI),
7. Steppen und kalte Wüsten (ZB VII),
8. Taiga (ZB VIII) und
9. Tundra (ZB IX) (Walter und Breckle 1999).

Kultur und Natur spielen am Anfang der Stadtentwicklung gleichermaßen eine bedeutende Rolle. Fast immer ist es die Kultur, die dabei dominiert. Die dominante Rolle der Kultur bei der Stadtherausbildung bringt zwei Stadtgründungssituationen hervor:

1. **Autochthone Städte** (sich lokal entwickelnde Städte): Städte entstehen in einer schon bestehenden agrarischen Kulturlandschaft durch die Herausbildung von Leistungsvorteilen für eine Umgebung oder durch Gründungsakt einer Autorität. Die einheimische Bevölkerung wird zu Städtern (kulturelle Entwicklung). Beispiele dafür sind frühe Städte in den Kulturzentren Ägyptens, des Vorderen Orient, Chinas oder Stadtentwicklungen im Römischen Reich oder im mittelalterlichen Deutschland. Die Städte sind in einer „bekannten" Naturumgebung lokalisiert.
2. **Allochthone Städte** (Kolonistenstädte): Städte entstehen als Kolonistenstädte. Die initiale städtische Bevölkerung, mindestens die Elite, wird importiert und bestimmt die Stadtentwicklung. In diesem Fall wird die Kultur der Eliten an einem neuen Standort etabliert und trifft evtl. auf bereits vorhandene andere Kultur(n) (kulturelle Expansion). Beispiele sind: griechische Kolonisationsstädte im Mittelmeerraum ab dem 7. Jahrhundert v. u. Z., deutsche Ostkolonisation im 12. Jahrhundert, europäische Kolonistenstädte in Amerika im 15. Jahrhundert, in Australien und Ozeanien im 18. Jahrhundert, in Afrika seit dem 15. Jahrhundert, russische Kolonistenstädte in Sibirien im 17. Jahrhundert. Die Städte werden in einer neuen Natur- und Kulturumgebung lokalisiert.

Diese Situation ändert sich im Laufe der Stadtentwicklung durch Zuzug ortsfremder Bevölkerung in die Städte, kulturelle Integration evtl. vorhandener einheimischer, agrarischer Bevölkerung und generell fortschreitender Stadtentwicklung. Die kulturelle Expansion verbreitet allerdings eine an sich ortsfremde Kultur in neuen, oft auch unbekannten Naturräumen und führt zu neuen Auseinandersetzungen dort mit der vorgefundenen „neuen" Natur. Die ursprüngliche Desintegration in die Naturumgebung wandelt sich langsam in eine Integration der Stadt in die Natur (oft auch in die Kultur) ihrer Umgebung. Diese kann in Anpassung, aber in Verdrängung dieser Natur bestehen. Städte sind auch bei sich am Standort in der vorhandenen Kultur entwickelnden Städten immer in einer Auseinandersetzung mit der vorgefundenen Natur entstanden. Dabei wird versucht, die Natur zu beherrschen, umzugestalten, zu verdrängen oder aber sie gänzlich auszuschalten (was nie gelingt). Die Natur wird als der Feind der Stadt angesehen, da sie sich dynamisch, ohne Kulturentscheidung nach eigenen Gesetzen entwickelt (s. ▶ Abschn. 7.4). Mit der Erkenntnis der Naturgesetze wurde versucht, diese für die Stadtentwicklung zu nutzen oder aber zumindest sich ihren negativen Prozessabläufen (z. B. Überschwemmungen, Küstenhochfluten, Mur- und Lawinenabgänge etc.) zu entziehen oder diese Prozesse zu beherrschen.

Jede Stadt wird zuerst in einer Naturumgebung lokalisiert. Diese Naturumgebung ist durch menschliche Nutzung in ständiger Veränderung begriffen. Die ursprüngliche Naturumgebung wird zu einer neuen Naturumgebung (s. ◘ Abb. 3.1).

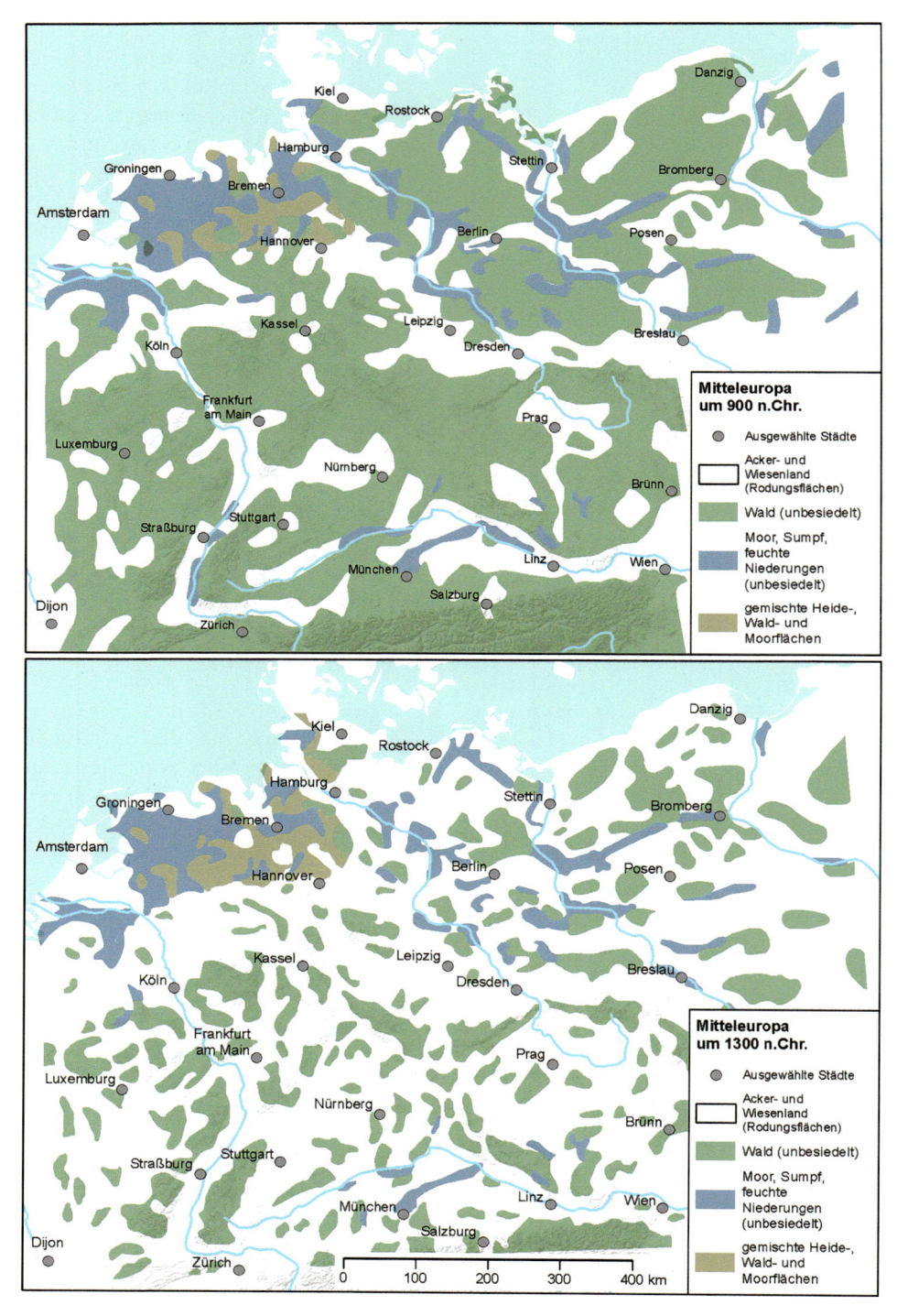

Abb. 3.1 Waldverbreitung, Rodung und Neusiedlung – Der Landesausbau in Deutschland (ca. 900–1300). (© Entwurf: Breuste, Zeichnung: W. Gruber, nach Rudolf und Oswalt 2009, S. 89)

3.1 · Das Verhältnis Stadt – Naturumgebung

> „In erster Linie verliert der Begriff von der Stadt seine allgemeine und systematische Geltung. Stattdessen spielen die geographischen und landschaftlichen Gegebenheiten die ausschlaggebende Rolle. Eine bereits existierende und fortbestehende Stadt wird stets durch die natürliche Umgebung, in der sich der Mensch neu einzurichten beginnt, bestimmt" (Benevolo 1999, S. 39).

Der „Lagefaktor Natur" wie **Verkehrsgunst** (z. B. Lage an Flüssen, Furten und der Küste), **Sicherheit** (z. B. Lage auf leicht zu verteidigenden Anhöhen, Flussterrassen außerhalb der Überschwemmungsgebiete) und **Gesundheit** (z. B. Lage entfernt von Sümpfen und Sumpfwäldern) ist zuerst von entscheidender Bedeutung für die Lokalisation einer Stadt (Ullman 1941).

Malaria – todbringende Krankheit aus den Feuchtgebieten in der Umgebung der Städte der Tropen und Subtropen

Besonders in den Tropen war jahrhundertelang Malaria (italienisch *mal'aria* = „schlechte Luft") eine todbringende Krankheit, die sich in den feuchten Niederungen, den Sumpf- und Mangrovengebieten ausbreitete. Als Ursache wurden die „ungesunden Lüfte" aus diesen Gebieten angenommen, da die Übertragung durch Mücken (Gattung *Anopheles*) aus diesen feuchten Brutgebieten lange unbekannt war. Seit der Antike war die Krankheit in Feuchtgebieten rund um das Mittelmeer bekannt.

Wegen der Krankheit dezimierte sich oft die Stadtbevölkerung der Kolonistenstädte rasch, sodass man bereits bei der Lokalisation immer mehr darauf achtete, sich besonders in Gebieten mit „guten Lüften" anzusiedeln. Für Pedro de Mendoza, der 1536 von Norden entlang der tropischen Küsten Südamerikas zum Rio de la Plata kam und Buenos Aires gründete, war dies die erste Stadt an der Küste mit „guten Lüften" (= *buenos aires*). Die Malaria wurde jedoch wahrscheinlich erst durch Europäer und den Sklavenhandel aus Afrika in Südamerika verbreitet.

War die Lokalisation der Städte nahe den Feuchtgebieten nicht zu vermeiden oder nicht mehr rückgängig zu machen, erfolgte häufig eine Trockenlegung der Feuchtgebiete, z. B. in den 1930er-Jahren im großen Umfang in der Küstenlandschaft der südlichen Toskana, der Maremma.

Die auch heute noch verbreitete Abneigung gegenüber den Feuchtgebieten in den Tropen und Subtropen hat ihre Ursachen in der Angst vor der Malaria (Sullivan und Krishna 2005; Paganotti et al. 2004).

Die „europäische Stadt" oder die „westliche Stadt", wie sie Benevolo (1999) nennt, ist das Konzept einer geschlossenen Stadt, als Gegenstück zum offenen Land. Die Jahre zwischen 1050 bis 1350 bezeichnet Benevolo (1999, S. 95) als **„die Zeit der Urbanisierung Europas"**, als dieses Stadtkonzept europäisiert wurde. Mit dem Paradigma der Trennung von Stadt und Natur entstehen über Jahrhunderte europäische Stadtlandschaften aus Kernstädten und umgebendem kultiviertem Land, die uns auch heute noch in ihrer Eigenart schützens- und erhaltenswertes Kulturerbe sind (Breuste 2006, 2011, 2012).

> „Hier die Stadt, dort das Land – dieser Gegensatz wird für lange Zeit das Bild der Welt prägen und gleichermaßen für das Bewusstsein wie für die soziale Wirklichkeit bestimmend sein. Die Stadt ist ein umschlossener Bezirk oder eine Ansammlung solcher Einfriedungen, wo die Kunst, über mittlere und kleinere Entfernungen zu haushalten, gedieh – dies nennen wir seither „Architektur", während die weitaus ältere Kunst, das unbegrenzte Land in Besitz zu nehmen und zu kultivieren, allmählich in Vergessenheit gerät" (Benevolo 1999, S. 20).

„Nicht das Ausgreifen der Stadt in die Landschaft ist das Ziel, sondern die Kernbildung, die Konzentration, die Abkapselung von der Landschaft. Nun kommt erstmals die eigentliche Stärke der westlichen Zivilisation zum Zug, und es entstehen einige der **eindrucksvollsten europäischen Stadtlandschaften**" (Benevolo 1999, S. 74).

Erst in der Zeit nach dem 2. Weltkrieg kommen Stadt und Land(schaft) in der modernen Landschaftsplanung wieder zusammen (Breuste 2012). Vielerorts ist die „Einbettung in die Landschaft", in eine Naturumgebung, der man positiv gegenübersteht, Ziel, z. B. in skandinavischen Städten seit den 1940er- und 1950er-Jahren realisiert.

Die Naturumgebung ist heute immer noch von Bedeutung, am sichtbarsten bei extremen „siedlungsfeindlichen" Naturbedingungen wie arktischen Naturräumen, tropischen Regenwäldern und Hochgebirgen. Hier wird die „Feindrolle" der Natur als „Gegner" der Stadt am deutlichsten. Aber auch in Waldlandschaften, Steppen oder an Küsten hatte die Stadt und ihre Kultur immer „gegen die Natur" zu kämpfen, um bestehen zu können. Es ist also sinnvoll, diese Auseinandersetzung unterschiedlich kulturell geprägter Städte einerseits mit der umgebenden unterschiedlichen lokalen Natur andererseits in die Betrachtung zur Grünen Stadt einzubeziehen. Sie beeinflusst immer noch, auch nach scheinbar „gewonnener" Auseinandersetzung, das Verhältnis der Stadtbewohner zu „ihrer" Natur im Umfeld der Städte und zur Integration von bestimmter, positiv angenommener Natur in den Städten.

Landschaft – Kulturlandschaft – Naturlandschaft

„Landschaft" bezeichnet einen Raum an der Erdoberfläche, der sich durch naturwissenschaftlich erfassbare Merkmale von anderen Gebieten unterscheidet und ganzheitlich wahrgenommen werden kann. In der Kulturlandschaft sind die physiognomische Gestalt der Landschaft und ihre ökologischen Prozessabläufe durch die menschliche Nutzung tiefgreifend beeinflusst. Zusammen mit dem gegensätzlichen Begriff „Naturlandschaft", einer ausschließlich durch Naturprozesse geprägten Landschaft, entsteht ein komplementäres Begriffspaar (Dichotomie) (Breuste 2006, s. z. B. Wöbse 1999).

Aus der Naturumgebung versucht sich die Stadt im Laufe ihrer Geschichte immer mehr zu lösen. Sie strebt für die neue, urbane Lebensform ihrer Bewohner eine künstliche, kontrollierte Lebensumwelt an. Dies kann am besten in den Wohnformen und im Zusammenspiel aller nun städtischen Strukturen in einer geschlossenen Struktur entstehen. Diese (Kern-)Stadt, setzt sich bewusst vom Land, der umgebenden Landschaft, ab. Der Kern des Urbanen ist damit die Denaturierung, die Unabhängigkeit von der Natur und ihren Prozessen. Ganz erfolgte dies nie, denn auch zum urbanen Leben gehörte und gehört die Natur als Garten zur Erzeugung von zumindest einem, immer geringer werdenden Teil der Nahrung, die in der Stadt benötigt wird, und als ästhetisches Objekt der kulturell empfundenen Schönheit.

Stadtstruktur

Mit „Stadtstruktur" wird ein Realmodell der Differenzierung einer Stadt bezeichnet. Es setzt sich aus den Elementen Bebauung, Nutzung, Bevölkerung, Sozialsituation, Wirtschaft, aber auch Natur zusammen. Daraus entsteht ein räumliches Mosaik an Strukturelementen. Stadtnatur verschiedener Arten oder Typen ist ein solches Strukturelement der Stadtstruktur (Wickop et al. 1998).

Immer aber ist es eine kontrollierte, reduzierte und artifizielle Natur, der man erlaubt, Teil der Stadt zu sein. Unabhängig von der Natur

3.1 · Das Verhältnis Stadt – Naturumgebung

ist die Stadt nie, denn Sie benötigt Nahrungsmittel, die in Art und Menge nur „außerhalb" der Stadt produziert werden können. Auch kann sich die Stadt den großräumigen regionalen Naturprozessen nicht entziehen. Vor Hitzeperioden, Pandemien, Schädlingskalamitäten und Überschwemmungen sind Städte nicht sicher.

Viele Städte entstehen im Kampf gegen die Natur und ihre prozessualen Auswirkungen. Ein „Ausgleich" mit der Natur wird meist nicht gesucht. Diese Vorstellung entsteht erst dann, als mit der Entwicklung der Industriestadt deutlich wird, dass Abbau und Abführung von Schadstoffen, „Licht, Luft und Sonne" für die Gesundheit notwendig sind. Die Natur wird für diese förderlichen Wirkungen partiell und kontrolliert wieder in die Städte hineingeholt. Sie soll die mit der urbanen Entwicklung in Kauf genommenen Nachteile ausgleichen helfen, zumindest dann, wenn dies wirtschaftlich zu nicht zu hohen Belastungen führt und technische Lösungen allein nicht ausreichen.

Das städtische Leben, so wird erkannt, ist kein gesundes Leben. Das rurale Leben, so wird idealisiert, fördert die Gesundheit. Eine Abwendung vom Urbanen ist unmöglich, eine Hinwendung zur Integration von Ruralem in die Städte erscheint als mögliche förderliche Lösung. Gesunde Städte, so wird allgemein anerkannt, sind Städte mit einer gesundheitsförderlichen Naturausstattung. Welche Natur, in welchem Umfang, wo platziert und von wem genutzt werden soll, das ist Ergebnis eines gesellschaftlichen Aushandlungsprozesses. Dieser ist gerade in der Gegenwart weltweit im Gange. Es geht nicht um ein „zurück zur Natur", sondern darum, Natur eine Rolle im städtischen Leben spielen zu lassen. Welche das sein wird, ist kulturell und von ökologischen und regionalen Rahmenbedingungen abhängig (s. ▶ Abschn. 8.8).

Mit der Entstehung der Idee der Erholung sollen zuerst die Stadtumgebungen, dann auch die Städte selbst, Orte für Erholung sein. Dafür waren sie im Zuge der Industrialisierung nur äußerst unzureichend ausgestattet, können aber mit diesem Ziel verbessert werden. Erholung wird fast vollständig auf Natur und Landschaft projiziert. Natur soll nun als Raum für Erholung einen Platz in der Stadt bekommen. Dazu kommen weitere Ansprüche an Natur zur Lösung von Problemen (s. ▶ Kap. 5).

Die Natur kann keineswegs ein Allheilmittel für alle großen Probleme der Städte sein *(nature based solutions)*. Die manchmal idealisierten Erwartungen an sie als „Heilsbringer" sind oft viel zu optimistisch. Auch ist die Gesellschaft keineswegs für eine deutlicher naturbestimmte urbane Umgebung ihrer Lebenswelten völlig aufgeschlossen (s. ▶ Abschn. 7.4). Aber dass die Diskussion erst einmal begonnen hat und beispielhafte Lösungen vorzuweisen sind, ist ein guter Anfang. An seinem Ende wird nicht die naturdominierte Stadt, aber eine anders strukturierte Stadt stehen, die sich mit ihrer Naturumgebung auch im Inneren und nicht nur in der Stadtumgebung arrangiert (s. ▶ Abschn. 7.1).

Städte haben immer ihren Standort „in der Natur" finden müssen. In welcher Natur, hing dabei neben den grundsätzlichen Naturbedingungen von der vorausgegangenen Kulturentwicklung ab. Die europäischen Städte entstanden überwiegend als regionales Zentrum und Handelsort in einer zuvor bereits agrarisch genutzten Landschaft. Sie positionierte sich als **„Stadt im Agrarraum"**. In den Waldländern der Taiga Europas, Asiens oder Amerikas war das anders. Hier entstanden Städte als zivilisatorische Vorposten der importierten Kultur von neuen Siedlern, die beides, Kulturlandschaft und Städte, gleichzeitig mitbrachten. Wenn bereits Stadtideen und deren Realisierungen vorlagen (z. B. Tenochtitlan der Azteken, Tikal der Maya, Cuzco der Inka, Angkor der Khmer, Hampi in Indien etc.), wurden diese meist ignoriert und, soweit sie noch real bestanden, sogar zerstört (s. ▶ Abschn. 3.2).

3.2 Beispiel Waldstadt – Zuwendung zur Naturumgebung

Die Städte in den Waldländern waren anfangs nur von Wäldern und Feuchtgebieten mit geringen landwirtschaftlichen Flächen umgeben, von denen heute noch viele Restwälder zeugen. Diese **„Waldstädte"** weisen noch die mehr oder weniger ursprüngliche Natur (Natur der ersten Art, s. ▶ Abschn. 1.3) in ihrer Umgebung auf. Sie gehört zu ihnen und ihrer meist im Vergleich kurzen Entwicklung von nur einigen Hundert Jahren. Solche mit ausgedehnten Wäldern umgebenen Städte finden sich in Europa (z. B. Moskau, gegr. 1147, Stockholm, gegr. 1252, Vilnius gegr. 1323, Helsinki, gegr. 1550, St. Petersburg, gegr. 1703) genauso wie in Asien (z. B. Krasnojarsk 1628, gegr. Jakutsk, gegr. 1632, Irkutsk, gegr. 1652).

In Waldstädten bleibt über Generationen meist ein enges Verhältnis der Bewohner zum umgebenden Wald erhalten. Die Bewohner von Helsinki, Stockholm, St. Petersburg oder Vilnius lassen Wald bis in ihre Wohngebiete eindringen oder erhalten seine Reste dort als Bezug zu ihrer Naturumgebung. Sie sind häufig noch mit typischen Waldnutzungen (Pilz- und Beerensammlung oder Jagd) vertraut. Der Wald mit seinen Bewohnern ist ihnen willkommene Natur, auch in der Stadt.

Mit der Entwicklung des Tourismus entstanden in verbliebenen Waldgebieten, oft im Berg- und Hügelland, Erholungsorte, die sich zu Städten entwickeln und in denen Touristen ihren kürzeren oder längeren Aufenthalt speziell wegen der Wälder („Waldluft", „Waldeslust") nahmen.

> **Campos do Jordão – eine Waldstadt für Sao Paulo, Brasilien**
>
> Großstädter aus São Paulo gründeten 1874 in den 180 km entfernten Bergen der Serra da Mantiqueira eine Waldstadt als Touristendomizil – Campos do Jordão. Die Stadt im Bundesstaat São Paulo in 1628 m Meereshöhe hat heute ca. 46.500 Einwohner und ist eine typische Waldstadt. Campos do Jordão ist die höchstgelegene Gemeinde ganz Brasiliens. Die Stadt, ein regionales Touristenziel in den klimatisch gemäßigten Bergen, das an europäische Kurorte (im Schweizer Stil erbaute Fachwerkhäuser) erinnert, sieht man von der Vegetation der sie umgebenden nativen subtropischen Feuchtwälder mit vielen Araukarien ab. 20 km Wanderwege erschießen die attraktive Waldumgebung (Campos do Jordão 2018; s. ◘ Abb. 3.2).

3.3 Beispiel Wüstenstadt – Abwendung von der Naturumgebung

War Wald für Waldstädte eine willkommene und akzeptierte Umgebung, so trifft das auf die Natur der Trockenräume, der Wüsten und Steppen, der großen Grasländern, in Amerika, Asien und Afrika, in der Umgebung von Städten nicht zu. Die „Natur der ersten Art", die ursprüngliche Natur (s. ▶ Abschn. 1.3), ist hier meist noch präsent in ihren Resten. Nicht immer wird sie auch von den Stadtbewohnern, viele davon allochthone Kolonisten, geschätzt. In und um die **„Städte der Trockenräume"** wird sie sogar bekämpft, um Platz zu machen für eine neue Natur, die die Siedler als Leitbild des Harmonischen mitbringen. Das ist zuerst die Natur der Landwirtschaft im

3.3 · Beispiel Wüstenstadt – Abwendung von der Naturumgebung

Abb. 3.2 Campos do Jordão, Brasilien, Blick vom Morro do Elefante auf den Stadtteil Capivari. (© Breuste 2009)

Umfeld der Städte und eine üppige Natur aus Bäumen, Büschen, Blumen und Rasen in den Städten selbst, die nichts mit der Natur der Umgebung der Städte zu tun hat. Ihre Stadtnatur, Baumpflanzungen, Parks, Gärten und Landwirtschaft basiert fast ausschließlich auf Bewässerung und grenzt sich scharf von der Natur der Stadtumgebungen ab (s. Abb. 3.3).

Heiße Wüsten sind in sechs ganz unterschiedlichen Kulturerdteilen (Angloamerika, Lateinamerika, Subsahara-Afrika, Orient, Südasien, Australien) verbreitet und in ihnen sind, kulturell bedingt, unterschiedliche Städte lokalisiert, z. B. Tucson, Arizona/USA; Mendoza, Argentinien; Windhoek, Namibia; Assuan, Ägypten; Yalgoo, Australien. Zu ihrer Oasennatur, ihrem schattenspendenden und klimaregulierenden Baumbestand (*urban forest*) sind nur wenige wissenschaftliche Vergleichsstudien gemacht worden (z. B. McPerson und Dougherty 1989; Breuste 2013).

Eine konvergente Vegetation und ein vergleichbares Klima schaffen vergleichbare Naturbedingungen und Lebensbedingungen für siedelnde Menschen. Was haben die Wüstenstädte gemeinsam? Sie entstehen im Gegensatz zur umgebenden Natur als kulturelles Gegenbild. Die Stadt grenzt sich möglichst von der umgebenden Wüstennatur ab, schafft ihre eigene Bewässerungs-Natur. Die Stadt entsteht sogar im Kampf gegen die ungeliebte Umgebungsnatur. Mit Ausnahme der großen Flussoasen-Städte, die bereits alten Kulturen Lebensraum boten, und einigen Fischerorten an den Küsten sind die Wüstenstädte überwiegend Kolonistenstädte.

◘ Abb. 3.3 Bewässerung von Straßenbegleitgrün in Delhi, Indien. (© Breuste 2018)

Stadtgrün als gepflegte und bewässerte Stadtnatur ist in Grünmangelstädten, wie denen in Wüstenumgebung, ein deutliches Zeichen von Wohlstand oder gar Luxus. Eine grüne Stadt in der Wüste ist das Gegenbild zur Wüstennatur der Wildnis.

Dubai, die Hauptstadt des gleichnamigen Emirats am Persischen Golf, ist eine Stadt im Wüstenraum, die weltweit eine intensive gepflegte Grünstruktur mit großem Aufwand zum Nutzen ihrer Bewohner entwickelt hat. 2012 nutzen 6,7 Mio. Besucher die öffentlichen Parks von Dubai (Al Serkal 2013). Allein sieben große Parks wurden seit 2012 neu angelegt (Dubai Parks and Resorts 2018).

Im Dubai Strategic Plan 2015 ‚*A green economy for sustainable development*' ist das Ziel, Dubai zu einer „gesunden Stadt", mit sauberer und schafstofffreier Umwelt zu machen, fest verankert. Dubai Electricity and Water Authority (DEWA) zusammen mit der Dubai Municipality haben dazu „Green Building Regulations & Specifications" als Teil eines 2,223 Mrd. € (10 Mrd. AED) teuren „Green Buildings Projektes" bis 2020 erarbeitet. Die Aktion „Green Dubai" nimmt jedoch nicht Bezug auf Stadtnatur (Dubai Statistics Center 2018).

Alle Parks in Dubai sind umzäunt, bewacht und intensivst gepflegt. Es wird eine (geringe) Eintrittsgebühr erhoben. Ein kultureller Unterschied besteht in der Gender-Perspektive für Parknutzung. An speziellen, je Park unterschiedlichen „Ladies Days", ein oder zwei Tage in der Woche, ist der Besuch der meisten öffentlichen Parks nur Frauen oder Familien erlaubt (s. ◘ Abb. 3.4). Die Mitglieder der Herrscherfamilie haben intensiv gepflegte ausgedehnte Privatparks (s. ◘ Abb. 3.5).

3.3 · Beispiel Wüstenstadt – Abwendung von der Naturumgebung

◘ **Abb. 3.4** Creekside Park in Dubai, VAE. (© Breuste 2006)

◘ **Abb. 3.5** Palast und privater Park des Herrschers des Emirats Dubai HH Sheikh Mohammed Bin Rashid Al Maktum im Stadtteil Al Bdai'a in Dubai, VAE. (© Breuste 2017)

Bäume in einer Oasenstadt – Mendoza im argentinischen Trockenraum

Im Westen Argentiniens, am Andenrand in 700 m über dem Meeresspiegel, liegt die 1561 gegründete und nach ihrer Zerstörung durch ein Erdbeben 1861 neu entstandene Stadt Mendoza (ca. 1 Mio. Einw.). Das aride Wüstenklima mit Sommertemperaturen über 40 °C und weniger als 200 mm Niederschlag im Jahr erzeugen unwirtliche Hitze und Trockenheit. Die Vegetation der Monte-Strauchsteppe, der natürlichen Vegetationsformation der Region, kann keinen Schatten spenden. Ein Stadtwald aus Straßenbäumen und großen Parkanlagen soll dies übernehmen. Er wurde bereits Ende des 19. Jahrhunderts angepflanzt und durch ein vom Rio Mendoza abgeleitetes Grabensystem (acequias) bewässert. Beides, Baumbestand und Bewässerungssystem, ist heute nicht mehr im besten Zustand, aber essenziell für die Lebensqualität der Stadtbewohner. 1907 und 1986 wurden gesetzliche Maßnahmen zu seinem Schutz und zum Management dieses Stadtwaldes getroffen, jedoch bisher nur teilweise umgesetzt. 1996 wurde ein ‚Consejo Provincial de Defensa del Arbolado Público' mit den Aufgaben des Baumschutzes betraut.

Der Stadtwald aus Straßen- und Parkbäumen umfasst geschätzt 400.000 Bäume, alle mit mindestens 50–100 Jahren im Altersstadium mit z. T. erheblichen Vitalitätsminderungen. Allein der Stadtkern Gran Mendoza weist 48.811 Bäume auf (Carrieri 2004).

Repräsentative Untersuchungen des Straßenbaumbestandes zeigten folgende Ergebnisse:
- Ca. 70 % der Bewässerungskanäle weisen ein unzureichendes Management auf.
- Mehr als zwei Drittel der Bäume leiden unter akutem Wasserstress.
- Die vorhandenen offenen Baumscheiben sind fast immer durch Versiegelung zu gering bemessen und ihr Boden ist extrem verdichtet.
- Mechanische Schäden der Bäume an Wurzeln und Stamm treten häufig auf.
- Schäden durch unsachgemäßes Beschneiden durch fachfremde Auftragnehmer.
- Der Baumbestand erfährt als Schattenspender große Wertschätzung durch die Anwohner.
- Die Anwohner nehmen Baumschäden und die Probleme der Bewässerung kaum war, sind auch nur in geringem Umfang bereit, an der Baumpflege mitzuhelfen (halten dies für eine ausschließlich öffentliche Aufgabe).
- Die zuständigen Behörden nehmen die Degradation des Baumzustandes kaum ernst.

Der Baumbestand besteht ausschließlich aus 75 nicht-einheimischen Baumarten, davon fünf Arten aus Asien (50 %), Europa (26 %) und Nordamerika (10 %), die 86 % des Bestandes ausmachen *(Morus alba, Fraxinus excelsior, Fraxinus americana, Platanus acerifolia, Melia azedarch)*. Der einzige einheimische Baum der Monte-Strauchsteppe, der Algarrobal *(Prosopis flexuosa,* Spanisch *algarrobo)*, ist überhaupt nicht als Straßenbaum vertreten. Der schöne, großkronige und schattenspendende Wuchs der exotischen Bäume ist der Grund für die Wahl exotischer Bäume, obwohl gerade diese hohen Wasserbedarf haben (Breuste 2013; Faggi und Breuste 2016; s. ◘ Abb. 3.6).

Abb. 3.6 Acequia-Bewässerung der Straßenbäume in der Oasenstadt Mendoza, Argentinien. (© Breuste 1995)

3.4 Beispiel Gebirgsstadt – Umgang mit extremer Naturumgebung

Die Gebirgsstädte sind meist erst spät nach der Besiedlung der Tiefländer entstanden. In die Gebirge ist man nur dann ausgewichen, wenn die Tiefländer unwirtliche landwirtschaftliche Besiedlungsbedingungen boten wie z. B. in Teilen der Anden Lateinamerikas. Gebirgsstädte sind oft mit dem Abbau mineralischer Ressourcen verbunden. Dafür ist die Bezeichnung „Bergstadt" üblich. Dies führte fast immer zu einer umfangreichen Umgestaltung der sie umgebenden Natur, Veränderung des Gewässernetzes durch Stauwerke, Kanäle und Teiche, Ablagerung des toten Gesteins und umfangreiche Infrastrukturmaßnahmen. Meist fand auch eine erhebliche Entwaldung in ihrer Umgebung statt, um den in der Vergangenheit großen Bedarf an Holz als Energieträger und Bauholz zu decken. Gebirgsstädte sind in Orobiomen lokalisiert (s. ◘ Abb. 3.7). Vor allem in tropisch-feuchten Gebieten wurden Orobiome oft als günstigere und gesündere Orte für die Anlage von Städten gewählt (z. B. Lateinamerika, Indien, Indonesien).

> **Orobiome**
>
> Orobiome sind Gebirgslebensräume innerhalb einer Klimazone, eines Zonobioms, die durch die Gliederung in Höhenstufen charakterisiert sind. Im Vergleich zu den Tiefländern sind sie extremeren Naturverhältnissen (kühles, feuchtes Klima, Wind, daran angepasste Vegetation bis über die Waldgrenze hinaus und wenig ertragreiche, flachgründige Böden) ausgesetzt (Walter und Breckle 1999).

Die Gebirgsstädte weisen meist durch das Relief bedingte reduzierte Ausbreitungsmöglichkeiten auf. Sie passen sich zwangsweise den Oberflächenformen an und lassen die Extreme wie Schluchten, Steilhänge und Gipfel unbesiedelt, oft auch wenig oder gar nicht genutzt. Hier findet man die Reste der „Natur der ersten Art" (s. ▶ Abschn. 1.3) als Repräsentanten von Extremstandorten. Die eher günstig zu besiedelnden, ebeneren Bereiche wurden dagegen meist bereits für die Besiedelung genutzt (s. ◘ Abb. 3.8).

Auch eine Reihe von Großstädten, darunter etliche Millionenstädte, liegen in Orobiomen (s. ◘ Tab. 3.1 und 3.2). Moderne Gebirgsstädte entstanden in den Extremlebensräumen der Gebirge ab dem 19. Jahrhundert in Europa zuerst als Sommerfrischen, dann im 20. Jahrhundert verstärkt als Wintersportorte für den Tourismus, dann auch außerhalb Europas.

Abb. 3.7 Bergstadt Ouro Preto, in 1200 m ü. N. N., Brasilien. (© Breuste 1995)

Abb. 3.8 Guatemala City in 1533 m Höhe N. N. auf einem durch tiefe Erosionsschluchten zergliederten vulkanischen Hochplateau. (© Breuste 2010)

3.4 · Beispiel Gebirgsstadt – Umgang mit extremer Naturumgebung

Tab. 3.1 Beispiele von Großstädten und touristischen Städten im Gebirge in über 1000 m N. N. Höhe

Großstädte im Gebirge	Höhe in m über N. N.	Einwohnerzahl in 1000 Einw.	Touristische Gebirgsstädte	Höhe in m über N. N.
Cali, Kolumbien	1018	2401	Chamonix, Frankreich	1035
Kaxgar, China	1270	341	Metsovo, Griechenland	1160
Salt Lake City, USA	1288	1124	Ischgl, Österreich	1377
Ulaanbaatar, Mongolei	1350	1380	Lech, Österreich	1444
Kathmandu, Nepal	1400	1003	Campos do Jordão, Brasilien	1628
Guatemala City	1533	2918	Obertauern, Österreich	1664
Guadalajara, Mexico	1566	1495	Ifrane, Marokko	1664
Maseru, Lesotho	1600	220	Val d'Isere, Frankreich	1785
Campos do Jordão, Brasilien	1628	51	St. Moritz, Schweiz	1822
Windhoek, Namibia	1655	326	Obergurgl, Österreich	1907
Almaty, Kirgistan	Bis 1700	1508	Tochal, Iran	1910
Srinagar, Indien	1730	1193	Mussoorie, Indien	2006
Kabul	1791	4635	Nainital, Indien	2084
Erzurum, Türkei	1950	762	Shimla, Indien	2276
Sanaa, Jemen	2250	1708	Aspen, USA	2438
Addis Abeba, Äthiopien	2355	3385	Valle Nevado, Chile	3000
Mexico City	2310	8851	St. Moritz, Schweiz	1822
Bogota, Kolumbien	2640	8081	Obergurgl, Österreich	1907
Quito, Ecuador	2850	1619		
Shangri-La (bis 2001 Zhongdian), China	3160	130		
Cusco, Peru	3399	349		
La Paz, Bolivien	3640	757		
Lhasa, China	3650	902		
Potosi, Bolivien	4067	175		
El Alto, Bolivien	4150	842		

◘ Tab. 3.2 Beispiele historischer Bergstädte in Europa

Name	Höhenlage in m ü. N. N.	Bergbau seit	Förderung von
Falun, Schweden	110	1641	Kupfererz
Hallein, Österreich	450	1198	Salz
Johanngeorgenstadt, Erzgebirge, Dtschl.	892	1654	Zinn- u. Silbererz, später Uranerz
Altenberg, Erzgebirge, Dtl.	400 bis über 800	1451	Zinnerz
Freiberg, Erzgebirge, Dtl.	400–500	1162/1170	Silbererz
Clausthal-Zellerfeld, Harz, Dtl.	560	1268/1529	Silber-, Blei-, Kupfer-, später Zinkerz
Banska Stiavnica (dt. Schemnitz), Slowakei	600	1217	Gold- und Silbererz
Banská Bystrica (dt. Neusohl), Slowakei	362	1255	Gold- und Silbererz, später Kupfererz
Kremnica (dt. Kremnitz), Slowakei	550	1328	Gold- und Silbererz
Kutná Hora (dt. Kuttenberg), Tschechien	254	1152	Silbererz
Schwaz, Österreich	545	1420	Silber- und Kupfererz
Schladming, Österreich	745	1322	Silber-, Blei-, Kupfer-, später auch Cobalt- und Nickelerze
Eisenerz, Österreich	736	1230	Eisenerze
Libiąż, Polen	310	1906	Steinkohle
Ronchamp, Frankreich	353	Mitte 18. Jh.	Steinkohle
Tarnowskie Góry (dt. Tarnowitz); Polen	320	1526	Blei-, Silber- und Zinkerze

Diese Orte entstanden nur wegen der Attraktivität der sie umgebenden Natur, entweder für Sommer-, meist aber für Wintertourismus. Die Naturumgebung der Touristenstädte wurde oft in dramatischer Weise für die Freizeitbedürfnisse von Wintertouristen umgestaltet (Lifte, Abfahrten, Reliefgestaltung, Wasserhaltung, Beschneiung, Entwaldung, Infrastruktur). Aus nur kleinen Bergdörfern entstanden Städte mit Zehntausenden, zum Teil nur saisonalen Einwohnern und deren urbanen Strukturen. Dafür wurden Zugangsinfrastrukturen errichtet und es wird kontinuierlich Energie, Wasser, Nahrung und Material in hochgelegene Orte transportiert.

Die Wintersportorte im Gebirge sind vom Standpunkt der Ressourceneffizienz in besonderer Weise wenig nachhaltige Siedlungen. Vom Standpunkt der „Grünen Stadt" sind sie oft trotz umfangreicher Naturumgebung auch keine „Grünen Städte",

3.4 · Beispiel Gebirgsstadt – Umgang mit extremer Naturumgebung

da kein Verständnis für den pflegerischen Umgang mit der Natur der Orobiome besteht, sondern Natur in extremer Weise wirtschaftlichen Bedürfnissen angepasst und übernutzt wird. Trotzdem wird mit dem „Skifahren inmitten unberührter Natur" (z. B. Tourist-Info Ruhpolding 2018) auch an Orten Werbung gemacht, wo von unberührter Natur keine Rede sein kann. Am deutlichsten wird dies bereits bei einer Betrachtung der dortigen Naturumgebung im Sommer (Alpenverein Österreich 2017; Ringler 2016/2017).

Die Weißen Skistädte der Alpen sind keine Grünen Städte

Der alpine Wintertourismus ist einer der bedeutendsten Wirtschaftszweige Österreichs. Er ist aber auch einer der größten Treiber der Naturzerstörung der Gebirgsnatur. Wintersportbezogene Naturveränderung um die Skistädte sorgt für hohe Naturrisiken und ökologische Degradation. Dies betrifft besonders französische, schweizerische und österreichische Skistädte wegen ihrer Höhenlage.

Eine neue Studie des Österreichischen Alpenvereins zum ökologischen Fußabdruck der Skigebiete der Alpen zeigt die dramatisch ökologisch ungünstige Situation der Skistädte. Ein Eingriffsindex (Belastungspunkte) basiert auf Flächenverbrauch, Rodungen, Planierungen, Erosionsflächen, Beschneiung und weiteren Merkmalen.

Die 10 Orte mit den meisten Negativpunkten in Österreich sind:
1. Sölden, Tirol (120)
2. Ischgl, Tirol (105)
3. Obergurgl-Hochgurgl, Tirol (95)
4. Leogang-Saalbach Hinterglemm, Salzburg (85)
5. Kaprun-Kitzsteinhorn, Salzburg (80)
6. Schmittenhöhe, Salzburg (80)
7. Innerfragant, Kärnten (88)
8. Kleinkirchheim/St. Oswald, Kärnten (84)
9. Naßfeld, Kärnten (64)
10. Schladming-Skischaukel, Steiermark (95)

Größe und Lage der Skistädte im Gebirge stehen in engem Zusammenhang mit ihrem ökologischen Fußabdruck.

Gurgl in den Ötztaler Alpen in Tirol, Österreich, umgeben von bis zu 3500 m hohen Gipfeln und mehreren Gletschern, liegt im Gurgler Tal in einer Höhe von 1770 m bis 2154 m N. N. (Hochgurgl), Obergurgl gilt mit 1907 m über dem Meeresspiegel als höchster Ort in Österreich. Mit 564 Einwohnern scheint der Ort keine Stadt im eigentlichen Sinne zu sein. Der Tourismus im 20. Jahrhundert wandelte das ehemalige Dorf in eine Stadt und veränderte die umgebende Kultur- und Naturlandschaft eines ganzen Tals grundlegend. Mit heute über 4000 Gästebetten und rund 85.000 Gästen jährlich ist Gurgl eine Weiße Skistadt mit einer durchschnittlichen Winterbevölkerung von nahezu 5000 Bewohnern und mindestens noch einmal so vielen Tagesbesuchern. Obergurgl und Hochgurgl haben um sich ein ausgedehntes Schigebiet mit 24 Liftanlagen und 110 Pistenkilometern geschaffen, eine Natur, ausschließlich für den Wintersport, mit erheblichen natürlichen Risiken, die die Skistadt noch weiter erhöht hat. Bis ins 19. Jahrhundert sorgten die häufigen Ausbrüche des Gurgler Eissees für Verwüstungen im gesamten Gurgler Tal. Der Ort war außerdem häufig von Lawinenabgängen betroffen, die zur Zerstörung von Gebäuden führten und Todesopfer forderten. Im Januar 1951 wurden sämtliche Gebäude von Untergurgl und Angern durch Lawinen zerstört, sieben Bewohner kamen dabei ums Leben (Alpenverein Österreich 2017; WWF Österreich 2018; s. ◘ Abb. 3.9).

◘ Abb. 3.9 Obergurgl, in 1900 m ü. N. N., Österreich. (© Breuste 2008)

Potosí – Die Silberstadt schafft seit dem 16. Jahrhundert eine neue Berglandschaft

Potosí (175.000 Einwohner), gegründet 1545, liegt zwischen 3976 m und 4070 m über dem Meeresspiegel, am Fuß des Cerro Rico. Sein Silberreichtum machte die Stadt im frühen 17. Jahrhundert mit 150.000 Einwohnern zu einer der größten Städte der Welt, obwohl nur ca. 13.500 Menschen unter Tage Silber förderten. Von ihren Silber- und Zinnvorkommen ist sie immer noch abhängig.

Die karge, kalte und feuchte Umgebung des alpinen Puna Graslandes auf 4000 m N. N. erlaubt auch heute noch kaum Landwirtschaft. Der größte Teil der Bevölkerung lebt von Handel und Transport von Lebensmitteln und anderen Gütern, wie Bau- und Brennholz, Schwarzpulver, Coca, dem Tourismus und dem Abtransport des Silbers über weite Distanzen (Cipolla 1998; s. ◘ Abb. 3.10).

Noch vorhandene „Natur der ersten Art" (s. ▶ Abschn. 1.3) stellt kein repräsentatives Bild der Natur vor der Besiedelung dar. Sie ist oft nur mehr auf Extremlebensräume, z. B. in Mooren, auf Steilhängen und Gipfeln oder an Küsten und in Schluchten, reduziert. Es sind dies die Lebensräume, die im Zuge der Kultivierung nur schwer oder gar nicht genutzt werden konnten. Dies ist zu berücksichtigen, wenn es heute um Natur-Akzeptanz durch Stadtbevölkerung geht. Als Rest-Wildnisse hat man sich lange von ihnen abgewandt, bis in manchen Gegenden ihre religiöse oder romantische Verklärung ihnen neue Werte zusprach und sie z. T. wieder zum Ziel von Besuchern machte.

Abb. 3.10 Bergstadt Potosí, in 4067 m ü. N. N., Bolivien. (© Breuste 2015)

3.5 Beispiel Wald und Wildnis in der Stadt – Orte für Religion und Rituale

Religiös verehrte Natur (z. B. Wohnorte von Gottheiten, Ahnenverehrung, Ort von Initiationsriten) findet sich als heilige Bäume, Berge, Steine und Wälder in verschiedenen Ethnien und Religionen schriftloser Kulturen, aber nicht nur in diesen. Meist handelt es sich um Naturorte, früher etwas entfernt von Siedlungen, zu denen hin sich Siedlungen bereits ausgedehnt haben. Es kommt aber auch vor, dass diese Naturorte gezielt in Siedlungen, auch Städten, angelegt wurden. Dies trifft z. B. für die Schrein-Wälder des Shintoismus (Japan) und das Initiations-Buschland der Xhosa (Südafrika) zu Bauer (2005).

Stadtnatur als Objekt religiöser Verehrung – Schrein-Wälder in japanischen Städten

In der japanischen Shinto-Religion (Shintoismus, Shintō) bewohnen Kami, bzw. Gottheiten, Pflanzen, Bäume, Steine, Wasser und andere Naturobjekte. Sie haben ihren Wohnsitz in dichten Wäldern und dort in sogenannten *himorogi* (Dickichte). In diesen Wäldern erfolgt deshalb kein forstlicher Eingriff. Bestimmte Bäume, natürlich oder gepflanzt, funktionieren auch als natürliche Schreine. Schreine werden errichtet, um diesen Gottheiten Respekt und Verehrung zu erweisen. Heilige Wälder umgeben diese Schreine und werden streng geschützt. Solche Schreine und ihre Schutzwälder befinden sich auch innerhalb japanischer Städte. Der Sagano-Bambuswald in Kyoto schützt wie andere Bambuswälder als Symbol der Stärke seit dem 14. Jahrhundert den Tenryu-ji-Tempel.

Der Meiji-Schrein (japanisch 明治神宮 Meiji-jingū) in Tokyo ist den Seelen des Meiji-tennō und seiner Frau Shōken-kōtaigo gewidmet. Der gepflanzte, immergrüne Wald aus ca. 120.000 Bäumen, ca. 365 verschiedener Arten, entstand durch Baumspenden aus dem ganzen Land und ist heute ca. 100 Jahre alt. Er bedeckt eine Fläche von 70 ha. Obwohl er vorranging aus religiösen Gründen entstanden ist und auch weiterhin religiöser Zeremonialort ist, ist der Wald heute auch ein beliebtes und stark frequentiertes Erholungsgebiet.

Die Zahl der Shintō-Schreine in Japan wird auf mehr als 150.000 geschätzt, viele davon in Städten. Seit 1897 werden besonders religiös bedeutsame Schreine als Nationalschätze geführt und seit 1951 in einem Kulturgutschutzgesetz registriert. Die Liste umfasst 39 Einträge. Die meisten dieser Schreine liegen heute in oder am Rande unterschiedlich großer Städte und sind von einem mehr oder weniger großen Schrein-Wald umgeben. Fünf Schreine liegen in Kyoto und sechs in Nikko. Die übrigen in 23 in weiteren Städten (Creemers 1966; Kato 1988; s. ◘ Abb. 3.11).

◘ **Abb. 3.11** Torii zum Wald des Meiji-Schreins in Tokyo, Japan. (© Breuste 2010)

3.5 · Beispiel Wald und Wildnis in der Stadt – Orte für Religion und Rituale

Konglin – der private Waldfriedhof der Familie Kong in Qufu, China

Der Wald der Familie Kong (孔林 „Konglin") ist der Waldfriedhof der Familie Kong (Konfuzius und seine direkten Nachfolger) in der Stadt Qufu in China. Er ist etwa 200 ha groß, ummauert und mit einem dichten alten Baumbestand ausgestattet. Nach Konfuzius' Tod 479 v. u. Z. wurden er selbst und alle nachfolgenden Familienmitglieder bis 1947 hier beigesetzt.

Der Wald besteht aus einheimischen Baumarten und ist ca. 2400 Jahre alt. Die Angaben zum Baumbestand schwanken zwischen 10.000 und 42.000 Bäumen. Der aktuelle Baumbestand dürfte überwiegend etwa 200 Jahre alt sein. Die häufigsten Baumarten sind Chinesischer Wacholder (*Juniperus chinensis*, Kultivar *Sabina chinensis*), Gingko-Baum (*Gingko biloba*), Blasenesche (*Koelreuteria paniculata*) und andere einheimische Arten.

Seit 1994 steht der Waldfriedhof zusammen mit Qufu auf der Liste der UNESCO World Heritage Sites (s. ◘ Abb. 3.12).

◘ Abb. 3.12   Wald der Familie Kong in Qufu, China. (© Breuste 2009)

Stadtwildnis nur für Männer – Städtische Initiationsplätze der Xhosa in Khayelitsha, Cape Town, Südafrika

Khayelitsha ist ein 38,75 km² großer Stadtteil der Millionenstadt Kapstadt in Südafrika. Mit ca. 400.000 Einwohnern macht er etwa 10 % der Stadtbevölkerung aus. Bewohnt wird er zu 97 % von Xhosa, einem südafrikanischen Volk. Für das Leben der Xhoas ist *Ulwaluko,* der traditionelle Initiationsritus für junge Männer, die durch Rituale und das Bewähren in der Wildnis in die Gemeinschaft der Erwachsenen, die Schutz und Hilfe bedeutet, aufgenommen zu werden, ein fundamentaler Teil des Lebens. Die *abakwetha,* die Gemeinschaft der am Initiationsprozess Teilnehmenden (individuell *umkwetha*), besteht ausschließlich aus meist Jugendlichen im Alter von 13 bis 16 Jahren. Aber Alter und Dauer der Initiation sind nicht genau festgelegt. Die Beschneidung durch lokale Heiler gehört dazu. Die Rituale werden auch in Städten, in denen die Mehrzahl der Xhosa lebt, in der Regel mindestens drei Wochen, durchgeführt. Um teilzunehmen, gehört heute ein Gesundheitszeugnis dazu. Auch (maßvoll) Alkohol spielt eine Rolle. Die Rituale, deren Rahmen ein (Über-)Leben in der Wildnis ist, müssen damit auch in Städten durchführbar sein. Dafür werden „Initiations-Wildnisse" in der Stadt als Element der Stadtnatur benötigt. Kapstadt ist ein Vorreiter in der Organisation und Gestaltung der Xhosa-Initiations-Wildnisse. Jede Fläche hat einen Site Manager, der durch ein Komitee der für die Fläche zuständigen Gemeinschaft bestellt, durch die South African Heritage Resource Agency, das Department of Arts and Culture bestätigt und angestellt wird. Er sorgt für Zugangskontrolle, die Registrierung der *umkwetha* (Initiations-Teilnehmer), die Einhaltung der Regeln für die Benutzung der kontrollierten Wildnis und die Kommunikation mit den Quartiersbewohnern der Umgebung. *Ikhankathas* (Wächter und Unterstützer) und der *ingcibi* (der traditionelle Operator/Heiler) stehen ihm zur Seite, in den ersten acht Aufenthaltstagen auch ein Mitglied je Familie der *umkwetha*. Es gibt zwei Initiations-Saisons im Jahr (November bis Januar und April bis Juni) in denen, um dauerhafte Vegetationsschäden zu vermeiden, jeweils die Hälfte einer Fläche genutzt wird. Auf der Fläche errichten die *umkwetha* mithilfe ihrer Familien und der *Ikhankathas* Unterkunftshütten *(Amabhoma)* aus Ästen und Strauchwerk. Eine Gebühr für die Benutzung des Trinkwassers und der Duschen, die aus hygienischen Gründen vorgeschrieben sind, ist zu entrichten. Toiletten fehlen meist. Dafür dienen Löcher neben den Hütten. Die Bäume und Büsche der Initiations-Wildnis dürfen nicht als Feuerholz oder für den Hüttenbau verwendet werden *(„Bring your own branches"),* Feuer muss kontrolliert, die Fläche gereinigt werden.

Die Langa-Site-Initiations-Wildnis ist die erste ihrer Art in Kapstadt und in der ganzen Provinz Western Cape. Seit den 1930er-Jahren wurde die Fläche bereits informell genutzt und zwischen 2005–2008 formell eingerichtet. Die Fläche ist 8,2 ha groß und wird jährlich von ca. 240 *umkwetha* genutzt. Inzwischen ist die Fläche formal durch die Stadt Kapstadt gewidmet und betreut.

Es handelt sich um ein Dünengelände in den sogenannten Cape flats, dem ausgedehnten Schwemmsand-Flachland östlich des Stadtzentrums. Das Gelände ist umzäunt. Langa Site ist bezogen auf Infrastruktur und Sicherheit ein Beispiel für alle anderen nun bereits eingerichteten und noch einzurichtenden weiteren Flächen. Da Initiationen ansonsten unkontrolliert und unter unsicheren Gesundheitsbedingungen überall in und um Städte in Western und Eastern Cape stattfinden und dafür unterschiedliche Flächen genutzt werden, kommt es immer wieder zu nachfolgenden Gesundheitsproblemen und sogar Todesfällen der *umkwethas.* Die Umgrenzung der Flächen mit Büschen als abschließender Sichtschutz wird empfohlen, fehlt jedoch meist.

Zur Dünenstabilisierung wurden bereits 1848 Port-Jackson-Weiden *(Acacia saligna),* immergrüne anspruchslose, trockenheitstolerante, stickstofffixierende, schnellwachsende und

3.5 · Beispiel Wald und Wildnis in der Stadt – Orte für Religion und Rituale

feuerresistente Gehölze mit bis zu 10 m Höhe, aus Südwest-Australien eingeführt. Sie erwiesen sich zwar als geeignet, aber auch als sich rasch ausbreitende invasive Art, die heute insbesondere in Western Cape bekämpft wird. Die Naturschutzbehörde der Stadt Kapstadt hat jedoch die Langa Site aus ihren Bekämpfungsmaßnahmen (Ersatzpflanzung von einheimischen Natal-Feigen, *Ficus natalensis*) ausgeschlossen. Auf den Initiationsflächen spenden die Port-Jackson-Weiden Schatten. Es kann davon ausgegangen werden, dass sie und ihr Jungwuchs teilweise auch als Feuerholz Verwendung finden (Chen et al. 2010; s. ◘ Abb. 3.13).

◘ **Abb. 3.13** Langa Initiation Site im Stadtteil Khayelitsha, Cape Town, Südafrika. (© Breuste 2005)

3.6 Gärten und Parks – bevorzugte Natur der städtischen Erholungslandschaft

Landwirtschaft wandelt sich zum Erholungsraum Die produktive Landwirtschaft hat die meisten Städte erst möglich gemacht. Landwirtschaft in und um die Städte, Tierhaltung und Nutzpflanzenanbau finden sich in mittelterlichen Städten Europas genauso wie in mesopotamischen, persischen, indischen und chinesischen Städten, in den Städten der Inka-, Maya- und Azteken. Nur war diese „Natur" eben ökonomisch sinnvoll und deshalb, solange sie dies blieb, in die urbane Struktur integriert. Die Landwirtschaft war immer nur eine begleitende ökonomische Funktion, denn Städte hatten ihren Wirtschaftsschwerpunkt in Handwerk, Handel, später Industrie und Dienstleistung, nicht in der Landwirtschaft.

Die „Agrarnatur" als ökonomische Reliktfunktion rasch ins landwirtschaftliche Umland wachsender europäischer Städte oder als bewusste wirtschaftliche Unterstützungsmaßnahme von Stadtbürgern (Ackerbürger) findet sich jedoch auch heute noch in Äckern, Wiesen, Weiden, Obstplantagen, Gärten, Gemüsebeeten und Grabeland aller Art und Dimension in vielen Städten. Die Bedeutung dieser Naturreste hat sich oft geändert, Brachen sind nicht unüblich, Zusatznutzungen wie z. B. Erholung (z. B. Streuwiesen, Obstplantagen) kommen hinzu (s. ◘ Abb. 3.14).

Agrarnatur wird Teil von Erholungsparks, wenn die Bewirtschaftung dem nicht entgegensteht und attraktive Infrastruktur den Zugang ermöglicht (s. ◘ Abb. 3.15).

◘ **Abb. 3.14** Streuobstwiese unterhalb des Strahov-Klosters in Prag, Tschechische Republik, Teil der Gärten des Petřín Berges. (© Breuste 2017)

3.6 · Gärten und Parks – bevorzugte Natur der städtischen ...

Abb. 3.15 Leopoldskroner Parklandschaft mit Landwirtschaftsbetrieben in Salzburg, Österreich. (© Breuste 2013)

Die globalisierte Stadtnatur – vom „Naturgemälde" zur künstlichen, extravaganten und austauschbaren Parknatur Mit der weltweiten Ausbreitung der europäischen Kultur im 19. Jahrhundert breitete sich auch die europäische Park- und Gartenkultur aus (s. ▶ Abschn. 3.2). Da zu dieser Zeit der Englische Garten als Landschaftsgarten bereits seit der zweiten Hälfte des 18. Jahrhunderts den Französischen Park mit seinen geometrischen Formen bei Neugestaltungen fast überall auf dem Kontinent verdrängt hatte, war es der Englische Park, dessen Formensprache sich verbreitete. Zu ihr gehören modellierte Landschaften mit grünem Rasen, Buschgruppen, Wäldchen und Einzelbäumen, Wasserläufe, Teiche, Brücken, Pavillons, Ausblicke und Sichtachsen. Diese landschaftsarchitektonischen Formen bestimmten spätestens ab der Gestaltung des Central Park in New York, wo sie des erste Mal in großem Umfang in einem Stadtpark neu komponiert wurden (s. ▶ Abschn. 2.3), den Geschmack bei der Gestaltung öffentlicher Parks weltweit. Der so gestaltete öffentliche Park breitete sich zuerst in Nord- und Südamerika und den britischen Kolonien aus. Damit erfuhr auch die Idee des öffentlichen Parks eine globale Ausdehnung und drang mit diesen Formen in andere Kulturen ein, in denen sie bis dahin noch nicht vorhanden war, z. B. in China, Indien und Arabien. Dabei gingen das Individuelle und örtlich Symbolische oft verloren. Vor allem aber verlor sich die Idee, die Natur, wie man sie lokal außerhalb der Städte finden kann, idealisiert im Park wie in einem Gemälde neu zu gestalten, zu malen. Das *„global picturesque"* wurde eine *„'signature' in Western landscape architecture style"*, eine

Globalisierung der städtischen Naturästhetik und gärtnerischen Landschaftsarchitektur (Ignateva 2010). Im 19. Jahrhundert wurde durch die Implementation von Pflanzen aus aller Welt in die Englischen Gärten ein ungeahnter Farben- und Formenreichtum von öffentlicher Parknatur erreicht, der dieses Ziel veränderte und die Sinneseindrücke durch den Reiz der Exotik in den Vordergrund stellte. „*Victorian Gardenesque*" wurde zu „*Global Gardenesque*", die Stadtgartennatur, die Natur der 3. Art (s. ▶ Abschn. 1.3), der Stadtpark und die Stadtbegrünung wurden globalisiert (Schenker 2007; Roehr 2007; Ignateva 2010).

> „Similar to picturesque, global gardenesque is quite a simplified version of Victorian time which has completely lost its meaning and innovative character. Today, it is just a symbol of 'pretty', 'colourful' and 'beautiful' urban homogeneous 'global' landscape" (Ignateva 2010, S. 123).

Damit war auch die Ausbreitung des Gestaltungselements „Rasen" verbunden, der heute weltweit eine dominante Rolle in Parks und Gärten spielt. Er wird selbst dort als Vegetationselement eingesetzt, wo seine natürlichen Voraussetzungen nicht gegeben sind und er durch intensive Pflege und Bewässerung am Leben gehalten werden muss, z. B. in Städten der Trockenzonen.

Rasen – die artenärmste und künstlichste Vegetationsform ist beliebt als Gestaltungselement in der Stadtnatur

Rasen sind eine anthropogene bodenbedeckende Vegetationsform in Siedlungsgebieten. Rasen werden als ästhetisches Gestaltungselement in Parks und Gärten und/oder zum Betreten z. T. in Parks und Gärten, vor allem aber in Sportanlagen (z. B. Fußballstadien, Golfplätze, Tennisplätze), angesät, eingebracht und gepflegt.

Rasen bestehen aus Gräsern, die durch Wurzeln und Ausläufer den humosen Oberboden filzartig durchdringen, häufig wenig empfindlich gegenüber Tritt sind und nicht landwirtschaftlich genutzt werden. Sie bleiben durch regelmäßiges Mähen der Gräser in Artenzusammensetzung und Struktur erhalten, da der Selektionsdruck der Mahd Pflanzen begünstigt, die mit hoher Strahlungsintensität gut zurechtkommen. Eine extreme Artenarmut wird in Kauf genommen, um das Ziel eines einheitlich geschlossenen grünen Teppichs („englischer Rasen") zu erreichen. Derart „gepflegte" Rasen weisen weniger als ein Dutzend Grasarten auf einen Quadratmeter auf. Bei einer blütenreichen Wiese sind dies bis zu 60 Pflanzenarten, die einen wertvollen Lebensraum für eine Vielzahl von Insekten bilden. Rasen haben nur eine geringe Bedeutung als Lebensraum, erfreuen sich aber, besonders bei hoher Artenarmut und gleichmäßig deckendem Bewuchs, großer Beliebtheit als gärtnerisches Gestaltungsmittel. Sie zumindest teilweise in artenreise Wiesen zu überführen, ist oftmals Ziel von Gestaltungsmaßnahmen (Hard 1985; Ignateva 2018)

Dies trifft z. B. auf Parks im Südwesten der USA, in den Vereinigten Arabischen Emiraten, Oman oder Saudi-Arabien zu. Oft sind mehr als 50 % der Parkflächen Rasen mit Büschen, Buschgruppen und Einzelbäumen oder insgesamt offene Rasen, deren Betreten oft nicht erwünscht ist, eine Natur zum Betrachten, nicht zum Benutzen (Ignateva 2017). Ignateva (2010)

> „The lawn which plays an essential role in picturesque and gardenesque styles is now one of the most powerful symbols of Western culture" (S. 123).

Das Malerische, das ursprünglich die Natürlichkeit unterstreichen sollte (Zuylen 1995), hat sich zum Künstlichen und Extravaganten gewandelt. Dies schließt auch den Verzicht auf einheimische Arten zugunsten von Farb- und Formeneffekten ein. Die Globalisierung, die den Austausch der Kulturen, Waren und Ideen zum Inhalt hat, betrifft auch den Austausch der Natur. Die Städte mit ihrer Natur sind ihre Austauschzentren und besten Beispiele (Short und Kim 1999). Der Rückbezug zur einheimischen Natur unter der Bezeichnung „Biodiversität" als Gestaltungselement wird propagiert (Ignateva 2018; s. ▶ Abschn. 6.1; s. ◘ Abb. 3.16).

Der private Garten bleibt beliebt und verbreitet sich als städtisches Naturelement weltweit Die beherrschte und nützliche Natur als geordnete, gepflegte und früchtetragende Natur war immer schon Ideal, widergespiegelt in vielfältigen Paradiesvorstellungen. Die ideale Natur war nicht die unkontrollierte und gefahrenbergende Wildnis, sondern der Garten im weitesten Sinne (Mitchell 2001). Auch er wurde frühzeitig mit Schönheitsvorstellungen verbunden, blühende Pflanzen, singende Vögel u. a. gehörten dazu. Aber in erster Linie war der Garten der wilden Natur abgerungen und etwas Nützliches und schon deshalb allein schön. Im Garten zu leben, erscheint vielen Religionen und Kulturen als idealer Zustand (S. ▶ Abschn. 2.6).

Nur die Wohlhabenderen unter den Stadtbürgern konnten es sich gestatten, sich gänzlich von der Nutzfunktion des Gartens unabhängig zu machen und im Garten einen Platz von idealisierten Naturkompositionen aus Flora und Fauna, oft auch diese von weit her, zu machen. Ihr Ideal war eine philosophisch begründete Harmonie mit der Natur, wie sie so nie im Überlebenskampf der Menschen in ihrer Kulturgeschichte bestanden hatte. Hierfür stehen Gärten von römischen Villen ebenso wie z. B. die der Tang-Dynastie in China, die Studierte, Poeten und Beamte für sich als Aufenthalts- und Arbeitsraum in „harmonisch" gestalteter Natur schufen.

◘ **Abb. 3.16** Rasen im Creekside Park Dubai, VAE. (© Breuste 2006)

> **Chinesische Gärten sind anders – Sie nehmen die natürliche Landschaftsgestalt als Vorbild, miniaturisieren und idealisieren sie**
>
> Die frühen Gärten des chinesischen Altertums wurden um echte Berge und Gewässer angelegt, betteten sie in sich ein. In der Wei- und Jin-Dynastie (220–265 bzw. 265–420) und in den Nördlichen und Südlichen Dynastien (420–581) begann man, natürliche Landschaften nachzugestalten. Bis zu den Dynastien Ming (1368–1644) und Qing (1644–1912) wurde die Nachgestaltung der Natur zur Kunst und zum wichtigsten Element des chinesischen Gartenbaus in Privatgärten. Die Gärten wählen Elemente aus der Natur aus, um mit ihren Formen und Farben Eindrücke zu erzeugen. Sie miniaturisieren und kompilieren. Mit belebter und unbelebter Natur wird gleichermaßen gearbeitet, mit Stein, Wasser und Vegetation, entsprechend der natürlich vorkommenden Vegetation der Region. Damit unterscheiden sich die Gärten des Nordens von denen im Süden. Aber die gestaltete Landschaft ist immer eine bewohnte mit Pavillons, Galerien, Hallen, Mauern, mit dem Ziel von aufeinanderfolgenden Eindrücken beim Spaziergang, die bis ins Detail geplant sind. Die Kunst, bei der stilles Betrachten und das Ansprechen alles Sinnesreize im Mittelpunkt stehen, liegt in der Detailausführung. Die berühmtesten Privatgärten der Ming- und Qing-Dynastie befanden sich hauptsächlich in der wohlhabenden und von langer humanistischer Tradition geprägten Jiangnan-Region, am unteren Jangtse und in Beijing. Jeder Garten ist ein Gesamtkunstwerk aus Landschaft, Blumen, Bäumen und Gebäuden. Von den am Beginn des 20. Jahrhunderts über 170 Privatgärten in Suzhou sind noch 60 vollständig erhalten.
>
> Die kaiserlichen Gärten der Ming- und Qing-Dynastie nahmen die historischen Erfahrungen aus den Privatgärten auf und vereinigten sie mit Elementen alter und zeitgenössischer Gärten aus dem In- und Ausland. Sie hatten den Vorteil, über größere Flächen und Gestaltungsmöglichkeiten zu verfügen. Sie waren auch ein Symbol von Macht und sollten majestätisch imposant wirken. Nachbildungen existierender Landschaften (z. B. Kaiser Qianlongs Sommerresidenz in Chengde) finden sich in ihnen genauso wie die Materialisierung buddhistisch-religiöser Vorstellung (z. B. Sommerpalast in Beijing).
>
> Die Gärten gehören zur kultivierten Privatheit oder zur imperialen Zuschaustellung. Es sind keine Parks für die Bewohner der Städte (Qingxi 2003).
>
> Yipu ist ein kleiner Privatgarten aus der Ming-Dynastie in Suzhou. Im Jahre 2000 wurde er in die UNESCO-Liste des Weltkulturerbes aufgenommen (s. ◘ Abb. 3.17).

Ganz spezielle Gärten wurden nur für Lehr- und Studienzwecke (z. B. Botanische Gärten), medizinische Zwecke (z. B. Kräutergärten, Klostergärten) oder für höfische Jagdvergnügungen (z. B. Tiergärten) angelegt. Je nach Zweck erfolgte dabei ihre Gestaltung. Immer aber waren sie gestaltete Natur, ohne den Zweck der Nahrungsproduktion (Mader 2006).

Dem Modell des wirtschaftlichen Gartens stand damit das Modell des harmonischen Gartens, der allein für emotionale Erfrischung stand, gegenüber. Solche Gärten waren lange nur den Wohlhabenden vorbehalten und kamen in Europa erst mit der Aufklärung und der Hoffnung auf Läuterung und Erziehung durch den Aufenthalt in ihnen für breitere bürgerliche Schichten in Mode.

Zwischen allen Gartenformen kommen Übergangs- oder Mischformen vor. Im Prinzip aber bestehen diese Gartenformen noch heute und haben sich mit der westlichen Kultur weltweit verbreitet.

3.6 · Gärten und Parks – bevorzugte Natur der städtischen …

Abb. 3.17 Yipu Garden in Suzhou, China. (© Breuste 2016)

Literatur

Al Serkal MM (2013) Ladies day at Dubai parks prove popular. ▶ www.gulfnews.com/…/ladies-day-at-dubai-parks-prove-popular-1.1175924. Zugegriffen: 16. Jan. 2018

Alpenverein Österreich (2017) Blick unter die Schneedecke: Wie der Wintertourismus alpine Landschaften zerstört. Neue Studie mit Ländervergleich des ökologischen Fußabdrucks unserer Skigebiete. ▶ https://www.alpenverein.at/…/2017_03_14_der-oekologische-fussabdruck-unserer-skigebiete.php. Zugegriffen: 20. Jan. 2018

Bauer W (2005) Heilige Haine – Heilige Wälder. Ein kulturgeschichtlicher Reiseführer. Neue Erde, Saarbrücken

Benevolo L (1999) Die Stadt in der europäischen Geschichte. Beck, München

Breuste J (2006) Mitteleuropäische Kulturlandschaft im Spannungsfeld zwischen Bewahren und Gestalten. Sauteria, Schriftenreihe f. System. Botanik, Floristik und Geobotanik 14:9–27

Breuste J (2011) Stadt in der Landschaft? Landschaft in der Stadt? Der suburbane Raum in ökologischer Perspektiv. In: Stiftung Natur und Umwelt Rheinland-Pfalz (Hrsg). Stadtlandschaft – die Kulturlandschaft von Morgen? 9:6–17

Breuste J (2012) Der suburbane Raum in ökologischer Perspektive – Potenziale und Herausforderungen. In: Scheck W, Kühn M, Leibenath M, Tzschaschel S (Hrsg) Suburbane Räume als Kulturlandschaften (= Forschungs- und Sitzungsberichte der ARL Nr 236, Hannover). Akademie für Raumforschung und Landesplanung, Hannover, S 148–166

Breuste J (2013) Investigations of the urban street tree forest of Mendoza, Argentina. Urban Ecosystems 16(4):801–818

Campos do Jordão. ▶ https://de.wikipedia.org/wiki/Campos_do_Jordão. Zugegriffen: 11. Jan. 2018

Carrieri SA (2004) Diagnóstico y propuesta sobre la problemática del arbolado urbano en Mendoza. Cátedra de Espacios Verdes, Facultad de Ciencias Agrarias, Universidad de Cuyo, Mendoza

Chen Q, Connolly MS, Quiroga LJ, Stewart A (2010) Initiation site development in Khayelitsha, Cape Town: addressing the challenges of urban initiation while preserving tradition and culture. Worcester Polytechnic Institute. ▶ wp.wpi.edu/…/Initiation-Site-Development-Proposal-compressed.pdf. Zugegriffen: 25. Dez. 2017

Cipolla CM (1998) Die Odyssee des spanischen Silbers. Conquistadores, Piraten, Kaufleute. Wagenbach, Berlin

Creemers WHM (1966) Shrine Shinto after World War II. Brill, Leiden

Dubai Parks and Resorts (2018) ▶ https://www.dubaiparksandresorts.com/en. Zugegriffen: 16. Jan. 2018

Dubai Statistics Center (2018) Green Dubai. ▶ www.dubai.ae/en/Lists/…/DispForm.aspx?ID=33&category… Zugegriffen: 16. Jan. 2018

Faggi A, Breuste J (2016) Mendoza metropolitan y sus estrategias de adaptación al cambio climático. In: Nail S (Hrsg) Cambio climatico: Lecciones de y para Ciudades de America Latina. Universidad Externado de Colombia, Bogota, S 277–294

Hard G (1985) Städtische Rasen, hermeneutisch betrachtet. In: Backé B, Seger M (Hrsg) Festschrift Elisabeth Lichtenberger. Klagenfurter Geographische Schriften 6:29–52

Ignateva M (2010) Design and future of urban biodiversity. In: Müller N, Werner P, Kelcey J (Hrsg) Urban biodiversity and design – implementing the convention on biological diversity in towns and cities. Wiley-Blackwell, Oxford, S 118–144

Ignateva M (2017) Manual. Lawn alternatives in Sweden from theory to practice. Swedish University of Agricultural Sciences, Uppsala

Ignateva M (2018) Biodiversity-friendly design in cities and towns. Towards a global biodiversinesque style. In: Ossola A, Niemelä J (Hrsg) Urban biodiversity. From research to practice. Routledge, Milton Park, S 216–235

Kato G (1988) A historical study of the religious development of Shintō. Greenwood, New York

Kolb A (1962) Die Geographie und die Kulturerdteile. In: Leidlmair A (Hrsg) Hermann von Wissmann-Festschrift. Geographisches Institut der Universität Tübingen, Tübingen, S 46

Mader M (2006) Geschichte der Gartenkunst. Streifzüge durch vier Jahrtausende. Ulmer, Stuttgart

McPerson EG, Dougherty E (1989) Selecting trees for shade in the Southwest. J Arboculture 15:35–43

Mitchell JA (2001) The wildest place on earth: Italian gardens and the invention of wilderness. Counterpoint, Washington DC

Newig J (2014) Was versteht man unter Kulturerdteilen? ▶ https://www.kulturerdteile.de. Zugegriffen: 11. Jan. 2018

Paganotti GM, Palladino C, Coluzzi M (2004) Der Ursprung der Malaria. Spektrum der Wissenschaft 3:82–89

Qingxi L (2003) Chinas Klassische Gärten. Culturw China Series, Beijing

Ringler A (2016/2017) Skigebiete der Alpen: landschaftsökologische Bilanz, Perspektiven für die Renaturierung. Jahrbuch des Vereins zum Schutz der Bergwelt 81–82:29–154

Roehr D (2007) Influence of Western landscape architecture on current design in China. In: Stewart G, Ignatieva M, Bowring J, Egoz S, Melnichuk I (Hrsg) Globalisation of landscape architecture: issues for education and practice. Petersburg's State Polytechnic University Publishing House, St. Petersburg, S 166–170

Literatur

Rudolf HU, Oswalt V (Hrsg) (2009) Atlas Weltgeschichte. Klett, Stuttgart

Schenker H (2007) Melodramatic landscapes: nineteenth-century urban parks. In: Stewart G, Ignatieva M, Bowring J, Egoz S, Melnichuk I (Hrsg) Globalisation of landscape architecture: issues for education and practice. Petersburg's State Polytechnic University Publishing House, St. Petersburg, S 36

Short JR, Kim YH (1999) Globalization and the city. Addison Wesley Longman, Edinburgh Gate

Sullivan D, Krishna S (Hrsg) (2005) Malaria. Drugs, disease and post-genomic biology. Springer, Berlin

Tourist-Info Ruhpolding (2018) Ruhpolding. ► https://www.ruhpolding.de/…/winterurlaub-chiemgauer-alpen-bayern-ski-alpin.html. Zugegriffen: 20. Jan. 2018

Ullman E (1941) A theory of location for cities. Am J Soc 46(6):853–864

Walter H, Breckle S-W (1999) Vegetation und Klimazonen, 7. Aufl. Ulmer, Stuttgart

Wickop E, Böhm P, Eitner K, Breuste J (1998) Qualitätszielkonzept für Stadtstrukturtypen am Beispiel der Stadt Leipzig: Entwicklung einer Methodik zur Operationalisierung einer nachhaltigen Stadtentwicklung auf der Ebene von Stadtstrukturen (=UFZ/Bericht 14/98). UFZ Leipzig, Leipzig

Wöbse HH (1999) „Kulturlandschaft" und „historische Kulturlandschaft". Informationen zur Raumentwicklung 5(6):269–278

WWF Österreich (2018) Blick unter die Schneedecke. Wie der Wintertourismus alpine Landschaften zerstört. ► https://www.wwf.at/…/blick-unter-die-schneedecke-wie-der-wintertourismus-alpine-la… Zugegriffen: 27. Dez. 2018

Zuylen G (1995) The garden. Vision of paradise. Thames & Hudson, London

Was Stadtnatur leistet

4.1 Welche Ökosystemleistungen erwarten wir von Stadtnatur? – 100

4.2 Welche Stadtnaturen erbringen welche Ökosystemleistungen? – 114

4.3 Wie können urbane Ökosystemleistungen bewertet werden? – 121

Literatur – 123

© Springer-Verlag GmbH Deutschland, ein Teil von Springer Nature 2019
J. Breuste, *Die Grüne Stadt*, https://doi.org/10.1007/978-3-662-59070-6_4

Was Stadtnatur konkret leistet, haben Stadtbürger bisher empfunden und hielten sich dort auf, wo diese nachgefragten Leistungen optimal im Vergleich angeboten wurden. Messbar waren diese Leistungen jedoch meist nicht. Der besonders schöne Park, der Auenabschnitt mit vielen Vogelarten, der Platz, wo Kinder am flachen Wasser gefahrlos spielen können oder die schattige Allee waren lediglich als Kategorien lokal bekannt und genutzt.

Wie viel leistet welche Stadtnatur? Diese Frage steht häufig im Mittelpunkt der planerischen Diskussion, wenn es darum geht, Veränderungen vorzunehmen und für bestehende Natur Begründungen nachzuweisen. Dabei geht es nicht nur um ästhetische und stadtgestalterische Werte, sondern auch um Qualifizierungen von konkreten Leistungen wie zum Beispiel Erholung, Klimaregulation, Einfluss auf den Wasserhaushalt und Biodiversität. Oft besitzen Städte dazu keine konkreten und aktuellen Daten. Viele dieser Daten sind auch erst durch aufwendige und langdauernde wissenschaftliche Untersuchungen, Befragungen von Nutzern oder Messungen, z. B. zur Temperaturveränderung in Vegetationsbeständen, zu ermitteln. Nicht selten fehlen für Entscheidungen dazu Zeit, Mittel und Kompetenz.

Das Konzept der Ökosystemleistungen (*ecosystem services*), oft basierend auf Indikatoren, die eine grobe Quantifizierung von einzelnen Leistungen (z. B. Skalierungen von 1 = sehr gute bis 5 = nicht vorhandene Leistungen) ermöglichen, kann einen Überblick über Leistungen von Stadtnatur in verschiedenen Skalen (lokal bis regional) erbringen. Wichtig ist, dass ortskonkret und bezogen auf konkrete Leistungen ermittelt wird. Dazu werden nicht-monetäre und monetäre Verfahren entwickelt, erprobt und diskutiert.

Nicht unbeachtet sollte auch bleiben, dass, anders als bei „unberührter" Natur außerhalb der urbanen Räume, diese Leistungen in der Regel nicht kostenlos erbracht werden, denn die Gestaltung der Stadtnatur kostet Flächen und Management. Einsatz und Nutzen können miteinander verglichen werden.

Auch die wissenschaftliche Forschung befasst sich zunehmend mit Leistungsermittlungen von konkreten Stadtnatur-Arten und der Entwicklungen von Methoden dazu. Hierbei geht es nicht nur um Zuarbeit für Planungsentscheidungen, sondern auch um eine auf leistungsorientierte Stadtnatur ausgerichtete Stadtentwicklung als Konzept und um den Vergleich von Leistungseigenschaften vergleichbarer Stadtnatur und deren Optimierung. Es geht auch um die Frage, welche Leistungen und in welcher Quantität von Stadtnatur am konkreten Ort, im konkreten Viertel, in einer konkreten Stadt erwartet werden. Der Nachfrage nach Leistungen immer besser gerecht zu werden, ist auch das Bestreben von Stadtplanung.

4.1 Welche Ökosystemleistungen erwarten wir von Stadtnatur?

Das Konzept des „Naturkapitals" (Schumacher 1973) wurde in der Umweltökonomie (*Environmental Economics*) in den 1970er-Jahren entwickelt. Es bezieht sich auf „natürliche" Ökosysteme (Daily 1997; Costanza et al. 1997; Haber 2013). In die internationale Umweltdiskussion wurde es in den 1990er-Jahren eingebracht. Erst ab 1999 wurde es auf (gestaltete) Stadtökosysteme übertragen (Bolund und Hunhammar 1999) und durch das Millennium Ecosystem Assessment (MA 2005) populär. Heute wird es verbreitet überall auch in genutzten Ökosystemen und in Städten eingesetzt (Grunewald und Bastian 2013a; Haase et al. 2014; TEEB 2011; Naturkapital Deutschland – TEEB DE 2016).

4.1 · Welche Ökosystemleistungen erwarten wir von Stadtnatur?

Urban Ecosystem Services (Ökosystemleistungen) – der Nutzen der Stadtnatur für Stadtbewohner

Urbane Ökosystemleistungen bezeichnen Leistungen, die von Stadtnatur erbracht und von Menschen genutzt werden. Sie basieren auf ökologischen Funktionen, von denen Menschen aktiv oder passiv einen direkten Nutzen für ihr Wohlbefinden haben (De Groot et al. 2002; Fischer et al. 2009). Da Stadtnatur in der Regel eine in Gestaltung und Pflege befindliche Natur ist, sind ihre Leistungen mit Kosten verbunden.

» „Final ecosystem services are components of nature, directly enjoyed, consumed, or used to yield human well-being" (Boyd und Banzhaf 2007, S. 619).

Das Konzept der urbanen Ökosystemleistungen soll den Nutzen der Stadtnatur für die Stadtbewohner analysieren, messen (nicht-monetär und monetär), bewerten und zur Grundlage von Gestaltungshandeln machen. „Naturkapital Deutschland – TEEB DE" (Naturkapital Deutschland – TEEB DE 2016) ist die deutsche Nachfolgestudie der internationalen TEEB-Studie (The Economics of Ecosystems and Biodiversity, TEEB 2011). Sie macht den Zusammenhang zwischen den „Leistungen der Natur", der Wertschöpfung der Wirtschaft und dem menschlichen Wohlergehen deutlich. Eine ökonomische Perspektive soll die Potenziale und „Leistungen der Natur" konkreter erfassbar und deutlich machen. Damit soll Natur als Leistungsträger besser in private und öffentliche Entscheidungsprozesse einbezogen werden können.

Im dritten Bericht des Vorhabens „Ökosystemleistungen in der Stadt – Gesundheit schützen und Lebensqualität erhöhen" werden Zusammenhänge zwischen Leistungen der Natur, der menschlichen Gesundheit und dem Wohlergehen thematisiert. Die dauerhafte Sicherung und Förderung des Naturkapitals in urbanen Gebieten soll zu Gesundheit und zum Wohlbefinden, zu wirtschaftlicher Entwicklung, gesellschaftlichem Wohlstand und der Erhaltung unserer natürlichen Lebensgrundlagen beitragen (Naturkapital Deutschland – TEEB DE 2016, S. 7).

Der TEEB-Ansatz erstellt eine ökonomische Perspektive auf die Stadtnatur (Naturkapital Deutschland – TEEB DE 2016, S. 14)

Die ökonomische Perspektive soll Stadtbürger besser von Stadtnatur profitieren lassen:

» „Eine ökonomische Perspektive kann dazu beitragen, die Aufmerksamkeit für die Belange von Stadtnatur zu erhöhen; sie kann der Gesellschaft vor Augen führen, was es bedeutet, Stadtnatur zu verlieren bzw. sie zu erhalten; sie kann zu einer systematischeren Erfassung aller Vor- und Nachteile einer Entscheidung anregen; und sie kann mehr Raum für Beteiligungsmöglichkeiten von Bürgerinnen und Bürgern in Entscheidungsprozessen bieten" (Lienhoop und Hansjürgens 2010) (Naturkapital Deutschland – TEEB DE 2016, S. 13).

Zwischen verschiedenen Ökosystemleistungen können begünstigende (Synergien) oder konkurrierende (Trade-offs) Wechselwirkungen bestehen. Wenn bebaut wird, stehen diese Flächen für andere Zwecke nicht mehr zur Verfügung. Bodenverdichtung und -versiegelung zum Beispiel reduziert oder verhindert Filterleistungen des Bodens und Grundwasserneubildung. Welche Leistungen wo erhalten werden sollen, unterliegt einer Abwägung des Nutzens der Leistungen. Nutzer der Leistungen sind die Stadtbewohner, auf die diese Leistungen ganz direkt (mehr Erholungsflächen statt Gebäude) oder indirekt (Hochwasserschutz durch Infiltration) wirken. Die städtischen Entscheidungsträger sollten Ökosystemleistungen bei direkter oder indirekter

Nutzung von Stadtnatur berücksichtigen. Dazu umfasst der TEEB-Ansatz folgende Schritte:
1. Identifizieren und Anerkennen (Akzeptanz und Wertschätzung),
2. Erfassen und Bewerten (Verdeutlichung des Wertes),
3. Berücksichtigen von Werten in Entscheidungen (Inwertsetzung durch Schaffung von Instrumenten und Maßnahmen).

Monetäre und nicht-monetäre Methoden kommen zur Anwendung.

Die Terminologie zu Ökosystemleistungen ist bisher noch nicht konsistent (Bastian et al. 2012a, b). De Groot et al. 2002 geben „ökologische Funktionen" als Grundlage von Ökosystemleistungen an.

Bastian et al. (2012a) schließen ökologische Funktionalität (Strukturen, Komponenten und Prozesse) in „Ökosystemeigenschaften" *(ecosystem properties)* ein und sehen dies als Grundlage der Ökosystemleistungen an. Haase et al. (2014) und Naturkapital Deutschland – TEEB DE (2016) fassen grundlegende Eigenschaften (z. B. Habitatangebot, Kohlen- und Stickstoffkreislauf, Zersetzung, Primärproduktion) als „Ökosystemfunktionen" zusammen, die Ökosysteme *(service providing units)* in bestimmter Weise charakterisieren.

Einige durch Daily (1997) oder den Millennium-Ecosystem-Assessment-Bericht (MA 2005) genannten „Ökosystemleistungen" sind nach Boyd und Banzhaf (2007) keine Leistungen mit Bezug zum Nutzer, sondern „Ökosystemprozesse oder -funktionen".

Die Ökosystemleistungen können durch Indikatoren erfasst werden. Bastian et al. (2012a) fügen zwischen Eigenschaften und Leistungen von Ökosystemen noch die Kategorie „Potenziale" *(potentials)* ein, die die Naturgüter aus der Nutzersicht bewertet, um die Leistungsfähigkeit *(service capacity)* von Ökosystemen den tatsächlichen Leistungen gegenüberzustellen und dabei Risiken, Tragfähigkeit und Stressresistenz/Resilienz einzuschließen.

Natürliche Bestandteile von Stadtökosystemen *(providers* oder *generators)* erbringen die Leistungen *(ecosystem benefit)*, die von Menschen/Bewohnern einer Stadt bzw. einer Stadtregion *(benefiter)* genutzt werden (Groot 2010, Grunewald und Bastian 2010, Bastian et al. 2013, Bastian 2016, Breuste et al. 2016 O'Brien et al. 2017) (s. ◘ Abb. 4.1).

Insgesamt geht es darum, die Leistungsart, Leistungsfähigkeit und den Leistungsumfang von Ökosystem für die aktiv oder passiv durch Menschen wahrgenommenen Beiträge zum menschlichen Wohlbefinden *(human wellbeing)* zu analysieren, zu bewerten und in die Entscheidungsfindungen einzubringen.

Geht es bei Ökosystemleistungen um „natürliche" Ökosysteme (Daily 1997; Costanza et al. 1997; Haber 2013) im Sinne sich zumindest selbstregulierender Natursysteme, kann dies nicht für Städte gelten. Hier sind die Stadtbewohner nicht nur Empfänger von vom Stadtnatur-System bereitgestellten Leistungen, die sozusagen „kostenlos" von der Stadtnatur zur Verfügung gestellt werden. Stadtbewohner können Ökosysteme in ihren Städten so gestalten, dass sie davon am meisten profitieren. Gestaltung von städtischen Ökosystemen findet bereits überall statt, allerdings meist ohne die auf Natur basierenden Leistungen für das Wohlbefinden der Stadtbewohner ausreichend zu berücksichtigen. Die Leistungen sind auch nicht dauerhaft und unveränderbar, sondern können in Art und Umfang gesteuert werden. Sie sind synergetisch oder untereinander konkurrenzierend. Flächeninanspruchnahme durch Stadtnatur ist mit für andere mögliche Nutzungen entgangenem Grundstückspreis verbunden. Für die Pflege und Erhaltung der konkreten Stadtnatur im gewünschten Zustand treten weitere Kosten auf. Der Wirkungsgrad urbaner

4.1 · Welche Ökosystemleistungen erwarten wir von Stadtnatur?

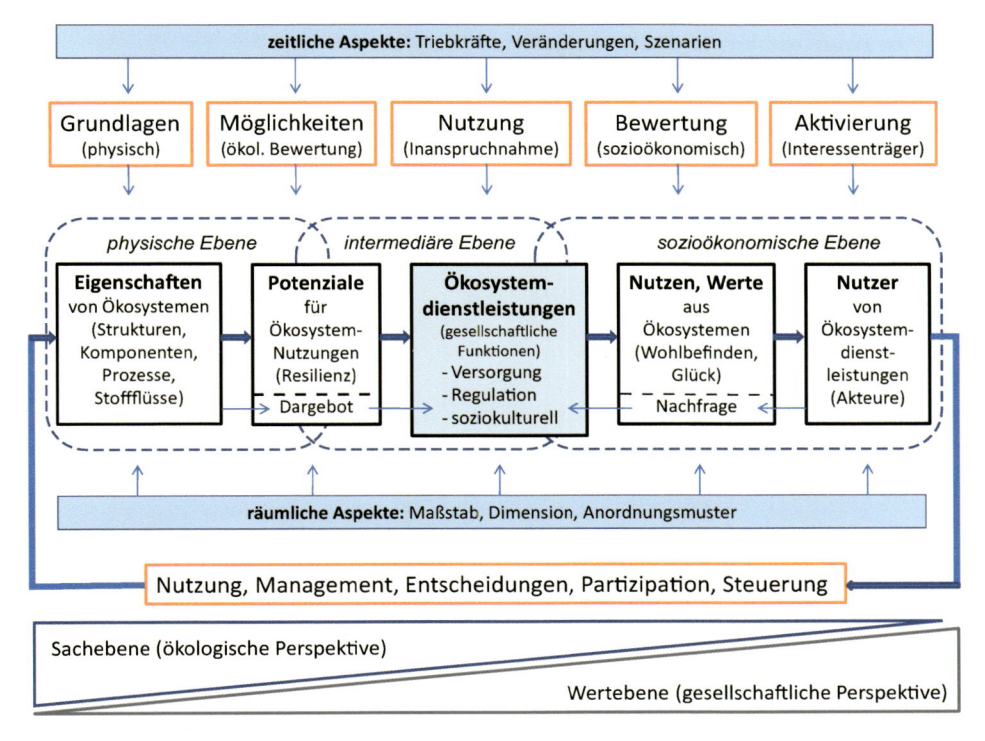

Abb. 4.1 Konzeptioneller Rahmen zur Analyse von Ökosystemleistungen unter besonderer Berücksichtigung von Raum- und Zeitaspekten. (Grunewald und Bastian 2013b)

Ökosystemleistungen kann in gewissen Grenzen durch Gestaltung, Pflege und unbewusstes Handeln bestimmt werden und kann dadurch reduziert oder gesteigert werden (z. B. Management von Grünflächen, Straßenbäumen) (Langemeyer et al. 2018).

Im urbanen Zusammenhang sind Ökosystemleistungen damit an der Schnittstelle von Stadtnatur und Gesellschaft angesiedelt. Ökologische Funktionen von Stadtnatur werden zu Ökosystemleistungen erst durch ihren Nutzen für einzelne Menschen, verschiedene gesellschaftliche Gruppen oder die Gesellschaft als Ganzes. Dabei können Bedeutungsunterschiede auftreten (Naturkapital Deutschland – TEEB DE 2016). Der entstehende Nutzen hat einen wahrgenommenen und geschätzten Wert (z. B. Erholung im Stadtpark) oder wird ohne besonderes Wertbewusstsein konsumiert (saubere Luft). Oft werden Ökosystemleistungen erst als Wert und Nutzen erkannt, wenn sie bereits reduziert oder verschwunden sind (z. B. fehlende Grünausstattung, Baumfällungen in Straßen, Verunreinigung der Luft) (s. **Abb. 4.2**).

Das von den Vereinten Nationen veranlasste „Millennium Ecosystem Assessment" (MA 2005) verwendet drei Kategorien von Ökosystemleistungen, die einen unmittelbaren Nutzen für den Menschen haben: **Versorgungsleistungen, Regulierungsleistungen und kulturelle Leistungen.** Zu den unterstützenden oder **Basisleistungen** zählen Prozesse wie Bodenbildung, Nährstoffkreisläufe und Photosynthese. Auch Lebensraumfunktionen für Tiere und Pflanzen werden hier genannt (Mace et al. 2012). Naturkapital Deutschland – TEEB DE (2016) konstatiert

ÖKOSYSTEMDIENSTLEISTUNGEN

Basisleistungen
Nährstoffkreislauf · Bodenbildung · Primärproduktion ...

Versorgungsleistungen
- Nahrung
- Trinkwasser
- Holz und Fasern
- Brennstoffe
  ...

Regulierungsleistungen
- Klimaregulierung
- Hochwasserregulierung
- Krankheitenregulierung
- Wasserreinigung
  ...

Kulturelle Leistungen
- Ästhetik
- Spiritualität
- Bildung
- Erholung
  ...

BESTANDTEILE MENSCHLICHEN WOHLERGEHENS

Sicherheit
- persönliche Sicherheit
- gesicherter Zugang zu Ressourcen
- Sicherheit vor Katastrophen

Materielle Grundversorgung
- angemessene Lebensgrundlagen
- ausreichende Versorgung mit Nahrung und Nährstoffen
- Unterkunft
- Zugang zu Gütern

Gesundheit
- Lebenskraft
- Wohlbefinden
- Zugang zu sauberer Luft und sauberem Wasser

Gute soziale Beziehungen
- sozialer Zusammenhalt
- gegenseitiger Respekt
- Fähigkeit, anderen zu helfen

Entscheidungs- und Handlungsfreiheit
Möglichkeit, ein selbstbestimmtes Leben zu führen

Abb. 4.2 Ansatz des „Millennium Ecosystem Assessment" zu Ökosystemleistungen und ihrer Bedeutung für das menschliche Wohlbefinden. (übersetzt und verändert nach MA 2005; TEEB DE 2005, BfN 2012)

zwar **Biodiversität** und Basisleistungen der Ökosysteme als unverzichtbare Grundlage für Versorgungs-, Regulierungs- und kulturelle Leistungen, sieht aber keine unmittelbare Verbindung zum menschlichen Wohlbefinden. Während ohne Basisleistungen sicher nicht alle anderen Leistungen erbracht werden können, ist die Einschätzung zur Biodiversität nicht eindeutig. Haber (2013) bezeichnet es als „irreführend zu behaupten, dass die Biodiversität die Lebensgrundlage der Menschen darstellt" (S. 32). Es gibt auch viele Befunde, die belegen, dass auch ohne besondere Biodiversität Ökosystemleistungen in Städten nutzbringend entstehen können (z. B. erbringt auch ein intensiv gepflegter Baumbestand aus nicht-einheimischen Gehölzen nur einer Art eine klimaregulierende Wirkung am Standort). Dass zumindest biologische Komponenten vorhanden sein müssen, um Ökosystemleistungen zu erbringen, wie dies Naturkapital Deutschland – TEEB DE (2016) feststellt, ist unzweifelhaft. Ob dies aber mit „einzelner oder mehrerer Komponenten der biologischen Vielfalt" (Naturkapital Deutschland – TEEB DE 2016, S. 26) bezeichnet werden muss, darf bezweifelt werden. Der Biodiversität widmet sich ▶ Kap. 6 ausführlich (s. Abb. 4.2 und 4.3). Basisleistungen, die lediglich Grundlage für Ökosystemleistungen darstellen, sollen hier nicht systematisch adressiert werden.

Die Kategorien Versorgungs-, Regulierungsleistungen und kulturelle Leistungen können

4.1 · Welche Ökosystemleistungen erwarten wir von Stadtnatur?

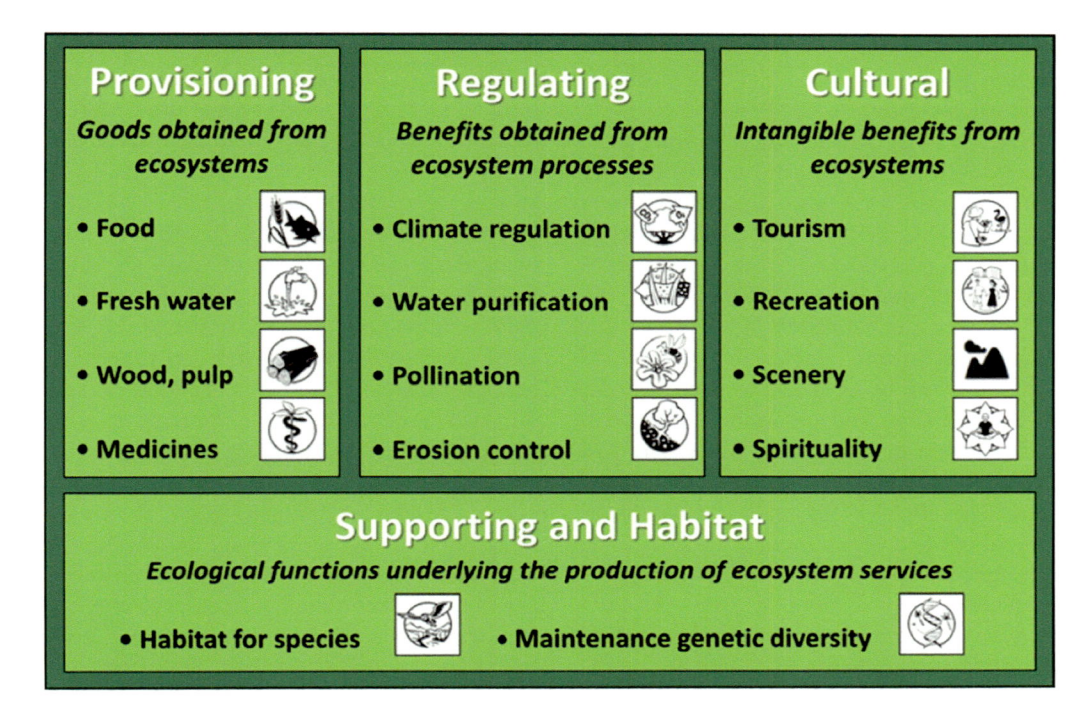

Provisioning
Goods obtained from ecosystems
- Food
- Fresh water
- Wood, pulp
- Medicines

Regulating
Benefits obtained from ecosystem processes
- Climate regulation
- Water purification
- Pollination
- Erosion control

Cultural
Intangible benefits from ecosystems
- Tourism
- Recreation
- Scenery
- Spirituality

Supporting and Habitat
Ecological functions underlying the production of ecosystem services
- Habitat for species
- Maintenance genetic diversity

◘ **Abb. 4.3** Urbane Ökosystemleistungen TEEB (2011). (Haase 2016)

weiter unterschieden und untergliedert werden (Naturkapital Deutschland – TEEB DE 2016; Haase 2016). Betrachtet werden dabei nur Leistungen, die für die Stadtbewohner erbracht, bzw. von ihnen genutzt werden. Ökosystemleistungen, die zwar im Stadtgebiet erbracht werden, dort aber nicht genutzt werden (z. B. Nahrungsmittelproduktion für andere Regionen, Kohlenstoffbindung zur Verbesserung der weltweiten Klimabilanz etc.), sollten separat betrachtet werden.

Die Stadt konsumiert nicht nur Ökosystemleistungen von Ökosystemen auf ihrem eigenen Territorium, sondern profitiert auch von Leistungen von Ökosystemen aus der Umgebung (z. B. regionalklimatischer Luftaustausch, Trinkwasserversorgung) oder lässt andere Regionen von auf ihrem Gebiet erzeugten Ökosystemleistungen profitieren (z. B. auswärtige Besucher von Naturgebieten in der Stadt, Lebensmittelproduktion für einen regionalen oder überregionalen Markt).

Versorgungsleistungen: Diese Leistungsgruppe umfasst die Versorgung mit Nahrungsmitteln (z. B. von Anbauflächen, Gewächshäusern und urbanen Gärten), mit Rohstoffen (z. B. Holz aus Stadtwäldern, Baumaterialien aus Abbauflächen und Trinkwasser aus lokalem Aufkommen).

Regulierungsleistungen: Diese für Menschen eher indirekt wirksamen Leistungen betreffen die Verminderung von thermischen und lufthygienischen Belastungen, Verminderung der Gewässerverunreinigung, Minderung von Hochwassergefahren durch Wasserrückhaltepotenzial, Erosionsschutz, Filterwirkung von Böden für die Qualität des Grundwassers und Kohlenstoffbindung zur Minderung des Treibhauseffektes (Elmqvist et al. 2013; Fisher et al. 2009; Grunewald und Bastian 2015).

Kulturelle Leistungen: Die kulturellen Leistungen werden insbesondere durch Grünflächen mit physischen und mentalen Erholungsfunktionen erbracht. Dazu gehören auch der Gewinn von emotionaler Naturerfahrung, Naturwissen, Heimatgefühl und spirituelle oder ästhetische Bedeutung.

Die von Stadtnatur ausgehenden unerwünschten Wirkungen auf Individuen, Gruppen oder auf die Gesellschaft werden als „Disservices" (Beeinträchtigungen) bezeichnet (Lyytimäki und Sipilä 2009; von Döhren und Haase 2015). Hierzu zählen Schäden an baulichen Strukturen durch Pflanzenwachstum, Gefährdungen durch Sichtbehinderung oder Bruch von Bäumen im Straßenraum und gesundheitliche Beeinträchtigungen durch Pflanzen und Tiere (Allergien, Krankheitsübertragung). Mit „grüner Gentrifizierung" (Wolch et al. 2014) werden unerwünschte Verdrängungsprozesse der Wohnbevölkerung durch Verbesserung der Grünausstattung, Erhöhung der Attraktivität des Wohnortes, des Wohnwertes und der Miet- und Immobilienpreise bezeichnet.

Negative Wirkungen durch Naturprozesse, z. T. auch von außerhalb in die Städte hinein (z. B. Hochwässer, Erdrutsche, Schlammfluten etc.) sind Risiken, die von Natur ausgehen, immer besser kalkuliert und gemanagt, aber nie völlig auszuschließen sind. Auch wenn die Ursachen in Naturprozessen von außerhalb liegen, wird doch in den Städten, auch wiederum unter Einbeziehung von Leistungen der Natur (z. B. Retentionsflächen, Ausgleichflächen) auf diese Prozessabläufe regulierend eingewirkt (s. ▶ Abschn. 8.8) (s. ◘ Abb. 4.3).

Die Studie „Naturkapitel Deutschland – TEB D" (Naturkapital Deutschland – TEEB DE 2016) listet die als wichtig erachteten Leistungen von Stadtnatur noch detaillierter unter den Kategorien (nicht denen der urbanen Ökosystemleistungen) auf:
1. Stadtnatur fördert gute Lebensbedingungen,
2. Stadtnatur fördert die Gesundheit,
3. Stadtnatur fördert sozialen Zusammenhalt,
4. Stadtnatur ermöglicht Naturerleben, Naturerfahrung und Umweltbildung in der Stadt,
5. Stadtnatur versorgt,
6. Stadtnatur als Standortfaktor.

„Vom Menschen genutzt und nachgefragt" und „auf ökologischen Funktionen" basierend (s. Definition oben) sollten die Kriterien für eine Konzept der Ökosystemleistungen sein. Andere Leistungen wie z. B. Wirkungen als Standortfaktor oder Wirkungen auf den Immobilienmarkt gehören hier nicht dazu. Das heißt nicht, dass sie nicht betrachtet werden sollen, aber eben außerhalb eines „Ökosystem-Konzeptes". Die wohl als eine der wichtigsten Leistungen zu bezeichnenden Gesundheitsleistungen lassen sich auch nicht ohne Weiteres in eine Kategorie „Regulierungsleistungen" einordnen. Dort gehören sicher thermische und lufthygienische Leistungen dazu, aber vielleicht auch die Wirkungen auf die psychische Gesundheit. Gesundheit allein den kulturellen Leistungen zuzuordnen, würde der Komplexität des Gegenstandes nicht gerecht. Hier eröffnet sich noch ein weites Untersuchungsfeld.

Unzweifelhaft ist, dass **soziale Aktivitäten in Stadtnatur** (und anderswo) stattfinden, die den sozialen Zusammenhalt fördern. Dazu gehören Kommunikation zwischen sozialen Gruppen, verantwortliches Kooperieren, Nachbarschaftsbildung, Integration von Migranten und sozialen Randgruppen, Jugendarbeit u. v. m. Dies findet jedoch nicht primär in Stadtnatur, oft nicht einmal primär im Freiraum, statt und vor allem basiert es nicht auf „ökologischen Funktionen". Stadtnatur ist oft nur Kulisse dieser Aktivitäten. Manchmal wird Stadtnatur auch direkt Gegenstand, um sozialen Zusammenhalt zu fördern, z. B. beim gemeinschaftlichen, direkt auf Natur bezogenen Umgang mit ihr (z. B. gemeinschaftliches Gärtnern). Insgesamt ist es aber der öffentliche Raum, den jede Stadt für eben diesen sozialen Zusammenhalt in verschiedener Form, Größe und Verteilung braucht. Er ist Abbild der Gesellschaft. Wolf D. Prix (geb. 1942), Mitbegründer der Architektenkooperative Coop Himmelb(l)au, wertet diese Aufgabe des öffentlichen städtischen Raumes so: „Der öffentliche Raum ist Freiheit, das zu tun, was man will" (ZDF 2018) und

Stadtnatur bietet zweifellos dafür eine Vielzahl von Anregungen und Möglichkeiten.

Das Millennium Ecosystem Assessment (MA 2005) ordnet die Ökosystemleistungen den drei Leistungsklassen zu:
Versorgungsleistungen:
- Bereitstellung von Nahrungsmitteln
- Bereitstellung von Rohstoffen
- Bereitstellung von Trinkwasser

Regulierungsleistungen:
Die Regulierungsleistungen umfassen eine Mitwirkung zum Erzielen einer gesunden Lebensumwelt. Der generelle Ressourcenschutz steht hier nicht im Vordergrund.
- Reduzierung der Lufttemperatur
- Reduzierung der Schadstoffbelastung der Luft
- Reduzierung der Lärmbelastung
- Reduzierung der Belastungen von Böden und Grundwasser
- Reduzierung des Beitrags zum Klimawandel

Kulturelle Leistungen:
- physische und mentale Erholung
- emotionale Naturerfahrung
- Aneignung von Naturwissen
- spirituelle oder ästhetische Wertschätzung

Gómez-Baggethun und Barton (2013) unterscheiden ohne Bezug zu den o. g. drei Leistungsklassen folgende von ihnen näher untersuchte Leistungen von Stadtökosystemen, ohne sie in ihrer Bedeutung zu reihen:
- Nahrungsmittelerzeugung
- Regulierung des Wasserkreislaufs und Abflussreduzierung
- Temperaturregulierung
- Lärmreduzierung
- Luftreinigung
- Milderung von Umweltextremen
- Abfallbehandlung
- Klimaregulation
- Bestäubung und Samenausbreitung
- Tierbeobachtung und
- Disservices.

Es sollten als Ökosystemleistungen auch nur solche Leistungen von Stadtnatur erfasst werden, die direkt bewusst nachgefragt oder unbewusst profitierend den in der Stadt lebenden Menschen zugutekommen. Dass von der Stadtnatur Leistungen nach außerhalb erfolgen können und Leistungen von Natur außerhalb der Städte in Städten in Anspruch genommen werden können, bleibt hier außerhalb der Betrachtungen (Leistungsaustausch naturbasierter Leistungen). Ein diesbezügliches überregionales „Leistungskonto" würde Städte natürlich immer, allein schon durch die Leistung „Bereitstellung von Nahrungsmitteln" mit gewaltigen Leistungsimportüberschüssen ausweisen.

Auch die „Exportleistung" Kohlenstoffbindung als Beitrag zum überregionalen, nationalen oder globalen Klimaschutz steht einem ungleich größeren „Export" von Schadstoffen, die den Klimawandel vorantreiben, entgegen. Auch wenn die „Exportleistungen" inzwischen ganz gut analysier- und berechenbar sind und diese negativen Exporte von Städten reduziert werden müssen, sind sie doch keine direkten Leistungen für die Menschen in der Stadt. Die CO_2-neutrale Stadt ist eine überregionale und globale Aufgabe. Bei Ökosystemleistungen geht es jedoch um direkte Leistungen für Menschen in der Stadt. Wenn es um die Reduzierung des Beitrags der Städte zum Klimawandel geht, sollte nicht die *end-of-pipe*-Betrachtung der Kohlenstoffbindung mit ihrer im Vergleich zur Schadstoffemission minimalen Kapazität, sondern die Reduzierung der Schadstoffemission an der Quelle der Emissionen im Mittelpunkt stehen. Hier geht es um viele Zehnerpotenzen an Leistung mehr, aber eben dann auch nicht mehr um Stadtnatur als Leistungsträger.

Insgesamt sollten urbane Ökosysteme nicht primär in ihren Leistungen zur Reduzierung von negativen Wirkungen menschlicher Tätigkeit, hinsichtlich ihrer Kapazität, noch mehr Schadstoffe aufzunehmen *(end-of-pipe)*, betrachtet werden. Von der Betrachtung, Ökosysteme als „Aufnehmer" und „Abbauer" durch

Naturprozesse" dieser Abprodukte sollte nur vorsichtig und immer mit dem Blick auf lokale Stoffströme Gebrauch gemacht werden. Von der Vorstellung, Gewässer als Kloaken zu benutzen, ist man bereits seit mehr als einhundert Jahren abgekommen. Trotzdem kann die „Reinigungswirkung" ohne Ökosystemschäden (!) im begrenzten, vornehmlich lokalen Umfeld, durchaus in Betracht gezogen werden, aber eben nicht als regionale städtische Strategie.

Bereits Wittig et al 1995 haben fünf Prinzipien zum Umgang mit Stadtnatur formuliert, die dazu dienen, deren Leistungseigenschaften zu erhalten:

1. Reduzierung der Freiflächeninanspruchnahme für Siedlungszwecke (Flächeneffizienz)
2. Förderung lokaler und regionaler Stoffströme (Transporteffizienz)
3. Sparsame Nutzung nicht-regenerierbarer Rohstoffe und Energiequellen (Ressourceneffizienz)
4. Reduzierung der Abgabe von Schadstoffen/Emissionen in die Natur (Risikoreduzierung, Umweltschutz – nicht Schadstoffbindung!).
5. Schutz aller Lebensmedien (Luft, Boden, oberirdische Gewässer und Grundwasser) und von strukturierter und differenzierter Natur (Biodiversität).

Die Vision der lebendigen, sicheren, nachhaltigen und gesunden Stadt ist zum allgemein angestrebten Ziel geworden (Gehl 2015). Sie lässt nur eine Sicht auf urbane Ökosystemleistungen zu: die aus der Perspektive des Menschen als Nutznießer. Daraus ergibt sich zu identifizieren, wo genau, mit welchen Ökosystemleistungen, wem (Individuen, soziale Gruppen oder der Gesellschaft), welcher Nutzen durch Stadtnatur entsteht. Welche bewussten Anforderungen *(demands)* gibt es und welche Nutzungsangebote *(supply)* macht Natur?

Nutzung des Leistungsangebots städtischer Grünflächen

Angebot und Nachfrage bestimmen in einer Welt der Waren den Wert eines Produktes. Stadtnatur ist solch ein Produkt und kann auch mit diesem Maßstab beurteilt werden.

Hegetschweiler et al. 2017 untersuchten dazu 40 europäische Studien, die zwischen Oktober 2014 und Mai 2015 im „Web of Science" zum Thema **städtische Grünflächen und Nutzungsverhalten** publiziert wurden. Die Mehrzahl der Studien behandelte Situationen in Nord- und Mitteleuropa und widmete sich Stadtwäldern und Waldparks. Zwei Drittel der Studien verwendeten typische sozio-demografische Daten, Befragungen, z. T. kombiniert mit visuellen Analysen, um die Nachfrage, Wahrnehmungen, Zugang und Bevorzugungen festzustellen. Spirituelle Leistungen, Leistungen für Bildung oder Forschung oder der Beitrag von Grünflächen zum kulturellen Erbe oder zur örtlichen Identität wurden überhaupt nicht genannt. Die meisten Studien verwenden, um das Angebot an Ökosystemleistungen zu beurteilen, Angaben zu Größe und Form der Grünflächen, Ausstattungen (z. B. für Sport, Kinderspiel oder Erholung), Zugang zu Wasser und Vegetationsstrukturen. Erreichbarkeit der Grünflächen ist ein entscheidender Faktor für die Nutzbarkeit des Angebots. Ein Drittel der Studien befasst sich mit Biodiversitätsaspekten, bezogen auf den Pflegegrad der Vegetation. **Ästhetische Aspekte, strukturelle Vielfalt, Erreichbarkeit und Nutzbarkeit sind generell dominante Faktoren** bei der Nutzung des Angebots an kulturellen Ökosystemleistungen von Stadtgrünflächen. Unterschiedliche Nutzergruppen (z. B. bedingt durch Alter oder Lebensstil) haben darüber hinaus differenzierte Nutzungsansprüche *(demands)*. Beeinträchtigungen (z. B. Lärm, Verunreinigungen, Übernutzung) sind kaum Hinderungsfaktoren für die Nutzung bei wenig alternativreichen Angeboten. Gesundheit und Entspannung sind die wichtigsten Motivationen der Nutzer. Es zeigt sich, dass die Qualität des Angebots an Leistungen durch Grünflächen (Größe,

4.1 · Welche Ökosystemleistungen erwarten wir von Stadtnatur?

Lage, Ausstattung, innere Vielfalt) deren Nutzung, Anzahl der Nutzer, Nutzungsfrequenz und Zufriedenheit mit dem Angebot klar bestimmt und weniger spezielle (z. B. Sport) als generelle Nutzungsvorteile („allgemeine Erholung") in Anspruch genommen werden. Hier zeigen sich auch noch weitere, bisher ungenutzte Leistungspotenziale der Grünflächen.

Da die visuelle Qualität und Vielfalt der Strukturen einen bedeutenden Einfluss auf Wahrnehmung, Präferenz und Nutzung von Grünräumen hat, wird diese z. B. durch Verwendung von Fotos oder zu interpretierende Bilder inzwischen weiter untersucht (z. B. Sugimoto 2011, 2013; Richards und Friess 2015). Das Ziel ist, herauszufinden, was genau Stadtnatur-Attraktivität ausmacht und das Angebot der Grünflächen der Nachfrage besser anzupassen (s. ◘ Abb. 4.4).

Die Attraktivität der Stadtnatur beruht auf einem breiten Spektrum der Stadtnaturtypen, der Nutzbarkeit und einer großen Strukturvielfalt.

Eine Auswertung internationaler Publikationen zu kulturellen Ökosystemleistungen der urbanen und suburbanen Stadtnatur identifizierte in 132 Untersuchungen (2003–2017) sieben Stadtnaturtypen *(types of green infrastructure)*. Fast die Hälfte der Untersuchungen bezieht sich auf Waldflächen, gefolgt von anderen Grünflächen und Parks (O'Brien et al. 2017). In nur geringem Umfang werden Ökosystemleistungen von Wasserflächen (6 von 132 Studien) und Stadtschutzgebieten (5 von 132 Studien) untersucht (O'Brien et al. 2017) (s. ◘ Abb. 4.5).

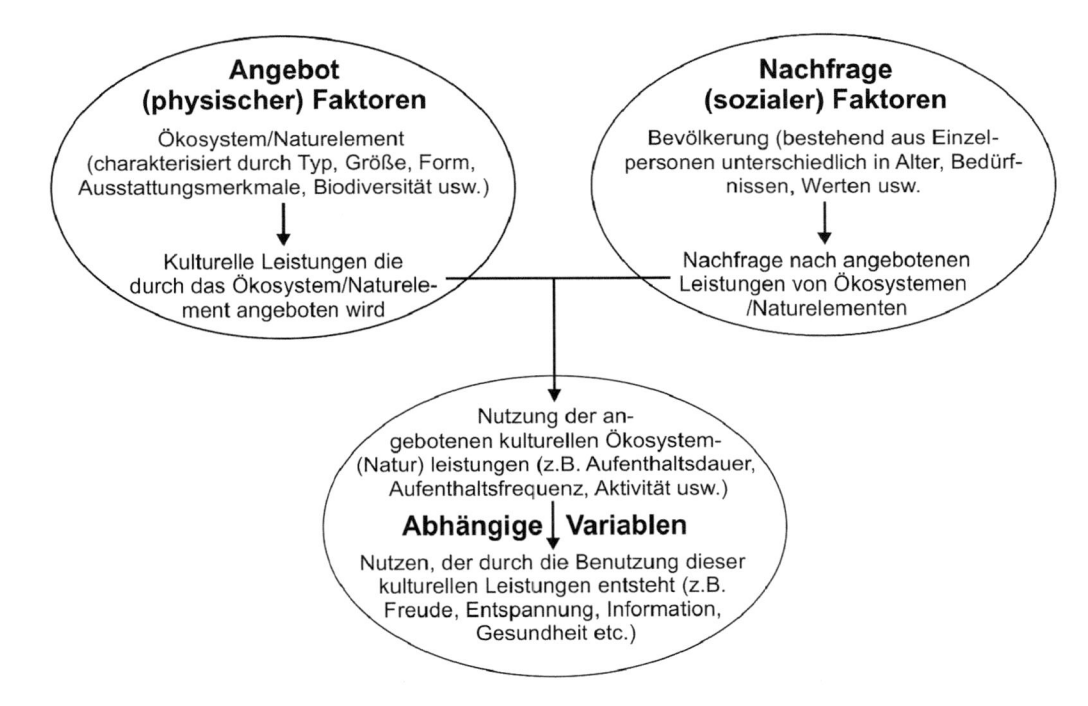

◘ **Abb. 4.4** Angebot und Nachfrage bestimmen die Nutzung von kulturellen Ökosystemleistungen und ihren Nutzen. (Verändert nach Hegetschweiler et al. 2017, S. 49. Entwurf: J. Breuste, Zeichnung: W. Gruber)

```
                    PHYSISCHE AKTIVITÄTEN
                              ▲
                    Radfahren │ Mountainbike fahren
                     Laufen   │ Gymnastik
                    Wandern   │ Reiten

              Gesund fühlen,  │   Fitness,
               Wohlfühlen     │   Ausdauer

SPÜRBARER       Spaziergehen  │ spielen mit Kindern      MESSBARER
 NUTZEN    ◄─ sich mit anderen treffen │ sich versammeln ─► NUTZEN

             Den Ort spüren,  │  Stressminderung,
           Naturverbundenheit │  Blutdrucksenkung

                    Picknick  │ Entspannung
               Vogelbeobachtung│ Beobachten
                      Lesen   │ Kontemplation
                              ▼
                  ENTSPANNUNGSAKTIVITÄTEN
```

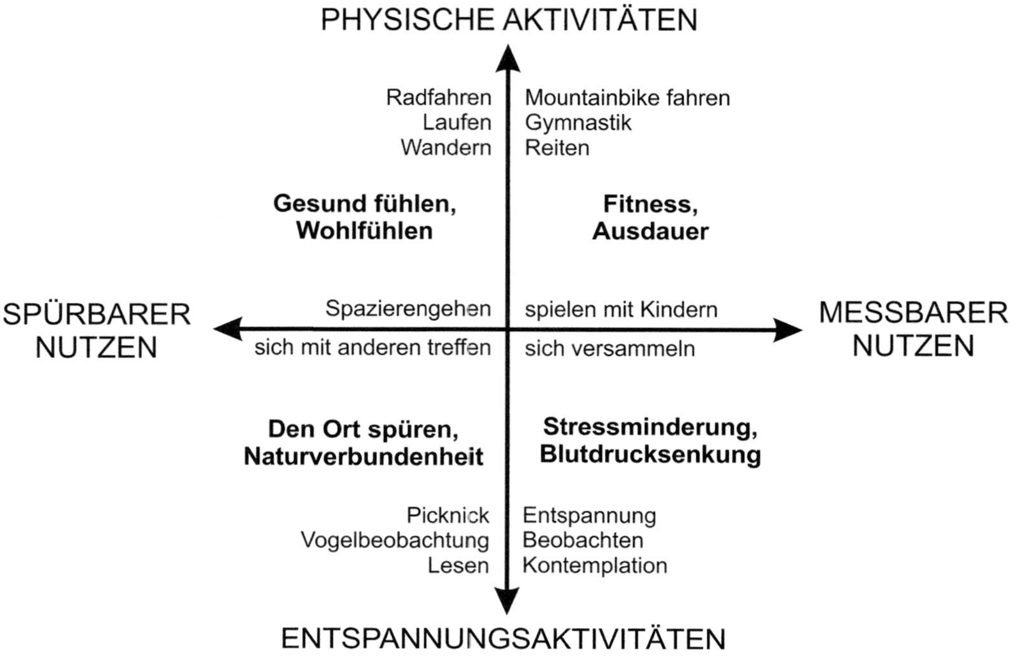

◘ **Abb. 4.5** Spektrum von Praktiken und Nutzen von urbaner und suburbaner grüner Infrastruktur, basierend auf 132 Fallstudien. (Daten O'Brien et al. 2017, S. 243, Entwurf: J. Breuste, Zeichnung: W. Gruber)

Städtische Grünflächen im Fokus – Untersuchungen bestätigen, sie sind wichtig für Gesundheit und Wohlbefinden

Eine Analyse der Publikation zu Mensch-Umwelt-Interaktionen von **städtischen Grünflächen** im ISI Web of Science© und Scopus© (Kabisch et al. 2015) für 2000–2013 zeigt, dass sich in diesem Zeitraum die Zahl jährlich publizierter Studien verzehnfacht hat. Die meisten der 219 ausgewerteten Studien sind aus Europa und den USA, mit zunehmender Zahl aus China. Aus Afrika, Lateinamerika, Russland und Süd- und Sudostasien gibt es nur sehr wenige Studien.

Die Zunahme der Studien erklären Kabisch et al. 2015 damit, dass Stadtnatur und Grünflächen in der Stadt in ihrer Bedeutung für Gesundheit und Wohlbefinden immer mehr Aufmerksamkeit auch in der Forschung gewidmet wird. Hauptsächlich wurden Befragungen und qualitative Analysen (Key Interviews) durchgeführt. Die größte Zahl der Studien befasste sich mit Wahrnehmung von Stadtgrünflächen durch unterschiedliche Nutzergruppen. Eine weitere Gruppe von Studien widmete sich direkten oder indirekten Gesundheitseffekten für Anwohner und Besucher. Andere Arbeiten untersuchen Umweltgerechtigkeit, Zugang und Angebot von Stadtgrün für verschiedene Anwohnergruppen. Andere Publikationen untersuchen die Entwicklung von Stadtgrünflächen, ihre Planung und ihr Management (s. ◘ Abb. 4.6, ◘ Tab. 4.1).

4.1 · Welche Ökosystemleistungen erwarten wir von Stadtnatur?

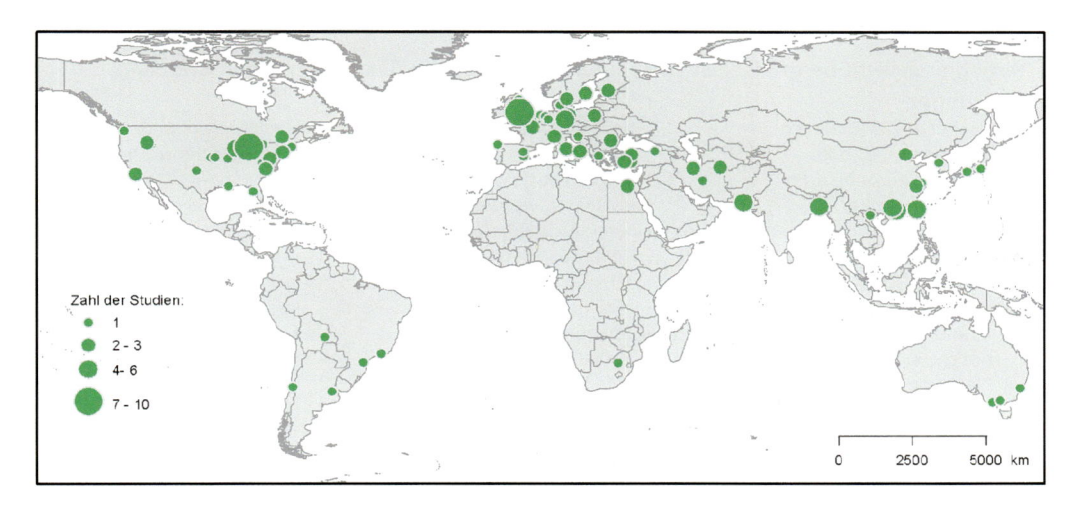

Abb. 4.6 Regionale Verteilung der untersuchten 219 Fallstudien zu Mensch-Umwelt-Interaktionen in Stadtgrünflächen. (Daten Kabisch et al. 2015, S. 28, Entwurf: J. Breuste, Zeichnung: W. Gruber)

Tab. 4.1 Urbane Ökosystemleitungen und Indikatoren für Lebensqualität in den Dimensionen der Nachhaltigkeit. (Breuste et al. 2013a; Haase 2016 nach MA 2005 und Santos und Martins 2007)

Nachhaltigkeitsdimension	Urbane Ökosystemleistung	Komponenten der urbanen Lebensqualität
Ökologie	Luftfilterung Klimaregulation Lärmreduzierung Regenwasserdrainage Wasserangebot Abwasserreinigung Lebensmittelproduktion	Gesundheit (saubere Luft, Schutz gegenüber Atemwegserkrankungen, Hitze- und Kältetod) Sicherheit Trinkwasser Nahrung
Soziales	Landschaft Erholung kulturelle Werte Umweltbildung	Schönheit der Umgebung Erholung, Stressabbau Intellektuelle Bereicherung Kommunikation Wohnstandort
Ökonomie	Nahrungsmittelproduktion Tourismus Erholungsfunktion	Einkommenssicherung Investitionen

Ergebnisse fachübergreifender Forschung zu urbanen Biodiversität und zu Ökosystemleistungen

Kremer et al. (2016) fassen als Ergebnis eines breit angelegten europäischen Projektes zu Urban Biodiversity and Ecosystem Services (BiodivERsA URBES, ► http://urbesproject.org/) sieben Punkte zusammen:

1. **Landnutzungs- und Oberflächenzustandsdaten** *(land use and land cover)* werden als leicht zugänglich in breitem Maße als **Indikatoren** für urbane Ökosystemleistungen genutzt. Sie sind jedoch für Vergleichsuntersuchungen nur begrenzt aussagefähig und können empirische Felduntersuchungen nicht ersetzen.
2. Zum Verständnis von **Beziehungen zwischen Angebot und Nachfrage** für urbane Ökosystemleistungen sind fachgrenz- und skalenübergreifende Überlegungen notwendig.
3. Urbane Ökosystemleistungen **werden durch nicht-ökologische Elemente** vermittelt, z. B. physische, gebaute Infrastruktur, Technologie, Sozialpraktiken und den kulturellen Kontext, in dem Menschen Mensch-Umwelt-Beziehungen erfahren.
4. Stadtnatur ermöglicht in Städten **Naturkontakt**. Dadurch können sich Werthaltungen und Beziehungen der Menschen zur Natur überhaupt erst ausbilden.
5. Die **Beziehungen zwischen urbaner Biodiversität und urbanen Ökosystemleistungen** sind unklar, wenig belegt und benötigen weiterer empirischer Befunde.
6. Die Einbeziehung des **Konzepts der urbanen Ökosystemleistungen in die Praxis** erfordert, überkommene disziplinäre Barrieren zu überwinden, bestehende Lücken zwischen Wissenschaft, Politik und Governance zu überbrücken und das Konzept mit den Planungsrahmen und ihren Instrumenten zu verbinden.
7. **Vergleiche zwischen Städten** sind grundlegend für das Verständnis der Treiber von Struktur, Funktion und Prozessen der Stadtökosysteme und für die Differenzierung zwischen örtlich besonderer Dynamik und solchen, die verbreitet im urbanen Kontext wirken.

(Kremer et al. 2016).

Was wird wo zu urbanen Ökosystemleistungen international untersucht?

Während globale Ökosystemleistungen in vielen Studien bereits ausführlich behandelt werden, fehlen solche Untersuchungen, die konkret urbane Ökosystemleistungen bewerten, noch weitgehend. Haase et al. 2014 haben dazu eine umfangreiche Auswertung der 393 im ISI Web of Science international verfügbaren Publikationen zu diesem Gegenstand vorgenommen. 217 Publikationen in einer Vielzahl von Zeitschriften unterschiedlicher Disziplinen behandelten originale Analysen und/oder Bewertungen zu Angebot und Nachfrage von urbanen Ökosystemleistungen und ihrer Anwendung im Landnutzungsmanagement. Die meisten Untersuchungen wurden in Europa, den USA und China durchgeführt. Seit 1973 ist die Zahl der jährlich publizierten Arbeiten stark angestiegen, besonders seit dem Jahr 2000. **50 % der Studien behandelten Regulierungsleistungen,** 20 % unterstützende oder Basisleistungen, die in Naturkapital Deutschland – TEEB DE (2016) gar nicht berücksichtigt wurden, 15 % kulturelle und 11 % Versorgungsleistungen. ◘ Abb. 4.7 zeigt, welche Ökosystemleistungen in Städten am meisten untersucht werden. Ist die große Zahl von Untersuchungen zu Klima- und Luftqualitätsregulierung noch verständlich, überrascht doch die von Studien zur Kohlenstoffspeicherung, eine Leistung, von der das Wohlbefinden von Stadtbewohnern gar nicht direkt abhängt. Mehr als 60 % der Untersuchungen widmen sich lediglich einer bestimmten Leistung. Das Interagieren von Leistungen (Synergien und Konkurrenzen) wird kaum untersucht, ist jedoch für praktische Leistungsentwicklung von großer Bedeutung. Die meisten Studien behandeln den Maßstab der Gesamtstadt oder sogar der Stadtregion.

4.1 · Welche Ökosystemleistungen erwarten wir von Stadtnatur?

Der lokale Maßstab der Leistungsträger wird deutlich weniger untersucht. Nur fünf von 217 Studien behandeln diesen Maßstab *(neighbourhood and site-level)*, obwohl genau dies der Wahrnehmungsmaßstab der Stadtbewohner ist (Breuste et al. 2013b). Nur zwei Studien (Imhoff et al. 2004; Haase 2009) behandeln Langzeitanalysen. Mehr als drei Viertel der Studien (78,1 %) beziehen keine bestimmten Interessen- und Nutzergruppen *(stakeholder)* ein. Etwa die Hälfte der Studien (48,9 %) beschäftigt sich nicht mit der Entwicklung von Werkzeugen zur Bewertung der Ökosystemleistungen. Als Defizite in der Forschung erscheinen:

– Prozessverständnis, besonders von raum-zeitlichen Maßstäben,
– Zusammenhang mit Wirtschaftsaspekten und der Lebensqualität,
– Anwendung von Werkzeugen zur partizipatorischen und mehrere Kriterien einbeziehenden Bewertung,
– Einbeziehung von Bürgern und Interessengruppen mit unterschiedlichen Standpunkten,
– zu geringe Repräsentanz von großen Teilen der Welt (besonders von Afrika, Teilen von Asien und Lateinamerika)

in international zugänglichen Studien.

Zu berücksichtigen ist jedoch, dass es lokal und regional eine Vielzahl von Studien gibt, die in den nationalen Sprachen verfasst werden und nicht unbedingt das Schlüsselwort „Urban Ecosystem Service" verwenden, aber durchaus dazu Ergebnisse erbringen und mit dem ISI Web of Science nicht erfasst werden. Diese wertvollen Ergebnisse „schaffen" es nicht in die internationale Literatur und werden außerhalb ihrer Heimatländer auch nicht wahrgenommen (s. ◘ Abb. 4.7 und 4.8).

◘ **Abb. 4.7** Geographische Verteilung der untersuchten 217 Publikationen zu urbanen Ökosystemleistungen. (Daten von Haase et al. 2014, S. 417, Entwurf: J. Breuste, Zeichnung: W. Gruber)

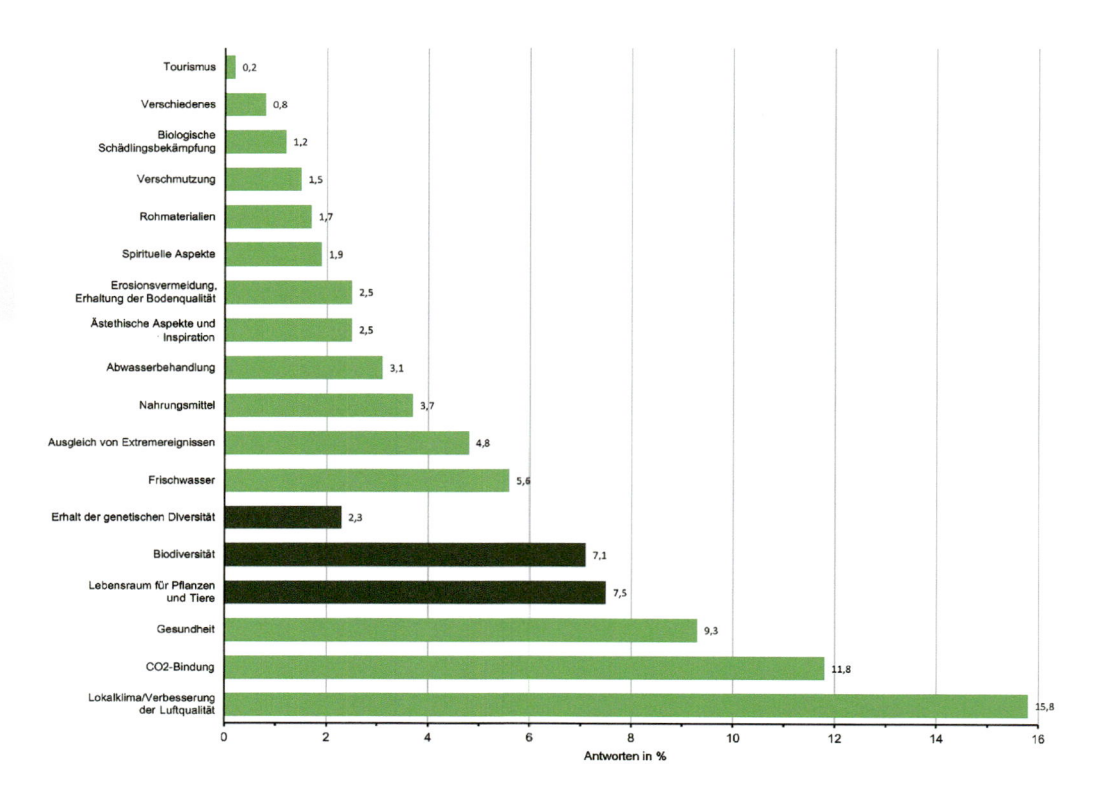

Abb. 4.8 Behandelte Ökosystemleistungen in den untersuchten 217 Studien zu urbanen Ökosystemleistungen. (Haase et al. 2014, S. 418, Entwurf: J. Breuste, Zeichnung: W. Gruber)

Balkendiagramm (Antworten in %):
- Lokalklima/Verbesserung der Luftqualität: 15,8
- CO2-Bindung: 11,8
- Gesundheit: 9,3
- Lebensraum für Pflanzen und Tiere: 7,5
- Biodiversität: 7,1
- Erhalt der genetischen Diversität: 2,3
- Frischwasser: 5,6
- Ausgleich von Extremereignissen: 4,8
- Nahrungsmittel: 3,7
- Abwasserbehandlung: 3,1
- Ästhetische Aspekte und Inspiration: 2,5
- Erosionsvermeidung, Erhaltung der Bodenqualität: 2,5
- Spirituelle Aspekte: 1,9
- Rohmaterialien: 1,7
- Verschmutzung: 1,5
- Biologische Schädlingsbekämpfung: 1,2
- Verschiedenes: 0,8
- Tourismus: 0,2

4.2 Welche Stadtnaturen erbringen welche Ökosystemleistungen?

Boyd und Banzhaf (2007) argumentieren für Bilanzeinheiten für Ökosystemleistungen, damit die Ökosystemleistungen als öffentliche Güter mit Abrechnungseinheiten *(units of account)* verbunden werden können und Vergleichbarkeit möglich wird.

Bereits am Beginn der Debatte über urbane Ökosystemleistungen stand die Bestimmung von Leistungsträger-Ökosystemen, denen Leistungen zugeordnet werden können und die als Bezugseinheiten dienen können. Das Beispiel von Bolund und Hunhammar (1999) für Stockholm zeigte zuerst nur, welche Stadtnatur Leistungen überhaupt erbringt (s. ◘ Tab. 4.2).

In den letzten 20 Jahren wurden Analysen der Beziehungen zwischen Leistungsträger-Ökosystemen und Leistungen genauer durchgeführt, vor allem in Bezug auf die tatsächlichen Leistungsträger-Ökosysteme. Dafür ist die Analyse von Niemelä et al. (2010) in Helsinki ein Beispiel (s. ◘ Tab. 4.3).

Als Leistungsträger urbaner Ökosystemleistungen *(service providing units*, Haase et al. 2014, S. 418) werden genannt:
- einzelne Pflanzenarten (z. B. Bäume, einzelne Tier- und Pflanzengruppen),
- Vegetationsstrukturen, die sich aus Pflanzengesellschaften zusammensetzen (z. B. Wald, Parks, Gewässer),
- allgemein (nicht untergliedert) Vegetation und Biodiversität.

4.2 · Welche Stadtnaturen erbringen welche Ökosystemleistungen?

Tab. 4.2 Stadtnatur als Anbieter von urbanen Ökosystemleistungen (Leistungsträger Ökosysteme) am Beispiel Stockholm. (Nach Bolund und Hunhammar 1999, verändert)

	Straßenbaum	Rasen/Parks	Stadtwald	Agrarland	Feuchtgebiet	Fluss/Bach	See/Meer
Luftreinigung	x	x	x	x	x		
Mikroklimaregulation	x	x	x	x	x	x	x
Lärmminderung	x	x	x	x	x		
Regenwasserableitung		x	x	x	x		
Abwasserklärung					x		

Insgesamt ist damit ein Ansatz zur Gliederung der Stadtnatur, basierend auf Vegetations- und Gewässerstrukturen, zur Bilanzierung von Ökosystemleistungen praktisch anwendbar. Dieser Ansatz wird deshalb auch hier weiterverfolgt. Er geht über die Gliederung in vier Naturarten hinaus und differenziert diese weiter. Näher vorgestellt werden folgende Stadtnaturtypen in ihrem Leistungspotenzial und dessen Akzeptanz und Nutzung durch die Stadtbewohner (in Klammern der Anteil (von 100 %) von Studien dazu nach Haase et al. 2014):
1. Stadtparks (4,4 %)
2. Stadtwälder (18,8 %)
3. Gärten (1,2 %)
4. Wildnisse (3,3 %)
5. Stadtgewässer (8,5 %)

In den ◘ Tab. 4.2 und 4.3 kommt auch die Auswahl der als wesentlich erachteten urbanen Ökosystemleistungen zum Ausdruck. Diese sollen in den folgenden Kapiteln, bezogen auf die Raumstruktur der Leistungsträger für Ökosystemleistungen in der Stadt, jeweils weiterverfolgt werden.

International widmet man sich, so belegt eine weltweite repräsentative Auswertung von Haase et al. (2014) (s. Exkurs in ▶ Abschn. 4.1), bei Untersuchungen zu urbanen Ökosystemleistungen am meisten Wäldern (18,8 % der Studien), dem Landnutzungsmuster (15,6 % der Studien) und der grünen Infrastruktur als Ganzes (11,7 % der Studien). Dies entspricht nicht der realen und differenzierten Bedeutung dieser Leistungsträger. Die Kategorie „Landnutzungsmuster" zeigt auch, dass hier lediglich auf gesamtstädtischem oder regionalem Maßstab verfügbare Daten, die nicht immer den Datenanforderungen in Typisierung und räumlicher Auflösung entsprechen, häufig für Interpretationen zu Ökosystemleistungen benutzt werden. Die Maßstabsebene der Einzelflächen, die tatsächlich messbare Leistungen erbringen, ist oft wenig untersucht. Sie erscheint für eine kleinere räumliche Skala als in der Datenerhebung zu aufwendig. Gewässer, Gärten und urbane Wildnisse sind, obwohl bedeutende Leistungsträger, in internationalen Studien deutlich unterrepräsentiert. Dies kann in nationalen Publi-

Tab. 4.3 Zusammenhang zwischen urbanen Ökosystemleistungen und ihren Leistungsträgern. (Nach Niemelä et al. 2010, S. 3229–3230, verändert)

Gruppe	Ökosystemleistungen	Leistungserzeugende Einheit
Versorgungsleistungen	Holzproduktion	Unterschiedliche Baumarten
	Nahrungsmittel: Wild, Beeren, Pilze	Unterschiedliche Arten in Land-, Frischwasser- und Meeresökosystemen
	Frischwasser, Boden	Grundwassereintrag, Suspension und Speicherung
Regulierungsleistungen	Mikroklimaregulierung auf Straßen- und Stadtmaßstab, Veränderung der Heizkosten	Vegetation
	Gaszyklus, O_2-Produktion, CO_2-Speicherung	Vegetation, besonders Wälder, Bäume
	Habitatangebot	Biodiversität
	Luftreinigung	Vegetationsdecken, Bodenmikroorganismen
	Lärmdämpfung in bebauten Gebieten und entlang von Transportwegen	Geschützte Grünflächen, dichte/natürliche Wälder, Bodenoberflächen
	Regenwasserspeicherung, Dämpfung von Starkregenspitzen	Vegetationsdecken, (versiegelte Oberflächen), Böden
	Regenwasser-Infiltration	Feuchtgebiete (Vegetation, Mikroorganismen)
	Bestäubung, Pflege von Pflanzengesellschaften, Nahrungsmittelproduktion	Insekten, Vögel, Säugetiere
	Humusproduktion und Aufrechterhaltung des Nährstoffgehaltes	Abfall, Invertebraten, Mikroorganismen
Kulturelle Leistungen	Erholung	Biodiversität, besonders in Parks, Wäldern und in Wasserökosystemen
	Psycho-physische und soziale Gesundheitsvorteile	Waldnatur
	Wissensbildung, Forschung und Bildung	Biodiversität

kationen, z. B. in Mitteleuropa zur Diskussion um urbane Wildnisse jedoch anders aussehen (z. B. Breuste und Astner 2018) (s. ◘ Abb. 4.9).

Aus dem o. g. breiten Spektrum der urbanen Ökosystemleistungen gilt es immer für betrachtete Räume besonders bedeutsame auszuwählen, um sie für die planungspraktische Entscheidungsfindung zu nutzen.

Stiftung DIE GRÜNE STADT, die sich insbesondere um die planungspraktische Anwendung vorhandenen Wissens in Deutschland bemüht, fokussiert auf vier wesentliche Anwendungsbereiche:
1. Stadtklima und Lufthygiene
2. Artenvielfalt
3. Gesundheit

4.2 · Welche Stadtnaturen erbringen welche Ökosystemleistungen?

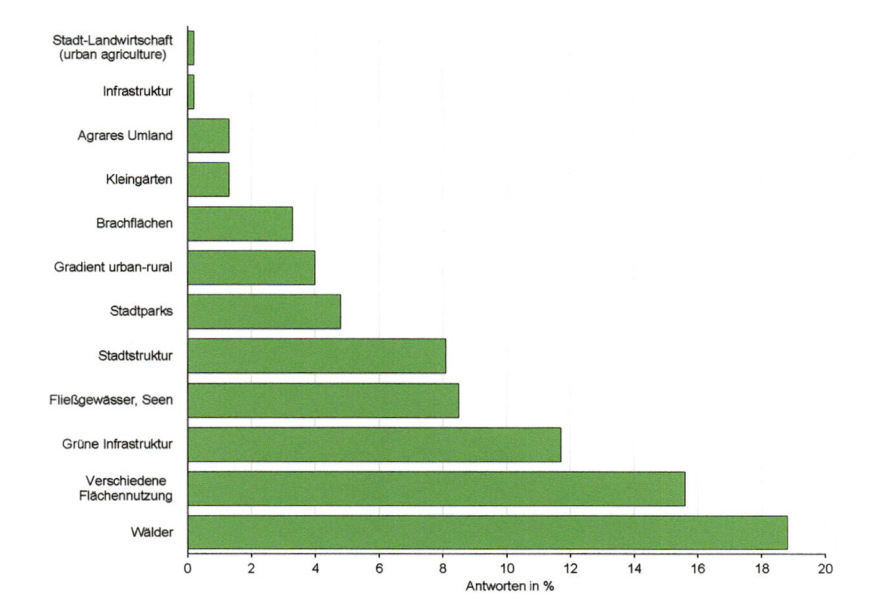

Abb. 4.9 Betrachtete Leistungsträger *(service providing units)* urbaner Ökosystemleistungen in 217 Untersuchungen zu urbanen Ökosystemleistungen. (Haase et al. 2014, S. 418, Entwurf: J. Breuste, Zeichnung: W. Gruber)

4. Kosten
5. Stadtplanung (Stiftung DIE GRÜNE STADT 2018).

Im Mittelpunkt aller Entscheidungen steht der *benefit to human well-being* (De Groot et al. 2002), **das gesunde Leben in der Stadt** und der Beitrag der Stadtnatur dazu. Dazu gehören:
1. Förderung gesunder klimatischer und lufthygienischer Bedingungen
2. Reduzierung der Lärmbelastung
3. Physische und mentale Erholung, gesunde Lebensumwelt (physische und psychische Gesundheit)
4. Lokale gesunde Nahrungsmittelproduktion
5. Förderung emotionaler Naturerfahrung und kognitiven Naturwissens

Stadtnatur kann in vier große Kategorien (s. ▶ Abschn. 1.3) (Kowarik 1992) untergliedert werden (s. ◘ Tab. 4.4).

Die Gliederung in ◘ Tab. 4.4 und ◘ Abb. 4.10 erlaubt eine Übersicht über die räumliche Struktur der Stadtnatur. Im Maßstab der Ökosysteme einer Stadt kann ein wesentlicher Teil der Stadtnatur in „Stadtstrukturtypen", in denen Natur dominiert, erfasst werden. Dies erlaubt eine gute Kompatibilität zu den in der Stadtplanung üblichen Flächennutzungskategorien und eine Bilanzierung von Leistungen dieser Einheiten als Leistungsträger. Die Stadtnatur, die in Stadtstrukturtypen der Bebauung vorhanden ist, z. B. Bäume, Gärten etc., bleibt dabei allerdings unberücksichtigt (s. ◘ Tab. 4.5 und ◘ Abb. 4.11).

◘ Tab. 4.4 Ökosystemleistungen der vier urbanen Naturkategorien. (Breuste et al. 2013a unter Verwendung von Kowarik 1992; Bolund und Hunhammar 1999, verändert) (s. ◘ Abb. 4.10)

Naturkategorie	Vegetationsstrukturtyp	Ökosystemleistung	Potenzielle Ökosystemleistung
A) Reste ursprünglicher Natur	Wald Feuchtgebiet	Holzproduktion, Erholung, Mikroklimaregulation Abwasserreinigung, Reduzierung des Regenwasserabflusses, Habitat für Pflanzen und Tiere	Naturerfahrung, Bildung
B) Natur der Agrarlandschaft	Wiesen, Weiden, Grasland, Acker	Nahrungsmittelproduktion, Mikroklimaregulierung, Reduzierung des Regenwasserabflusses	Erholung, Habitat für Pflanzen und Tiere, Naturerfahrung
C) Stadtgärten und Parks	Blumenbeete, Rasen, Gebüsche, Hecken, Baumgruppen etc. Straßenbegleitgrün, Abstandsgrün im Wohnbereich Gärten, Kleingärten, Parks, Stadtbäume	Kulturelle Leistungen, Ästhetik Luftreinigung, Mikroklimaregulierung, Reduzierung des Regenwasserabflusses Rekreation, Mikroklimaregulierung, Luftreinigung	Habitat für Pflanzen und Tiere, Reduzierung des Regenwasserabflusses Erholung, Habitat für Pflanzen und Tiere Habitat für Pflanzen und Tiere Naturerfahrung, Bildung
D) Neue urbane Ökosysteme	Spontanvegetation Urbane Wildnis	Habitat für Pflanzen und Tiere, Mikroklimaregulierung	Habitat für Pflanzen und Tiere, Naturerfahrung, Bildung, Erholung

---

Stadtstrukturtypen

Stadtstrukturtypen sind Stadträume vergleichbarer typischer, deutlich voneinander physiognomisch unterscheidbarer Ausstattung und Konfiguration von Bebauung, Freiflächen und Vegetation. Sie sind weitgehend homogen bezüglich deren Art, Dichte und Flächenanteilen und der verschiedenen Ausprägungen der Freiflächen (versiegelte Flächen, Vegetationstypen und Gehölzausstattung). Stadtstrukturtypen fassen damit Flächen ähnlicher Umweltverhältnisse zusammen. Sie weisen in ihren realen Repräsentanten vergleichbare Lebensraumfunktionen und Ökosystemleistungen auf und sind Schnittstellen zwischen Wissenschaft und Stadtplanung (Breuste und Endlicher 2017).

Stadtnatur tritt darüber hinaus auch noch in großmaßstäblicher Betrachtung als einzelne Pflanze, einzelnes Tier etc. auf. Natürlich ist auch diese Sicht sinnvoll, z. B. wenn es um den örtlich konkreten Schutz von Stadtnatur geht (Arten- und Biotopschutz). In der folgenden Behandlung der Erbringung von Leistungen wird jedoch, außer bei Einzelbäumen, nur von der Ebene der durch Stadtnatur dominierten Stadtstrukturtypen Gebrauch gemacht. Auf einzelne Stadtnaturarten wird in ▶ Kap. 5 eingegangen.

Die **Förderung von sozialem Zusammenhalt** und von **wirtschaftlichem Erfolg** durch Stadtnatur wurde in die Betrachtung nicht separat eingeschlossen. Soziale Aspekte sind jedoch nicht nur nicht ausgeschlossen, sondern sind Kernbestandteil des Lebens in der Stadt. Insofern finden sich soziale Bezüge für alle o. g. Leistungen. **Stadtnatur als Stimulus**

4.2 · Welche Stadtnaturen erbringen welche Ökosystemleistungen?

		Beschreibung	Biomasse Sommer	Biomasse Winter	**Biomasse insgesamt**	Temperaturminderung	Luftschadstoffbindung	Lärmminderung	Optische Kulissenwirkung
RASEN		häufig geschnitten immergrün hoher Pflegeaufwand	1	1	**1**	1	1	0	0
ZIER-PFLANZEN		Boden intensiv bearbeitet, keine geschlossene Fläche, im Winter offen	2	0	**1**	2	2	1	1
WIESE		2-3x im Jahr geschnitten immergrün	3	1	**2**	3	3	1	0
BÜSCHE		in Vegetationszeit intensives grün, geringer Pflegeaufwand	4	2	**3**	5	6	4	6
DICHTE STRAUCH-PFLANZUNG		dichte Gesamtstruktur, geringer Pflegeaufwand	6	2	**4**	6	6	5	4
PARK		getrennter Wuchs in Bodendecke-, Busch und Baumzone, hoher Pflegeaufwand	13	3	**8**	12	10	8	6
NADELWALD		Immergrün, geringe Bodendecke, kaum Strauchschicht	12	8	**10**	10	8	16	16
LAUBWALD		je nach Dichte Strauch- und Bodendeckerschicht	18	6	**12**	16	14	14	14
INTENSIVES GRÜN		Intensiver Wuchs in drei Schichten, Biomasse Sommer	20	12	**16**	18	20	20	20

◘ **Abb. 4.10** Ökosystemleistungen von Vegetationsstrukturen. (verändert unter Verwendung von Grzimek 1965; zitiert in Greiner und Gelbrich 1975, Abb. 18, S. 26/27, 20-teilige Skala zwischen 0 = keine Leistung und 20 = sehr hohe Leistung)

der Wirtschaft (**Standortvorteil**) wird hier nicht speziell behandelt. Dies bedürfte einer eigenen, sicher umfangreichen Publikation.

Bewusst wurde bei der weiteren Darstellung nur bedingt auf das Konzept der drei Kategorien von urbanen Ökosystemleistungen zurückgegriffen, ohne es aber gänzlich außer Acht zu lassen.

Disservices, Synergie- und Trade-off-Effekte sowie **Risiken** durch Stadtnatur werden im Folgenden ebenfalls in die Darstellung eingeschlossen. Zur **Biodiversität** oder dem „Habitat-Service" (s. ▶ Kap. 6). Die generelle Reduzierung der Belastungen von Böden und Grundwasser und die Reduzierung des **Beitrags der Städte zum Klimawandel**

Tab. 4.5 Stadtstrukturtypen (Nutzungs- und Baustrukturtypen oder „ökologische Raumeinheiten"), Beispiele (s. z. B. Sukopp und Wittig 1993)

Bebauungstypen
- Stadtzentren
- Ältere Blockbebauung (bis 1918)
- Block- und Zeilenbebauung der Zwischenkriegszeit (1918–1945)
- Jüngere Zeilenbebauung der Nachkriegszeit (1946–1965)
- Neue Gewerbe- und Industrieansiedlungen
- Straßenverkehrsflächen
- Villenbebauung mit Parkgärten

Freiraumtypen/Grünflächen
- Kleingartenanlagen
- Friedhöfe
- Parkanlagen
- Brachen
- Stadtwälder
- Gewässer
- Sportanlagen

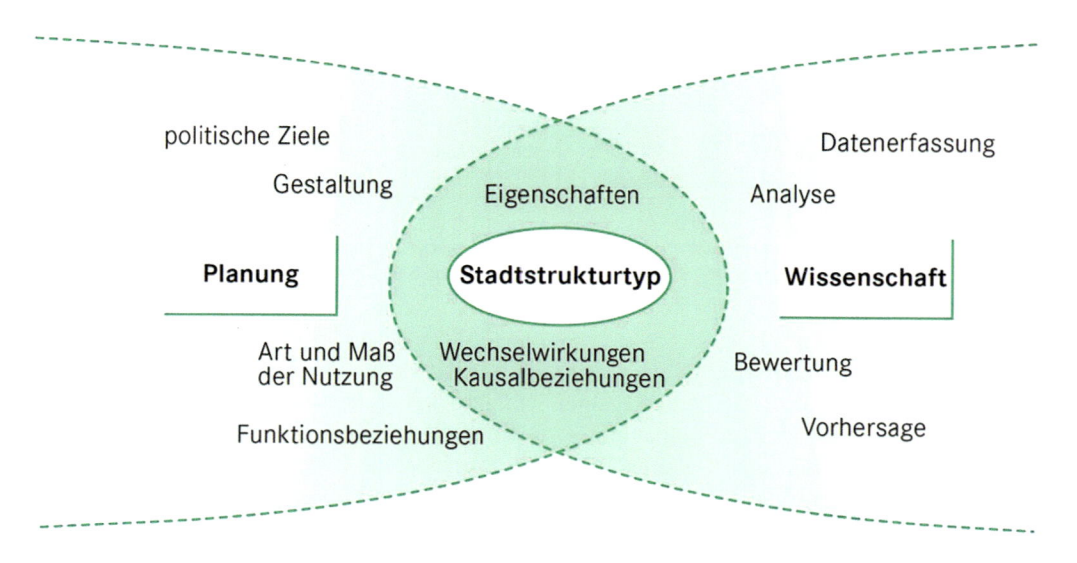

Abb. 4.11 Stadtstrukturtypen an der Schnittstelle zwischen Wissenschaft und Planung. (Breuste und Endlicher 2017, unter Verwendung von Wickop et al. 1998)

(Kohlenstoffspeicherung) wurden als überregionale Aspekte aus der Betrachtung ausgeschlossen. Die Erzeugung von **Trinkwasser und Rohstoffen** im Stadtbereich wurde ebenso nicht betrachtet. Dies ist zwar in vielen Städten der Welt immer noch eine gängige Praxis, wird, insbesondere was die Trinkwassergewinnung anbelangt, jedoch schrittweise durch überregionale Importe ersetzt, um gesunde Trinkwasserversorgung zu sichern und Flächen anders zu widmen. Den wachsenden Trinkwasser- und Rohstoffbedarf können Städte längst nicht mehr aus eigenen Beständen auf ihrem Territorium decken. Eine Rückkehr dazu ist nirgendwo Strategie. Die **spirituellen oder ästhetischen Wertschätzungen von Stadtnatur** sind zwar gegeben, sind jedoch im Vergleich mit allen anderen Leistungen als weniger gut einzuschätzen und spirituelle und ästhetische Wertschätzungen von Natur findet in wesentlich breiterem Maße außerhalb von Städten statt. Trotzdem ist vor allem das Thema: **Schöne (grüne) Stadt** überall evident, denn die Grüne Stadt soll *nützlich und schön* sein. Das Thema **Die schöne Stadt** würde jedoch den Rahmen der Betrachtung deutlich sprengen und auch weit über den Betrag, den Stadtnatur dazu leisten kann, hinausgehen (s. ▶ Kap. 7 und 8).

4.3 Wie können urbane Ökosystemleistungen bewertet werden?

Insgesamt geht es immer um den „Wert" von Ökosystemleistungen von Stadtnatur und dahinter um den Wert der diese Leistungen erbringenden Stadtnatur, z. B. um den „Wert" eines Parks. Im weiteren Sinne kann der „Wert" Geltung, Bedeutung oder Wichtigkeit für einen Einzelnen oder eine Gemeinschaft bezeichnen. Im engeren Sinne ist er Ausdruck des Äquivalents eines Handelsobjekts (ausgedrückt in Zahlungsmitteln).

Die Bewertung von urbanen Ökosystemleistungen eine Reihe vielversprechender Ansätze, Methoden und Instrumente. Diese lassen sich grob in die beiden Kategorien
- Nicht-monetäre Ansätze (Bedeutung und Wichtigkeit, oft schwer quantifizierbar) und
- Monetäre Ansätze (Natur „wert" in Geldeinheiten ausgedrückt)

untergliedern.

Gómez-Baggethun und Barton (2013) unterscheiden ökonomische Werte, soziale, kulturelle und Versicherungswerte.

Das Nebeneinander unterschiedlicher Wertvorstellungen ist Realität und ein Wertepluralismus existent, so auch bei diesem Thema. Urbane Ökosystemleistungen sollten jedoch sowohl quantitativ als auch von ihrer Bedeutung her möglichst vollständig erfasst werden. Dabei kommt es auch auf ihre Differenzierung an (Wertepluralismus), denn ein „zusammenfassender Wert" verschiedener Leistungen eines Stadtnaturteils lässt sich nicht mit dem eines anderen Stadtnaturteils vergleichen, auch wenn dieser den gleichen „zusammenfassenden Wert" hat. Auch die Rezeptoren, der Wertende, ein Einzelner, eine bestimmte soziale Gruppe, die realen Benutzer oder die Gesamtheit aller potenziellen Nutzer sind zu berücksichtigen. Der Wert von Stadtnatur ist also nicht unabhängig vom Bewerter!

Auch der Zweck der Bewertung spielt eine Rolle, Naturkapital Deutschland – TEEB DE (2016, S. 30) gibt dafür folgende Gründe an:
- Bewusstseinsförderung für die Bedeutung der Natur (Aufmerksamkeitsmechanismus),
- Bilanzierung von Umweltleistungen, z. B. für Zwecke des volkswirtschaftlichen Rechnungswesens (Bilanzierungsmechanismus),
- Kommunikation mit Interessengruppen und/oder der Öffentlichkeit (Feedback-Mechanismus),
- Unterstützung bei der Prioritätensetzung in politischen Entscheidungen (Entscheidungsmechanismus),
- Informationen für die Auswahl und das Design von Instrumenten, z. B. die

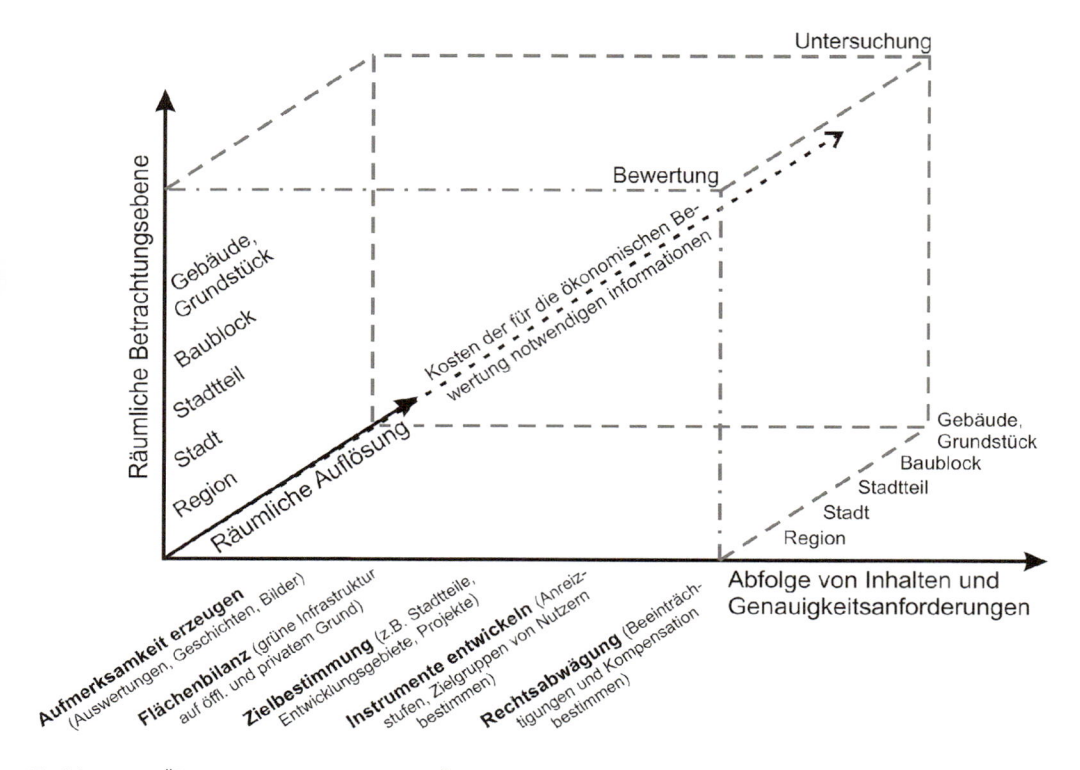

● **Abb. 4.12** Ökonomische Bewertung von Ökosystemleistungen in unterschiedlichen Planungsbezügen. (Gómez-Baggethun und Barton 2013, S. 241, Zeichnung: W. Gruber)

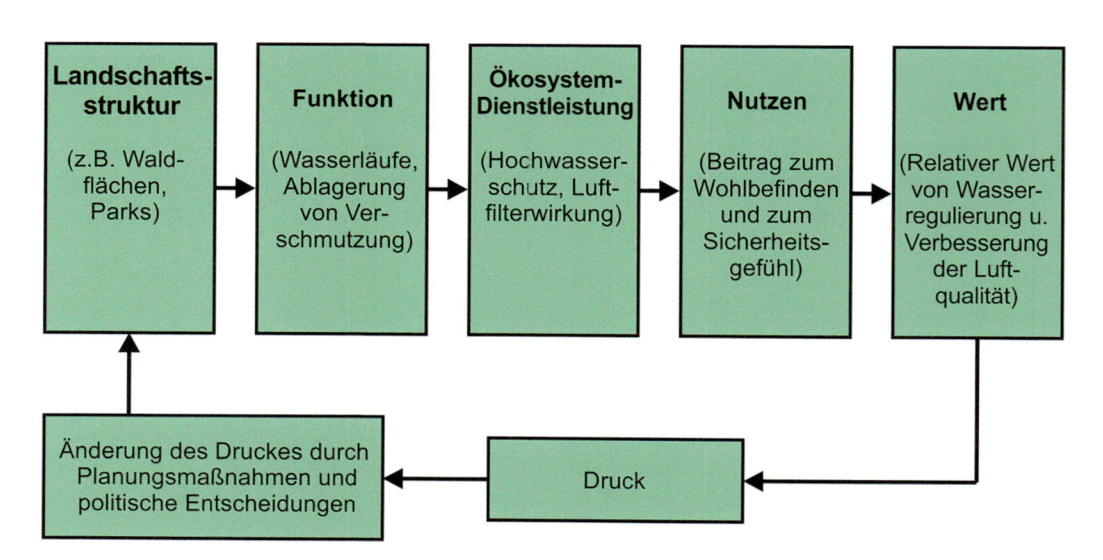

● **Abb. 4.13** Kaskadenmodell der Ökosystembewertung für Ökosystemleistungen von urbanen Grünflächen. (Andersson-Sköld et al. 2018, S. 275, Zeichnung: W. Gruber)

Gestaltung von Ausgleichszahlungen oder die Einbeziehung von Interessengruppen durch die Anwendung bestimmter Bewertungsverfahren (Informationsmechanismus) (Naturkapital Deutschland – TEEB DE 2016, s. a. Lienhoop und Hansjürgens 2010; Gómez-Baggethun et al. 2015).

Zu berücksichtigen ist auch der räumliche Maßstab der Bewertung, z. B. Gebäude, Straßenzug, Nachbarschaft, Stadtteil, Stadt, Region (Gómez-Baggethun und Barton 2013).

Die bisher entwickelten methodischen Ansätze zur Bewertung von Ökosystemleistungen, insbesondere in Städten, werden ständig ergänzt und überschneiden sich durchaus auch inhaltlich.

Die Mehrzahl der entwickelten Bewertungsrahmen bauen auf **Indikatoren** auf, die mehr oder weniger bereits als Daten in Verwaltungen und Statistiken vorhanden sind oder aber, z. T. mit großem Aufwand, ermittelt werden müssen. Letzteres erschwert die Anwendung von Bewertungsverfahren, da dazu Mittel, Personal und Zeit oft nicht vorhanden sind. Andersson-Sköld et al. (2018) entwickeln z. B. einen Bewertungsrahmen aus fünf Schritten, beinhaltend die Zusammenstellung eines Indikatorensets, Anwendung von Effektivitätsfaktoren (um die Wirksamkeit der Indikatoren zu bewerten), Einschätzung der Auswirkungen, Schätzung der Vorteile für jede Ökosystemleistung und Schätzung des gesamten Ökosystemleistungswertes. Diesen Bewertungsrahmen wenden sie für Grünflächen in Göteborg, Schweden, entlang eines urban-ruralen Gradienten an, um Ökosystemleistungen von Bäumen, Sträuchern, Kräutern, Vögeln und Bienen zu bewerten.

Naturkapital Deutschland – TEEB DE (2016) verfolgt verschiedene methodische Ansätze zur Erfassung und Bewertung urbaner Ökosystemleistungen. Diese sind:
- Bedeutung von Stadtnatur aus ihren Wirkungen auf die individuelle Gesundheit und Lebensqualität der Menschen (gesundheitsbezogene Kostengrößen),
- partizipative oder deliberative Verfahren (Verfahren der Beteiligung oder „Aushandlung")
- quantitative bio-physikalische und sozial-ökologische Indikatoren („ökologischen Bewertung", angebotsbasierter Ansatz).

Die Erfassung und Bewertung von Ökosystemleistungen auf der Grundlage individueller Präferenzen schließt die Bewertung von Gesundheitskosten und Lebensqualität ebenso wie die Bewertung von Stadtnatur in der kommunalen Haushaltsführung ein.

Sozial-ökologische Ansätze zur Erfassung und Bewertung von Ökosystemleistungen bauen z. Z. überwiegend auf regulierenden Ökosystemleistungen auf. Andere häufig verwendete Ansätze der sozial-ökologischen Bewertung fokussieren besonders auf den Zusammenhang zwischen Landnutzung und Landnutzungsmanagement und der Bereitstellung von Ökosystemleistungen. Bewertet werden auch die bio-physikalischen Ausstattungen eines Raumes, insbesondere von Grünflächen, die mit der von den Nutzern wahrgenommenen Erholungsleistung verglichen wird. Nachteilig ist bei derartigen wahrnehmungsbezogenen Studien ihre hohe Kosten- und Zeitintensität bei der Erstellung und die Schwierigkeit, dies in messungs- oder modell-basierten Analysen der Angebotsseite einzubeziehen (Haase et al. 2014) (s. ◘ Abb. 4.12 und 4.13).

Literatur

Andersson-Sköld Y, Klingberg J, Gunnarsson B, Cullinane K, Gustafsson I, Hedblom M, Knez I, Lindberg F, Ode Sang A, Pleijel H, Thorsson P, Thorsson S (2018) A framework for assessing urban greenery's effects and valuing its ecosystem services. J Environ Manag 205:274–285

Bastian O (2016) Vom Wert der Natur – das Konzept der Ökosystemdienstleistungen. In: Landesverein Sächsischer Heimatschutz e.V. (Hrsg) Bewahrung der Biologischen Vielfalt – beispiele aus Sachsen. Landesverein Sächsischer Heimatschutz e.V., Dresden, S 71–79

Bastian O, Haase D, Grunewald K (2012a) Ecosystem properties, potentials and services – the EPPS conceptual framework and an urban application example. Ecol Ind 21:7–16. ▶ https://doi.org/10.1016/j.ecolind.2011.03.014

Bastian O, Grunewald K, Syrbe R-U (2012b) Space and time aspects of ecosystem services, using the example of the EU water framework directive. Int J Biodivers Sci Ecosyst Serv Manag 8(1–2):1–12. ▶ https://doi.org/10.1080/21513732.2011.631941

Bastian O, Syrbe R-U, Rosenberg M, Rahe D, Grunewald K (2013) The five pillar EPPS framework for quantifying, mapping and managing ecosystem services. Ecosyst Serv 4:15–24

BfN – Bundesamt für Naturschutz (Hrsg) (2012) Daten zur Natur 2012. Bundesamt für Naturschutz, Bonn

Bolund P, Hunhammar S (1999) Ecosystem services in urban areas. Ecol Econ 29:293–301. ▶ https://doi.org/10.1016/S0921-8009(99)00013-0

Boyd J, Banzhaf S (2007) What are ecosystem services? The need for standardized environmental accounting units. Ecol Econ 63:616–626

Breuste J, Astner A (2018) Which kind of nature is liked in urban context? A case study of solarCity Linz, Austria. Mitt Österr Geogr Gesell 158:105–129

Breuste J, Endlicher W (2017) Stadtökologie. In: Gebhardt H, Glaser R, Radtke U, Reuber P (Hrsg) Geographie – physische Geographie und Humangeographie, 3. Aufl. Elsevier, München, S 628–638

Breuste J, Haase D, Elmqvist T (2013a) Urban landscapes and ecosystem services. In: Wratten S, Sandhu H, Cullen R, Costanza R (Hrsg) Ecosystem services in agricultural and urban landscapes. Wiley, Chichester, S 83–104

Breuste J, Qureshi S, Li J (2013b) Scaling down the ecosystem services at local level for urban parks of three megacities. Hercynia, N. F. Halle/Saale 46:1–20

Breuste J, Pauleit S, Haase D, Sauerwein M (Hrsg) (2016) Stadtökosysteme. Springer, Berlin

Bundesministerium für Umwelt, Naturschutz und Reaktorsicherheit (BMU) (Hrsg) (2007) Nationale Strategie zur Biologischen Vielfalt. BMU, Berlin

Costanza R, D'Arge R, de Groot R, Farber S, Grasso M, Hannon B, Limburg KE, Naeem S, O'Neill RV, Paruelo J, Raskin RG, Sutton P, van den Belt M (1997) The value of the world's ecosystem services and natural capital. Nature 25:253–260

Daily GC (Hrsg) (1997) Nature's Services: Societal Dependence on Natural Ecosystems. Island, Washington DC

De Groot RS, Wilson MA, Boumans RMJ (2002) A typology for the classification, description and valuation of ecosystem functions, goods and services. Special issue: the dynamics and value of ecosystem services: integrating economic and ecological perspectives. Ecol Econ 41:393–408

De Groot RS, Fisher B, Christie M (2010) Integrating the ecological and economic dimensions in biodiversity and ecosystem service valuation. In: Kumar P (Hrsg) TEEB – The Economics of Ecosystems and Biodiversity. Ecological and economic foundations. Earthscan, London, S 9–40

Elmqvist T, Fragkias M, Goodness J, Güneralp B, Marcotullio PJ, McDonald RI, Parnell S, Schewenius M, Sendstad M, Seto KC, Wilkonson C (Hrsg) (2013) Global urbanisation, biodiversity and ecosystem services: challenges and opportunities. A global assessment. Springer, Dordrecht

Fisher B, Turner RK, Morling P (2009) Defining and classifying ecosystem services for decision making. Ecol Econ 68:643–653

Gehl J (2015) Städte für Menschen. Jovis, Berlin

Gómez-Baggerthun E, Barton DN (2013) Classifying and valuing ecosystem services for urban planning. Ecol Econ 86:235–245

Gómez-Baggerthun E, Martín-López B, Barton D, Braat L, Saarikoski H, Kelemen E, García-Llorente M, van den Bergh J, Arias P, Berry P, Potschin M, Keune H, Dunford R, Schröter-Schlaack C, Harrison P (2015) State-of-the-art report on integrated valuation of ecosystem services. EU FP7 OpenNESS Project Deliverable 4.1, European Commission FP7. ▶ http://www.openness-project.eu/sites/default/files/Deliverable%204%201_Integrated-Valuation-Of-Ecosystem-Services.pdf. Zugegriffen: 10. Sept. 2015

Greiner J, Gelbrich H (1975) Grünflächen der Stadt. Grundlagen für die Planung. Grundsätze, Kennwerte, Probleme, Beispiele. VEB Verlag, Berlin

Grunewald K, Bastian O (2010) Ökosystemdienstleistungen analysieren – begrifflicher und konzeptioneller Rahmen aus landschaftsökologischer Sicht. GEOÖKO 32:50–82

Grunewald K, Bastian O (Hrsg) (2013a) Ökosystemdienstleistungen. Springer Spektrum, Heidelberg

Grunewald K, Bastian O (2013b) Bewertung von Ökosystemdienstleistungen (ÖSD) im Erzgebirge. Abh. d. Sächs. Akad. d. Wiss. zu Leipzig, Mat.-Nat. Klasse, 65(5): 7–20

Grunewald K, Bastian O (2013c) Bewertung von Ökosystemdienstleistungen (ÖSD) im Erzgebirge. Abh d Sächs Akad d Wiss zu Leipzig Mat-Nat Klasse 65(5):7–20

Grunewald K, Bastian O (Hrsg) (2015) Ecosystem services – concept, methods and case studies. Springer, Heidelberg

Grzimek G (1965) Grünplanung Darmstadt. Magistrat, Darmstadt

Haase D (2009) Effects of urbanisation on the water balance: a longterm trajectory. Environ Impact Assess Rev 29:211–219

Haase D (2016) Was leisten Stadtökosysteme für die Menschen in der Stadt? In: Breuste J, Pauleit S,

Literatur

Haase D, Sauerwein M (Hrsg) Stadtökosysteme. Springer, Berlin, S 129–163

Haase D, Larondelle N, Andersson E, Artmann M, Borgström S, Breuste J, Gomez-Baggethun E, Gren A, Hamstead Z, Hansen R, Kabisch N, Kremer P, Langemeyer J, Lorance RE, McPhearson T, Pauleit S, Qureshi S, Schwarz N, Voigt A, Wurster D, Elmqvist T (2014) A quantitative review of urban ecosystem services assessment: concepts, models and implementation. AMBIO 43(4):413–433

Haber W (2013) Arche Noah heute. Sächsische Landesstiftung Natur und Umwelt, Dresden

Hegetschweiler KT, de Vries S, Arnberger A, Bell S, Brennan M, Siter N, Stahl Olafsson A, Voigt A, Hunziker M (2017) Linking demand and supply factors in identifying cultural ecosystem services of urban green infrastructures: a review of European studies. Urban Forestry Urban Green 21:48–59

Imhoff ML, Bounoua L, DeFries R, Lawrence WT, Stutzer D, Tucker CJ, Ricketts T (2004) The consequences of urban land transformation on net primary productivity in the United States. Remote Sens Environ 89:434–443

Kabisch N, Qureshi S, Haase D (2015) Human – environment interactions in urban green spaces – a systematic review of contemporary issues and prospects for future research. Environ Impact Assess Rev 50:25–34

Kowarik I (1992) Das Besondere der städtischen Flora und Vegetation. Natur Stadt – der Beitrag der Landespflege zur Stadtentwicklung. Schriftenreihe des Deutschen Rates für Landespflege 61:33–47

Kremer P, Hamstead Z, Haase D, McPhearson T, Frantzeskaki N, Andersson E, Kabisch N, Larondelle N, Lorance Rall E, Voigt A, Baró F, Bertram C, Gómez-Baggethun E, Hansen R, Kaczorowska A, Kain J-H, Kronenberg J, Langemeyer J, Pauleit S, Rehdanz K, Schewenius M, van Ham C, Wurster D, Elmqvist T (2016) Key insights for the future of urban ecosystem services research. Ecol Soc 21(2): Art. 29. ► http://dx.doi.org/10.5751/ES-08445-210229. Zugegriffen: 31. Jan. 2018

Langemeyer J, Palomo I, Baraibar S, Gómez-Baggethun E (2018) Participatory multi-criteria decision aid: operationalizing an integrated assessment of ecosystem services. Ecosyst Serv 30:49–60

Lienhoop N, Hansjürgens B (2010) Vom Nutzen der ökonomischen Bewertung in der Umweltpolitik. GAIA 19(4):255–259

Lyytimäki J, Sipilä M (2009) Hopping on one leg – the challenge of ecosystem disservices for urban green management. Urban Forestry Urban Green 8:309–315

Mace GM, Norris K, Fitter AH (2012) Biodiversity and ecosystem services: a multilayered relationship. Trends Ecol Evol 27:19–26

Millennium Ecosystem Assessment (MA) (2005) Ecosystems and human well-being: synthesis. World Resources Institute, Washington DC

Naturkapital Deutschland – TEEB DE (2016) Ökosystemleistungen in der Stadt – gesundheit schützen und Lebensqualität erhöhen. In: Kowarik I, Bartz R, Brenck M (Hrsg) Technische Universität Berlin, Helmholtz-Zentrum für Umweltforschung – UFZ. Naturkapital Deutschland – TEEB DE, Berlin

Niemelä J, Saarela SR, Södermann T, Kopperoinen L, Yli-Pelikonen V, Kotze DJ (2010) Using the ecosystem service approach for better planning and conservation of urban green spaces: a Finland case study. Biodivers Conserv 19:3225–3243

O'Brien L, De Vreese R, Kern M, Sievänen T, Stojanova B, Atmis E (2017) Cultural ecosystem benefits of urban and peri-urban greeninfrastructure across different European countries. Urban Forestry Urban Green 24:236–248

Richards DR, Friess DA (2015) A rapid indicator of cultural ecosystem service usage at a fine spatialscale: content analysis of social media photographs. Ecol Ind 53:187–195

Santos LD, Martins I (2007) Monitoring urban quality of life – the porto experience. Soc Indic Res 80:411–425

Schumacher EF (1973) Small is beautiful. A study of economics as if people mattered. Blond & Briggs, London

Stiftung DIE GRÜNE STADT (2018) Urbanes Grün. Für ein besseres Leben in Städten. ► www.die-gruene-stadt.de. Zugegriffen: 3. Febr. 2018

Sugimoto K (2011) Analysis of scenic perception and its spatial tendency: using digital cameras, GPS loggers, and GIS. Procedia Soc Behav Sci 21:43–52

Sugimoto K (2013) Quantitative measurement of visitors' reactions to the settings in urban parks: spatial and temporal analysis of photographs. Landsc Urban Plan 110:59–63

Sukopp H, Wittig R (Hrsg) (1993) Stadtökologie. Fischer, Stuttgart

TEEB (2011) TEEB manual for cities: ecosystem services in urban management. ► http://www.naturkapital-teeb.de/aktuelles.html. Zugegriffen: 26. Aug. 2014

Von Döhren P, Haase D (2015) Ecosystem disservices research: a review of the state of the art with a focus on cities. Ecol Ind 52:490–497

Wickop E, Böhm P, Eitner K, Breuste J (1998) Qualitätszielkonzept für Stadtstrukturtypen am Beispiel der Stadt Leipzig: entwicklung einer Methodik zur Operationalisierung einer nachhaltigen Stadtentwicklung auf der Ebene von Stadtstrukturen. UFZ, Leipzig

Wittig R, Breuste J, Finke L, Kleyer M, Rebele F, Reidl K, Schulte W, Werner P (1995) Wie soll die aus ökologischer Sicht ideale Stadt aussehen? – Forderungen der Ökologie an die Stadt der Zukunft. Z Ökol Naturschutz 4:157–161

Wolch JR, Byrne J, Newell JP (2014) Urban green space, public health, and environmental justice: the challenge of making cities „just green enough". Landsc Urban Plann 125:234–244

ZDF (Hrsg) (2018) Doku | Terra X – Faszination Erde: Die Weltenveränderer. 43 min. Dauer, Sendedatum: 04.02.2018. ► https://www.zdf.de/sendung-verpasst. Zugegriffen: 5. Febr. 2018

Welche Stadtnatur welche Leistung erbringt

5.1 Der Stadtpark – 128
5.1.1 Naturelement Stadtpark – 128
5.1.2 Leistungen von Stadtparks – 133

5.2 Der Stadtbaumbestand *(urban forest)* – 144
5.2.1 Naturelement Stadtbäume und Stadtwald – 144
5.2.2 Leistungen der Stadtbäume – 146

5.3 Die Stadtgärten – 167
5.3.1 Naturelement Stadtgarten – 167
5.3.2 Leistungen von Stadtgärten – 177

5.4 Die Stadtgewässer – 193
5.4.1 Naturelement Stadtgewässer – 193
5.4.2 Leistungen von Stadtgewässern – 196
5.4.3 Wiederherstellung der Ökosystemleistungen von Stadtgewässern – 201

Literatur – 212

© Springer-Verlag GmbH Deutschland, ein Teil von Springer Nature 2019
J. Breuste, *Die Grüne Stadt*, https://doi.org/10.1007/978-3-662-59070-6_5

In Städten finden sich Naturelemente, die auch außerhalb von ihnen vorkommen. Das Besondere ihrer Urbanität ist jedoch die Dichte ihrer Verbreitung, die Intensität ihrer Nutzung und die Variabilität ihrer oft kleinteiligen Struktur. Ziel in der Stadt ist es, diese Naturelemente so zu erhalten, neu zu etablieren, zu pflegen und zu entwickeln, damit sie den Bedürfnissen der Stadtbewohner möglichst gerecht werden können. Dazu sollten die Leistungen von Stadtnatur unterschiedlichster Art klug bedacht werden, damit sie auch sich ändernden Bedürfnissen der Stadtbewohner gut entsprechen. Viele Ansprüche an Stadtnatur widersprechen sich oder werden nur von bestimmten Bevölkerungsgruppen geäußert. Manche können überhaupt nicht gleichzeitig realisiert werden (s. ▶ Kap. 7). Es bedarf also eines gestaltenden Moderationsprozesses der Leistungen von Stadtnatur und der Bedürfnisse der diese Leistungen wahrnehmenden Bevölkerung. Zuerst sollte Klarheit darüber bestehen, welche Leistungen von welcher Stadtnatur überhaupt erbracht werden können und wie diese bereits jetzt genutzt werden. Das ist der Gegenstand dieses Kapitels. Zur besseren Übersicht wurden vier häufig auftretende, stadttypische Naturtypen ausgewählt betrachtet. Sie sind die Hauptleistungsträger, auch überregional und z. T. weltweit verbreitet, und sie werden am intensivsten genutzt: Stadtparke, der Stadtbaumbestand (Urban Forest), Stadtgärten und Stadtgewässer.

5.1 Der Stadtpark

5.1.1 Naturelement Stadtpark

Stadtparks gehören zu den am häufigsten und intensivsten untersuchten Stadtnatur-Typen weltweit. Dies ist sicher darauf zurückzuführen, dass Stadtparks vielfach Elemente der Stadtstruktur und kulturübergreifend Teil der städtischen Lebensweise sind, oftmals die einzige in der Stadt öffentlich wenig regulierte nutzbare Stadtnatur darstellen und in der öffentlichen Wahrnehmung von großer Bedeutung sind. Trotzdem bilden sie die Stadtnatur, die für eine breite öffentliche Nutzung erst spät in die Städte Einzug gehalten haben (s. ▶ Abschn. 2.6). Parke, die ausschließlich privater Nutzung auf privaten Grundstücken unterliegen, werden hier nicht betrachtet. Sie sind in den meisten Städten nur sehr kleinen Minderheiten zur Nutzung zugänglich.

> **Park**
>
> Synonyme: Stadtpark, Parkanlagen (Deutschland), *metropolitan park*, *municipal park* (Nordamerika), *public park*, *public open space, municipal gardens* (UK) Gärtnerisch gestaltete, öffentliche städtische Grünfläche variabler Gestaltung für Erholung der Stadtbevölkerung und zur Verschönerung des Stadtbildes. Gestaltungselemente sind Vegetationsstrukturen (z. B. Gehölze, offene Rasenflächen, Blumenrabatten), Infrastruktur (z. B. Wegenetz, Ruheplätze), z. T. Wasserflächen, in größeren Parks auch Gebäude, Sportflächen, Kinderspielflächen, Kultur- oder Verkaufseinrichtungen, z. T. Toiletten (Schwarz 2005; Konijnendijk et al. 2013).

Die Attraktivität der Stadtparke und ihre hohe Nutzungsintensität beruht auf der Vielfalt ihrer Ausstattung (Naturelemente und Infrastruktur) und den damit zusammenhängenden weit gefächerten Nutzungsoptionen, die verschiedene Nutzerinteressen anspricht. Häufig sind Stadtparks für große Teile der Bevölkerung in dicht besiedelten Innenstädten die einzige Alternative, Natur zu genießen und dem Alltagsstress für eine kurze Zeit zu entfliehen.

Stadtparke sind, wenn Sie groß, attraktiv in der Ausstattung und in touristisch aufgesuchten Städten gelegen sind, auch Touristenziele. Zumindest besuchen Städte-Touristen sie als willkommene „Ruheinseln" im „Stadtdschungel" (z. B. Chaudhry und Tewari 2010). Der Central Park in New York wird mit 40 Mio. Besuchern jährlich sogar unter den am häufigsten aufgesuchten Touristenziel weltweit auf Platz 4 aufgeführt, der Meiji Jingu Shrine in Tokyo (mit Waldpark) mit 30 Mio. Besuchern auf Platz 7 und der Golden Gate Park in San Francisco mit 13 Mio. Besuchern auf Platz 20 (Travel + Leisure 2014).

> **Stadtparke machen Salzburg, Österreich, schön – Mönchsberg und Mirabellgarten**
>
> Der Mönchsberg (150 m über der Stadt) ist einer der Salzburger Stadtberge. Mit seinem langgezogenen Rücken prägt er das Stadtbild. Als aufgelockerter Waldpark mit kleinräumigem Wechsel von Wald und Wiesen und seinen vielen Aussichtspunkten ist er für einen **abwechslungsreichen Spaziergang** besonders geeignet (s. ◘ Abb. 5.1). Er ist der beliebteste städtische Naherholungsraum und gleichzeitig Ausflugsziel für Stadttouristen (s. ◘ Abb. 5.2).
>
> Der Mirabellgarten, die Gartenanlage des Schlosses Mirabell, liegt direkt in der viel besuchten Salzburger Altstadt. Er gilt als Salzburgs schönster Garten (Park). Seit 1854 ist er ein von Einheimischen und Touristen viel besuchter öffentlicher Park. Die Gartenanlage ist vor allem wegen ihrer historischen, ornamentalen Gartengestaltung, ihrer **Kleinteiligkeit und strukturellen Vielfalt** viel besucht (s. ◘ Abb. 5.3).

Waren Parks zur Zeit ihrer Entstehung und im 19. Jahrhundert häufig randstädtisch gelegen (z. B. Hyde Park, London, Central Park New York, Englischer Garten München), lagen sie, bedingt durch das rasche Stadtwachstum im 19. und 20. Jahrhundert schon bald im Zentrum der Städte. Neue Parks wurden im 20. Jahrhundert am nun neuen Stadtrand oft als großzügige Landschaftsparks angelegt, die vorrangig der Erholung am Wochenende dienen. Der Übergang in die „freie Landschaft" ist hier oft fließend. Auch der Übergang zwischen Park, Waldpark und Stadtwald ist ein Fließender. Sollte der Park im 19. Jahrhundert noch eine komponierte, komprimierte Landschaft sein, ist er heute besonders am Stadtrand ein Ausschnitt aus der Landschaft.

Parks sind öffentliche Güter, zu denen alle Menschen gleichberechtigt Zugang haben sollten. Diese Gleichberechtigung ist in den meisten Städten nicht gegeben. Parks sind in Städten nicht so verteilt, dass gleich viele Menschen in gleicher Entfernung Zugang zu Ihnen haben. Im Gegenteil, häufig befinden sich Parks in Stadtteilen mit gehobenem Wohnstandard und Einkommen der Wohnbevölkerung im Einzugsgebiet (Breuste und Rahimi 2015). Ursachen sind die historische Entwicklung der Parks, die generelle Aufgeschlossenheit der Stadtverwaltungen für die Bereitstellung des öffentlichen Gutes „Park", verfügbare und bezahlbare Grundstücke, die Morphologie der Stadt und die Interessenpolitik für bestimmte Bewohnergruppen.

Selbst in Gesellschaftssystemen, die die Gleichverteilung öffentlicher Güter zur Ideologie erhoben hatten, gab es wegen der o. g. Gründe keine Gleichverteilung nach Lage und Zugang, auch wenn dieser als „Standard" des Bauwesens, z. B. in der DDR, angestrebt wurde (TGL 1964). Auch nach dem Kriterium „Parkfläche je Einwohner" konnte das öffentliche Gut „Park" nie gleich verteilt werden (Greiner und Karn 1960; Greiner und Gelbricht 1975, S. 114). Unabhängig von Lage, Größe und Zugang wird, um Vergleichbarkeit zwischen Städten zu erreichen und Zielstellungen für eine Bedarfsbefriedigung zu entwickeln, in der Planung häufig mit einem „Versorgungswert" vom Quadratmetern Park je Einwohner einer Stadt gearbeitet, und diese Zahlen werden als Qualitätskriterium für Städte diskutiert. Auch wenn München 2001 33,8 m^2/Einw. Grün aufwies und damit deutlich im oberen Drittel vergleichbarer deutscher Städte lag, sagt das noch nichts über die tatsächliche Versorgung mit Stadtgrün aus, denn diese hängt von Lage, Größe und Verteilung der Grünflächen ab (Die Welt 2001).

Standards für Parks in Design, Management und Verteilung sind weiter in Diskussion. Eine etwas breitere Übereinstimmung besteht darin, dass öffentliche Parks nach den Kriterien „Flächengröße",

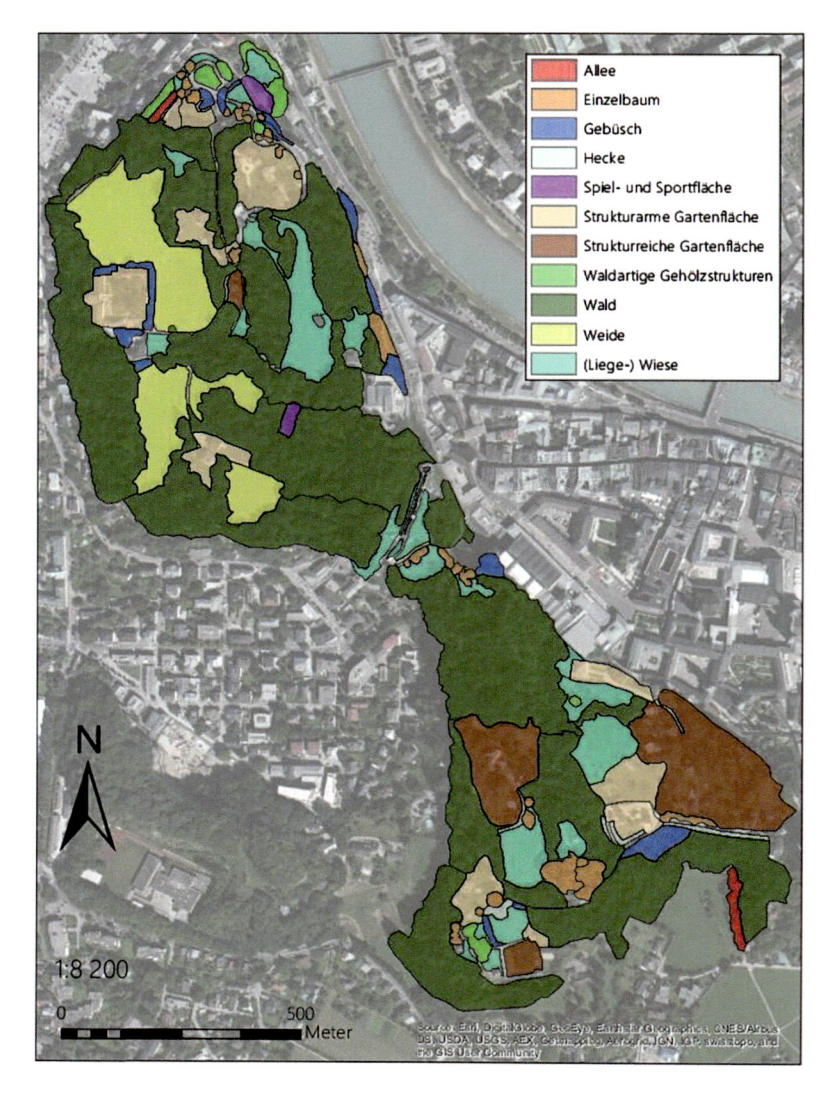

Abb. 5.1 Vegetationsstruktur des Mönchsberges in Salzburg, Österreich, (Huber 2016)

„Einzugsgebiet" (Angebot für die Bewohner einer nach Distanz zum Park abgrenzbaren Umgebungsfläche) und „Flächenangebot im Park je Person im Einzugsgebiet" (potenzielle Nutzer) hierarchisch gegliedert werden können. Die genau zu veranschlagenden Werte unterscheiden sich nach Kultur, Tradition und lokaler Verfügbarkeit. Generelle kulturübergreifende Bedarfsstandards sind diskussionswürdig und wahrscheinlich nicht überall implementierbar. Comber et al. 2008 schlagen für England Accessible Natural Green Space Standards (ANGSt) vor, die ggf. für europäische Städte anwendbar sind:

- Jeder sollte in höchstens 300 m Entfernung von seinem Wohnort einen zugänglichen Park (oder einem anderen Stadtnaturraum) von mindestens 2 ha Größe erreichen können.

5.1 · Der Stadtpark

Abb. 5.2 Mönchsberg in Salzburg, Österreich, zwischen Altstadt im Vordergrund und Untersberg im Hintergrund. (© Breuste 2004)

Abb. 5.3 Mirabellgarten in Salzburg mit Festungsberg im Hintergrund. (© Breuste 2004)

- In 2 km Entfernung vom Wohnort sollte ein mindestens 20 ha großer Park zugänglich und erreichbar sein.
- Innerhalb von 5 km Entfernung vom Wohnort sollte ein 100 ha großer Grünraum (Park) zugänglich und erreichbar sein.
- Innerhalb von 10 km Entfernung vom Wohnort sollte ein 500 ha großer Grünraum (Park) erreichbar sein.

Sind Grünflächen in ihrer Qualität austauschbar? Ein Park könnte bei diesen auf Versorgung mit öffentlichem Grün ausgerichteten Standards auch durch eine andere Grünfläche, z. B. einen Stadtwald oder einen öffentlich zugänglichen Landschaftsausschnitt am Stadtrand ersetzt werden. Ob dies tatsächlich austauschbare Grünkategorien sind, bleibt offen, da ihre Nutzungsangebote, innere Struktur, Management etc. durchaus nicht gleich sind.

Die Europäische Umweltagentur (EEA) berichtete bereits in ihrem 1995 veröffentlichten Bericht als Ergebnis der Untersuchung einer Vielzahl europäischer Städte von einer 15-min-Entfernrung zu Stadtgrün, bei der die Wohnbevölkerung als „versorgt" angesehen werden kann (Stanners und Bourdeau 1995).

Grunewald et al. 2016, 2017 berechnen die Erreichbarkeit öffentlicher Grünflächen für die Wohnbevölkerung in Deutschland. Sie nutzen dabei den digitalen, objektstrukturierten Vektordatenbestand des Basis-Landschaftsmodells (ATKIS-Basis-DLM), schließen als für „Erholung" relevante Nutzungskategorien jedoch nicht nur Parks und Grünanlagen, sondern auch Sport-, Freizeit- und Erholungsflächen, Friedhöfe, Landwirtschaftsflächen, Grünland, Streuobstwiesen, Wald, Gehölze, Fließgewässer und stehende Gewässer unabhängig von Nutzungs- und Erschließungsqualität ein. Es wird davon ausgegangen, dass sich die unterschiedlichen Naturkategorien gegenseitig gleichwertig ersetzen können Dies kann durch Untersuchungen derzeit nicht belegt werden. Die Stadtnatur-Kategorie „Park" ist dabei zwar eine wichtige, bei weitem aber nicht die einzige Stadtnatur-Kategorie, die für Erholung infrage kommt (BBSR 2018). Für europäische Städte berechnen Kabisch et al. 2016 Zugänglichkeitswerte für Stadtgrün, ebenfalls aufbauend auf ähnlichen Nutzungs(Natur)kategorien (s. ▶ Abschn. 8.3).

Aus Lage, Größe und Ausstattung der Parks ergibt sich eine Zuordnung von Parks zu ihrem „Versorgungsgebiet" (Einzugsgebiet), dem Raum, aus dem die Mehrzahl der Nutzer zu erwarten ist. Die Ergebnisse vieler Studien (z. B. Belgien/van Herzele und Wiedemann 2003; Sheffield/Barbosa et al. 2007; UK/Comber et al. 2008; London/Kessel et al. 2009; Dänemark/Toftager et al. 2011; Sheikhupura, Pakistan/Javed et al. 2013; Adana, Türkei/Unal et al. 2016) zeigen, dass die Mehrzahl der Stadtbevölkerung in vielen europäischen Städten in 900–1000 m Radius eine Grünfläche erreichen kann. In Städten in anderen Teilen der Welt kann dies sogar nur für eine Minderheit gelten (z. B. Pakistan, Jarved et al. 2013; Breuste und Rahimi 2015). Der Versorgungsgrad mit großen Parks aus einem angemessenen Einzugsgebiet nimmt, trotz Zunahme des Einzugsgebietes, mit der Größe der Parks ab (z. B. Breuste und Rahimi 2015). Wie wichtig die Nahversorgung mit öffentlichen Parks ist, zeigen immer wieder Beispiele in Großstädten, besonders der Entwicklungs- und Schwellenländer, wo ganze Stadtteile kaum oder überhaupt nicht mit Grünflächen und Parks versorgt sind. Dies zeigen z. B. Studien für Istanbul, Türkei (z. T. unter 0,5 m^2/Ew.), für Karachi, Pakistan und für Täbris, Iran (Qureshi et al. 2010; Breuste und Rahimi 2015) (s. ◘ Abb. 5.4).

International üblich ist eine hierarchische Gliederung von Parks. Die verwendeten Kennwerte, weichen allerdings regional und national erheblich voneinander ab, auch die Bezeichnungen. ◘ Tab. 5.1 versucht die Bezeichnungen durch Vereinheitlichung vergleichbar zu machen, verwendet dazu nicht die z. T. abweichenden Bezeichnungen.

5.1 · Der Stadtpark

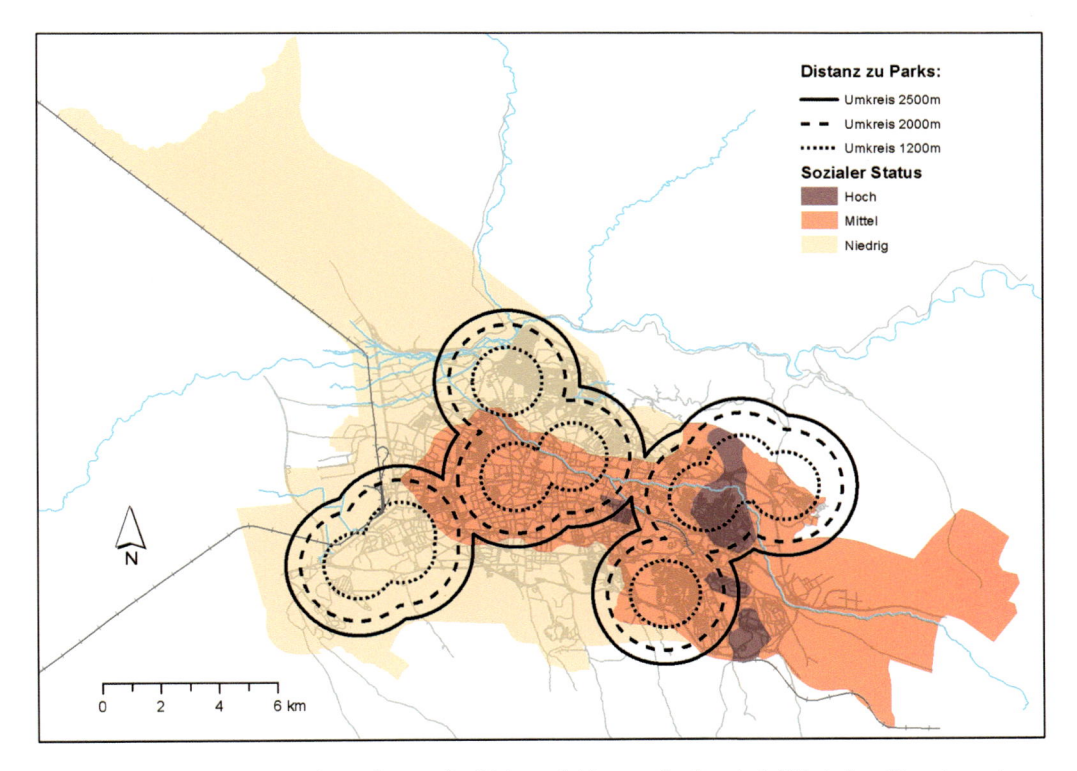

Abb. 5.4 Einzugsgebiet und Sozialstatus des Wohnumfeldes von Stadtparks in Täbris, Iran (Breuste und Rahimi 2015; Breuste et al. 2016, S. 117)

> **Parkkategorien in Großbritannien**
> Die unterschiedlichen Parkkategorien, die in Städten Großbritanniens in Gebrauch sind, versuchte eine Studie des Institute of Leisure and Amenity Management (ILAM) 2002 in einer Terminologie zusammenzuführen.
>
> 1. **Local Park** – bis zu 1,2 ha, Versorgungsbereich 500–1000 m, üblicherweise mit Spielplatz und gestalteter Grünausstattung, ohne weitere Infrastruktur oder Ausstattungsmerkmale.
> 2. **Neighbourhood Park** – bis zu 4 ha, Versorgungsbereich 1000–1500 m, landschaftliche Grünausstattung mit vielfältiger Infrastruktur.
> 3. **District Park** – bis zu 8 ha, Versorgungsbereich 1500–2000 m, Vielfalt landschaftlicher Ausstattung und Infrastruktur, z. B. Sportflächen, Spielfelder, Kinderspielareal.
> 4. **Principal/City/Metropolitan Park** – mehr als 8 ha, Versorgungsbereich gesamte Stadt, Vielfalt landschaftlicher Ausstattung und Infrastruktur in besonders hoher und damit attraktiver Qualität (Dunnett et al. 2002).

5.1.2 Leistungen von Stadtparks

Eine große Zahl der Stadtbewohner sind häufige Nutzer von Stadtparks. Der Park ist der „Sehnsuchtsort" der sicheren, geordneten und ästhetischen Natur unter den möglichen Bedingungen einer Stadt (Tajima 2003). Er entspricht mehr oder weniger den vorhandenen Bedürfnissen der Stadtbewohner. Landschaftsarchitekten und Planer bemühen

Tab. 5.1 Beispiele für hierarchische Gliederung von Parks nach den Kriterien „Größe in ha", „erwartete Gehentfernung in m"

Parktyp		Mitteleuropa (Greiner und Gelbrich 1975)	Großbritannien (Dunnett et al. 2002)	China, Nanjing (Liu 2015)	Iran, Mahshahar (Parsanik und Maroofnezhad 2017)	Iran, Tabris (Breuste und Rahimi 2015)
Nahpark/Stadtgrünplatz	m	400	500–1000		200	200
	ha	1	1,2		0,5	0,5
Wohnbereichspark	m	800	1000–1500	500	400–600	200–600
	ha	6–10	4	1–10	1–2	0,5–2
Stadtteilpark	m	1600	1500–2000	2000	800–1200	600–1200
	ha	30–60	8	10–100	2–4	2–4
Stadtpark	m	3200	Über 8	5000	1500–2500	1200–2500
	ha	200–400		Über 100	4–6	4–10
Landschaftspark/Regionalpark im Stadtrand- und Umlandbereich	m	6500			25–30 Fahrminuten	
	ha	1000–3000			10	

sich, Parks dafür zu gestalten. Die Bedürfnisse *(demands)*, einen Park aufzusuchen, sind vielfältig. Sie hängen von sozialen Faktoren wie Alter, Lebensstil, Gesundheitszustand, verfügbare Freizeit (im Tages- und Wochenablauf), Lebensverhältnissen und Attraktivitätsfaktoren der Parks selbst, wie Entfernung, Ausstattung, Attraktionen, Nutzungssituation u. a, Faktoren, ab (Bonauioto et al. 1999; Carp und Carp 1982; Crow et al. 2006; Tyrväinen et al. 2003; Priego et al. 2008; Qureshi et al. 2013). Trotzdem lässt sich die Nachfrage nach Parknutzung in wenigen Kategorien überblicksmäßig darstellen. Der Hauptnutzungsgrund ist eindeutig und über kulturelle Grenzen hinweg die Suche nach Entspannung, Erholung und die kurzzeitige „Auszeit" aus dem hektischen Stadtleben, das als attraktiv durch seine Vielfalt, aber auch als ständig mental beanspruchend und belastend empfunden wird (z. B. Kaplan et al. 2004; Matsuoka und Kaplan 2008; Schetke et al. 2016).

Dies ist oft verbunden mit der Suche nach der „heilenden Kraft" der Natur (z. B. „Sauerstoff", frische Luft, gesunde Umgebung durch Natur und einem ästhetischen Gegenbild zur gebauten Stadt. Dieses „Natur-Gegenbild" stellt sich in einer ähnlichen Vielfalt auf kleinem Raum wie die Stadt selbst dar, nur eben aus Naturbestandteilen aufgebaut (Breuste 2004). Diese Suche nach der idealen, heilenden, „gesunden" und ästhetischen Natur ist eine starke Antriebskraft zum Parkbesuch (s. ▶ Abschn. 2.3). Ein ähnlich starker Grund, vielleicht sogar stärker, ist die Suche nach sozialem Kontakt in einer dafür geeigneten „neutralen" und als angenehm empfundenen Kulisse. Die Kontaktsuchenden kommen oftmals bereits gemeinsam in den Park, verbreden sich dorthin oder treffen sich zufällig oder zwanglos zu Gesprächen, gemeinsamen Aktivitäten (z. B. Picknick, Spiele) oder auch nur um als Beobachter am sozialen Leben der anderen Parkbesucher teilzuhaben. Starke

---

Warum Parks für Städter so attraktiv sind

Es gibt bisher meist nur Stichproben und schon gar keine landesweite Untersuchung zur Parknutzung. Eine Erhebung in zehn Städten Großbritanniens (50 lokale Dienststellen, 515 Befragte) erbrachte 2002, dass in diesen Städten 2,25 Mio. Menschen jährlich 184 Mio. mal Parks aufsuchen. Diese Ergebnisse auf die urbane Bevölkerung von ganz Großbritannien hochgerechnet, ergibt, dass jährlich 33 Mio. Menschen 2,5 Mrd. mal britische Parks aufsuchen.

46 % der Parknutzer gaben an, Parks mehr als einmal in der Woche zu nutzen.

Sieben Gründe (Kategorien) für die Parknutzung wurden genannt:
- Freude am Aufenthalt in der Natur,
- soziale Aktivitäten,
- sich dem Stress der Stadt entziehen,
- Spazierengehen (einschließlich Hunde ausführen),
- passive Erholung,
- aktive Erholung (einschließlich Sport),
- Teilnahme an Veranstaltungen (Dunnett et al. 2002).

Ähnliche Ergebnisse weisen auch andere Studien auf. Die Befragung von 2487 Personen zur Parknutzung in Hamburg (Krause et al. 1995) ergab die große Bedeutung der Parks für die Nahumgebung (unter 20 min Fuß- oder Radweg). Nur bei hoher Attraktivität werden längere Wege in Kauf genommen. Für die Mehrheit der Befragten soll der Park das bieten, was ihrer unmittelbaren Wohnumgebung fehlt: Ruhe, saubere Luft, Natur, Spiel- und Aktionsmöglichkeiten fernab vom Verkehr. Die Besuche erfolgen am Häufigsten am Nachmittag für 2–3 h. Persönliche Entspannung, aber auch soziale Interaktion wird gesucht. Der Park ist Ausgleichs- und Kontrastraum zum „normalen Leben" und zur Wohnumgebung.

Gründe zum Parkbesuch sind die Betreuung von Kindern und das Ausführen von Hunden. Der Parkraum wird als idealer Aufenthaltsraum für diese Aktivitäten gesehen. Er ist sicher (z. B. vor Straßenverkehr), sozial neutral, relativ groß und vielfältig (Chiesura 2004; Schipperijn 2010; Milcu et al. 2013; Schetke et al. 2016). Parks versuchen, „ein Stück Natur" in den Städten entstehen zu lassen, um damit dem Bedürfnis der Menschen nach Erholung und Entspannung in der Natur zu entsprechen. Das ist ihre vornehmste Aufgabe. **Sie sind der primären Orte städtischer Naturbegegnung und des Naturlernens.**

Trotz der vielfältigen Bedürfnisse, unterscheiden sich Parks weltweit nicht bedeutend in ihrer Struktur und Ausstattung. Sie versuchen einfach dem Bedürfnis nach einer „Naturoase" in der „Stadtwüste" durch vielfältige Vegetationsstrukturierung, Ordnung, Sauberkeit, Sicherheit nutzungsbezogene Infrastruktur und Attraktivität unter den vorhandenen Rahmenbedingungen der jeweiligen Stadt (z. B. Finanzierung der Pflege) bestmöglich zu entsprechen (Gälzer 2001; Van Herzele und Wiedemann 2003; Voigt et al. 2014; Parsanik und Maroofnezhad 2017).

Parks leisten als (Kern-)Baustein der gestalteten Stadtnatur in vielfältiger Weise Beiträge zum Nutzen (nachgefragt oder nicht) der Parkbesucher. Auch in der Parkumgebung kann man von den Ökosystemleistungen des Parks, z. B. von ästhetischen Naturqualitäten (Stichworte: Naturkulisse, „hochwerte Wohnlage") oder durch lokalklimatischen Luft- und Temperaturausgleich profitieren. Über den möglichen „Export" von Ökosystemleistungen von Parks, besonders sommerliche Temperaturreduzierung, in eine Nahumgebung und die dafür notwendigen physischen Bedingungen dieser Nahumgebung gibt es eine Vielzahl von Studien (z. B. Horbert und Kirchgeorg 1980; Horbert 1983; Stülpnagel 1987; Jauregui 1990; Saito et al. 1990; Eliasson und Upmanis 2000; Puliafito et al. 2013; Carfan et al. 2014; Liu et al. 2017a)

(s. ◘ Abb. 5.5). Aus diesen ist jedoch auch zu lernen, dass diese Außenwirkungen begrenzt und an viele oft nicht vorhandene Rahmenbedingungen geknüpft sind. Die Abkühlung eines Parkumfeldes wird nur bei großen Parkanlagen in einem engen Umfeld möglich sein. **Um in den Genuss der Vorteile *(benefits)* der Parks zu kommen, z. B. der sommerlichen Temperaturreduzierung von bis zu 5 Grad K, müssen die Parks in der Regel aufgesucht werden** (Bernatzky 1958; Fisch 1966; Spronken-Smith 1994; Spronken-Smith und Oke 1998) (s. ◘ Abb. 5.5 und 5.6).

Parks bieten eine Vielzahl von weiteren Ökosystemleistungen (Swanwick et al. 2003; Haq 2011; Liu et al. 2018) an. Auch für diese muss der Park als Örtlichkeit aufgesucht werden. Zusammengefasst tragen diese Leistungen zur **Gesundheit** (psychische und physische) und zum **Wohlbefinden** (physisches, mentales und soziales) der Besucher durch direkte oder indirekte Einflüsse bei (Maas et al. 2006; Newton 2007; Mitchell und Popham 2008; Maas et al. 2009; Coombes et al. 2010; Stigsdotter et al. 2010; Weber und Anderson 2010; Annerstedt et al. 2012; Ward Thompson et al. 2012).

Der häufig gebrauchte Sammelbegriff „Erholung" setzt sich dabei aus einer Vielzahl von Einzelleistungen des Parks zusammen (Konijnendijk et al. 2013). Teil dieser **Gesundheitsleistungen** und darüber hinaus sind:

Klimatische und physikalische Leistungen
— Reduzierung des Schadstoffgehalts (PM_{10}, NO_x, CO_x and SO_x),
— Reduzierung der Lufttemperatur,
— Erhöhung der Luftfeuchte,
— Regulierung des Wasserhaushalts,
— Licht- und Geräuschvariation,
— CO_2-Bindung (Konijnendijk et al. 2013; Forman 2014).

Diese Leistungen hängen in ihrer Quantität von der Zusammensetzung der physischen, besonders der Vegetationsstruktur des Parks ab.

5.1 · Der Stadtpark

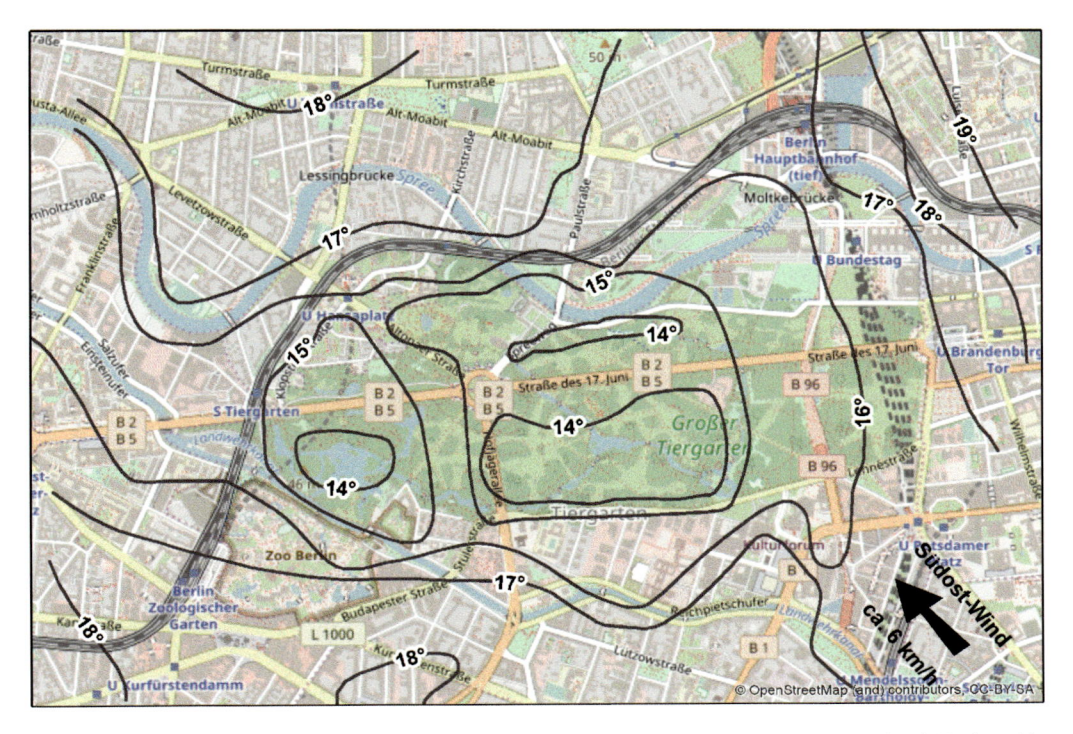

◘ Abb. 5.5 Verteilung der Lufttemperatur über dem Großen Tiergarten in Berlin, März 1978. (nach Horbert, M. 1983, Entwurf: J. Breuste, Zeichnung: W. Gruber)

Weitere Leistungen werden des Öfteren angeführt:
- **soziale Leistungen** (sozialer Zusammenhalt, Bildung, Kulturvermittlung, Vermittlung historischer Werte (Konijnendijk et al. 2013; Forman 2014),
- **ästhetische Leistungen** (Naturerfahrung, Strukturwahrnehmung, Wahrnehmung von Vielfalt (Forman 2014),
- **Erosionsschutz**,
- **wirtschaftliche Leistungen** (Erhöhung des Wertes benachbarter Grundstücke, Tourismus (Konijnendijk et al. 2013; Forman 2014) (s. ◘ Abb. 5.7, 5.8, 5.9, 5.10 und 5.11).

Die Ökosystemleistung **Habitatangebot** (Lebensraum für Pflanzen und Tiere) wird separat im ► Kap. 6. (Biodiversität) erläutert (s. ► Abschn. 6.2).

Trotz dieser nachgewiesenen Vorteile und des Nutzens von Stadtparks für die Stadtbewohner sind Parks, besonders in Städten von Entwicklungsländern, keineswegs beständige Bestandteile der Stadtstruktur. Im Gegenteil, öffentliches Stadtgrün steht immer wieder in Konkurrenz zu anderen Nutzungen zur Disposition und verliert dabei auch häufig zugunsten von Bebauungs- und Infrastrukturvorhaben (Qureshi et al. 2010; Fanan 2011; Haase et al. 2014; Kabisch et al. 2015).

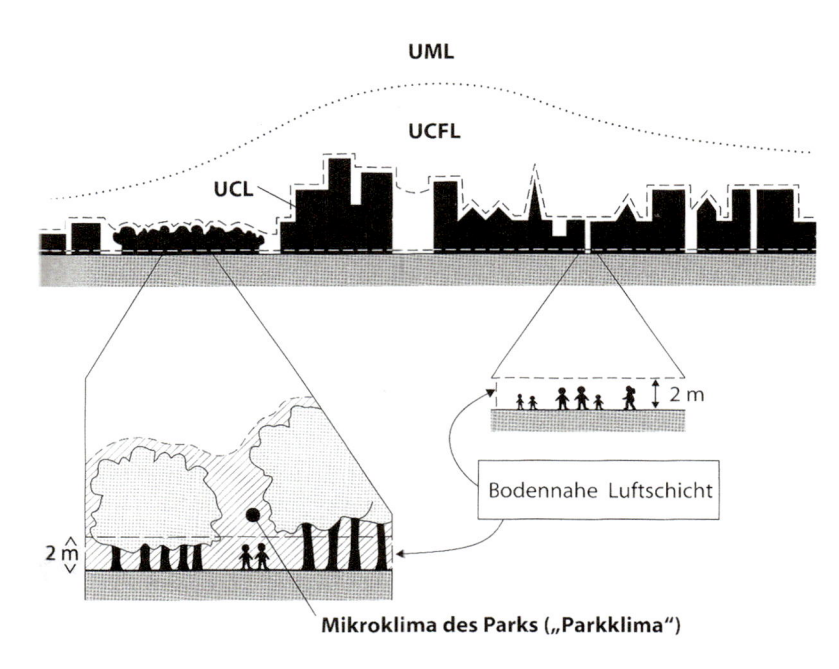

Abb. 5.6 Das Bioklima in der Stadt (Leser 2007, 2008) UML = Städtische Mischungsschicht, UCFL = Städtische Grenzschicht, UCL = Stadthindernisschicht

Abb. 5.7 Erholung im Parque Cnel. Jordan C. Visocky, Buenos Aires, Argentinien. (© Breuste 2013)

5.1 · Der Stadtpark

Abb. 5.8 Erholung in der Stadtnatur, James-Simon-Park, Berlin. (© Breuste 2015)

Abb. 5.9 James-Simon-Park, Berlin, als sozialer Begegnungsraum. (© Breuste 2015)

☐ Abb. 5.10　Der Park als Erlebnisraum, Rock Garden, Chandigarh, Indien. (© Breuste 2016)

☐ Abb. 5.11　Der Parque General Las Heras, eine grüne Erholungsinsel in Buenos Aires, Argentinien. (© Breuste 2010)

5.1 · Der Stadtpark

Österreichische Schüler benennen, welchen Nutzen sie von Stadtparks haben

In einer Studie der Universität Salzburg (Leitung J. Breuste, Veröffentlichung in Vorbereitung) zur Nutzung von Stadtparks und zum Naturkontakt wurden 240 Schüler/innen im Alter zwischen 14–18 Jahren in den Städten Salzburg und Wels 2017/2018 befragt. In offenen Fragen erfolgten 416 Nennungen zum Nutzen der Stadtparks. Ein Drittel der Nennungen betrafen **Erholung, Entspannung und Ruhe** (33,3 %), gefolgt von **Aktivitäten** (19,2 %), Park als **sozialem Treffpunkt** und **Lernort** (15,1 %), günstiges **Klima und Umwelt** (12,0 %), die Verschönerung des **Stadtbildes** (9,9 %), **Naturkontakt** (9,1 %) und 1,3 % Sonstiges. Dies entspricht weitgehend den Bedürfnissen, die auch von Erwachsenen in anderen Studien genannt werden. Der Hauptnutzen von Parks wird von den Schülern in der **Möglichkeit der Erholung und Entspannung in einer ruhigen Umgebung,** dem zeitlich begrenzten Ausscheiden aus dem hektischen Stadtleben, gesehen. Dies ist ein gesundheitsförderndes Bedürfnis das bereits jugendliche äußern.

Wie Chinesen die Parks in Shanghai nutzen und wertschätzen

Öffentliche (Volks-)Parks haben in China noch keine lange Tradition. Sie sind ein europäischer Import in die Stadtstruktur chinesischer Städte. Der erste öffentliche Park, der relativ kleine Huangpu-Park in Shanghai, wurde 1886 als „Public Garden" in der britischen Konzession (Verwaltungsgebiet) der Stadt angelegt. Im folgte in der französischen Konzession 1909 der Fuxing-Park und im 20. Jahrhundert weitere Parks nach europäischem Modell.

In einer kooperativen Untersuchung der TU Dresden (betreut vom Autor) und der East China Normal University Shanghai wurden 431 Parkbesucher in vier Shanghaier Parks (zwei neue Parks: Mengqing Park, Lujiazui Park und zwei alte Parks: Changfeng Park, Fuxing Park) nach ihren Nutzungsgewohnheiten, Motiven für die Nutzung und danach, was sie im Park wertschätzen oder ablehnen, befragt.

Fast keiner der Besucher verfügte über eigenes privates Grün, dafür aber mehr als 2/3 über eine Wohnung größer als 60 m^2, die überwiegend von 3–5 Personen bewohnt wurde. Zwei Drittel waren geborene Shanghaier, mehr als die Hälfte mit Kindern im Haushalt. Die Shanghaier Parks werden vorrangig von der Wohnbevölkerung ihres Nahumfeldes genutzt. Für viele sind sie die einzige Möglichkeit für einen Aufenthalt in der Natur. Die Hälfte der Besucher kommt deshalb zu Fuß, die andere Hälfte mit öffentlichen Verkehrsmitteln, Fahrrad oder Auto zum Park. Die Hälfte der Parknutzer braucht weniger als 20 min, um zum Park zu gelangen. Die Parks werden intensiv – und das nicht nur von Pensionisten – genutzt. 15,6 % der Befragten kommen täglich in den Park, weitere fast 50,5 % (!) ein- bis mehrmals in der Woche. Mitgebracht werden weit weniger Vögel in Käfigen (traditionell) als Hunde. Tai-Chi am Morgen, Spaziergänge, Kartenspiel, Tanzen und sich im Park mit anderen treffen, sind die häufigsten Aktivitäten. Dazu bleibt fast die Hälfte der Besucher 1–3 h im Park, bevorzugt am Morgen oder abends. Der Hauptgrund, um den Park zu besuchen, sind für über 50 % der Befragten frische Luft zu genießen, in der Natur und einer ruhigen Umgebung zu sein. 11 % kommen wegen der morgendlichen Tai-Chi-Übungen. Alle anderen Nutzungsgründe sind weniger bedeutend. Sauberkeit, gute Parkpflege, gute Luft, Ruhe, emotionale Naturerfahrung und angenehme Atmosphäre werden am meisten geschätzt. Dazu tragen Wasser, Rasenflächen, Gehölze und Blumen, also eine Vielfalt an Naturausstattung, am besten bei (Zippel 2016) (s. ◘ Abb. 5.12 und 5.13)

Abb. 5.12 Der Zhongshan-Park in Shanghai ist einer der vielbesuchten alten Parks (1914 gegr.) von Shanghai, China. (© Breuste 2007)

Abb. 5.13 Der Lujiazui-Park (10 ha) in Shanghais größten Finanzdistrikt Lujiazui, China, ist einer den neuesten Parks der Stadt. (© Breuste 2015)

5.1 · Der Stadtpark

Abb. 5.14 Jeden Abend wird der Lumphini-Park in Bangkok, Thailand, intensiv von Hunderten Joggern genutzt. (© Breuste 2018)

Die Nutzungsweise von Parks ändert sich im Laufe des Tages. In chinesischen Parks beginnt die Tagesnutzung am frühen Morgen, oft vor 6.00 Uhr mit den älteren Damen und Herren, die ihre Tai-Chi-Übungen auf größeren Freiflächen durchführen. Später am Nachmittag kommen die Pensionisten zum gemeinsamen Mai-Jong-, Schach- oder Kartenspiel in bestimmten Bereichen zusammen. Oft bringen Sie ihre Vögel in Käfigen mit.

Im Bangkoker Lumpini-Park ändert sich jeden Nachmittag die Nutzungsstruktur. Gegen 17.00 Uhr halten sich tausend bis tausend fünfhundert Läufer gleichzeitig im Park auf. Sie nutzen den Park, die in weitem Umfeld einzige sichere und ruhige Umgebung, für sich zum Lauftraining. Die anderen Nutzer sind nun bis zum Einbruch der Dunkelheit nur noch in der Minderheit (s. Abb. 5.14).

> **Die Stadtverwaltung San Diegos (USA) beschreibt den Nutzen ihrer Stadtparks aus der Sicht der Planung und Verwaltung**
> Stadtparks
> - verbessern und erweitern den öffentlichen Raum,
> - sind kritische Elemente des „Place-Making",
> - dienen insbesondere der dicht zusammenlebenden städtischen Bevölkerung,
> - ergänzen das städtische Umfeld durch Naturelemente,
> - sind aktive Räume, die soziale Interaktion unterstützen und zu einer lebendigen Stadt beitragen,
> - bieten ein hohes Maß an Annehmlichkeit
>
> Eastern Urban Center (EUC) (2009).

5.2 Der Stadtbaumbestand (urban forest)

5.2.1 Naturelement Stadtbäume und Stadtwald

Urbane Wälder sind vielfältige Anbieter von Ökosystemleistungen für die Stadtbevölkerung. In vielen Städten sind sie weitgehend durch frühere Agrarnutzung und spätere bauliche Erweiterung der Städte verschwunden. In Waldstädten (s. ▶ Abschn. 3.2) bedecken sie immer noch größere Gebiete in oder um Städte. Urbane Wälder zählen dort, wo sie nur mehr als Rest vorhanden sind (z. B. Dölauer Heide in Halle/Saale, Auwald in Leipzig, Dresdner Heide in Dresden etc.), als besonders wertvolle Ökosysteme, als Anbieter von Ökosystemleistungen, die in dieser Qualität von keiner anderen Stadtnatur angeboten werden können (z. B. Klimaregulation, Erholung, Naturerfahrung etc.). Darüber hinaus gelten Sie oft als besondere städtische Hotspots der Biodiversität (s. ▶ Abschn. 6.2).

Eine breite, widersprüchliche Debatte, was als „urbane Wälder" und was als *„urban forest"* zu bezeichnen ist und ob dies synonyme Begriffe sind oder nicht, wird in der internationalen Literatur gegenwärtig geführt (s. besonders Randrup et al. 2005). Dies ist insbesondere der unterschiedlichen Begriffsverwendung und den Begriffsinhalten in anglophonen Ländern im Gegensatz zu z. B. deutschsprachigen Quellen zu schulden.

Urbane Wälder

- zeichnen sich durch ihren Baumbestand aus, durch den ein eigenes Waldklima und spezielle Lebensraumbedingungen entstehen,
- liegen in Städten und ihrem unmittelbaren Umland (urban – per-urban)
- sind minimal 0,3–0,5 ha groß,
- sind im öffentlichen oder privaten Eigentum,
- sind in der Regel allgemein zugänglich,
- sind Leistungsträger von Ökosystemleistungen (Erholung, Gesundheit und Wohlbefinden, Regulierungsleistungen für Klima und Wasserhaushalt und Holzproduktion) und
- von Biodiversität (Lebensraumfunktion) und
- stellen diese vornehmlich für die Stadtbevölkerung zur Verfügung (Leser 2008 und Dietrich 2013).

Eine Untergrenze in der Arealgröße urbaner Wälder ist dort gegeben, wo durch die geringe Ausdehnung des Areals ein eigenes Bestandsklima und spezifische Habitateigenschaften nicht mehr ausgebildet werden können. Leser 2008 und Dietrich 2013 geben als Untergrenze 0,5 ha, Burkhardt et al. 2008, S. 33, 0,3 ha und 50 m Mindestdurchmesser an.

Urbane Wälder können in öffentlichem oder privatem Eigentum sein. Ihre Zugänglichkeit ist eine wesentliche Voraussetzung für die kulturellen Ökosystemleistungen, die sie urbanen Nutzern bieten (Randrup et al. 2005; Konijnendijk et al. 2006; Gilbert 1989a, b; Dohlen 2006; Burkhardt et al. 2008; Leser 2008).

Die englische Bezeichnung *„urban woods and woodlands"* und schließt *„forest"*, *„wooded land"*, *„natural forest"*, *„plantations"* *„small woods"* und *„orchards"*, unabhängig von der Eigentümerschaft, ein (Randrup et al. 2005).

Urbaner Wald ist damit keine feststehende Ökosystemeinheit, sondern kann auch neu, durch Zulassen der Sukzession oder durch Pflanzung, entstehen. Dies erfolgte z. B. in den Projekten „Urbaner Wald" mit Unterstützung des Bundesamtes für Naturschutz in Deutschland (Burkhardt et al. 2008) (s. ◘ Tab. 5.2).

5.2 · Der Stadtbaumbestand (urban forest)

◘ Tab. 5.2 Element des *urban forest*. (s. a. Pütz und Bernasconi 2017)

Element	Beschreibung	Wald im Sinne des Forstrechts	Private Eigentümerschaft
Stadtwald (urbaner Wald)	Wald im Stadtgebiet, oft intensiv für Freizeit und Erholung genutzt	Ja/nein	Meist nein
Wald im periurbanen Raum	Wald im erweiterten Nutzungsbereich von Städten	Ja	Ja/nein
Gehölzflächen im Siedlungsgebiet	Bestockte Flächen mit Waldcharakter	Nein	Meinst nein
Parks	Waldparks mit relativ dichtem Baumbestand, aber auch alle übrigen Parks mit Gehölzen, Baumgruppen und Einzelbäumen	Nein	i. d. R. nein (Ausnahmen mögl.)
Stadtgärten	Private Gärten mit Obstbaumbestand	Nein	Ja
Obstbaumplantagen, Baumschulen	Wirtschaftliche Nutzflächen	Nein	Ja
Alleen, Baumgruppen, Einzelbäume	Städtischen Baumbestand außerhalb von Wäldern und Parks an Straßen und auf Plätzen und in Freiräumen	Nein	Nein

---

Urban forest – urbaner Baumbestand

Urban forest bezeichnet die urbanen Baumbestände, unabhängig von ihrer Eigentümerschaft und betrachtet sie als „Ressource" und insgesamt Anbieter von Ökosystemleistungen, von denen Stadtbewohner profitieren können. Der *urban forest* ist damit am besten mit „urbaner Baumbestand" zu übersetzen. Er schließt urbane Gehölzbestände und Wälder *(woods and woodlands)* ebenso ein, wie alle Bäume in öffentlichem und privatem Besitz (Straßenbäume, Bäume in Parks, privaten Gärten, Friedhöfen, auf Brachflächen, in Obstgärten etc.) (Dwyer et al. 2000; Randrup et al. 2005; Konijnendijk et al. 2006; Konijnendijk 2008; Pütz et al. 2015; Pütz und Bernasconi 2017). „*Urban forest*" in anglophoner Sprachverwendung ist nicht mit „urbaner Wald" zu übersetzen.

» „… urban forest includes all trees and their habitat within the city's urban area boundary. This includes trees on both public and private property: along city streets; in parks, open spaces and natural areas; and in the yards and landscaped areas of residences, offices, institutions, and businesses. The urban forest is a shared resource that provides a wide range of benefits and services to the entire community" (Copestake und City of Ottawa 2017).

» „Urban Forests sind … alle urbanen Grünräume mit Wäldern, Baumgruppen, Einzelbäumen und anderen Gehölzen, einschließlich privater und öffentlicher Parks, Gärten, Friedhöfe, Spielplätze, Sport- und Freizeitanlagen" (Pütz et al. 2015, S. 232).

Teilweise wird „*urban forest*" sogar als Synonym für „*urban green spaces*" verwendet und damit nicht nur der Baumbestand eingeschlossen, sondern alle Arten von Grünflächen, auch solche ohne Bäume wie Grasland, Wiesen, Weiden etc. Dies erklärt sich unter Verweis auf die o. g. Aufgaben von *urban forestry* in manchen Ländern und die zuständigen Verwaltungen, jedoch nicht inhaltlich (FAO 1998).

> „Urban forest is now a common term that means all of the vegetation and soils of an urban region" (Rowntree et al. 1994, S. 1).

> „…Urban forest includes all trees and their habitat within the city's urban area boundary. This includes trees on both public and private property: along city streets; in parks, open spaces and natural areas; and in the yards and landscaped areas of residences, offices, institutions, and businesses. The urban forest is a shared resource that provides a wide range of benefits and services to the entire community" (Copestake und City of Ottawa 2017).

Urbane Wälder repräsentieren überwiegend Waldrelikte, entstehen durch natürliche Sukzession und durch Pflanzung. Städte, die in Zonobiomen lokalisiert sind, in denen der Klimaxzustand Wald ist, weisen evtl. Waldreste auf oder können durch natürliche Sukzession zu Waldflächen kommen (s. ◘ Abb. 5.15).

Die meisten Stadtwälder sind angepflanzte Wälder mit oft vom Standort abweichender Artenzusammensetzung. In diesem Fall ist die Bezeichnung „Forst" angebracht. Bei standortsentsprechender Gehölzartenkombination kann unabhängig davon, ob sie durch ursprünglich natürliche Entwicklung oder Anpflanzung zustande kam, von Wald gesprochen werden (Kowarik 1995) (s. ◘ Tab. 5.3).

Die Unterscheidung von urbanen Wäldern und halb-urbanen Wälder nach Entfernung zur Stadt ist weniger sinnvoll als nach Grad anthropogener Nutzung, vor allem als Erholungswald für die Stadtbewohner. Der Charakter als Erholungswald der Stadtbewohner nimmt natürlich mit zunehmender Entfernung zu den Quellgebieten der Erholungsuchenden, den Städten, ab. Im Einzelfall können auch etwas weiter stadtentfernte Wälder mit sehr guter Infrastrukturanbindung an die Stadt „urbane Wälder sein".

Bei Statistiken zum Waldanteil von Städten wird meist nur der Wald erfasst, der sich im städtischen Gemeindegebiet befindet. Darüber hinaus wären aber alle Wälder zu berücksichtigen, die die o. g. urbanen Funktionen für die nahe Stadtbevölkerung erfüllen. Dies betrifft häufig einen Umkreis von, je nach Größe der Städte, mehreren Kilometern auch außerhalb des unmittelbaren städtischen Verwaltungsgebietes. Urbane Wälder können damit, selbst als öffentliche Wälder, nicht allein einer Gemeinde gehören. Damit ist Waldmanagement oft zwischen verschiedenen Gemeinden und Eigentümern abzustimmen, ein nicht immer einfaches Unterfangen.

Das europäische Forschungsprojekt „Urban Forests and Trees" (1997–2002) erstellte eine systematische Übersicht über Planung, Management und Nutzung von Stadtwäldern und Stadtbäumen (Konijnendijk et al. 2005). Zusammenfassende und spezielle Arbeiten zum Management und zur Neuentwicklung urbaner Wälder in Deutschland wurden in den letzten Jahren durchgeführt (Kowarik 2005; Kowarik und Körner 2005; Rink und Arndt 2011) (s. ◘ Abb. 5.16).

5.2.2 Leistungen der Stadtbäume

Spätestens seit den späten 1960er-Jahren erfolgte ein anhaltendes Umdenken des forstlichen Managements von Stadtwäldern, weg von einer dominanten Holzproduktion und hin zum Management vielfältiger Waldfunktionen und von Erholungswäldern (Johnson et al. 1990; Kowarik 2005; Burkhardt et al. 2008; Jim 2011; Breuste et al. 2016). Urban Forestry, das Management der Stadtbaumbestände einschließlich des Stadtwaldes, dient dem Erhalt der Bäume, damit sie einzeln oder im Bestand Ökosystemleistungen für die Stadtbewohner erbringen können.

5.2 · Der Stadtbaumbestand *(urban forest)*

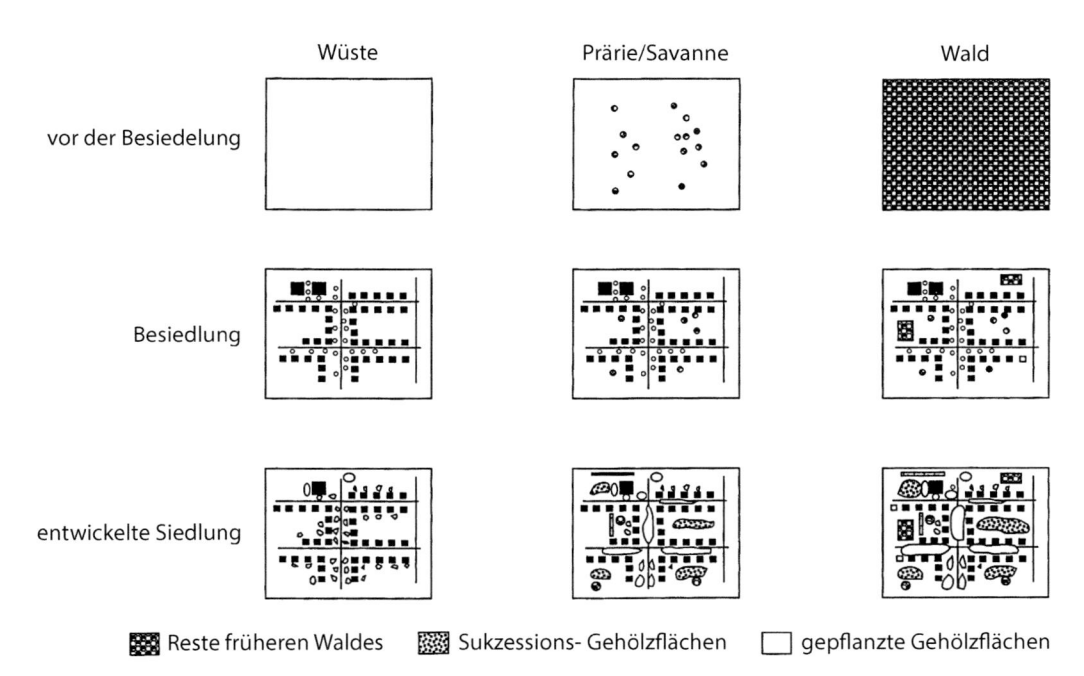

	Wüste	Prärie/Savanne	Wald
vor der Besiedelung			
Besiedlung			
entwickelte Siedlung			

▨ Reste früheren Waldes   ▨ Sukzessions- Gehölzflächen   ☐ gepflanzte Gehölzflächen

◘ **Abb. 5.15** Entwicklung des Stadtbaumbestandes *(urban forest)* durch Waldrelikte, natürliche Sukzession und Pflanzung in drei Ökoregionen, (Zipperer et al. 1997, S. 235; Breuste et al. 2016, Abb. 4.6, S. 99)

◘ **Tab. 5.3** Differenzierung von Wäldern in Bezug auf Siedlungen. (Nach Kowarik 2005, S. 9, verändert in Burkhardt et al. 2008, S. 31), Breuste et al. 2016, S. 104, ◘ Tab. 4.8

Waldtyp	Untertyp	Räumliche Lage	Funktion			Städtischer Einfluss
			Soziale Funktion	Produktion		
Urbane Wälder	Wälder innerhalb städtischer Bereiche Wälder am Stadtrand	Isoliert im bebauten Bereich Zwischen bebautem Bereich und offener Landschaft				
Halb-urbane Wälder	Wälder in der Nähe von Städten	Teil der Kulturlandschaft, nah bzw. angrenzend an städtische Bereiche				
Nicht-urbane Wälder	Wälder weit entfernt von Städten	Teil der offenen (naturnahen) Landschaft, weit entfernt von Städten				

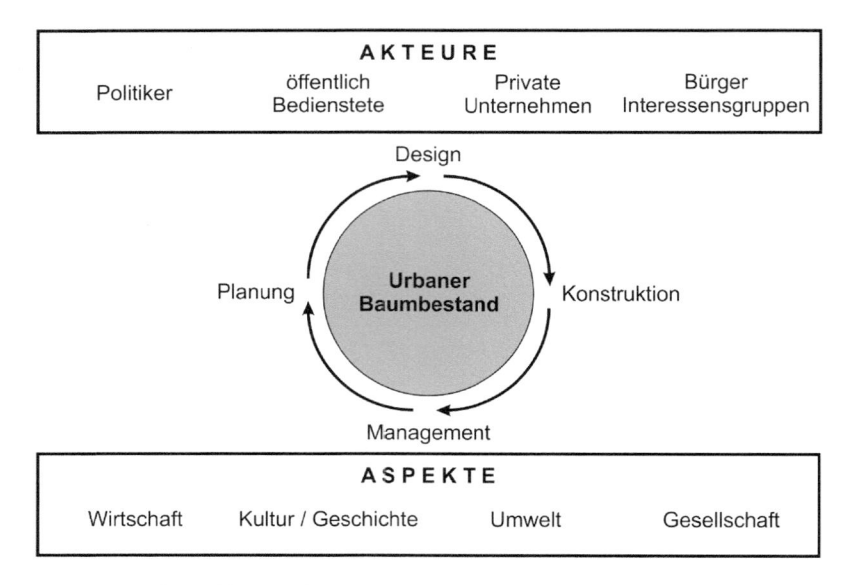

Abb. 5.16 Konzept zu Entwicklung und Management urbaner Baumbestände *(urban forest)*, Randrup et al. 2005; Entwurf: J. Breuste, Zeichnung: W. Gruber

Urban Forestry – Bewirtschaftung des urbanen Baumbestandes

Urban Forestry ist die auf den urbanen Raum spezialisierte Bewirtschaftung des urbanen und peri-urbanen Baumbestandes durch interdisziplinäre Zusammenarbeit verschiedener Fachpersonen und -resorts, die Wissenschaft, Technology, Management und Governance mit dem Ziel einbezieht, die Ökosystemleistungen der Bäume für die Stadtbewohner optimal zu gestalten (Jorgensen 1970, 1986; Helms 1998; Konijnendijk et al. 2005, 2006; Konijnendijk 2008; Nath 2012; Pütz et al. 2015; Pütz und Bernasconi 2017; Copestake und City of Ottawa 2017 u. a.) (s. ◘ Abb. 5.17 und 5.18).

> » „… is a specialized branch of forestry and has as its objectives the cultivation and management of trees for their present and potential contribution to the physiological, sociological and economic well-being of urban society. These contributions include the over-all ameliorating effect of trees on their environment, as well as their recreational and general amenity value" (Jorgensen 1986, S. 177).

Stadtwälder lassen sich nach ihrer Bewirtschaftung und Struktur in vier große Gruppen gliedern, die nach Schichtung und Waldaufbau und unter Hinzuziehung weiterer Merkmale noch weiter differenzierbar sind.

Definition

Naturwälder oder deren Reste
Natur 1 „alte Wildnis"
Forst, stark durch traditionelle Waldwirtschaft geprägte
Natur 2 „traditionelle Kulturlandschaft
„Parkwald", gepflanzte Bäume in Grünflächen und Wohngebieten
Natur 3 „Funktionsgrün"
Sukzessionswälder auf Brachflächen
Natur 4 „urbane Wildnis"

5.2 · Der Stadtbaumbestand (urban forest)

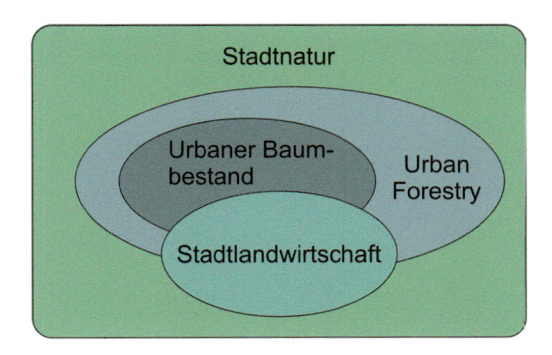

Abb. 5.17 Konzept der Urban Forestry, der Bewirtschaftung des urbanen Baumbestandes. (s. a. Pütz et al. 2015, verändert, Entwurf: J. Breuste, Zeichnung: W. Gruber)

Burkhardt et al. 2008 (S. 32, verändert) untergliedern Gehölzbestände und Stadtwälder in Deutschland nach ihren Funktionen:

Bäume und Baumgruppen in Wohnungsnähe
- Tägliche Erholung
- Naturkontakt und ästhetische Wirkung
- Windbruchgefahren, Verschattung

Besonders **Nachbarschaftswald**
- Relativ kleine Wälder im Wohngebiet
- besonders wichtig für Nutzergruppen mit eingeschränkter Mobilität, wie z. B. Kinder, ältere Menschen, Behinderte
- positive Auswirkungen auf das Lokalklima, ggf. auf die unmittelbare Umgebung
- helle, einsichtige und einladende Waldstruktur, Abstufung des Bestands in Höhe und Dichte
- oft unzureichende Pflege und Müllablagerung

Stadtteilwälder
- Multifunktionale, mittelgroße Wälder
- oft zwischen Stadtteilen liegend oder in Verbindung mit neuen Baugebieten am Stadtrand
- Nutzung durch Anwohner und durchquerende Fußgänger und Radfahrer
- Information und Bürgerbeteiligung besonders wichtig
- abgestuftes Management bezogen auf Nutzungsintensitäten

Erholungswälder (meist am Stadtrand)
- Meist größer als 60 ha
- verschiedene Waldstrukturen als Mosaikbestand mögl.
- hohe Vielfalt und Naturnähe mögl.
- vielfältige Möglichkeiten zur Naturerfahrung
- Ausstattung mit Wegen, Treffpunkten, Sitzplätzen, Hinweistafeln etc.

Produktionswald
- Forstgebiete außerhalb von Städten
- Holzproduktion im Mittelpunkt
- je nach Bedarf mit weiteren Funktionen (z. B. Naturschutz, Erholung)

Besonders in Nordamerika sind Forstverwaltungen durch *forest manager* aktiv in das Management städtischer Baumbestände einbezogen, Städte bilden dafür eigene öffentliche Serviceeinrichtungen (*urban forest department*), entwickeln Managementpläne (*urban forest management plans*) und publizieren zu Forschungs- und Managementaspekten, z. T. in eigenen, regionalen Publikationsorganen. Sie haben damit gegenüber der Verwaltung öffentlicher städtischer Grünflächen eine oft bedeutendere Stellung, übernehmen z. T. sogar Aufgaben, die in Europa der Grünflächenverwaltung obliegen würden. Daraus ergibt sich ein breites Arbeitsfeld, „*urban foresty*", das so in Europa nicht besteht.

Trotz eines meist ausgedehnten, städtisch verwalteten, öffentlichen Baumbestandes von mehreren Tausend Bäumen kann dieser Bestand oft von dem der privaten Eigentümer deutlich übertroffen werden. Inwieweit das öffentliche Management des „*urban forests*" auch diesen Bestand erfassen und managen kann, bleibt zumindest in europäischen Städten meist unberührt. Hier liegt oft nicht einmal Kenntnis über den privaten Baumbestand vor, er wird nicht durch ein Monitoring erfasst und lediglich durch generelle Baumschutzordnungen, die auch diesen Bestand betreffen, reguliert.

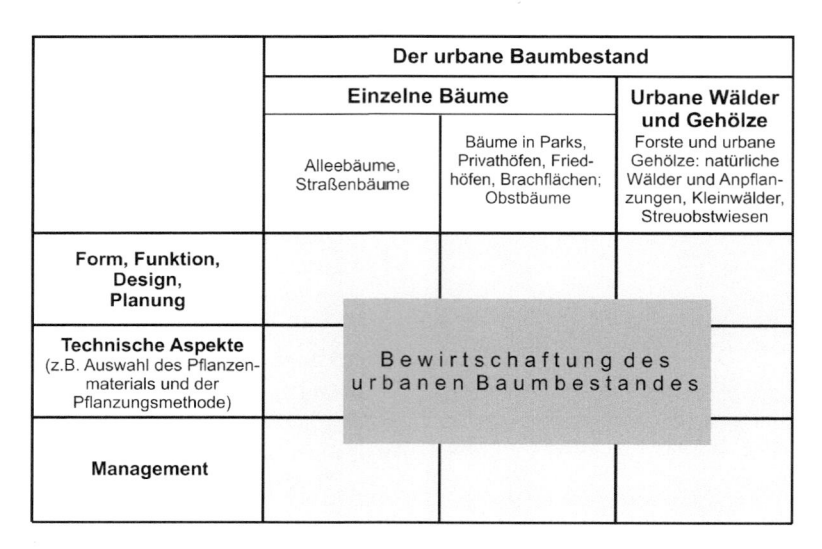

	Der urbane Baumbestand		
	Einzelne Bäume		Urbane Wälder und Gehölze
	Alleebäume, Straßenbäume	Bäume in Parks, Privathöfen, Friedhöfen, Brachflächen; Obstbäume	Forste und urbane Gehölze: natürliche Wälder und Anpflanzungen, Kleinwälder, Streuobstwiesen
Form, Funktion, Design, Planung			
Technische Aspekte (z.B. Auswahl des Pflanzenmaterials und der Pflanzungsmethode)	Bewirtschaftung des urbanen Baumbestandes		
Management			

◘ **Abb. 5.18** Konzept zur Bewirtschaftung des urbanen Baumbestandes (Randrup et al. 2005), Entwurf: J. Breuste, Zeichnung: W. Gruber

Die Aufgabe von urbanen Wäldern vornehmlich in der Holzproduktion zu sehen, erscheint als wenig sinnvoll, obwohl auch dies z. T. genannt wird:

> „Urban forests and woodlands to produce wood products using good silvicultural planning, management and harvesting practice… The prime goal is producing wood products, and usually the secondary goals are protecting and providing cleanwater supply, soil erosion protection, and recreational opportunities" (Forman 2014, S. 355).

Insgesamt sind die wirtschaftlichen Leistungen im Vergleich mit den anderen Leistungen für Stadtwälder deutlich weniger wichtig. Forstverwaltungen verzichten sogar auf mögliche zu erzielende Gewinne zugunsten von Umwelt- und Sozialleistungen (Scholz et al. 2016). Genau dies entspricht dem Konzept der Urban Forestry.

In Anlehnung an Pütz und Bernasconi 2017 (für die Schweiz) können fünf Herausforderungen für die zukünftige wissenschaftliche und praktische Auseinandersetzung mit Urban Forestry verallgemeinert werden:

— Integrative, kulturelle, institutionelle und definitorische Barrieren überwinden, um bereichsübergreifende Strategien für Stadtnatur (den städtischen Grünraum) entwickeln und umsetzen zu können.
— Weitsichtiges Ökosystemmanagement des Urban Forest auf die Bedürfnisse der urbanen Bevölkerung ausrichten.
— Kohärenz von Instrumenten und Programmen für die Planung, die Kontrolle und das Monitoring von Urban Forests schaffen und darauf aufbauend fachbereichsübergreifende Urban-Forestry-Strategien entwickeln.
— Urban Forestry durch dialogische und partizipative Entscheidungsprozesse gesellschaftlich und politisch fördern.
— Die Finanzierung von Urban Forestry durch neue Partnerschaften mit Akteuren aus Politik, Verwaltung, Gesellschaft und Wirtschaft sichern.

5.2 · Der Stadtbaumbestand (urban forest)

Straßenbäume – Überlebenskünstler auf ungünstigen Standorten

Straßenbäume sind ein wesentlicher Teil des *urban forest*, des Baumbestandes einer Stadt. Sie sind in öffentlichen Besitz und werden durch Stadtverwaltungen betreut und gepflegt.

Bäume in der Stadt leben unter Bedingungen, die sich in vielerlei Hinsicht von denen auf natürlichen Standorten unterscheiden. Diese ungünstigeren Standortbedingungen wirken sich auf die Leistungseigenschaften und die Lebensdauer der Bäume aus. Extrem ungünstige Lebensbedingungen haben Bäume an Straßen. Hier erreichen Sie wesentlich kürzere Lebenszeiten und geringe Leistungen, die aber gerade hier häufig besonders nachgefragt werden. Eine Optimierung der ungünstigen Standortfaktoren wäre daher notwendig. Dies ist nur begrenzt in Konkurrenz zu anderen Nutzungen im beengten Straßenraum möglich, kann aber erreicht werden.

Besonders ungünstige Standortbedingungen sind:
- Zu kleine Baumscheiben reduzieren Wasser- und Gasaustausch,
- Bodenverdichtung reduziert Wasser- und Gasaustausch (Sauerstoff- und Wassermangel),
- hohe Temperaturen durch dichte Bebauung und Versiegelung erhöhen durch Verdunstung den Wassermangel,
- fehlendes Niederschlagswasser durch Kanalentwässerung und Versiegelung,
- begrenzter Wurzelraum durch Leistungssysteme im Untergrund,
- mechanische Schäden der Wurzeln durch Aufgaben der Leistungskanäle,
- mechanische Schäden durch parkende Autos und unsachgemäßen Baumschnitt,
- Schadstoffe durch Nutzungen im Umfeld (Streusalz, Kfz-Abgase, Stäube, Gasaustritt aus unterirdischen Leitungen etc.),
- Schadinsekten,
- Infektionen durch schlecht oder nicht versorgte Baumschäden.

Hauptmerkmal der Straßenbaumstandorte ist der Trockenstress, neben Schadstoffeinträgen und mechanischen Beschädigungen. Die Verbesserung der Standortbedingungen muss erstes Managementziel sein. Für diese Extremstandorte, deren ungünstige Eigenschaften im Zuge des Klimawandels eher noch zunehmen werden, müssen die am besten angepassten Baumarten Verwendung finden, damit auch zukünftig Ökosystemleistungen durch diese Bäum erbracht werden können (Meyer 1982; Gaston 2010; Roloff 2013; Scholz et al. 2016) (s. ◘ Abb. 5.19 und 5.20).

Zum Beispiel in der „Gartenstadt Indiens", Bengaluru, geht der Baumbestand im öffentlichen Raum immer weiter durch Baumfällungen für Straßenverbreiterungen zurück. Dies betrifft besonders alte und großkronige Bäume, die Schatten spenden. Sie machen auch den Hauptanteil der Artenvielfalt aus, während junge, neu gepflanzte Bäume nur mehr wenigen Arten angehören, kaum Ökosystemleistungen erbringen können und oft nicht im belastenden Straßenverkehr überleben. Der Erhalt der großkronigen Altbäume an Straßen als Leistungsträger ist für Ökosystemleistungen besonders wichtig. Gleichzeitig müssen Neupflanzungen von bereits größeren, überlebensfähigen Bäumen und deren besondere Pflege vorgenommen werden (Nagendra und Gopal 2010).

Konijnendijk et al. 2005 unterscheiden in einer europaweiten Studie 2002 drei Ökosystemleistungsgruppen von Stadtbäumen:
- **Umweltleistungen**
  - Mikroklimamoderation
  - Bindung von Luftschadstoffen und Lärmminderung
  - Reinigungswirkungen im Wasserkreislauf
  - Biodiversität und Lebensraumfunktionen
  - Landschaftsbild
- **Soziale Leistungen**
  - Ästhetischer Wert (Schönheit)
  - Erholung und Freiraumaktivitäten
  - Gesundheit und Wohlbefinden
- **Wirtschaftsleistungen**
  - Holzproduktion
  - Andere wirtschaftlich verwertete Walderzeugnisse
  - Heiz- und Baumaterial

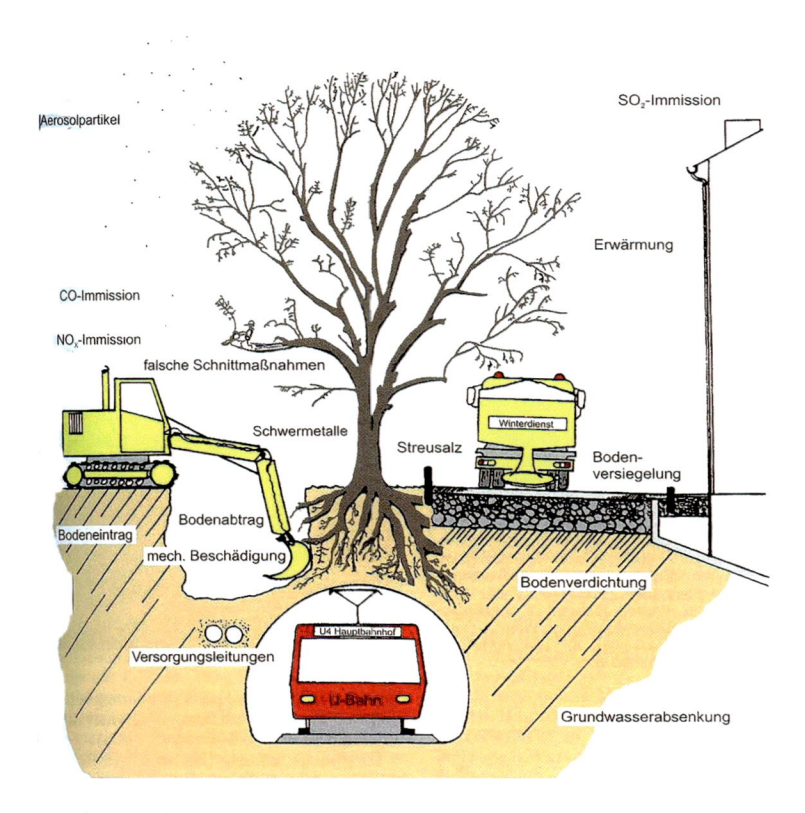

Abb. 5.19 Stressfaktoren für städtische Straßenbäume (Wittig 2002)

In den untersuchten 14 europäischen Staaten weisen Konijnendijk et al. 2005 nach, dass dort folgende Leistungen besonders im Blickpunkt stehen:
1. Erholung und Freiraumaktivitäten
2. Landschaftsbild
3. Mikroklimamoderation
4. Gesundheit und Wohlbefinden
5. Biodiversität und Lebensraumfunktion
6. Bindung von Luftschadstoffen und Lärmminderung.

Die Leipziger Stadtverwaltung weist Leistungen von Wald im städtischen Kontext aus:
- Landschaftsbild: Stadtumbau und Wohnumfeld: attraktives „Stadtbild", Erhöhung der Durchlässigkeit
- Erholung: zusätzliche Freiflächenangebote
- Klimamoderation: thermischer Ausgleich und Luftreinhaltung (Staubbindung)
- Biodiversität/Naturschutz: Lebensraum und Biotopverbund (Dietrich 2013).

Erholung und Naturerleben
Hauptziele der Erholungsuchenden sind Entspannung und Ruhe, Aktivitäten im Freiraum und der Natur. Diese Ziele können optimal im Wald, einem auch meist optisch vom übrigen Stadtraum getrennten Ökosystem, erreicht werden. Wälder wirken durch ihre besonderen klimatischen, aber auch lufthygienischen und psychologisch wirksamen Eigenschaften gesundheitsfördernd. Ihr Erhalt oder ihre Neuanlage sollte deshalb oberste Priorität in der Entwicklung Grüner Städte haben. Für die Ökosystemleistung „Naturerfahrung" haben Stadtwälder die besten Voraussetzungen, da sie von Kindern und Erwachsenen gleichermaßen als „Natur im eigentlichen Sinne", als „natürliche" Grünräume, wahrgenommen werden. Dies trifft

5.2 · Der Stadtbaumbestand *(urban forest)*

Abb. 5.20 Alte Rosskastanie *(Aesculus hypocastanum)* als Straßenbaum in Bagnols-en-Forêt in Frankreich. (© Breuste 2014)

auch dann zu, wenn diese Wälder als Forste gestaltete Natur sind.

Stadtbewohner sind der Natur gegenüber grundsätzlich positiv eingestellt, auch dann, wenn auch Ängste (Unsicherheit) und Risiken (Sturzgefahr, Schadinsekten etc.) einschränkend wirken (Hannig 2006; Rink 2004; Breuste und Astner 2018). Roschewitz und Holthausen 2007 geben an, dass 96 % der Schweizer Bevölkerung im Sommer den Wald aufsuchen, 58 % sogar mehrmals in der Woche.

Im Rahmen einer 1997 im Auftrag des BUWAL durchgeführten Untersuchung (BUWAL 1999) wurden 2000 Schweizer zu ihrer Einstellung zu Umwelt, Natur und Wald befragt. Sie machten folgende Angaben zu ihren Nutzungsinteressen im Wald.
- Spazieren 40,1 %
- Erholung 19,1 %
- Sport/Gesundheit 18,2 %
- Naturerlebnis 9,9 %
- Sammeln 9,9 %
- Luft 8,6 %
- Hundespaziergang 7,6 %.

Gasser und Kaufmann-Hayoz 2005 gaben an, 49 % der Waldbesucher würden eher das Alleinsein im Wald suchen und sich durch andere Personen im Wald gestört fühlen.

Motivation ist neben Entspannung, Ruhe oder Aktivität vor allem auch die Suche nach Naturerlebnis (Tyrväinen et al. 2005; Appenzeller-Winterberger und Kaufmann-Hayoz 2005). Eine Untersuchung in Züricher Stadtwäldern weist nutzerbezogen unterschiedliche Werthaltungen und Bevorzugungen auf. Eine Gruppe bevorzugt einen natürlichen Waldzustand gegenüber intensiver Pflege und Ordnung. Eine andere Gruppe sieht den Wald als sportlichen Aktivitätsraum (Radfahren, Laufen, Reiten, etc.) (Bernath et al. 2006).

Welche Natur wird bevorzugt? – Warum Stadtwälder so wichtig sind

Welche Natur bevorzugt wird, hängt von Einstellungen, Mentalitäten, Werthaltungen, Gesundheitszustand, Alter und Bedürfnissen ab. Diese sind nicht unveränderlich, sondern zu bestimmten Zeiten im Lebensablauf, im Jahresablauf und im Wochen- und Tageslauf unterschiedlich. Emotionale Zu- oder Abwendung können durch geeignete Maßnahmen und Einflussfaktoren, wie emotionales Lernen, Wissens- und Erfahrungsgewinn, Gruppendynamik (Kinder und Ältere), Planung, Einsatz von viel benutzten Medien u. v. m., verändert werden.

Nur wertgeschätzte Natur wird auch verteidigt und erhalten. Die Degradierung und Zerstörung abgelehnter Natur wird häufiger toleriert. Die weniger bequeme Benutzung von Stadtwäldern tritt oft hinter der häufig bequemeren Nutzung von gut ausgestatteten Stadtparks zurück.

Werthaltungen zur Natur werden vorrangig in der Stadt erworben, wo drei Viertel aller Europäer leben, und von dort auch auf die übrige Kulturlandschaft übertragen. Es ist also sinnvoll, in der Stadt den Umgang mit Natur, ihren Prozessabläufen und ihre Herausforderungen kennenzulernen und damit den Umgang mit Natur zu erlernen. Dies sollte im Kindesalter, wo ein breites Interesse an Natur bereits besteht, beginnen und später emotional gefördert und lernend weiterentwickelt werden.

Stadtwald und *urban forest* sind ideale Möglichkeiten, sich in Städten mit Natur auseinanderzusetzen (Rink 2004; Tyrväinen et al. 2005; Baró et al. 2014; Breuste und Astner 2018).

Breuste und Astner (2018) konnten am Beispiel eines Linzer Stadtwaldes zeigen, dass naturbelassener Wald („unaufgeräumter Urwald") als weniger attraktiv empfunden wird und gegenüber einem „gepflegten, aufgeräumten Wald" mit einladender Infrastruktur (Wege, Sauberkeit, Bänke etc.) weniger häufiger genutzt wird. Steht der Waldalternative eine landschaftsgärtnerisch gepflegte, große und attraktive Grünanlage gegenüber, wird diese Alternative noch deutlich häufiger genutzt als selbst der Wald. Dies erfolgt unabhängig davon, dass der Wald auch unter diesen Umständen eine besonders hohe Wertschätzung als „Natur an sich" erfährt, die aber nicht immer nachgefragt wird. Der Attraktivität und dem Reiz des Waldes als „natürlichste" Natur, die in Städten gefunden werden kann, stehen das Bedürfnis nach Sauberkeit, Ordnung und Sicherheit und ein urbaner Anspruch an Bequemlichkeit gegenüber, den Wälder naturgemäß weniger gut als andere Grünräume bieten können.

Klima und Lufthygiene Die Ausbildung eines eigenen Bestandsklimas, eines Waldklimas, ist die Voraussetzung für viele, insbesondere regulierende Ökosystemleistungen (Baró et al. 2014).

> **Effizienz der klimatischen und lufthygienischen Ökosystemleistungen des Stadtwaldes**
>
> Die Effizienz der klimatischen und lufthygienischen Ökosystemleistungen des Stadtwaldes ist am größten bei großen, dichten, mehrschichtigen und älteren Laubwaldbeständen. Um in den Genuss der Vorteile des Waldklimas zu kommen, muss in der Regel der Wald aufgesucht werden. Um von den Vorteilen der klimatischen und lufthygienischen Wirkungen von Stadtwäldern zu profitieren, ist eine genaue Auswahl der Baumarten, ihre nachhaltige Pflege und zielgerichtete Lokalisation in Bezug zu Gebäuden und Wohngebieten von entscheidender Bedeutung.

Waldklima (auch Forstklima) bezeichnet das Klima im Wald unterhalb des Kronendaches (Bestandsinnenklima). Der Wald bildet abhängig vom Kronenschluss ein eigenes (Bestand)Klima aus, das von der darüber liegenden atmosphärischen Luftschicht deutlich

5.2 · Der Stadtbaumbestand (urban forest)

unterschiedlich ist. Das Kronendach ist die Hauptenergieumsatzfläche. Kronenschlussdichte und Waldfläche beeinflussen die Ausbildung des Waldklimas. Die Ausbildung das Waldklimas ist auch vom Baumartenspektrum und vom Bestandsaufbau abhängig und differenziert sich vertikal (Kronenklima, Stammraumklima und die Klimate der Strauch- und Krautschicht). Durch Strahlungsreduktion, Umwandlung der eingestrahlten Energie in latente Wärme, hohe Transpirationsleistung und geringer vertikaler und horizontaler Luftaustausch werden sowohl am Tage als auch in der Nacht die thermischen Extreme gemildert. Dieser Temperaturunterschied kann bis zu 5 K betragen (Nowak 2002a, b), an heißen Tagen kurzzeitig bis zu 10 k (LAF 1995). Je offener der Wald, umso weniger bilden sich diese klimatischen Eigenschaften aus. Lockere Baumbestände und kleine Waldflächen können kein optimales Waldklima ausbilden. Die thermischen Unterschiede bedingen bei austauscharmen Strahlungswetterlagen horizontale Druckdifferenzen, die eine Zirkulation am Waldrand zwischen Bestandsklima und umgebender Atmosphäre erzeugen und regionalklimatische Umgebungswirkung haben. Der Waldwind ist am Tage aus dem Wald heraus in offene Umgebung oder, sofern nicht durch Barrieren behindert, in angrenzende Bau-Quartiere, gerichtet und ist nur bei sehr geringen Windgeschwindigkeiten wirksam. Seine Reichweite liegt optimal im Zehnermeterbereich (Mitscherlich 1981; Kuttler 1998; Tyrväinen et al. 2005). Um in den Genuss der Vorteile des Waldklimas, z. B. an heißen Sommertagen, zu kommen, muss in der Regel der Wald aufgesucht werden (s. ◘ Abb. 5.21 und 5.22).

Wälder sind Senken des Treibhausgases CO_2. Die CO_2-Bindung beträgt jedoch nur einen Bruchteil des gesamtstädtischen CO_2-Ausstoßes. Damit sind die Möglichkeiten, mit Stadtwäldern dem Klimawandel und der CO_2-Belastung wirksam entgegenzuwirken, begrenzt. CO_2-Emissionen werden am wirksamsten nur durch Reduzierung des Einsatzes fossiler Brennstoffe reduziert, nicht durch Stadtwälder (Nowak und Heisler 2010; Nowak et al. 2013).

Durch die große Blattoberfläche und die große Rauigkeit haben Wälder eine gegenüber anderen Grünflächen große Bindungswirkung für Stäube und Gas. Außerdem reduzieren sie dadurch auch Lärm effektiver als andere Grünräume (LAF 1995). In einer Vielzahl europäischer Städte sind die wichtigsten Quellen von vielfältigen Luftbelastungen die mobilen Emissionsquellen des Straßenverkehrs. Einige altindustrialisierte Städte Europas (z. B. in Ost- und Südosteuropa, Russland) und viele Industriestädte weltweit (z. B. in China) sind zusätzlich durch Emissionen der Industrie belastet (Sawidis et al. 2011; EEA 2012).

Aufgenommene Säuren und Stickstoffverbindungen gelangen in den Waldboden. Wälder sind „Aerosolsenken", reduzieren, zerstreuen und verdünnen besonders Staubbelastungen (LAF 1995). Da sie nur abgelagert werden, gelangen die Partikel allerdings zurück in die Atmosphäre oder werden vom Regen dem Boden zugeführt (Nowak 2002a, b). Die Bindung von Schadgasen ist sehr gering, gemessen an den Emissionen in Städten. Die Schadstoffaufnahme durch Spaltöffnungen ist am größten bei großen Altbäumen (über 70 cm Stammdurchmesser). Von Waldbäumen (z. B. Birken) können auch unerwünschte Pollenbelastungen mit allergischen Wirkungen ausgehen (Tyrväinen et al. 2005). Die Reduzierung der Windgeschwindigkeit kann auch bei ungünstiger Positionierung der Wälder in Luftaustauschbahnen den Frischlufttransport behindern.

Unabhängig davon, dass die Kohlenstoffbindung durch einzelne Stadtbäume im Vergleich mit Wäldern, Forsten, Mooren etc. verschwindend gering ist, wird auch diese immer wieder berechnet und zur Begründung von Bäumen in Städten verwendet. Nowak et al. 2013 berechneten auf Basis der Baumkronen (7,69 kg C m^2, 0,28 kg C m^2) für 28 Städte in den USA die Kohlenstoffbindung durch den gesamten *urban forest* und ermittelt 643 Mio. t gebundenen Kohlenstoff, der einem Wert von 50,5 Mrd. US$ entspricht.

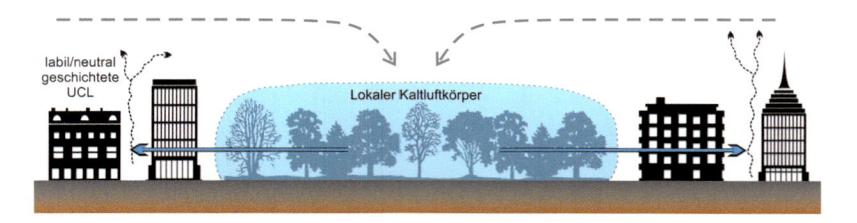

Abb. 5.21 Schema der Kaltluftproduktion eines Waldparks und des Luftaustauschsystems. (Leser 2008, S. 151, aus: Bongarth 2006, Entwurf: J. Breuste, Zeichnung: W. Gruber)

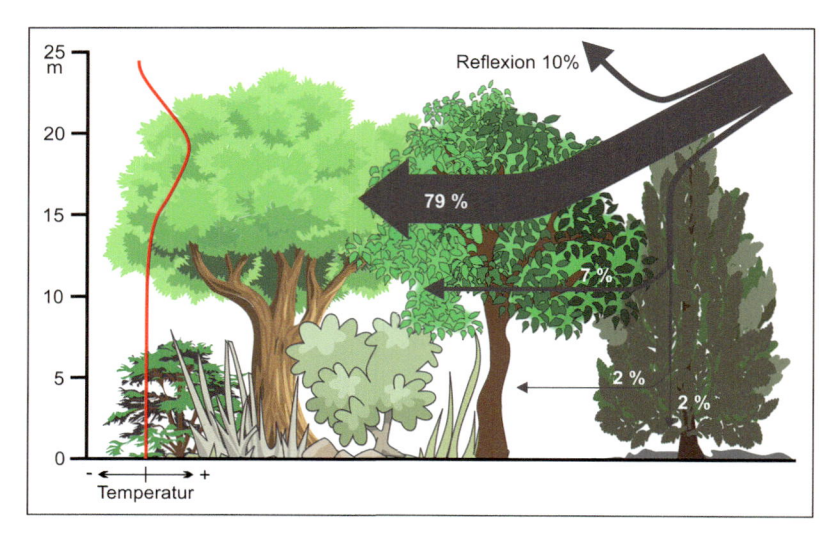

Abb. 5.22 Modell der Strahlung und Temperatur in einem Wald. nach Gebhardt et al. 2007 (Entwurf: J. Breuste, Zeichnung: W. Gruber)

Untersuchungen in den USA bestätigen: Bäume können, richtig lokalisiert, den Energiebedarf von Gebäuden durch Windschutz, Dämmung und Verschattung im Sommer um bis zu 25 % reduzieren (Nowak 2002a, b).

> „In fact, the main values of urban and periurban forests have no market price. These values are termed as non-consumptive use values and include benefits derived for example from a pleasant landscape, clean air, peace and quiet, as well as recreational activities…This category also includes benefits such as reduced wind velocity, balanced microclimate, shading, and erosion control, the economic value of which may be determined through for example reduced costs of heating or cooling or alternative costs of environmental control" (Tyrväinen et al. 2005, S. 101).

Stadtwälder sind auch ökonomisch bewertet wertvoll. Solche ökonomischen, monetären Werte werden immer häufiger als Begründungen für Stadtwälder und -bäume herangezogen. Eine monetäre Bewertung der Bäume nur von Stadtparks in den USA (Nowak und Heisler 2010) ergab folgende Werte (s. Tab. 5.4):

Nowak 2002a, b gibt an, dass allein die New Yorker Bäume 1994 1821 Tonnen Luftschadstoffe aufgenommen haben, was einem Wert von 9,5 Mio. US$ entspräche. Ähnliche Werte werden auch für andere US-Städte

5.2 · Der Stadtbaumbestand (urban forest)

◘ Tab. 5.4 Monetäre Bewertung von Parkbäumen in US-amerikanischen Städten. (Nowak und Heisler 2010) (in US-Dollar je Jahr):

	Alle Parkbäume in US-Städten	Bäume in Parks von Chicago
Genereller Baumwert	300 Mrd.	192 Mio.
Reduzierung der Lufttemperatur	Unbekannt, erwartet werden Milliarden US-Dollar je Jahr	
Filterung von Luftschadstoffen	500 Mrd.	344 Mio.
Reduzierung der UV-Strahlung	Unbekannt, aber wahrscheinlich erheblich	
Kohlenstoffbindung	16 Mrd.	11 Mio.
Jährliche Kohlenstoffaufnahme	50 Mio.	32.800

angegeben, um damit die Bedeutung von Stadtbäumen zu begründen. Die Frage, ob 9,5 Mio. US$ 1994 den gleichen Wert 2019 haben, weist auf generelle Probleme monetärer Bewertung hin.

Die 2,4 Mio. Pekinger Stadtbäume hatten 2002 1261 Tonnen Luftschadstoffe, vorrangig PM_{10}, aufgenommen (Yang et al. 2005). Welche Emissionen diesen Werten gleichzeitig entgegenstehen, wird nicht mitgeteilt. Es kann davon ausgegangen werden, dass diese Emissionen um ein Vielfaches höher sind und damit auch durch Bäume das Grundproblem der Luftbelastung nicht bewältigt werden kann. Stadtwälder sind nicht dazu da, gesundheitsschädliche Immissionen, deren Emission aus wirtschaftlich-technischen Gründen nicht verhindert wird, aufzunehmen, damit dadurch das Gesundheitsrisiko für Menschen sinkt. Emissionen müssen an der Quelle und nicht End-of-pipe beseitigt werden. Stadtwälder haben stattdessen die Aufgabe, den Stadtbewohnern Erholung, Entspannung und gesundheitsfördernde Aktivität zu ermöglichen.

Was ist uns der Nymphenburger Schlosspark in München wert?

Der Nymphenburger Schlosspark ist mit 229 ha Fläche eines der größten und bedeutendsten Gartenkunstwerke Deutschlands. Der Parkwald allein ist 180 ha groß und zählt damit auch in Deutschland zu den größten städtischen Parkwäldern. Er steht als Gartenkunstwerk unter Denkmalschutz und ist Landschaftsschutzgebiet und Natura-2000-Gebiet. Der Parkwald ist das Ergebnis der Umgestaltung eines bestehenden Eichen-Hainbuchen-Waldes ab 1799.

Eine Untersuchung zu den Ökosystemleistungen des Parkwalds am Nymphenburger Schloss in München und deren Bewertung erbrachte folgende Ergebnisse:

Die monetär bewerteten Ökosystemleistungen des Parkwaldes für das Jahr 2011 (in Euro/Jahr) waren (Aevermann und Schmude 2015):
- Luftschadstoffbindung: 392.170
- Abflussreduzierung: 155.824
- Kohlenstoffbindung: 15.080
- Grundwasserneubildung: 16.821
- Zusammen: 627.586

Die nicht-monetär bewertbaren Ökosystemleistungen der Erholung, Naturwahrnehmung und Entspannung wurden nicht einbezogen, was die Schwierigkeit ihrer monetären Bewertung belegt.

Dem stehen Kosten für Verwaltung und Management gegenüber (in Euro/Jahr):
- Ausrüstungen und Maschinen: 30.000
- Instandhaltung der Technik: 130.000
- Landschaftspflege: 140.000
- Arbeitskosten: 850.000
- Zusammen: 1.150.000

Würde man den Parkwald lediglich so monetär bewerten, stünden den erbrachten Leistungen doppelt so hohe Kosten gegenüber (Aevermann und Schmude 2015) (s. ◘ Abb. 5.23).

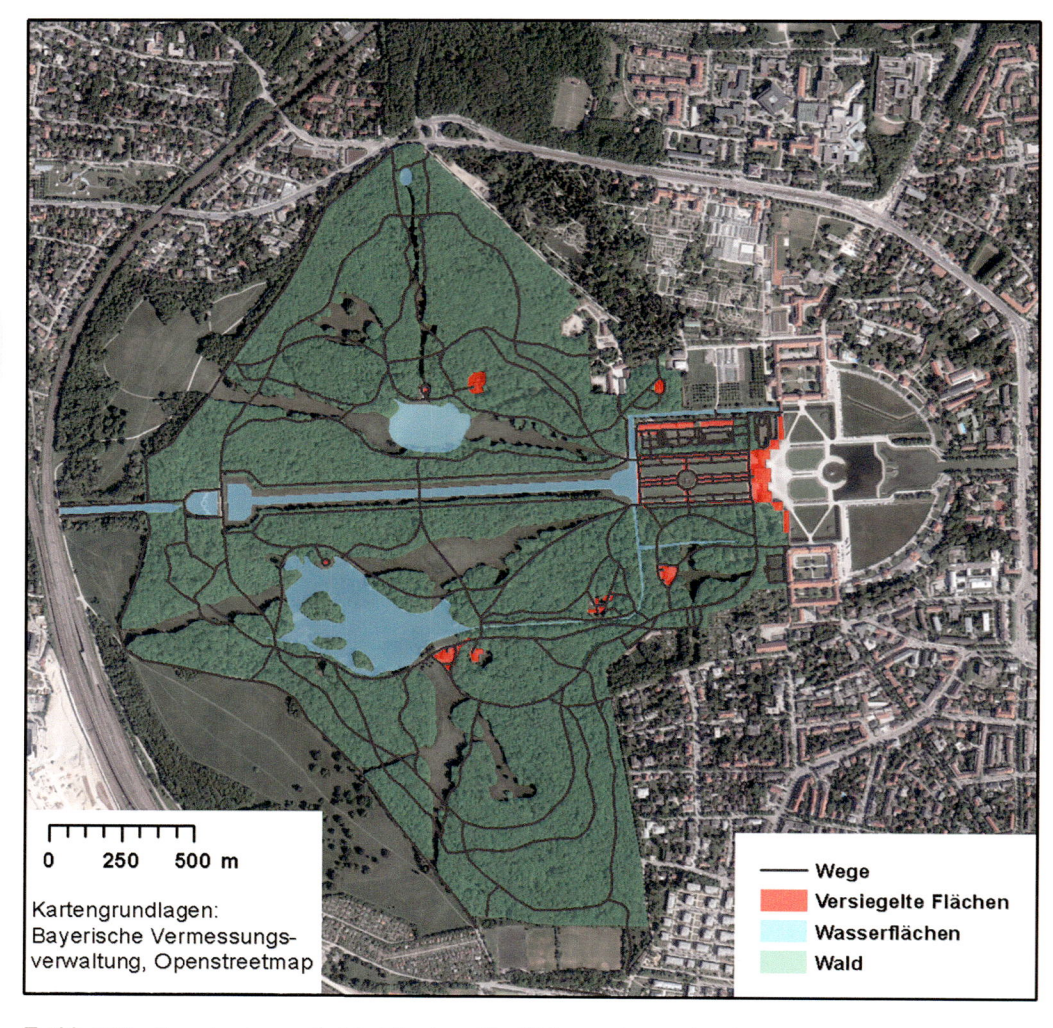

◘ Abb. 5.23 Nymphenburger Park in München, Oberflächenstrukturen. (Nach Aevermann und Schmude 2015, Entwurf: J. Breuste, Zeichnung: W. Gruber)

Die **schallabsorbierende Wirkung** von Blättern, Nadeln, Rinde und Boden wirkt lärmmindernd. Die als angenehm empfundenen Eigengeräusche des Waldes wirken durch selektives Wahrnehmen zusätzlich lärmmindernd. Dichte, mehrschichtige Gehölze oder Waldbestände reduzieren Lärm am besten. Laubgehölze sind im blattlosen Zustand nahezu wirkungslos. Dichte Laubwälder reduzieren Lärm um ca. 0,15 dB(A)/m. Um eine effektive Lärmminderung von Verkehrslärm (überwiegend über 55 dB) um z. B. 15 dB(A) zu erhalten, um gesundheitsverträgliche ca. 40 dB zu erreichen, müssten zwischen Lärmquelle und Rezipient 100 m dichter Laubwaldbestand platziert werden. Dies ist in einer Stadt kaum möglich.

Die Europäische Umweltagentur gibt an, dass in europäischen Städten fast 70 Mio. Menschen zu hohen, langfristig durchschnittlichen Straßenlärmpegeln (>55 dB) ausgesetzt sind. 44 % der Bevölkerung in den großen

5.2 · Der Stadtbaumbestand (urban forest)

Abb. 5.24 Straßenbegleitende Gehölzpflanzungen (Roadside Forest) entlang Shanghaier Stadtautobahnen, China. (© Breuste 2014)

Städten Europas sind während der Schlafenszeiten Geräuschpegeln (>50 dB) ausgesetzt, die negative Auswirkungen auf die Gesundheit haben können. Dem kann durch Stadtwald nicht aktiv entgegengewirkt werden. Lediglich Siedlungsteile, die durch meist zufällige Lokalisation durch Stadtwald von Hauptverkehrsadern getrennt sind, kommen in den Genuss effektiver Lärmminderung durch Wald. Durch gezielte planerische Lokalisation von Wohnbauten, können diese Effekte aber auch bewusst genutzt werden (Library of the European Parliament 2013).

In Shanghai wurden umfangreiche Teile des Stadtautobahnnetzes durch mehrere Dezimeter breite, nicht zugängliche Baumpflanzungen umgeben, um Schadstoffe des Autoverkehrs zu binden und Lärm zu reduzieren. Eine Überprüfung der Effizienz dieser aufwendigen Maßnahme hat bisher nicht stattgefunden (s. Abb. 5.24).

Das Licht des Waldes wirkt sich durch erhöhte Grün- und Infrarotanteile, Helligkeits-, Farb- und Formenkontraste und die Filterwirkung des Kronendaches für das Auge angenehm und für die Psyche günstig aus. Wälder reduzieren UV-Licht und wirken auch dadurch gesundheitsfördernd (Tyrväinen et al. 2005).

Inzwischen werden auch bereits Studien zur Leistung und zum Nutzen von einzelnen, ganz konkreten Stadtwäldern durchgeführt, um deren Bedeutung zu begründen (Nowak et al. 2002a, b; Magistrat der Stadt Halle o. J.; Wang et al. 2016) (s. Tab. 5.6 und ▶ Abschn. 2.5 und 3.2).

Die Ökosystemleistung **Habitatangebot** (Lebensraum für Pflanzen und Tiere, Biodiversität) wird separat (s. ▶ Abschn. 6.2) erläutert.

Neuer Urbaner Wald in Leipzig

Die Stadt Leipzig verfügt bei 300 km² Fläche über 20 km² Wald. Sie setzt sich zum Ziel, diesen Stadtwaldbestand um 50 % auf 30 km² und damit auf 10 % der Stadtfläche zu erhöhen. Dafür will sie das nach der Aufgabe von Nutzungen zur Verfügung stehende Flächenpotenzial (43 km²) nutzen. Sie führt dafür eine neue Freiflächenkategorie „Urbaner Wald" ein. Leipzig nutzt dabei ein Erprobungs- und Entwicklungsvorhaben des Bundesamtes für Naturschutz „Ökologische Stadterneuerung durch Anlage Urbaner Waldflächen auf innerstädtischen Flächen im Nutzungswandel – ein Beitrag zur Stadtentwicklung" (2009–2019). Die Aktion in Leipzig ist auch Teil der Umsetzung der Nationalen Strategie zur Biologischen Vielfalt und der deutschen Anpassungsstrategie an den Klimawandel.

Als besondere Herausforderungen der Gestaltung neuer urbaner Wälder werden gesehen:
- Verbindung von Stadtumbau und Stadtnaturschutz,
- besondere rechtliche, planerische und technische Anforderungen,
- hohe Ansprüche an die Gestaltung in Anpassung an das Stadtbild,
- Erschließung und Ausstattung für die Stadtbewohner – Nutzungsanforderungen,
- Meist kleinere Flächen: Mindestgröße für ökologische Stabilität und eigenes Binnenklima Wald (ab ca. 0,5 ha),
- Baumartenauswahl je nach Gestaltungs- und Nutzungszielen,
- an Stadtklima, den Klimawandel und vorbelastete Böden angepasste Gehölze.

Aus dem Pilotprojekt „Urbaner Wald Leipzig" sollen bundesweit übertragbare Empfehlungen zur Entwicklung urbaner Wälder entwickelt werden. Das vom Bundesamt für Naturschutz (BfN) geförderte Vorhaben hat die Zielstellung, eingebettet in eine wissenschaftliche Begleitung, Wälder auf innerstädtischen Brachen modellhaft anzulegen, Managementansätze für eine langfristige Sicherung und Akzeptanz durch die Bevölkerung zu entwickeln und ihre Eignung im Stadtumbau zu testen. Dazu wurden drei Beispielflächen als neuer urbaner Wald gestaltet:
- Schönauer Holz, Neue Leipziger Straße, 5,5 ha auf einer Rückbaufläche der Großwohnsiedlung Grünau,
- Stadtgärtnerei-Holz, am Rande des Stadtumbaugebietes Leipzig-Ost, 3,8 ha auf einer ehemaligen Stadtgärtnerei
- GrünZug Bahnhof Plagwitz, 5 ha Bahngelände im Stadtumbaugebiet Leipzig-West

Das 3,8 ha große „Stadtgärtnerei-Holz" ist das erste fertig gestellte Teilprojekt. Die Gestaltungsidee knüpft in diesem Fall an die Vornutzung „Gärtnerei" an und schließt ein:
- Bezug zur alten Nutzung – klare Gliederung in Quartiere,
- unterschiedliche Waldstrukturen,
- nutzbare Gehölze, Blühsträucher, Obstbäume.

Die Anpflanzungen bestehen aus 30–50 cm hohen Forstpflanzen, die die ersten fünf Jahre eingezäunt werden müssen. Verschiedene Waldbilder werden etabliert:
- Eichen-Hainbuchen-Linden-Wald, Waldbild: Hoher Wald, einschichtig, dicht,
- Hasel-Weißdorn-Weiden-Wald, Waldbild: niedriger Bestand aus Kleinbäumen,
- Hainbuchen-Hasel-Wald, Waldbild: mehrschichtiger, lichter Wald,
- Mehlbeere-Hainwald, Waldbild: mehrschichtiger, lichter Wald,
- Kirsch-Hainwald, Waldbild: hoher, mehrschichtiger, lichter Wald,
- Walnuss-Hainwald, Waldbild: mehrschichtiger, lichter Wald,
- Wildobst-Hainwald, Waldbild: lichter Bestand aus Wildobstgehölzen,

(BfN 2010; Rink und Arndt 2011; Dietrich 2013) (s. ◘ Abb. 5.25).

5.2 · Der Stadtbaumbestand (urban forest)

◘ **Abb. 5.25** Neuer urbaner Wald in Leipzig, junger, angepflanzter Wald im Stadtgärtnerei Holz in Leipzig. (© Breuste 2011)

Der *urban-forest*-Management-Plan (UFMP) 2018–2037 für Ottawa, Kanada

Die kanadische Hauptstadt Ottawa hat ca. 950.000 Einwohner (2016) und eine Fläche von 2790 km². Berlin hat ca. dreimal so viel Einwohner auf einem Drittel der Fläche (ca. zehnfache Einwohnerdichte). Im Juni 2017 beschloss die kanadische Hauptstadt, ihren *urban forest* für die nächsten Dekaden nachhaltig zu bewirtschaften, nutzbar zu erhalten und zu entwickeln. Dazu sollten die zukünftigen Herausforderungen und Chancen und Verwaltung, Planung, Pflege, Wachstum und Verantwortlichkeit einbezogen werden. Der Plan beinhaltet auch ein Langzeit-Monitoring des *urban forest* und einen Management-Plan.

Ottawa betreut allein 150.000 Straßenbäume und Zehntausende weiterer Bäume in Parks und Freiräumen. Außerdem verwaltet die Stadt 2100 ha Naturwald. Zusätzlich dazu kommen 14.950 ha „Greenbelt", der durch die National Capital Commission (NCC) verwaltet wird und sowohl in öffentlichem als auch privatem Besitz ist und z. T. für Wohn-, Handels- und Institutionszwecke genutzt wird. Der *urban forest* ist damit ein in jeder Hinsicht heterogener Baumbestand, in vielfältiger Verwaltung und Nutzung. Für ihn einen Managementplan zu entwerfen, ist eine Herausforderung.

Als Herausforderungen werden genannt:
- **Nutzungskonkurrenzen:** Ziel – Schutz des bestehenden Baumbestandes, Schaffung von guten Standortbedingungen für neue Bäume
- **Invasive Arten:** Ziel – Schaden durch Schadinsekten reduzieren
- **Klimawandel:** Ziel – Zunahme von extremen Stürmen und Temperaturen managen
- **Öffentliche Wahrnehmung:** Ziel – Ökosystemleistungen und Notwendigkeit des strategischen Managements ins Bewusstsein der Bürger bringen

- **Risiken durch Bäume:**
  Ziel – Balance zwischen Risikoreduzierung und Erhalt großer Bäume als Leistungsträger
- **Ressourcenzuordnung:**
  Ziel – In Konkurrenz mit anderen städtischen Aufgaben langfristige Finanzierung durch vorausschauende Planung sichern
- **Fragmentierte Eigentümerschaft:**
  Ziel – Eigentümer vom Nutzen der Bäume und des Managements überzeugen

Die **Strategie** besteht dabei in:
- Umfassende Information durch regelmäßige Inventur des Bestandes
- Anerkennung des *urban forest* als leistungstragende Grüne Infrastruktur
- Baumschutz durch Bildung und einzuhaltende Regeln (Baumschutzordnung)
- Vorausschauende Pflege des Bestandes, um die Gesundheit und Leistungsfähigkeit des Baumbestandes möglichst langfristig zu erhalten
- Strategische Baumpflanzungen der „richtigen Bäume am richtigen Platz"
- Vorausschauendes Risikomanagement, um den Bestand langfristig zu erhalten
- Verantwortung erweitern durch Information, Bildung und Unterstützung von Nachbarschaftsinitiativen und „Urban-Forest-Verantwortung" *(urban forest stewardship)* auf Privatgrundstücken

(Copestake und City of Ottawa 2017; Urban Forest Innovations et al. 2016).

Stadtbäume im Focus der Öffentlichkeit – die Jackson-Magnolie vor dem Weißen Haus in Washington

Die 1835 an der Südseite des Weißen Hauses gepflanzte Magnolie (gepflanzt von US-Präsident Jackson als Ableger eines Baums auf seiner Farm in Tennessee) ist ein Zeuge der Geschichte. Zwischen 1928 und 1998 war der Baum auch auf der Rückseite der 20-Dollar-Note zu sehen.
2017 geriet der Baum in den Blickpunkt der US-Öffentlichkeit. Wegen ihres schlechten Vitalitätszustandes (United States National Arboretum Assessment) sollte sie teilweise gekappt werden. Die US-Öffentlichkeit äußerte sich bestürzt und wollte den Baum als lebenden Begleiter der US-Geschichte erhalten. Barack Obama verschenkte Samen des Baums als Freundschaftsgeste nach Israel und Kuba. Inzwischen wachsen bereits Jungpflanzen, gezogen aus Samen des Baumes in einem Gewächshaus, um den altersschwachen Baum demnächst ganz zu ersetzen.

» „Mrs. Trump (US-First Lady – d. Verf.) personally reviewed the reports from the United States National Arboretum and spoke at length with her staff about exploring every option before making the decision to remove a portion of the Magnolia tree" (Katz 2017).

Mit Stadtwald ökologische und soziale Problem lösen? – das Beispiel Waldstadt Halle-Silberhöhe

„Stadt-Verwaldung" statt „Stadt-Verwaltung" war ein erklärtes Ziel des Künstlers Joseph Beuys. Er pflanzte beginnend mit der documenta 7 in Kassel 1982 7000 Eichen (ca. zwei Meter hohe Setzlinge) als Kunstprojekt und „Soziale Plastik". Auch mit der letzten Pflanzung 1987 zur documenta 8 war das Projekt nicht zu Ende. Erst heute entfaltet es seine „Waldwirkung" nun richtig (Stiftung 7000 Eichen 2018).
Im Zuge des Rück- und Umbaus von Großwohnsiedlungen in den neuen Bundesländern experimentiert die Stadt Halle/Saale in ihrem Stadtteil Silberhöhe (erbaut 1979–1989) auf 213 ha Fläche mit einem Waldkonzept. Durch Wegzug und nach Abriss der Hälfte des Wohnungsbestandes (7200 Wohnungen) verblieben von 1989 40.000 Einwohnern 2015 nur mehr ca. 10.000 Einwohner. Abgerissene Gebäude boten viel Freiraum für Grün (Breuste und Wiesinger 2013).
Im Jahre 2004 wurde ein Integriertes Stadtentwicklungskonzept mit dem Leitbild „Waldstadt Silberhöhe" beschlossen

5.2 · Der Stadtbaumbestand (urban forest)

(Geiss et al. 2002; Stadt Halle 2007).
Dieser Ansatz beinhaltet vor allem die Entwicklung großer bewaldeter Freiflächen nach dem Gebäudeabriss. Die Wohnqualität sollte besonders durch Grünflächen und die Nähe zur Saale-Elster-Auen-Landschaft gesteigert werden soll (Stadt Halle 2007; Vollroth et al. 2012).
Nahezu 50 % der Wohngebietsfläche sind heute Grünflächen. Allein 70 ha wurden für neuen urbanen Wald gewonnen. Standen 1992 noch jedem Einwohner ca. 17 m^2 öffentliche Grünfläche zur Verfügung, waren dies 2014 ca. 100 m^2, also fast sechsmal mehr Grünflächen und deutlich mehr als sonst in der Stadt oder auch im Durchschnitt in Deutschland. Die Pflege dieser gewaltigen Flächen für nur wenige Einwohner als klassische Park- und Grünflächen ist allein schon aus finanziellen Gründen für die Stadt Halle unmöglich.

Es musste also nach neuen Konzepten gesucht werden. Entwicklung von gepflanztem neuem urbanem Wald schien ein geeignetes Konzept zu sein (Breuste et al. 2016) (s. ◘ Abb. 5.26).
Das Leitbild benennt urbanen Wald als zukünftig dominante Grünflächenstruktur auf Rückbauflächen. Das Konzept reicht von einem parkartigen Stadtwald im zentralen Grünzug hin zu naturnahen Aufforstungs- und Sukzessionsflächen (Stadt Halle 2007). Insgesamt erfolgte die Pflanzung von 8265 Bäumen in drei Kategorien urbaner Wälder:
- 23 ha Waldflächen mit waldähnlicher Baumdichte von 203 Bäumen/ha,
- 23 ha mit parkähnlicher Baumdichte von 76 Bäume/ha und
- 24 ha Kurzumtriebsplantagen (Papeln) (Stadt Halle 2007; Vollroth et al. 2012).

Vollroth et al. 2012 bezeichnen einen „regenerativen Waldpark" als „Alternative A" und entwickeln zwei weitere Szenarien daraus, die entweder die weitere Wald- oder die Parkentwicklung als Ziel haben. Welchen Wald die Bürger wollen, was besser, was schlechter akzeptiert und genutzt wird und warum, wurde bisher noch nicht untersucht. Erst dadurch könnte ein ökologisches Projekt auch ein soziales Projekt werden und ein Stadtteil durch Wald mit seinen Ökosystemleistungen gewinnen, statt zu „verwalden".
Das formulierte Leitbild „Waldstadt" wurde kaum Realität und blieb eine Zukunftsvision. Im Bedarfsfall wird sogar auf die neuen Waldflächen für bauliche Aktivitäten zurückgegriffen (Breuste und Wiesinger 2013; Breuste et al. 2016) (s. ◘ Abb. 5.27).

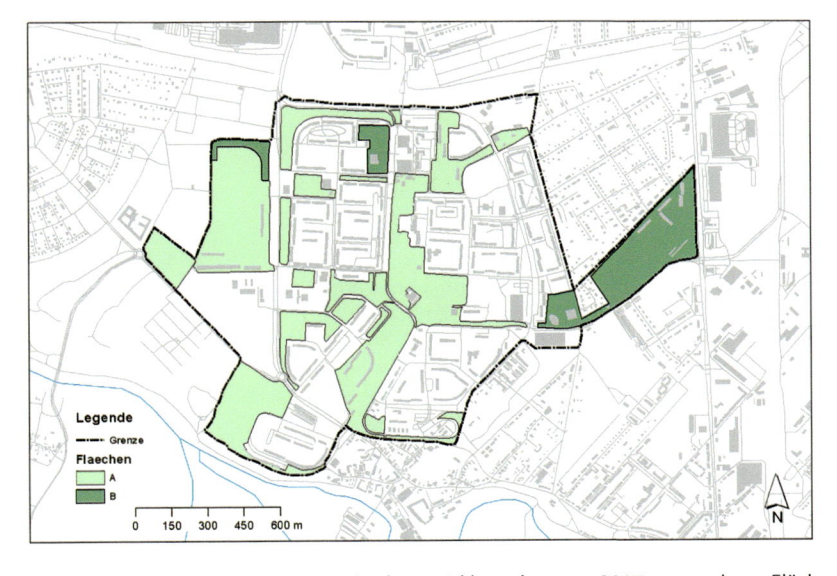

◘ Abb. 5.26 Für Waldentwicklung bis 2025 im Stadtentwicklungskonzept 2007 vorgesehene Flächen in Halle-Silberhöhe. (Stadt Halle 2007) (Entwurf: J. Breuste, Zeichnung: W. Gruber, Breuste et al. 2016, S. 238, Abb. 7.19)

Abb. 5.27 Urbaner (Park-)Wald auf ehemals bebauter Fläche im Stadtteil Silberhöhe, Halle/Saale. (© Breuste 2006)

Der vertikale Wald – vertical densification of nature

Bosco Verticale (dt. Vertikaler Wald) war das erste Projekt zum Stadtwald (Projekt Barreca e La Varra), mit dem der Mailänder Architekt Stefano Boeri internationale Aufmerksamkeit erhielt (2014 Internationaler Hochhauspreis, 1. Platz, und Emporis Skyscraper Award, 2. Platz). Die beiden Wohntürme (110 und 80 m hoch) eines Hochhauskomplexes in Mailand wurden von 2008 bis 2013 errichtet, 2014 fertiggestellt (s. ◘ Abb. 5.28). Effiziente Raumnutzung durch Hochhäuser wird mit der Idee, gleichzeitig die Biodiversität zu verbessern, verbunden. Eine Einfamilienhausbebauung hätte für die gleiche Einwohnerzahl ca. 7,5 ha Fläche benötigt. Die bepflanzten Hochhaustürme sollen neue Habitate für Insekten und Vögel sein, Trittsteinbiotope zwischen Parks, Stadtbäumen und anderen Grünräumen (Biotopverbund). Außerdem soll das Mikroklima in den Wohnungen und auf den Balkonen verbessert, Lärm und Staub gebunden und generell mehr Naturkontakt hergestellt werden. Mehr als 900 Bäume (20 Arten), bei der Pflanzung zwischen 3 und 9 m hoch, sowie mehr als 2000 weitere Pflanzen (80 Arten) wurden auf Terrassen und Balkonen in 1,3 m tiefen Betonwannen verwendet. Dies wird einer bepflanzten Waldfläche von 7000 m² gegenübergestellt. Die Bepflanzung der Fassade dauerte fast ein Jahr. Für die Pflege der Pflanzen wurde ein Managementsystem mit drei angestellten Gärtnern entwickelt (z. B. per Kran vom Hausdach). Die notwendige Bewässerung erfolgt durch Brauchwasser der Häuser (Stefano Boeri Architetti 2018). Der „Vertikale Wald" wird bereits in chinesischen Städten kopiert (Nanjing,

5.2 · Der Stadtbaumbestand *(urban forest)*

Shanghai und Shenzhen). Im Nanjinger Stadtteil Pukou ist seit 2016 der erste derartige Bau mit geplant 600 größeren, 500 mittelgroßen einheimischen Bäumen und 2500 Büschen und anderen Pflanzen im Bau. Seine Aufgaben werden mit Regeneration der **Biodiversität,** Bindung von 35 t CO_2 pro Jahr und **Sauerstoffproduktion** von 60 kg je Tag angegeben (Gatti 2017). Er ist auch Entwicklungsimpuls und Symbol für eine ökologische Urbanisierung in China.

◘ **Abb. 5.28** Bosco Verticale, der vertikale Wald, integriert in Gebäude, Mailand, Italien, Stefano Boeri Architetti 2018

Mit dem (horizontalen und vertikalen) Stadtwald die „Balance mit der Natur" (Boeri) im urbanen Raum herstellen – China plant die erste Waldstadt der Welt

Der italienische Architekt Stefano Boeri, Architetti Milan/Shanghai und Shanghai Tongyan Architectural and Planning Design Co. Ltd, plant für die chinesische Regierung im Süden Chinas die „*world's first pollution-eating*, Forest City'". Seit 2016 orientiert der Chinesische Staatsrat auf „*economic, green and beautiful*". Die geplante Waldstadt Liuzhou weist sich als eine Stadt aus, in der Menschen von den Ökosystemleistungen städtischen Waldes in ihrer unmittelbaren Umgebung profitieren werden. Die auf 138,5–175 ha (Angaben schwanken) geplante „Grüne Waldstadt" nördlich der 1,4-Mio.-Einwohner-Stadt Liuzhou, der größten Industriestadt (Maschinenbau und Autoindustrie) in der Provinz Guangxi, soll eine Bevölkerung von 30.000 Einwohnern haben und 2020 fertiggestellt sein (Baubeginn 2016). Mit einer Eisenbahn soll sie mit ihrer Mutterstadt verbunden werden. Die „Grüne Stadt" soll vorrangig gegen Luftverunreinigungen ankämpfen und jährlich 10.000 t CO_2 und 57 t Luftschadstoffe binden und 900 t Sauerstoff produzieren.

In ihrer Dimension handelt es sich nach chinesischen Maßstäben um ein eher kleines Projekt, ähnlich der deutschen Waldstadt Halle-Silberhöhe, nur dass hier neben den grünen Freiräumen auch die Gebäude „bewaldet" sein sollen. Mehr als 70 Gebäude, Wohngebäude, Krankenhäuser, Hotels, Schulen und Bürogebäude werden von 40.000 Bäumen bedeckt und umgeben sein.

Stefano Boeri bezeichnet dies als „*the first experiment of the urban environment that's really trying to find a balance with nature*," und „*a place where nature is flowing*".

Versprochen werden als Innovationen:
- Horizontale und vertikale Gebäudebegrünung
- Verkehr in der Stadt durch Elektroautos
- Mehr als 1 Mio. Pflanzen von mehr als 100 Arten (was nichts Außergewöhnliches ist)
- Nutzung erneuerbarer Energie (Sonnenenergie für Gebäudeenergie und Geothermie für Heizung und Kühlung)
- Weitgehend biologische Oberflächen (statt Versiegelung)
- Temperaturminderung durch Waldbeschattung
- Habitatangebote für die Tierwelt *(displaced wildlife)* und hohe Biodiversität

(Alleyne 2017; Stefano Boeri Architetti 2018).

Der Stadtbaum – ein literarischer Exkurs mit Bertolt Brecht
Herr K. und die Natur

» „Befragt über sein Verhältnis zur Natur, sagte Herr K.: „Ich würde gern mitunter aus dem Haus tretend ein paar Bäume sehen. Besonders da sie durch ihr der Tages- und Jahreszeit entsprechendes Andersaussehen einen so besonderen Grad von Realität erreichen. Auch verwirrt es uns in den Städten mit der Zeit, immer nur Gebrauchsgegenstände zu sehen, Häuser und Bahnen, die unbewohnt leer, unbenutzt sinnlos wären. Unsere eigentümliche Gesellschaftsordnung lässt uns ja auch die Menschen zu solchen Gebrauchsgegenständen zählen, und da haben Bäume wenigstens für mich, der ich kein Schreiner bin, etwas beruhigend Selbständiges, von mir Absehendes, und ich hoffe sogar, sie haben selbst für die Schreiner einiges an sich, was nicht verwertet werden kann."

„Warum fahren Sie, wenn Sie Bäume sehen wollen, nicht einfach manchmal ins Freie?", fragte man ihn. Herr K.

antwortete erstaunt: „Ich habe gesagt, ich möchte sie sehen aus dem Hause tretend." (Herr K. sagte auch: „Es ist nötig für uns, von der Natur einen sparsamen Gebrauch zu machen. Ohne Arbeit in der Natur weilend, gerät man leicht in einen krankhaften Zustand, etwas wie Fieber befällt einen.") (Brecht 2018a, Zeilen 214–237).

Die Pappel vom Karlsplatz
Eine Pappel steht am Karlsplatz mitten in der Trümmerstadt Berlin,
und wenn Leute gehen übern Karlsplatz, sehen sie ihr freundliches Grün.
In dem Winter sechsundvierzig fror'n die Menschen, und das Holz war rar, und es fiel'n da viele Bäume,
und es wurd' ihr letztes Jahr.
Doch die Pappel dort am Karlsplatz zeigt uns heute noch ihr grünes Blatt: Seid bedankt, Anwohner vom Karlsplatz, daß man sie noch immer hat (Brecht 2018b).

5.3 Die Stadtgärten

5.3.1 Naturelement Stadtgarten

Gärten sind die letzten Verbindungen der Städter zum Landleben. Das Gärtnern gehört zu den grundlegenden Tätigkeiten des Menschen. Der Anbau von Garten- und Feldfrüchten war immer eine begleitende Naturnutzung von Städten (s. ▶ Abschn. 2.6). Er diente in erster Linie der Versorgung der Stadtbevölkerung mit Nahrungsmitteln. Da diese Nahversorgung bei wachsender Stadtbevölkerung nicht ausreichte, war der Garten- und Feldbau in und an Städten schon bald lediglich eine zusätzliche Lebensmittelversorgung. Er wurde in Krisenzeiten auf alle (noch) verfügbaren Flächen ausgedehnt. Damit gehören Gärten in ihrer individuellen oder öffentlichen Form zum ureigenen Naturbestand der Städte.

Wenn es um die Nahrungsmittelproduktion (Obst und Gemüse) geht, wird **Urban Agriculture** als Begriff seit den 1930er-Jahren häufig verwendet (Qinglu Shiro: Agricultural Economic Geography) (Mougeot 2006; Swintion et al. 2007; Barthel und Isendahl 2013; ZALF 2013).

Die FAO verwendet den Begriff *„urban and peri urban agriculture"* (FAO 2018).

Urbane Landwirtschaft, urban agriculture, urban and peri urban agriculture (UPA)
„Urbane Landwirtschaft" bezeichnet die primäre Lebensmittelproduktion in urbanen Räumen (Stadt und Stadtumland) für den **Eigenbedarf der jeweiligen Stadtregion.** Dazu gehören Gartenbau (Hausgarten, Kleingarten, Grabeland), Ackerbau, Tierhaltung (Geflügel, Hauskaninchen, urbane Imkerei) und Aquakultur/Aquaponik. Urbane Landwirtschaft kann in allen Rechtsformen (privat bis gemeinschaftlich) betrieben werden und ist an keine sozioökonomische Intention (Selbstversorgung, Marktproduktion, sozialer Tausch) gebunden.
In der Praxis wird in urbanen Regionen aber auch Landwirtschaft betrieben, die mit der Versorgung der jeweiligen Stadtregion nichts zu tun hat, sondern auch oder ausschließlich **für einen überregionalen Markt produziert.** Diese Landwirtschaft ist im urbanen Raum lokalisiert, aber nicht mit diesem Raum nach den Anforderungen der FAO an Lebensmittelsicherheit und Selbstversorgung verbunden.

> „Urban and peri urban agriculture (UPA) contributes to food availability, particularly of fresh produce, provides employment and income and can contribute to the food security and nutrition of urban dwellers" (FAO 2018).

Städtische und stadtnahe Landwirtschaft *(urban and peri-urban agriculture)* UPA ist vorrangig inhaltlich (Nahrungsproduktion) und räumlich (stadtbezogen) definiert (Mougeot 2006; Swintion et al. 2007; ZALF 2013). Sie erfüllt über die Nahrungsproduktion hinaus eine Vielzahl von Ökosystemleistungen (Artmann und Sartison 2018).

Nahrung wird heute in und um Städte in vielfältiger Weise produziert. Die Hauptproduktionsflächen werden von Agrarbetrieben bewirtschaftet (Acker- und Grünland, Glashauskulturen etc.). Sie sind dabei überwiegend produktionseffizienz- und marktorientiert. Der Absatzmarkt der Nahrungsmittel ist keineswegs auf den Stadtstandort beschränkt. Die Produktion muss keineswegs ökologisch sein.

Neben diesen absolut nach Fläche und Produktionsmenge dominierenden Produktionsstandorten werden Nahrungsmittel in geringerem Umfang durch Einzelpersonen und soziale Gruppen in Haus-, Klein- und Gemeinschaftsgärten, auf Hausdächern, an Hauswänden, auf Brachflächen, in städtischen Meeres- und Süßwasserbereichen und sogar in Behältern auf Balkons erzeugt. Artmann und Sartison 2018 nennen diese verstreuten Flächen *„edible green infrastructure"* und bezeichnen ihren Beitrag zur Nahrungsmittelerzeugung als ihren Hauptzweck. Dass dies, soweit nicht kommerziell betrieben, den Anlass für die eher gärtnerisch zu nennende Nutzung abgibt, steht außer Zweifel.

Eine Untersuchung von 166 wissenschaftlichen Studien zur städtischen und stadtnahen Landwirtschaft *(urban and peri-urban agriculture,* UPA) ergab, dass diese zu zehn wichtigen gesellschaftlichen Herausforderungen der Urbanisierung Beiträge leisten kann: dem Klimawandel entgegenwirken, Nahrungssicherheit, Biodiversität und Ökosystemleistungen, Ressourceneffizienz, Stadterneuerung und Regeneration, Flächenmanagement, Gesundheit, sozialer Zusammenhalt und Wirtschaftswachstum.

Es zeigt sich, dass, auch wenn Nahrungsmittelproduktion mit über 50 % am häufigsten als Ziel aufgeführt wird, in 33 % der Studien Erholung, in 27 % Umweltbildung und Naturlernen und in 17 % Naturerfahrung und auch Klimamoderation eine weitere wichtige Rolle spielen (Artmann und Sartison 2018).

Gartenbau ist nach der FAO-Definition Teil der breiter gefassten Urban Agriculture (Mougeot 2006). Diese Sichtweise auf Stadtgärten stellt die Nahrungsmittelproduktion als Ziel des urbanen Gartenbaus in den Mittelpunkt, verkennt aber die in den letzten Jahrzehnten stattgefundenen Wandlungen der Stadtgärten in vielen entwickelten Industriestaaten, hin zur Erholungsfunktion und zur praktischen Betätigung als Gärtner, ohne vorrangige Interessen an Nahrungsmittelproduktion. Urbaner Gartenbau und urbane Landwirtschaft lassen sich, besonders im Maßstab der Kleinproduktion auf kleinen Flächen, nicht völlig definitorisch voneinander trennen.

Stadtgärtnern hat neben der Nahrungsmittelproduktion vielfältige Ziele und hat durch „Urban Gardening" (Müller 2011) die Palette der Ziele in den letzten beiden Jahrzehnten noch erheblich erweitert.

5.3 · Die Stadtgärten

> **Stadtgärten**
>
> Gärten sind städtische Naturelemente zwischen Privatheit und Öffentlichkeit. Die Gärtner im Privaten sind auch die Nutzer. Die Gärtner für **öffentliche Stadtgärten** schaffen ästhetische Natur für andere, meist breite Nutzerkreise, im Idealfall die gesamte Stadtbevölkerung. Diese kann in der Regel kaum an der Gestaltung der öffentlichen Stadtgärten teilhaben und nach Fertigstellung auch nicht gärtnerisch eingreifen. Die öffentlichen Stadtgärten sind öffentliche Grünflächen und Parks (z. B. Breuste et al. 2016, s. Abschn. 2.6). Die **privaten oder gemeinschaftlich bewirtschafteten und genutzten Gärten** sind meist nur wenige Hundert Quadratmeter groß, häufig als Hausgärten, Kleingärten oder Gemeinschaftsgärten nutzernah gelegen. Sie erlauben im Gegensatz zu den großen, öffentlichen Stadtgärten eine Naturgestaltung nach den Wünschen und Bedürfnissen der Nutzer. Die Nutzer sind auch gleichzeitig die Gestalter. Sie werden häufig zur Bewirtschaftung und Erholung besucht (Dietrich 2014; Breuste et al. 2016).

Private oder gemeinschaftlich genutzte Gärten unterscheiden sich erheblich von urbanen Landwirtschaftsflächen (s. ◘ Tab. 5.5 und 5.6).

Gärten waren für die Mehrzahl der Bevölkerung zunächst Nutzgärten. Nur die Oberschicht (Römisches Reich, Ägypten, China) leistete sich Schmuckgärten ohne Nahrungsmittelerzeugung, meist in Verbindung mit ihren Wohnsitzen (s. ▶ Abschn. 2.6). Sie waren auf keine wohnsitznahe Nahrungsmittelversorgung angewiesen. Dies ist auch heute so. Gehobenes Wohnen kann außer dem Schmuck- und Erholungsgarten sogar private Parkanlagen, früher nur Vorrecht des Adels, einschließen, oft von professionellen Gärtnern bewirtschaftet.

Im Zuge der Verbesserung der Lebensverhältnisse, wie z. Zt. in Mittel- und Nordeuropa, geht der Trend z. B. in deutschen Gärten vom Nutz- zum Nutz-Schmuckgarten mit Erholungsfunktion. In Südeuropa besteht überwiegend der Nutzgarten weiter.

> **Urban Gardening – privates und gemeinschaftliches Gärtnern**
>
> Gärtnern ist die Tätigkeit die Gestaltung und Pflege der Natur (Boden, Relief, Pflanzendecke) als Nutzungs- oder ästhetisches Objekt mit freigewählten Zielen. In privaten Gärten (Hausgärten und Kleingärten als Hauptformen) sind Gärtner und Nutzer in der Regel Familiengruppen oder Einzelpersonen. In Gemeinschaftsgärten ist eine z. T. sozial heterogene Gruppe von Stadtbewohnern mit auf das Gärtnern bezogenen gemeinsamen Interessen tätig. Sie sind zusammen Gestalter und Nutzer und haben dazu Vereinbarungen untereinander getroffen.
> Bei beiden Gruppen können Motivationen zum Gärtnern, die Liebe zur Naturgestaltung, die eigene Herstellung gesunder Lebensmittel und die aktive Erholung beim Gärtnern sein. In den Gemeinschaftsgärten kommt dazu meist eine Motivation zum gemeinschaftlichen Zusammenarbeiten (Kooperation).
> In vielen Städten der Welt ist Urban Gardening kein Trend und Lebensstil, sondern ein entscheidender Teil der Wirtschaft und notwendig für die Ernährung der Menschen.
>
> » „,Urban gardening' is a term that encompasses many forms of gardening in urban areas. The woman who grows herbs on her window sill is as much a part of the urban gardening movement as the man who has tomatoes on his balcony or the collective who have turned an abandoned lot into a thriving community vegetable garden, though collective projects make up the majority of the people who currently identify with the label" (Stewart 2018).

Tab. 5.5 Grünflächentypen der urbanen Gärten und urbanen Landwirtschaft (GreenSurge 2015; Breuste et al. 2016)

Typen der Gärten und Landwirtschaft	Grünflächentyp	Beschreibung	Nutzung/ Wahrnehmung	Bewirtschaftung/ Pflege
Urbane Gärten	Vorgarten	Schmuckgärten (5–20 m^2) vor Wohngebäuden im Straßenfreiraum	privat/öffentlich	Individuell/ Pflegefirma
	Hausgarten	Mit dem Privathaus verbundene Gärten für Schmuck und/oder Nutzgarten 150 bis über 1000 m^2	Privat/privat	Individuell
	Kleingarten	Pachtparzellen als Nutzgärten mit Erholungsfunktion gestaltet, 200–400 m^2	Privat/öffentlich wahrnehmbar	Individuell
	Abstandsgrün	Gärtnerisch begrünte Flächen im mehrgeschossigen Mietswohnungsbau, z. T. große Flächen von mehreren 1000 m^2	Halböffentlich/ halb-öffentlich	Pflegefirmen
	Gemeinschaftsgarten	Nutzgarten, 100 – mehrere Hundert m^2	Gemeinschaftlich/halböffentlich	Gemeinschaftlich
Urbane Landwirtschaft	Ackerland	Getreideproduktion	Produktion privat oder halböffentlich	Privat maschinell
	Grünland	Wiesen und Weiden	Produktion privat oder halböffentlich	Privat maschinell
	Obstwiese, Obstgarten	Obstproduktion mit hochstämmigen Bäumen	Produktion privat oder halböffentlich	Privat
	Plantage	Obstproduktion mit niederstämmigen Bäumen, Biokraftstoffproduktion	Produktion privat	Privat maschinell
	Horticulture		Produktion privat	Privat/individuell oder maschinell

Tab. 5.6 Vergleich private oder gemeinschaftlich genutzte Gärten – urbane Landwirtschaftsflächen

	Private oder gemeinschaftlich genutzte Gärten	Urbane Landwirtschaftsflächen
Hauptsächliches Nutzungsziel	Vielfältig (Nahrungsmittel, Aktivität, Erholung, Sozialkontakt)	Nahrungsmittelproduktion als Wirtschaftsziel
Nahrungsmittelproduktion	Eigenversorgung vielfältig	Zur Versorgung der Bevölkerung in der Stadtregion (Vermarktung), spezialisiert
Lokalisation	In den Städten (am Haus bis Nachbarschaft) und am Stadtrand (Kleingärten) nach Flächenverfügbarkeit, kurze Distanz zum Nutzer/Besitzer	Beliebig nach Verfügbarkeit, oft entfernt vom Besitzer/Betreiber
Professionalität	Individuell als Hobby	Professionell im Haupt- oder Nebenerwerb
Qualitätsziel	Ästhetische Qualität, gesunde Lebensmittel	Maximale Produktion von Nahrungsmitteln bei guter Qualität
Ökologische Produktionsmethoden	Weitgehender Verzicht auf Pestizide, Herbizide und künstliche Dünger	Möglich, aber nicht Bedingung, Effizienz der Produktion im Vordergrund
Arbeitskräfte	Eigentümer/Pächter und Familienmitglieder	Eigentümer/Pächter und/oder Lohnarbeiter
Ökosystemleistungen	Vielfältig	Nahrungsmittelproduktion (primär)

In Deutschland gibt es rund 950.000 Kleingärten mit einer Gesamtfläche von mehr als 45.000 ha und etwa 400 bürgerschaftlich organisierte Gemeinschaftsgärten („Bürgergärten") (Dietrich 2014). Rechnet man für jeden Kleingarten mindestens zwei bis drei Nutzer, so kommt man auf zwischen zwei und drei Millionen urbane Kleingartennutzer mit einer sicher nicht unerheblichen „Dunkelziffer" an sporadischen Mitnutzern aus dem familiären Umfeld. Der Bundesverband Deutscher Gartenfreunde geht, Hausgärten einschließend, von noch höheren Zahlen aus. Nach seinen Berechnungen bewirtschaften 17 Mio. Hobbygärtner, das sind knapp 21 % der Gesamtbevölkerung und rund 30 % der Bevölkerung über 18 Jahre, 1,9 % der Landesfläche in Haus- und Kleingärten (Bundesverband Deutscher Gartenfreunde 2008, S. 11). **Damit ist fast jeder Dritte erwachsene Deutsche auch Hobbygärtner!**

Die Zahl der Kleingärtner in Deutschland nimmt zwar leicht ab, aber die Kleingärtner werden jünger. Fast jede zweite Parzelle befindet sich in Ostdeutschland. Hier bestehen allein 5871 Kleingartenvereine mit 259.159 Gärten. Die Zahl der Parzellen in ganz Deutschland sank zwischen 2011 und 2015 um 50.000.

Zwar ist die Bewirtschaftung eines Kleingartens immer noch vorrangig eine Tätigkeit von Ruheständlern, die für dieses Hobby der Gestaltung von Gartennatur viel Zeit aufwenden und diese auch haben. Bei den Neuverpachtungen liegt der Anteil junger Familien mit Kindern allerdings bei rund 40 %. Dies ist sicher noch keine Trendwende, aber eine Zuwendung zum Familiengarten in der Stadt als „grüne Insel" mit individuellen Gestaltungsoptionen. Die Vereine verstärken den Kontakt zu Kitas und Schulen, denn Gärten wecken das Naturinteresse der Jüngsten, vielleicht dauerhaft. Kleingärten sind auch attraktiv für Migranten. Ihr Anteil an der Kleingärtnergemeinde liegt bei 7,5 % – mit steigender Tendenz und wachsendem Integrationspotenzial, zumal viele Migranten noch engere Beziehungen zu Garten und Landwirtschaft mitbringen.

Die Hobbygärtner sehen sich selbst als „die wahren Grünen", ohne so von Politik und Öffentlichkeit wahrgenommen zu werden. Naturnahes Gärtnern nach den Regeln der Nachhaltigkeit wird in den Vereinen gefördert und bereits umfangreich betrieben (DPA 2015).

Obwohl viele Aspekte des Kleingartenwesens sich im Laufe der Entwicklung gewandelt haben, ist sein Kern, der gestaltende Umgang mit der Natur, erhalten geblieben und im modernen Stadtleben heute weiterhin aktuell. Unter dem Gesichtspunkt der ökologisch orientierten Stadtentwicklung, der Gesunderhaltung des Menschen und der naturbezogenen Freizeitgestaltung im Stadtraum, besonders der Großstädte, hat das Kleingartenwesen auch am Beginn des 21. Jahrhunderts weiterhin große Bedeutung (Breuste 2007, 2010; Breuste und Artmann 2015; Breuste et al. 2016).

Das Kleingartenwesen ist heute ein europäisches Phänomen mit weltweiten „Außenposten". Organisierte Kleingartenvereine haben sich ausgehend von in Deutschland (Leipzig) entwickelten Ideen (s. ▶ Abschn. 2.6 und 3.6) zwischen 1886 und 1910 rasch in Mitteleuropa, Westeuropa und Skandinavien ausgebreitet. In der Zwischenkriegszeit übernahmen ost- und südeuropäische Länder die Idee. Mit der Entwicklung der Umweltbewegung in den 1970er-Jahren verbreitete sich das Gärtnern in der Stadt auch in Südeuropa (Bell et al. 2016).

Meist sind die Kleingärtner in Kleingartenanlagen (von wenigen Dutzend bis mehrere Tausend Kleingärten) als Vereine organisiert (�‍ Tab. 5.7).

Naturnahes Gärtnern (wildlife gardening)

Der naturnahe Garten ist ein Leitbild der Reintegration von Natur in die Prozessabläufe des Gärtnerns und die Gartenstrukturen. Dies wird immer attraktiver, um damit individuell der Denaturierung aktiv im privaten Bereich entgegenzuwirken. Damit gehört naturnahes Gärtnern auch zu einem Lebensstil und zu einer Werthaltung, die sich in der Gesellschaft etabliert hat. Ein naturnaher Garten überlässt der Natur zu einem Teil das Gärtnern. Er bietet Tieren und Wildpflanzen einen Lebensraum. Die Pflege ist zugunsten natürlicher Prozesse reduziert. Naturmaterialien kommen zum Einsatz. Für den naturnahen Gärtner entsteht das gute Gefühl, etwas für eine gesunde Natur und für die Umwelt beizutragen.
Zum naturnahen Gärtnern gehörten Elemente wie:

- **Pflanzenauswahl:** Bepflanzung mit robusten Arten und Wildformen und Sorten
- **Pflege:** keine perfekte Ordnung, pflegereduziert, wenig häufiges Mähen der Rasen, Wildwiesen, geringe Versiegelung nur mit Naturmaterialien (Fugenbegrünung), Sand, Splitt oder Kies für Wege, z. B. Permakultur, Kompostierung
- **Lebensräume:** für Insekten, Bienen, Schmetterlinge, Vögel und Kleinsäuger, „Insektenhotels"
- **Düngung:** keine künstlichen Dünger, Dünger selbst erzeugen, keine Insektizide oder Pestizide
- **Elemente:** Stauden, Beete, Kräuterspirale, Obstbäume, alte Obstsorten verwenden, Sträucher, vorwiegend einheimische Arten, natürliche Materialien für Zäune und Begrenzungen, Wasserflächen
- **Boden:** Bodenverbesserung und -pflege nur durch natürliche Maßnahmen

Tab. 5.7 Verbandsorganisierte Kleingärten in Deutschland (2013/2015) und Großbritannien (2008) (Ab-in-den-Urlaub-de 2013; Breuste 2010; Breuste et al. 2016)

	Anzahl Kleingärten	Anzahl Kleingarten vereine	Fläche in km²
Deutschland	950.000	5871	466,40
Großbritannien	330.000	–	–
Österreich	35.500	364	8,96
Sachsen	220.000	4000	90,00
Berlin	67.961	808	31,37
Leipzig	40.000	290	9,63
Hamburg	33.000	316	–
Dresden	23.400	366	7,67
Halle	11.847	132	4,79
Köln	13.000	115	–

Urban Gardening ist nicht, wie Müller 2011 sogar im Untertitel ihres Buches feststellt, „die Rückkehr der Gärten in die Stadt", denn diese sind aus ihr nie verschwunden.

» „Der größte Unterschied zwischen der traditionsreichen Institution der Kleingärten und den neuen urbanen Gärten ist nicht das spärliche Regelwerk oder der stärkere Fokus auf die lokale Nahrungsmittelproduktion der „Youngster", noch sind es die fehlenden Zäune. Vielmehr setzt sich der neue Garten bewusst ins Verhältnis zur Stadt, tritt in einen Dialog mit ihr und will wahrgenommen werden als ein genuiner Bestandteil von Urbanität, nicht als Alternative zu ihr – und **erst zuletzt als Ort, an dem man sich von der Stadt erholen will**" (Müller 2011, S. 23).

Gemeinschafts- oder Bürgergärten (Community Gardens)
Ein Gemeinschaftsgarten ist ein als Garten kollektiv genutztes Stück Land, das von einer Gruppe von Personen gemeinsam bewirtschaftet wird und oft öffentlich zugänglich ist. Häufig werden brachliegende Flächen in (Garten-) Nutzung überführt. Der Rechtsstatus ist unterschiedlich. Die als Gemeinschaft agierenden Gärtner verbindet das Interesse und die Freude am Gärtnern, insbesondere an der eigenen Produktion gesunder Lebensmittel. Neben dem Gärtnern verbindet die Gemeinschafts-Gärtner das Bedürfnis zum gemeinschaftlichen, integrierenden Handeln, um soziale, umwelt- oder sozialpolitische Ziele zu erreichen. Die Idee der *community gardens* wurde in den 1970er-Jahren in den USA entwickelt und in den 1990er-Jahren in Europa etabliert, oft im Zusammenhang mit Integrationszielen (interkulturelle Gärten) (Rosol 2006; Müller 2011; Endlicher 2012; Larson 2012). Dietrich 2014 nennt als neue Gartenformen:
— Community Supported Agriculture (CSA)
— Regionale Abokisten
— Gemeinschaftsgärten
— Interkulturelle Gärten
— Nachbarschaftsgärten
— Pädagogische Gärten
— Selbsterntegärten
— Guerilla Gardening

Die Gemeinschaftsgärten begannen als Guerillas

Die Community-Garden-Bewegung begann in den 1970er-Jahren, bedingt durch den durch die Finanzkrise erzeugten baulichen Verfall und die Nutzungsaufgabe von Land. In der Lower East Side von New York warf eine Gruppe „Green Guerillas" „Samen Bomben" (Samen, Dünger und Wasser) über Zäune auf aufgegebene Freiräume (öffentlich oder privat), um sie damit mit Pflanzen zu verschönern. Dabei blieb es nicht, sondern die Bewegung entwickelte ein Programm, das in Nachbarschaften Teilnehmer fand. Grundstücke wurden von Freiwilligen von Müll geräumt, eingezäunt und verschönert. Die „Bowery Houston Community Farm and Garden" wurde 1974 durch die City Office of Housing Preservation and Development durch einen Mietvertrag für das Grundstück (1 Dollar im Monat) legalisiert und wurde der erste Community Garden (weltweit). Die Gärtner legten 60 Gemüsebeete an und pflanzten Obstbäume. Der Community Garden bekam immer mehr Aufmerksamkeit, gewann Preise. Die Green Guerillas begannen Workshops anzubieten, experimentierten mit an Stadtbedingungen angepasstem Pflanzenmaterial und tauschten Pflanzenmaterial mit anderen Gärtnern in der Stadt aus. 1986 wurde der Community Garden in Würdigung seiner Gründerin, die 1985 an Krebs verstarb, „Liz Christy's Bowery-Houston Garden" genannt (NYC Parks 2018) (s. ◘ Abb. 5.29).

◘ **Abb. 5.29** Guerilla Gardening in Lodz, Polen. (© Breuste 2011)

5.3 · Die Stadtgärten

Gemeinschaftsgartenvereine wollen mit ihren Aktivitäten auch politische Zeichen setzen, wie z. B. aktiv und konkret zur „Energie- und Kulturwende" beitragen, indem gemeinsam Grünflächen genutzt und gestaltet, Nahrungsmittel, Obst und Gemüse, angebaut werden. Sie dienen damit auch als Experimentierfeld für neue Gesellschaftsformen (Reimers 2010; Egloff et al. 2014; Transition Regensburg im Wandel 2018).

» „Einen sozialen Treffpunkt in der Stadt schaffen, an dem wir uns austauschen und Zeit im Grünen verbringen können. Wissen teilen, Permakultur kennen- und anzuwenden lernen (Umsetzung in Energiekreisläufen, von der Natur lernen). Guerilla Gardening Aktionen starten, das Grün in der Stadt zurückerobern, den Selbstversorger-Anteil der Stadt erhöhen, Auf dem Weg zu einem bewussten, „enkeltauglichen" und regionalen Lebensstil!" (Transition Regensburg im Wandel 2018).

» „Wer einen Garten gestaltet, entwirft ein Wunschbild der Welt. Man nimmt von der Natur das, was nicht weglaufen kann, den Boden und die Pflanzen, und prägt dem seinen Willen auf. Man verwandelt das Land um der Menschen willen, aus den unterschiedlichsten Absichten, die sich ergänzen oder einander widerstreiten, und schon ist man mitten in den Auseinandersetzungen der Politik" Horst Günther (Reimers 2010, S. 7).

Urban Gardening hat in den letzten Jahren eine große und wachsende öffentliche Aufmerksamkeit erlangt und sich in den Medien in einer Vielzahl von Beiträgen widergespiegelt. Dieser Aufmerksamkeit hat sich auch die lokale und regionale Politik angeschlossen. Dies hat das Thema „Stadtgärten" insgesamt befördert. Es hat aber auch dazu geführt, dass das seit über hundert Jahren z. B. in Deutschland bestehende Kleingärtenwesen in seiner Bedeutung etwas aus dem Blickwinkel geraten ist. Circa einer Million deutscher Kleingärtner stehen derzeit einige Hundert Urban Gardenern zur Seite. Beide gemeinsam stehen aus viele gemeinsamen und einigen unterschiedlichen Motiven für die ungebrochene Zustimmung und Bedeutung zum Gärtnern in Städten.

In Ländern, in denen privates Gärtnern (Kleingärten, *allotments*) keine Tradition hat, wurde Community Gardening (Gemeinschaftsgärten) der wichtigste Zugang zum Urban Gardening überhaupt. Diese Bewegung verbreitet sich weltweit am stärksten (s. ◘ Abb. 5.30).

Urbanes Gärtnern bringt selbst erzeugte Naturprodukte als neue Erfahrung im Umgang mit Natur in die Städte – das Beispiel Shanghai

Gegenwärtig bestehen bereits etwa 20 Gemeinschaftsgärten in Wohngebieten, an Schulen und in Parks in Shanghai. Sie sind das Ergebnis übergeordnet geförderten, selbstorganisierten Bemühens um aktives Naturgestalten zur Nahrungserzeugung und zum Lernen über den Umgang mit Natur, in den auch die Kinder eingebunden werden. Dies verbindet die traditionellen Werte der chinesischen Kultur mit der „westlichen" Idee des urbanen Gärtners in harmonischer Weise. Der „Knowledge and Innovation Community Garden" (KICG) in der Wujiaochang Street im Yangpu District Shanghais ist ein typischer Gemeinschaftsgarten in einer Wohnnachbarschaft, organisiert und gepflegt durch die Anwohner und ihre Familien. Der „Knowledge and Innovation Community Garden" (KICG) besteht aus Pflanzbeeten, die von den Anwohnern gemietet werden können, gemeinschaftlich bewirtschafteten und genutzten Beeten, Spiel- und Grünbereich und einem Aufenthalts- und Schulungsraum mit Waschräumen und Toiletten. Auf Umweltbildung besonders für Kinder und Schulung zum Thema „Gärtnern" wird großer Wert gelegt. Errichtet wurde der Garten auf einem „Reststück" Land, das im Rahmen eines großen Bauvorhabens vom Bauträger als *community interaction space* zur Verfügung gestellt wurde und damit 2016 der erste Shanghaier Gemeinschaftsgarten als Nachbarschaftsanlage wurde. Die 220 m² große Anlage ist Teil des Knowledge-and-Innovation-Community(KIC)-Parks, eines 1 Mio. m² großen High-Tech-Industrie-Clusters mit Informationstechnologie als Kernstück.

Die Stadtteilverwaltung hat diesen mit einem Hongkonger Unternehmen gemeinsam realisiert. Dieses Technologie-Projekt sollte durch einen öffentlichen Raum mit Naturbildungsfunktion ergänzt werden. Der Garten ist inzwischen auch bereits ein stark wahrgenommener sozialer Kommunikationsraum. Da KICG in Organisation und Verwaltung durch ein professionelles *design team* betreut wird (District, Tongji Universität etc.), fehlt bisher eine echte kommunale Selbstverwaltung durch die Anwohner. Die Moderation unterschiedlicher Interessen untereinander und die Übernahme eigener Aufgaben durch eigene Koordination sind für die meisten noch ungewohnt neu. Dies sind Aspekte, die sich mit dem Wandel der chinesischen Gesellschaft von *public* zu *private* noch verändern dürften (Liu et al. 2017b) (s. ◘ Abb. 5.31, ◘ Tab. 5.8, 5.9).

◘ **Abb. 5.30** Karls Garten am Karlsplatz mitten im Zentrum von Wien, Österreich, „Schau- und Forschungsgarten für urbane Landwirtschaft" (► www.karlsgarten.at). (© Breuste 2015)

Abb. 5.31 Knowledge and Innovation Community Garden in Shanghai, China. (© Breuste 2017)

5.3.2 Leistungen von Stadtgärten

Die Stadtgärten sind ein wichtiger Bestandteil der Stadtnatur, kultureller Faktor, Ort des Lernens, der Erholung und der sozialen Begegnung (Gilbert 1989a, b). Sie sind Grünräume, die die bebauten Räume erst bewohnbar machen (Schiller-Bütow 1976). Kleingärten haben in erster Linie eine soziale Funktion. Sie entsprechen dem menschlichen Bedürfnis nach Naturaneignung und selbstgestaltendem Leben in Natur, die menschlichen Ordnungsprinzipien untergeordnet, risikofrei und inspirierend ist und das Gefühl von Wohlbefinden und Gesundheit vermittelt. Kein anderer Naturbestandteil der Städte wird vergleichbar intensiv genutzt wie der Garten, insbesondere der städtische Kleingarten.

Gärtnern als Hobby haben in Deutschland Tradition. Es wird bei einer Erhebung 2003 auf Platz sieben unter den zehn Lieblingsfreizeitbeschäftigungen geführt. Kreativität, Natur und Aktivität verbinden sich zu großer Akzeptanz und dem Bewusstsein, gesundheitsfördern tätig zu sein (Menzel 2006; Rasper 2012).

Der individuelle, selbstbestimmte und gestaltende Umgang mit Natur, der als Erholung und Entspannung, als Gegenbild zum übrigen urbanen Leben gesehen wird, steht beim urbanen Gärtnern im Vordergrund (Breuste und Artmann 2015; Hufnagl 2016).

Als Teil des Grünsystems der großen Städte können Kleingärten u. a. für eine Verbesserung von Stadtklima und Lufthygiene, eine Erhöhung der Biodiversität durch Lebensraumangebote und für mehr Naturkontakt sorgen. Angeführt werden vor allem folgende Leistungen der Gärten:

Versorgungsleistungen:
- Bereitstellung von Nahrungsmitteln

Regulierungsleistungen:
- Reduzierung der Lufttemperatur
- Reduzierung der Schadstoffbelastung der Luft
- Reduzierung der Lärmbelastung
- Reduzierung der Belastungen von Böden und Grundwasser
- Reduzierung des Beitrags zum Klimawandel

Tab. 5.8 Vergleich Kleingärten und Gemeinschaftsgärten in Deutschland anhand ausgewählter Merkmale. (Breuste 2007; Breuste und Artmann 2015; Anstiftung 2018)

	Kleingärten (Allotments)	Gemeinschaftsgärten (Community Gardens)
Anzahl Vereine in Deutschland	5871	Über 650
Fläche in Deutschland in ha	ca. 450.000	ca. 60.000 (keine offizielle Statistik)
Fläche je Verein in m²	ca. 10.000	100 bis mehrere 1000
Anzahl Gärtner in Deutschland	950.000	10–15.000
Anzahl Gärtner je Verein	50–600	10–50
Anteil Flächen für Nahrungserzeugung (in %)	20–30	60–80
Die Gärtner	Überwiegend Pensionisten, zunehmend auch Familien	Familien mit Kindern, Frauen, Erwachsene im Arbeitsleben, kaum Pensionisten
Gärten existent seit	ca. 140 Jahren	ca. 20 Jahren
Lokalisation	In größeren Städten, häufig mit industrieller Tradition	Besonders in großen Städten
Durchschn. Anteil Flächen für kontemplative Erholung (in %)	40–70	10–30
Gartenlauben	Individuell je Parzelle (bis 21 m²)	Keine oder eine je Verein
Struktur	Individuelle Parzellen	(meist) keine Parzellierung
Organisationsform	Gemeinnütziger Verein	Verschiedene Rechtsformen, gemeinnütziger Verein bis GmbH
Eigentümerschaft der Flächen	Meist Pächter	Meist Pächter
Toiletten	Meist WCs	Oft Komposttoiletten
Wasseranschluss	Immer	Meist
Nutzbeetstruktur	Verschieden	Oft Hochbeete oder transportable Pflanzbehälter
Abgrenzung nach außen durch Zäune oder Hecken	Ja	Ja
(Obst-)Baumbestand	Meist vorhanden	Kaum vorhanden
Nutzungsgebühren	Ja	Ja
Bestandssicherheit	i. d. R. gegeben, teilw. unsicher, Stadtentwicklung als Konkurrent	Gering, Wohnungsbau als Konkurrent
Öffentlichkeitsarbeit der Vereine	Gering, Internetauftritt kaum	Intensiv, Internetauftritt und soziale Medien sind die Regel
Lobbyarbeit	Fast nie, kaum politische Unterstützung	Häufig und angestrebt, häufig politische Unterstützung, z. B. von Grünen Parteien

5.3 · Die Stadtgärten

◘ **Tab. 5.8** (Fortsetzung)

	Kleingärten (Allotments)	Gemeinschaftsgärten (Community Gardens)
Externe Förderung, Spenden und Sponsoring	Kaum	Häufig, wichtige Einnahme
Politische Wahrnehmung (Stadtverwaltungen)	Gering, kaum Öffentlichkeitsarbeit	Stark, oft sehr gute Akzeptanz in Stadtverwaltungen, Aktionen in die Politik, Werbung und Kampagnen
Gemeinschaftsgefühl	Ausgeprägt	Sehr stark
Motivation für das Gärtnern	Erholung und Entspannung, Freude am Gärtnern, Naturkontakt	Freude am Gärtnern, Sozialkontakt, Umweltverbesserung
Gemeinsame Lebensstile	Nicht notwendigerweise	Häufig vorhanden
Vernetzung der Vereine	Im Verband, landesweite Dachorganisation	In verschiedener Weise, keine landesweite Dachorganisation lokale Gartennetzwerke
Naturschutz und Bildung als Vereinsziele	Wenig	Meist

Kulturelle Leistungen:
— physische und mentale Erholung
— Gesundheit durch physische Aktivität und mentales Wohlbefinden
— emotionaler Naturerfahrung und Aneignung von Naturwissen
— spirituelle oder ästhetische Wertschätzung (Madlener 2009; Endlicher 2012; Borysiak und Mizgajski 2016; Borysiak et al. 2017; Breuste und Artmann 2015; Speak et al. 2015; Bell et al. 2016; Schram-Bijkerk et al. 2018).

Die Leistungen als Habitat für Pflanzen und Tiere (Biodiversität) wird im ► Kap. 6 separat behandelt. Soziale Wirkungen der Interaktionen der beteiligten Personen sind unbestreitbar, können jedoch nicht als Ökosystemleistungen erkannt werden.

Die **Versorgung mit gesunden, selbst erzeugten Nahrungsmittel** und die **Privatheit der Nutzung der Leistungen** sind die wesentlichen Unterschiede in Leistung und Leistungswahrnehmung in Stadtgärten im Vergleich zu allen anderen Leistungsträgern der Stadtnatur (Park, Wald, Gewässer etc.).

Dietrich 2014 führt eine Reihe von Leistungen der Kleingärten auf, jedoch nicht die Nahrungsmittelproduktion:

Gesellschaftliche Funktionen
— Gartenkultur, Kulturwissen und Wissensmanagement
— Steigerung der Lebensqualität
— Integration
— Freizeitgestaltung
— Naturerlebnis und Umweltbildung
— Aufwertung des Wohnumfelds

Naturhaushalt und biologische Vielfalt
— Agrobiodiversität
— Biotopverbund
— Biotopfunktion
— ökologischer Ausgleich

**Landschaftsbild und Erholungsvorsorge,
Ökosystemleistungen,
Klimawandel**
– Klimaanpassung
– Klimaschutz

Versorgungsleistungen

In Stadtgärten werden Nahrungsmittel erzeugt und die Erzeuger sind Konsumenten ihrer eigenen Produkte. Diese sind vorrangig Gemüse und Obst. In geringem Umfang werden in Kleingärten Nutztiere (bes. Kaninchen, Hühner, Tauben) gehalten. Gesundheitsrichtlinien der Stadt verbieten diese früher verbreitete Tierhaltung inzwischen meist. In anderen Ländern ist dies z. T. in breiterem Umfang möglich, z. B. in Frankreich (Langemeyer et al. 2016).

Die Nahrungsmittelversorgung aus dem eigenen Garten deckt bei Kleingärtnern, der größten Gruppe der Gärtner in Deutschland und Österreich (Breuste und Artmann 2015), nur einen geringen Teil des Obst- und Gemüsekonsums der Haushalte der Kleingärtner ab. Eine Befragung von 156 Kleingärtnern in Salzburg (Österreich) ergab, dass die Mehrheit der Gärtner (52 %) im Kleingarten ca. 10 % ihres Obstbedarfs und 44 % ihres Gemüsebedarfs selbst produziert. Als Grund für die Nahrungsmittelerzeugung werden nicht die Reduzierung von Ausgaben, sondern die gesunde Qualität der selbst produzierten Nahrungsmittel (47 %) und deren besserer Geschmack (41 %) angegeben.

Am meisten produziert werden Obst (Äpfel, Kirschen, Beeren u. a.), Salat, Zwiebeln, Kohl, Mohrrüben, Tomaten und Erdbeeren, die überwiegend frisch (81 %) genossen werden (41 % konservieren auch vorwiegend Obst).

Die meisten Gärtner haben zur Erhöhung (oft auch erst zur Erzielung) von Fruchtbarkeit ihrer Gärten viel Arbeit und Energie investiert (Bodenverbesserung, Kompostdüngung (85 %), Baumpflanzung (54 %), Buschpflanzungen (82 %)) und kultivieren zu 76 % Obst und Gemüse.

Im Trend sind die Reduzierung von Pflege und die Wandlung des Nutzgartens in einen überwiegend (aber nicht ausschließlichen) Erholungsgarten. Dies steht den Ergebnissen von Untersuchungen in anderen, z. B. mediterranen Ländern, wie z. B. Barcelona, entgegen, wo derzeit eine Zunahme der Pflegeintensität der Gärten, die fast ausschließlich aus Gemüsebeeten bestehen, zu beobachten ist (Hufnagl 2016).

Die Versorgung mit Nahrungsmitteln ist in keiner der bekannten Studien der Hauptmotivationsgrund für die Gartenbewirtschaftung (z. B. Breuste 2007, 2010; Breuste und Artmann 2015; Langemeyer et al. 2016), auch dort nicht, wo die Gärten fast ausschließlich aus Gemüsebeeten bestehen (Hufnagl 2016).

Die Versorgungsleistungen gewinnen jedoch zunehmend an Bedeutung, da das Vertrauen in industriell erzeugte Nahrungsmittel aus dem Handel gesunken und die Sensibilität für gesunde Nahrungsmittel gewachsen ist. Die kontrollierte Selbsterzeugung von Nahrungsmitteln ist dafür eine Alternative (Hoffmann 2002).

Es kann erwartet werden, dass das Interesse an einer Nahrungsmittelproduktion in Gemeinschaftsgärten noch über das in Kleingärten hinausgeht. Der Grund kann hier in der höheren Motivation für Nahrungsproduktion und in der darauf aufbauenden Struktur der Gemeinschaftsgärten gesucht werden.

In Krisen- und Kriegszeiten und in wirtschaftlich schwachen Ländern sind Stadtgärten eine wichtige Quelle der generellen Nahrungssicherheit (Barthels und Isendahl 2013) (s. ◘ Abb. 5.32).

Die British Royal Horticulture Society (2013) nennt acht Gründe für urbanes Gärtnern *(allotment gardening)* in Großbritannien. Fünf dieser Gründe, darunter Grund Nummer eins, haben mit der Erzeugung frischer Nahrungsmittel zu tun. In Großbritannien liegt der Focus des Gärtnerns deutlich auf gesundem, selbst erzeugten Obst- und Gemüse.

5.3 · Die Stadtgärten

Abb. 5.32 Gemüseanbau zwischen Straßenfahrbahnen in Chiang Saen, Thailand. (© Breuste 2018)

Acht Gründe für Allotment Gardening in England (RHS 2013)

1. *Get the freshest produce:* the flavor and freshness of food straight from the plot is streets ahead of most supermarket produce.
2. *Save money:* A bag of salad costs as much as a packet of rocket seed, and sometimes a lot more! One packet of seed will give you dozens of bags-worth of tasty salads.
3. *Get some exercise* in your own ‚green gym': Getting outside in the garden is a proven winner for health and stress relief. ‚Allotments are the ultimate stress-buster'.
4. *Avoid additives:* If you care about what goes into and onto your food, growing your own organically is the best way of taking control. You can avoid chemical additives that are sometimes found in shop-bought food.
5. *Get to know neighbors:* Having an allotment is one of the best ways of getting to know people in your local area. ‚Allotment communities are genuine communities, with people from all sorts of backgrounds and ages.'
6. *Save food miles:* Think of the carbon saved by growing your own; a smaller distance from ‚plot to plate' also means tastier, fresher food.
7. *Grow the food you enjoy:* The number of varieties of fruit and vegetable available to home gardeners is huge compared to the number available in shops.
8. *A great escape:* Sometimes it's just great to get away from the house, and normal day-to-day chores! For many, allotments are a perfect stress-buster!"

Barcelona – neuer Trend – Gärtnern in unterschiedlichen Gartenformen

Verbunden mit der globalen Finanzkrise haben sich seit 2008 Gemeinschaftsgärten als neuer Bestandteil der Grünstruktur der Städte in vielen südeuropäischen Städten etabliert (Keshavarz und Bell 2016). In Spanien wurden die ersten Stadtgärten allerdings bereits in den 1980er-Jahren, angeregt durch Nachbarschaftsorganisationen und unterstützt durch die Stadtverwaltungen, angelegt. Sie waren Teil eines städtischen Regenerationsprozesses, der die Defizite an öffentlichen Einrichtungen und Grünflächen in oft peripher gelegenen Sozialwohnungsviertel überwinden sollte. Dieser Prozess wurde auch durch die illegale Inbesitznahme von Brachflächen und deren Kultivierung durch Gärten begleitet. Hauptsächlich Rentner, Arbeitslose und Zuwanderer aus Agrargebieten versuchten so, wirtschaftliche Krisensituationen zu überwinden. 1997 begann mit dem „Barcelona Stadtgartennetz" ein kommunales Programm, das sich vor allem an Pensionisten wandte.

Damit entstanden unterschiedliche Formen von Stadtgärten in Barcelona:
1. Stadtgärten für Rentner (Xarxa d'horts municipals),
2. Gemeinschaftsgärten (Xarxa d'horts comunitaris), elf zwischen 2002 und 2015 eingerichtet und
3. ab 2013 neun Pla Buits Gärten (Plan für die soziale Inklusion und Aufwertung von Brachflächen im öffentlichen Besitz für die Bevölkerung).

Gemeinschaftsgärten wurden eine Form des Widerstandes gegen die Privatisierung öffentlichen Freiraums und boten Experimentiermöglichkeiten mit neuen urbanen Lebensstilen (Camps-Calvet et al. 2015) (s. ◻ Abb. 5.33 und 5.34).

Camps-Calvet et al. 2016 befragten 2014 201 Stadtgärtner Barcelonas nach Ihren Bewertungen von Ökosystemleistungen der Stadtgärten, die sie bewirtschafteten (s. ◻ Tab. 5.9).

In einer Studie, geleitet von J. Breuste, Salzburg (Hufnagl 2016), wurden 2016 93 Stadtgärtner in allen Stadtgartenformen in Barcelona zu ihrer Erzeugung von Nahrungsmitteln befragt.

Der Ost- und Gemüseanbau in den einzelnen Gartentypen unterscheidet sich nicht wesentlich. Er ist das Hauptziel der Gartenarbeit. Die Gärten sind überwiegend Gemüsegärten. Zierpflanzen spielen kaum eine Rolle. Zwischen 50 und 80 % der Gärtner bauen Obst- und Gemüse an und verzehren diese frisch selbst oder verteilen sie im Familien- und Freundeskreis. Konservierung spielt nur eine untergeordnete Rolle (weniger als 1/3 der Befragten). Angebaut werden hauptsächlich Tomaten, Salat, Zwiebeln, Saubohnen (alle über 50 % der Nennungen) und Paprika, Knoblauch, Kartoffeln und Bohnen (20–50 % der Nennungen) und viele weitere Gemüse. In allen Gartenformen wurde der Pflegeaufwand in den letzten Jahren erhöht, oft erheblich, in den „besetzten Gärten" jedoch am wenigsten. Die Gärtner halten ihren Lebensstil durch ihre biologisch produzierten Gemüse, das Kompostieren von Bioabfällen (beides ca. 80 %) und die Nutzung öffentlicher Verkehrsmittel für besonders umweltfreundlich.

Motiv des Gärtnerns ist jedoch nicht vorrangig die Selbstversorgung mit Obst und Gemüse. Nur 10–23 % geben diesen Grund an. Viel wichtiger sind Entspannung und Erholung, das Hobby „Gärtnern", die Tätigkeit in frischer Luft und der Kontakt zur Natur. Außer in den Pla-Buits-Gärten spielen auch soziale Kontakte nur eine untergeordnete Rolle (s. ◻ Abb. 5.35, 5.36 und 5.37).

5.3 · Die Stadtgärten

Tab. 5.9 Bewertung von Ökosystemleistungen durch Gärtner in Barcelona. (Verändert nach Camps-Calvet et al. 2016) 0 = unwichtig, 5 = große Bedeutung

Ökosystemleistungen	Bewertung der Wichtigkeit (0–5)
Versorgungsleistungen	
Nahrungsmittelerzeugung	3,75
Erzeugung von Medizin- und Aromapflanzen	3,40
Regulationsleistungen	
Luftreinigung	4,08
Lokale Klimaregulierung	4,01
Globale Klimaregulierung	3,86
Erhöhung der Bodenfruchtbarkeit	4,36
Bestäubung	4,27
Habitatangebot für Tiere und Pflanzen	
Biodiversität	4,26
Kulturelle Leistungen	
Soziale Gemeinschaft und Integration	4,40
Identifikation	4,62
Politische Botschaft	4,14
Naturförderung	4,65
Nahrungsqualität	4,57
Ästhetik	4,46
Naturerfahrung und Spiritualität	4,51
Entspannung und Stressabbau	4,62
Unterhaltung und Freizeit	4,53
Aktivität und physische Erholung	4,35
Lernen und Bildung	4,51
Unterstützung des kulturellen Erbes	4,55

Abb. 5.33 Abbildung am Eingang zum Hort Can Masdeu: „Wir sind autonom" in Barcelona, Spanien. (© Hufnagl 2015)

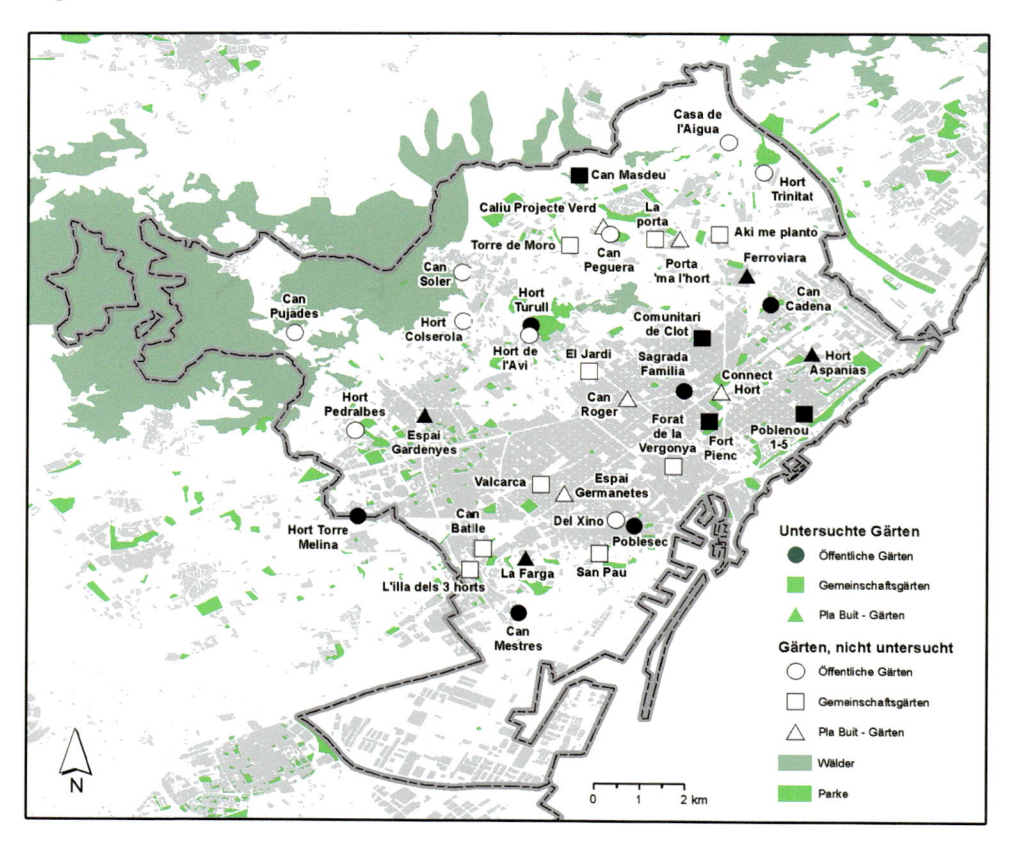

Abb. 5.34 Stadtgartentypen in Barcelona, Spanien, Entwurf: J. Breuste, Zeichnung: W. Gruber 2017

5.3 · Die Stadtgärten

◘ **Abb. 5.35** Stadtgarten (Xarxa d'horts municipal, Municipal Garden) Hort Torre Melina in Barcelona, Spanien. (© Hufnagl 2015)

◘ **Abb. 5.36** Stadtgarten (Xarxa d'horts comunitaris, Community Garden) Hort Polenou 4 in Barcelona, Spanien. (© Hufnagl 2015)

◘ **Abb. 5.37** Stadtgarten (Pla Buit Garden) Hort Espai Gardenyes in Barcelona, Spanien. (© Hufnagl 2015)

Erholung und Entspannung Hauptmotivationsgründe für städtisches Gärtnern bei Kleingärtnern, basierend auf einer Befragung von 156 Kleingärtnern in Salzburg (Breuste und Artmann 2015) und 93 Befragten in Barcelona (Hufnagl 2016), sind (Salzburg/Barcelona):
- Entspannung und Erholung (80 %/83 %),
- der Kontakt zur Natur (65 %/61 %),
- Garten als Hobby (65 %/65 %),
- Ruhe und Rückzug vom Alltag (57 %),
- Knüpfung von Sozialkontakten (15 %/52 %),
- Kompensation zum Arbeitsleben (47 %/–) und
- Selbstversorgung mit Obst- und Gemüse (46 %/14 %).

Nur bei Sozialkontakten und Selbstversorgung mit Obst und Gemüse unterscheiden sich die Angaben deutlich. In den meisten Punkten ist das Gärtnern auch in unterschiedlichen europäischen Kulturkreisen und unterschiedlichen Gartenformen vergleichbar motiviert.

Für Gemeinschaftsgärtner in Berlin geben Fritsche et al. 2011, basierend auf Einzelinterviews, als Motivationsgründe an:
- Freude am Gärtnern,
- Sozialisierung mit anderen Gleichgesinnten und Nachbarschaftskontakte,
- Verbesserung der Grünsituation im Viertel, mit der Unzufriedenheit herrscht,
- Sicherer Spiel- und Erlebnisraum für eigene Kinder.

Die Knüpfung von Sozialkontakten ist kein Hauptmotiv der Kleingärtner. Sie bilden zwar Vereine und kooperieren in diesen, sind aber im eigenen Garten eher auf Individualität bedacht. Nur 15,3 % der Kleingärtner geben die Knüpfung von sozialen Kontakten in einer Salzburger Studie als Motivationsgrund an (Breuste und Artmann 2015).

Beträchtliche Teile der Stadtbevölkerung verbringen ihre Freizeit als Pächter oder deren Familienmitglieder in Kleingärten. Kleingärtner sind in ihrer Mehrheit Pensionisten mit relativ viel Freizeit. Mitnutzer sind ihre jüngeren Familienmitglieder. Keine andere öffentliche Grünfläche wird nur entfernt gleich intensiv besucht und genutzt, wie der Kleingarten (Breuste 2007; Breuste et al. 2016)

Im Kleingarten wird bevorzugt im Sommerhalbjahr, aber auch im Winter der größte Teil der persönlichen Freizeit im Freien verbracht, sich erholt und Gartenarbeit verrichtet. Der Garten ist zweiter Lebensmittelpunkt. Die 2005 befragten 269 Salzburger Kleingärtner (Breuste 2007) waren zu zwei Dritteln Rentner, die durchschnittlich 300–350 m^2 große Gärten nutzten. Die häufige Nutzung der Kleingärten wird durch eine relativ enge räumliche Beziehung zum Wohnstandort gefördert, die heute immer mehr aufgelöst wird. Fast alle Kleingärtner (95,5 %) benötigen von der Wohnung aus weniger als 30 min Wegezeit (s. a. Breuste und Breuste 1994).

In der Salzburger Studie (Breuste und Artmann 2015) wurden überwiegend drei bis sechs Stunden täglich im Garten verbracht (42,8 %). Hoch ist die Anzahl derjenigen, die sechs bis neun Stunden im eigenen Garten verbringen (24,9 %). 11,9 % geben an, über neun Stunden täglich in den Salzburger Gartenanlagen zu sein. 13,8 % nutzen den Garten werktags eine bis drei Stunden, weniger als 1,0 % der Kleingärtner hält sich maximal täglich eine Stunde im Garten auf. Durchschnittlich halten sich 66,0 % der Befragten am Wochenende mehr als sechs Stunden täglich im Garten auf.

Kleingartenanlagen kommt damit eine bedeutende Rolle für die Erholung im Freien zu. Der Kleingarten ersetzt andere Erholungsorte in der Stadt oder im Umland. Die große Mehrheit der Befragten (80,7 %) fühlt sich besonders naturverbunden. Die Kleingärtner haben einen besonders **hohen Grad an Zufriedenheit** mit der von ihnen genutzten Stadtnatur, der nirgendwo sonst in städtischen Grünflächen erreicht wird. 79,9 % sind mit dem Kleingarten vollauf zufrieden und äußern keine Verbesserungs- oder Veränderungswünsche.

Klimaregulation und Luftreinhaltung Diese Ökosystemleistungen basieren auf den bereits o. g. Eigenschaften von Vegetationsflächen (s. ▶ Abschn. 5.1 und 5.1.2). Besonders der Baumbestand wird hier als Leistungsträger wirksam. Die Wirksamkeit dieser Leistung kann von zwei Faktoren erwartet werden: Erstens sind viele größere Flächen auch mitten im Stadtgebiet gelegen und von Bebauung umgeben. Sie bilden damit Kühle- und Reinluftinseln in den Baugebieten. Ihre Wirkung auf die Umgebung sollte jedoch nicht überschätzt werden. Park- oder Waldökosysteme übertreffen in Abhängigkeit von der Vegetationsstruktur Gartenflächen in ihren Regulationsleistungen (Szumacher 2005; Baró et al. 2014). Darauf, dass z. B. Abkühlungsleistung auch mit zusätzlicher Bewässerung zusammenhängt, weisen einige Studien hin (Hof und Wolf 2014; Hof 2015). Der zweite Fakt ist die hohe Aufenthaltsdauer der Gärtner in ihren Gärten. Sie kommen damit in einen deutlich längeren Genuss der Leistungen als z. B. die meisten Besucher von Parks. Von Langemeiner et al. 2016 wird der Leistungsbereich „Klima- und Luftreinhaltung" als bedeutend eingeschätzt, ohne dass dies näher begründet wird. Ein dritter Fakt ist die durch recht intensive Bewässerung in der Vegetationsperiode, die auch die Hauptaufenthaltsperiode ist, bedingte zusätzliche Verdunstungskühle. Es kann davon ausgegangen werden, dass diese Zusatzbewässerung einer Ergänzung des Jahresniederschlags um mehrere Hundert Millimeter entspricht, die insbesondere in regenarmen Gebieten und Jahren (z. B. mitteldeutsches Trockengebiet, nordböhmisches Becken, Oberrheingraben) wirksam sein können (Tessin 2001; Freitag 2002; Breuste 2007; Neumann 2013; Breuste und Artmann 2015).

Physische Aktivität und Gesundheit Physische Aktivität im Freien ist besonders für ältere Menschen, immer noch die Hauptgruppe der Gärtner in Europa, von besonderer gesundheitlicher Bedeutung. Browne 1992 und Park et al. 2011 zeigen diese Bedeutung für ältere Menschen, die durch das Gärtnern mehr als durch jede andere Stadtnaturform zu physischer Aktivität im Freien motiviert werden. Gärtnern trägt damit nachweislich für eine besonders sensible Altersgruppe zur gesunden Lebensführung bei.

Naturerfahrung und Stadtgärten als urbane Lernorte Stadtgärten bieten vielfältige Möglichkeiten der Naturerfahrung und sind besonders als Lernorte über Natur und Naturprozesse für die junge Generation gut geeignet. Dies wird vor allem dadurch begründet, dass sie abgegrenzte, überschaubare Naturräume sind, wo unter Anleitung und Betreuung der älteren Generation(en) über Naturprozesse selbstgestaltend gelernt werden kann. Dies gehört als Schulgärten und pädagogische Gärten bereits seit Längerem zum Lehrspektrum von Schulen in verschiedenen Ländern. Stadtgärten sind vielfältig, was das Lernen über verschiedene Sachverhalte im Zusammenhang mit Natur leicht ermöglicht. Gelernt wird durch experimentieren, emotional, generationenübergreifend und durch Wissenserwerb. Dies sind ideale Voraussetzungen für nachhaltiges Umweltlernen, die auch zur Veränderung von Werthaltungen in Bezug zur Natur generell und zu einem insgesamt wertschätzendem Naturverhalten, ohne die übliche medienbegleitende emotionale Verklärung der Natur, sondern gestützt auf eigene praktische Erfahrungen, führen (Eisel 2012; Freitag 2002; Hoffmann 2002).

> „Der Kleingarten ist ein Ort, an dem Kinder und Erwachsene ohne Vorkenntnisse schnell und direkt Zugang zur Natur finden" (SenStadt 2012, S. 21). „Kleingärten sind als Orte der „Rückbesinnung auf die Merkmale, Werte und Fähigkeiten der Natur" (Sermann 2006, S. 53). Und bieten „elementare Naturerlebnisse" (Hoffmann 2002, S. 97).

In einer Studie zu Gärten als Lernorte und zum Naturbewusstsein von Kleingärtnern in Salzburg (Breuste und Artmann 2015) wurden 156 Gärtner befragt. Zwei Drittel gaben an, dass sie durch das Gärtnern mehr über Natur gelernt haben, insbesondere über Naturprozesse (in Bezug auf Pflege) und den Kontakt zur Natur verstärkt haben (je ein Drittel gab dies an). 78 % der Gärtner glauben, dass diese Erfahrungen besonders für die jüngere Generation wichtig sind und weitergegeben werden sollten, was in vielen Fällen auch durch generationsübergreifende Wissensvermittlung (Kinder werden besonders durch Großeltern im Umgang mit Natur unterwiesen) stattfindet. Dominant werden Vögel, aber auch Insekten und Amphibien wahrgenommen. Beobachtungen zur Natur werden auch unter den Gärtnern ausgetauscht. Drei Viertel der Gärtner geben an, Natur mit Kindern gemeinsam zu beobachten. Wer Gärtner ist, beobachtet Natur besonders im Garten (80 %), weit weniger in Wäldern (34 %) und öffentlichen Stadtparks (9 %). 70 % der Gärtner halten sich selbst für meist umweltbewusst handelnd und in besonderer Weise naturverbunden.

Diese Intensität der Naturwahrnehmung durch generationenübergreifendes Lernen und gemeinsame Aktivitäten ist sonst in kaum einem anderen Stadtnaturraum zu beobachten. Das macht Stadtgärten als Naturerlebnisräume und Lernorte besonders wertvoll (s. ◘ Abb. 5.38).

5.3 · Die Stadtgärten

Abb. 5.38 Mietergartenanlage Silbergrund e. V. 1988, Wohngebietsgärten Halle-Silberhöhe, entstanden 1988. (© Breuste 2008)

Der Gemüsegarten des Weißen Hauses in Washington

Im Gelände des Weißen Hauses gibt es seit 1800 verschiedene Gemüsegärten. Mit dem Honig eines Bienenstocks wurde in der Vergangenheit auch „White House Ale" gebraut. Frau Roosevelt pflanzte während des II. Weltkriegs einen „Victory Garden". Hillary Clinton legte auf dem Dach einen Garten an. Am 20. März 2009 legte Michelle Obama den bisher größten Gemüsegarten an. Stiftungen unterstützten dies mit 2,5 Mio. US$.

Obamas Gemüsegarten ist 100 m² groß und weist 55 Gemüsevarietäten auf, die auch für Speisen im Weißen Haus Verwendung finden. Ein Teil ist für die lokale Suppenküche und die Food Bank Organization für Bedürftige vorgesehen. Kinder der Bancroft Elementary School in Washington wurden einbezogen.

2012 publizierte die First Lady über den White-House-Gemüsegarten und über gesundes Essen ein Buch: American Grown: The Story of the White House Kitchen Garden and Gardens Across America (Obama 2012). Dies förderte die weitere Verbreitung der Gartenidee in den USA. Seit 2017 wird die Aktion unter der neuen First Lady allerdings nicht weitergeführt (Obama 2012; Wikipedia 2018) (Abb. 5.39).

◘ Abb. 5.39 Urban Gardening begann bereits in den 1990er Jahren in den USA. Gemüsegarten im 5th Ward Viertel von Houston, Texas, USA. (© Breuste 1997)

◘ Abb. 5.40 Stadtgarten Lad Phrao als Lehr- und Experimentiergarten in einer Nachbarschaft in Bangkok, Thailand. (© Breuste 2016)

Stadtgärtnern findet inzwischen weltweit auch außerhalb Europas in vielen Städten statt. Ist es in kleineren Städten häufig noch zuerst eine Tätigkeit zur Ergänzung der Nahrungsversorgung durch frisches Gemüse, ist es in den Großstädten besonders der Schwellenländer bereits ein Aspekt eines gesundheitsbewussten Lebensstils der Mittelschichten.

Es gehört inzwischen für immer mehr Menschen zum modernen, gesundheitsbewussten Lebensstil, mehr über den Anbau von gesundem Gemüse, Kräutern und Obst zu erfahren (dazu werden Workshops und Unterweisungen von NGOs und Engagierten angeboten) und selbst eigenes Gemüse anzubauen. Ein gesundheitsbewusster Lebensstil

5.3 · Die Stadtgärten

Abb. 5.41 Schulgarten auf dem Schuldach in Huay Kwang, Bangkok, Thailand. (© Breuste 2016)

gehört zum Trend und kann finanziell und zeitlich von immer mehr Menschen, auch außerhalb Europas, geleistet werden. Beispiele aus den Metropolen Bangkok und Shanghai bestätigen dies (s. Abb. 5.40 und 5.41).

Kleingärtner gelten in Teilen der Politik und Teilen der Öffentlichkeit bis in die Gegenwart ungerechtfertigt als kleinbürgerlich-selbstgefällige, weltabgewandte Mitbürger und „anachronistische Relikte" (Müller 2011, S. 22), wie Sie der Dichter Erich Weinert 1930 karikierte. Dem ist zu widersprechen (Tessin 2001; Neumann 2013) (s. Abb. 5.42 und 5.43).

Ferientag eines Unpolitischen (Weinert 1930)

Erich Weinert 1930
Der Postbeamte Emil Pelle
Hat eine Laubenlandparzelle,
Wo er nach Feierabend gräbt
Und auch die Urlaubszeit verlebt.

Ein Sommerläubchen mit Tapete,
Ein Stallgebäude,
Blumenbeete.
Hübsch eingefaßt mit frischem Kies,
Sind Pelles Sommerparadies.

Zwar ist das Paradies recht enge
Mit fünfzehn Meter Seitenlänge;
Doch pflanzt er seinen
Blumenpott
So würdig wie der liebe Gott.

Im Hintergrund der lausch'gen Laube
Kampieren Huhn, Kanin und Taube
Und liefern hochprozent'gen Mist,
Der für die Beete nutzbar ist.

Frühmorgens schweift er durchs Gelände
Und füttert seine Viehbestände.
Dann polkt er am Gemüsebeet,
Wo er Diverses ausgesät.

Dann hält er auf dem Klappgestühle
Sein Mittagsschläfchen in der Kühle.
Und nachmittags, so gegen drei,
Kommt die Kaninchenzüchterei.

Auf einem Bänkchen unter Eichen,
Die noch nicht ganz darüber reichen,
sitzt er, bis daß die Sonne sinkt,
Wobei er seinen Kaffee trinkt.

Und friedlich in der Abendröte
Beplätschert er die Blumenbeete
Und macht die Hühnerklappe zu.
Dann kommt die Feierabendruh.

Er denkt: Was kann mich noch gefährden!
Hier ist mein Himmel auf der Erden!
Ach, so ein Abend mit Musik,
Da braucht man keine Politik!

Die wirkt nur störend in den Ferien,
Wozu sind denn die Ministerien?
Die sind doch dafür angestellt,
Und noch dazu für unser Geld.

Ein jeder hat sein Glück zu zimmern.
Was soll ich mich um andre kümmern?
Und friedlich wie ein Patriarch

Beginnt Herr Pelle seinen Schnarch.

Abb. 5.42 Kleiner Garten als Baumscheibenbegrünung in San Francisco, USA. (© Breuste 1997)

Abb. 5.43 Kleine Gärten können auch bei wenig Platz angelegt werden, Baumscheibenbegrünung in Halle (Saale). (© Breuste 2018)

5.4 Die Stadtgewässer

5.4.1 Naturelement Stadtgewässer

Feuchtgebiete haben eine große Bedeutung für Biodiversität, Klima und Hochwasserschutz. Stadtgewässer (engl. *water bodies*) und Feuchtgebiete (engl. *wetlands*) sind häufig auch Bestandteil der Stadtnatur. Viele Städte liegen an Flüssen und Küsten. Lehrbücher zu Stadtökosystemen widmen Stadtgewässern in eigenen Abschnitten spezielle Aufmerksamkeit (z. B. *rivers, canals, ponds, lakes, reservoirs and water mains*, Gilbert 1989a, b, *urban water bodies*, Stadtgewässer, Leser 2008; Forman 2014, Hydrosphäre: städtische Still- und Fließgewässer, Grund- und Oberflächenwasser, *wetlands and water in the urban environment*, Niemelä et al. 2011; Endlicher 2012; Stadtgewässer, Breuste et al. 2016). Feuchtgebiete werden jedoch in Lehrbüchern kaum thematisiert. Oft werden beide, Gewässer und Feuchtgebiete, voneinander getrennt betrachtet (Forman 2014). Ursache dafür kann auch sein, dass es keine allgemein akzeptierte Definition des Begriffs „Feuchtgebiet" gibt und die konkreten Ökosysteme je nach nationaler Tradition unterschiedlich zugeordnet werden. Offene Gewässer wie Seen, Flüsse und Bäche werden häufig nicht als zu Feuchtgebieten gehörig betrachtet.

Gute Orientierung gibt jedoch die allgemein anerkannte RAMSAR-Konvention zum Schutz von Feuchtgebieten, die Gewässer zu Feuchtgebieten rechnet.

> **Feuchtgebiete (RAMSAR-Definition, Art. 1)**
>
> Feuchtgebiete im Sinne der RAMSAR-Konvention sind Feuchtwiesen, Moor- und Sumpfgebiete oder Gewässer, die natürlich oder künstlich, dauernd oder zeitweilig, stehend oder fließend, von Süß-, Brack- oder Salzwasser bestimmt sind, einschließlich solcher Meeresgebiete, die eine Tiefe von sechs Metern bei Niedrigwasser nicht übersteigen (Ramsar 1971).

> **Stadtgewässer**
>
> Fließ- und Stillgewässer, die charakteristischen Einflüssen der städtischen Nutzung unterliegen (gewerbliche Nutzung, Hochwasserschutz, ästhetische Gestaltung, Verunreinigung, Eutrophierung etc.), können als Stadtgewässer bezeichnet werden (Schuhmacher 1998). Die besondere Nutzung führt zu erheblichen Veränderungen der ökologisch relevanten Gewässermerkmale im Vergleich mit Gewässern gleichen Typs außerhalb von Städten (Breuste et al. 2016). Beispiele für Stadtgewässer sind Kleingewässer, Teiche, Seen, Parkgewässer, Regenrückhaltebecken, Bäche, Flüsse, Entwässerungsgräben, Kanäle und Hafenbecken. Stadtgewässer stellen somit keinen einheitlichen Typ im Sinne der klassischen Gewässertypologie dar (Gunkel 1991).

> **Feuchtgebiete im engeren Sinne**
>
> Feuchtgebiet im engeren Sinne sind Übergangsbereiche zwischen Landlebensräumen und dauerhaft feuchten Ökosystemen. Damit werden verschiedene Lebensraumtypen mit ganzjährigem Überschuss von Wasser wie Aue, Bruchwald, Feuchtwiese, Moor, Ried, Sumpf oder Marschland zusammengefasst. Offene Gewässer wie Seen, Flüsse und Bäche gehören hier nicht zu den Feuchtgebieten, obwohl Wechselwirkungen bestehen und offene Gewässer oft von Feuchtgebieten umschlossen werden (z. B. Forman 2014; Naju 2018).

In Städten kommen offene Gewässer als Feuchtgebiete im engeren Sinne häufiger vor. Stillgewässer sind natürlich entstandene Kleingewässer, Teiche, Seen, aber auch künstliche, gestaltete Gewässer und Regenrückhaltebecken. Der Übergang zwischen

„natürlich" und „künstlich" ist besonders in Städten fließend, eine „Renaturierung" oftmals ein Entwicklungsziel (s. ▶ Abschn. 8.2) (Gunkel 1991; Gilbert 1989a, b).

Gewässer in der Stadt haben eine hohe Akzeptanz für die Bevölkerung. Voraussetzungen sind die Begrenzung oder Ausschließung der mit dem Medium Wasser verbundenen Risiken. Hier sind besonders zu nennen:
- Hochwassergefahr,
- Gefahr des Ertrinkens, besonders von Kindern,
- Gesundheitsgefahr durch Verunreinigungen und
- olfaktorische und visuelle Beeinträchtigungen, z. B. durch eingeleitete Abwässer und Abfälle.

Die hohe Attraktivität der Gewässer beruht vor allem auf
- der Besonderheit des Mediums Wasser als Gegenbild zum bekannten und vertrauten Land,
- den visuellen Aspekten (Lichtreflexion, Spiegelungen, Ausblick über die Gewässer etc.),
- der Beobachtungsmöglichkeit des Prozesscharakters des Fließens des Wassers (kurzzeitig wirksame und damit unmittelbar beobachtbare Naturprozesse sind anderswo kaum ähnlich beeindruckend zu beobachten),
- besonderes guter Beobachtungsfähigkeit der Lebensformen und -vorgänge am Wasser (Tiere – Vögel, Fische, Insekten etc. – im Habitat „Wasser und Feuchtgebiet", natürliche Vegetationsentwicklung im Übergangsbereich zwischen Wasser und Land),
- exklusiver Zugänglichkeit des Mediums „Wasser" durch Befahren mit Wasserfahrzeugen (Bootsfahrten, Wassersport etc.),
- der „Ausweitung" und visuellen Attraktivitätssteigerung des öffentlichen Raumes.

Wasser wird direkt mit hoher Lebensqualität in Städten in Verbindung gebracht. Damit bieten städtische Wasserflächen für alle Altersgruppen geeignete Angebote der Nutzung. Verbunden mit Grünräumen der Stadt bilden sie eine attraktive „Grüne und Blaue Infrastruktur". Von Vorteil ist, besonders bei Fließgewässern, ihre lineare Struktur, die, zusammen mit der begleitenden Vegetation, natürlich vorgeformte Naturkorridore durch die Städte bilden kann. Voraussetzung ist, dass sich Planung und Management dieses Vorteils bewusst sind und gerade diese Korridore nicht vorrangig für Verkehrswege genutzt haben oder nutzen, da hier die geringsten Nutzungskonflikte auftreten.

Natürliche und/oder gestaltete Gewässer sind oftmals Elemente von Stadtparken, prägen diese z. T. sogar (z. B. Sommergarten Beijing, West Lake Hangzhou, Englischer Garten München).

Küstenbereiche, z. T. Strände, gestaltet für Erholungsnutzung, machen besonders attraktive Stadtnaturbereiche aus (z. B. Clifton Beach in Karachi, Copacabana Beach in Rio de Janeiro, Bondi Beach in Sydney, Blouberg Beach in Cape Town). Städte, die diesen Vorteil bewusst genutzt haben, gehören zu den attraktivsten Städten der Welt und leiten daraus einen guten Teil ihrer Bevorzugung auch durch Touristen ab (z. B. Rio de Janeiro, Cape Town, Sydney, Tel Aviv, Casablanca, Stockholm, Helsinki u. a.).

Feuchtwiesen, Moor- und Sumpfgebiete, die klassischen Elemente von Feuchtgebieten, sind auch in Städten häufig geschützte Naturgebiete (oft Naturschutzgebiete) mit aus diesem Grunde begrenzter Zugänglichkeit. Hier gibt es besonders gute Bedingungen für Naturbeobachtungen. Die Hauptfunktion, die Erhaltung der Tier- und Pflanzenwelt, muss dadurch bei gutem Management nicht wesentlich beeinträchtigt werden. Städte mit Feuchtgebieten sind gar nicht selten, oft aber sind diese Gebiete wenig im Bewusstsein der Stadtbewohner und oft auch nur wenig besucht und für Naturbeobachtung genutzt. Dies wird vom Naturschutz nicht immer als problematisch angesehen, da Störungen durch Menschen die Habitateigenschaften durchaus auch beeinträchtigen können und ihr Unterbleiben den Naturschutz unterstützen könnte. Wichtige Feuchtgebiete in Städten sind z. B. Teile der Chongming Island in Shanghai (RAMSAR Site), Ljubljana Marsh in Ljubljana, die Lagune von Venedig, Feuchtgebiete der Sabana de Bogotá in Bogota, Moore in Salzburg u. v. a.

Gewässer und Feuchtgebiete sind häufig nicht funktional optimal in die Stadtlandschaft einbezogen. In der Stadtentwicklung erfolgte ihre Erschließung als Siedlungsraum oder als landwirtschaftlicher Ergänzungsraum der Siedlungen relativ spät. Anders als andere „Naturhindernisse" wie z. B. Wälder verlangte ihre Trockenlegung einen erheblichen technischen Aufwand, der entweder nicht zu leisten war oder aber mit zu hohem Aufwand im Vergleich zum erwarteten Nutzen verbunden war. So verblieben Feuchtgebiete oft lange als insulare Naturelemente ungenutzt im sich entwickelnden Stadtbereich (z. B Moorerschließung in Salzburg erst im 18./19. Jahrhundert, Stadt(neu)gründung Ende des 7. Jahrhunderts).

Flüsse sind als Transportwege und Energiequellen frühzeitig in den städtischen Nutzungskreislauf einbezogen und dadurch auch umgestaltet und verbaut worden. Neue Gewässer wurden für die wachsenden Nutzungsansprüche in Form von Kanälen, Reservoirs, Teichen und z. T. auch Seen angelegt. Bestehende Gewässer wurden in manchen Städten trockengelegt und für Siedlungszwecke genutzt. Die Trockenlegung von Feuchtgebieten und Gewässern wurde auch zur Bekämpfung der Malaria, lange eine von Feuchtgebieten ausgehende ernsthafte Gesundheitsgefahr, unternommen.

Verschmutzung von Stadtgewässern im Zuge einer unregulierten oder unkontrollierten Nutzung ist in vielen Städten bereits im Rückgang begriffen. Dies haben stärkere öffentliche Wahrnehmung und kontrollierte gesetzliche Regelungen bewirkt. Gewässerverschmutzung hat ihre latente Akzeptanz weitgehend verloren. Stadtgewässer müssen nicht Abwasserkanäle sein. Besonders in vielen Entwicklungsländern schließt sich jede weitere Nutzung von Gewässerleistungen wegen Gesundheitsgefährdung und geringer ästhetischer Qualität aus. Ein effizientes Monitoring der Wasserqualität ist erforderlich, um Gewässerbelastungen frühzeitig zu erkennen und langfristig zu verhindern (Kasch 1991).

Akzeptanz hat jedoch immer noch die Verbauung von städtischen Fließgewässern. Sie gründet sich auf der berechtigten Sorge um Hochwasserrisiken. Um diese zu minimieren oder auszuschließen, wird vor allem auf den technischen Hochwasserschutz durch Ausbau der Gewässer gesetzt. Dies steht meist im Widerspruch mit den Zielen einer naturnahen Gewässergestaltung. Da, wo diese Zielkonflikte erkannt wurden, wurden Maßnahmen eingeleitet, die beide Aspekte in ausgewogener Weise berücksichtigen, z. T.

auch in räumlich differenzierten Gewässerabschnitten. Auf technischen Hochwasserschutz kann in Städten meist nicht verzichtet werden, aber dies schließt naturnahe Gewässergestaltung, auch durch Rückbau von Verbauungen an geeigneten Stellen, nicht aus.

Biologische Verarmung, fehlendes Selbstreinigungsvermögen und nach wie vor bestehende Hochwassergefahr sind oft negative Merkmale von Stadtgewässern (Gunkel 1991, Kasch 1991; DVWK 1996, 2000; Schuhmacher und Thiesmeier 1991; Schuhmacher 1998; Leser 2008; Endlicher 2012).

Die technische Verbauung führt auch zur Isolation der Fließgewässer und zur Reduzierung der Habitatfunktionen. Eines der Hauptprobleme der städtischen Gewässer und Feuchtgebiete ist ihre häufig immer noch begrenzte oder z. T. nicht ermöglichte Zugänglichkeit. Dies hat nicht nur mit der fehlenden Hinwendung zu dieser Art Stadtnatur, sondern oft mit dem nötigen Aufwand der Erschließung bei minimalem Risiko für Besucher und der zu schützenden Tier- und Pflanzenwelt zu tun. Isolierte Lage und geringe Zugänglichkeit sind heute deshalb oft ein Grund für geringe Nutzung. Dort, wo diese Hindernisse aber nicht bestehen und Feuchtgebiete und Gewässer zugänglich sind, ist ihre Nutzung durch Besucher oft sehr groß. Manchmal muss sie deshalb sogar geregelt werden (Stiftung Die Grüne Stadt 2018).

5.4.2 Leistungen von Stadtgewässern

Städtische Feuchtgebiete und Gewässer in Verbindung mit terrestrischen Naturelementen wie Parks, Wäldern oder Grünland gehören durch ihre Vielfalt an Naturbestandteilen zu den attraktivsten Naturräumen von Städten überhaupt.

Ihre Ökosystemleistungen sind von großer Bedeutung. Das Nutzungsprofil dieser Leistungen hat sich entsprechend der gesellschaftlichen und individuellen Anforderungen immer wieder gewandelt (s. ▶ Kap. 2) (DVWK 1996).

Potenzielle Ökosystemleistungen von Stadtgewässern sind:
- Erholung,
- Naturerfahrung,
- Lebensraum für Flora und Fauna,
- Klimamoderation,
- Bereitstellung von Trink- und Brauchwasser,
- Energiequelle,
- Abführung von Abwässern (diese überschreitet häufig das Entsorgungspotenzial des Gewässers),
- Stadtbildverschönerung (Endlicher 2012; Breuste et al. 2016) (s. ◘ Abb. 5.44).

Die Funktionen städtischer Gewässer haben sich in vielen industriell entwickelten Städten in 250 Jahren bedeutend gewandelt (s. ▶ Abschn. 2.7). Heute sind dies vor allem:
- Freizeit- und Erholungsnutzung (dominierend),
- Entsorgung (Abflussaufnahme, nicht Abwässeraufnahme),
- Aufwertung des Wohnumfeldes und des Stadtbildes,
- Habitat für Pflanzen und Tiere,
- Brauchwasserlieferant,
- Trinkwasserversorgung und
- Energielieferant (Kaiser 2005; Breuste et al. 2016).

In vielen Städten Lateinamerikas, Afrikas und Asiens werden besonders städtische Fließgewässer für folgende Funktionen genutzt:
- Brauchwasser, besonders für landwirtschaftliche Bewässerung,
- Entsorgung von Abwässern und Abfall,
- Trinkwasserversorgung (in geringem Ausmaß) (s. ◘ Abb. 5.45, 5.46, 5.47, 5.48, 5.49 und 5.50).

5.4 · Die Stadtgewässer

SOZIO-KULTURELL

Freiraum

Identifikation

Freizeit und Erholung   Umweltpädagogik

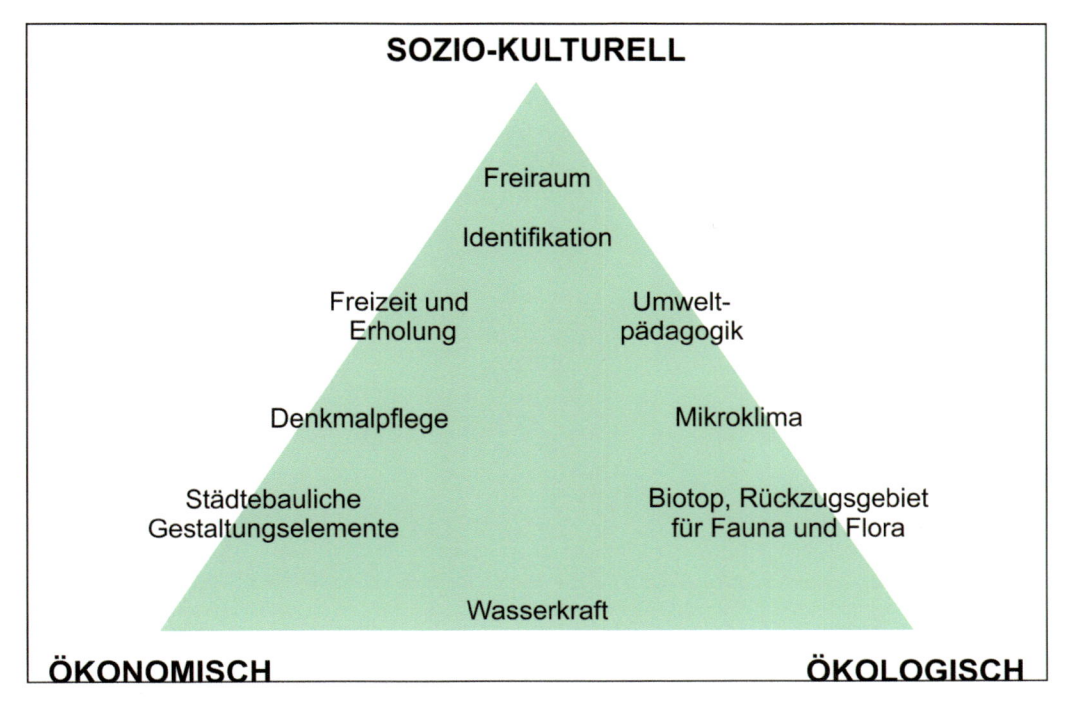

Denkmalpflege   Mikroklima

Städtebauliche Gestaltungselemente   Biotop, Rückzugsgebiet für Fauna und Flora

Wasserkraft

ÖKONOMISCH   **ÖKOLOGISCH**

◘ Abb. 5.44 Funktionen städtischer Gewässer. © DVWK 1996 (Breuste et al. 2016, Abb. 4.13, S. 105)

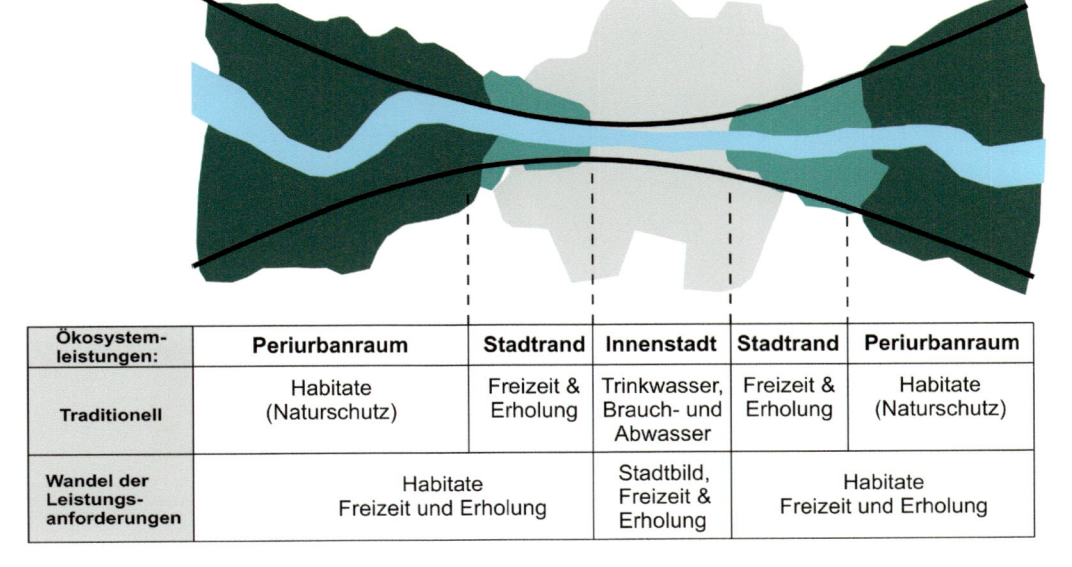

Ökosystemleistungen:	Periurbanraum	Stadtrand	Innenstadt	Stadtrand	Periurbanraum
Traditionell	Habitate (Naturschutz)	Freizeit & Erholung	Trinkwasser, Brauch- und Abwasser	Freizeit & Erholung	Habitate (Naturschutz)
Wandel der Leistungsanforderungen	Habitate Freizeit und Erholung		Stadtbild, Freizeit & Erholung		Habitate Freizeit und Erholung

◘ Abb. 5.45 Ökosystemleistungen entlang städtischer Fließgewässer, Entwurf: J. Breuste, Zeichnung: W. Gruber

Abb. 5.46 Städtisches Fließgewässer als Abwasserkanal in Mae Sai, Thailand. (© Breuste 2018)

Abb. 5.47 Städtisches Fließgewässer zur Abfallentsorgung genutzt, Karachi, Pakistan. (© Breuste 2004)

5.4 · Die Stadtgewässer

Abb. 5.48 Ländliches Leben an Fisch-Teichen in der Stadt Luang Prabang, Laos (UNESCO World Heritage City). (© Breuste 2015)

Abb. 5.49 Nutzerinformation zum Wasserbecken an der Stadthalle, Chemnitz. (© Breuste 2017)

◘ Abb. 5.50 Mit organischen Abwässern von Fleischverarbeitungsbetrieben und aus Wohngebieten eutrophierter Teil des Riachuelo-Flusses im Suburbanraum von Buenos Aires, Argentinien. (© Breuste 2013)

Das WWT London Wetland Centre – Ein Feuchtgebiet als Oase für Natur und Menschen inmitten Londons

Der Wildfowl and Wetlands Trust ist eine gemeinnützige britische und international die größte Organisation zur Erhaltung und zum Schutz von Feuchtgebieten und ihrer Biodiversität. Seit seiner Gründung 1946 ist der WWT auf über 200.000 Mitglieder angewachsen. Zu seinen Strategien gehört es, die Flächen gefährdeter Feuchtgebiete zu erwerben und sie zu unter Schutz stellen zu lassen. Der WWT besitzt in Großbritannien zehn Schutzgebiete mit einer Gesamtfläche von ca. 20 Quadratkilometern, Lebensraum für ca. 150.000 Brutvögel. Für eine breite Öffentlichkeitsarbeit über Feuchtgebiete hat jedes der Schutzgebiete ein Besucherzentrum (Wetland Centre), die jährlich von über einer Million Menschen besucht werden. Sie bieten gut organisierte, kommerzielle Naturerlebnisaufenthalte für Einzelpersonen, Gruppen, Familien und Kinder an.

Der WWT London Wetland Centre liegt nur 40 Fahrminuten oder 10 km vom Buckingham Palace und damit vom Herzen Londons entfernt. Das seit dem Jahre 2000 für Besucher zugängliche Naturschutzgebiet besteht aus mehreren nicht mehr genutzten Wasserreservoirs aus viktorianischer Zeit auf mehr als 40 ha Fläche. 2002 wurde darin auf einer Fläche von 29,9 ha das Barn Elms Wetland Centre als „Site of Special Scientific Interest" eröffnet.

Das gestaltete Feuchtgebiet ist das erste seiner Art in Großbritannien – und es ist ein urbanes Feuchtgebiet, vorrangig für die Londoner Bevölkerung. Es ist Habitat für eine artenreiche Vogelwelt, die auch den beobachtenden Besuchern in ihrem Lebensraum zugänglich ist. Regelmäßig finden zur Vermittlung dieser Natur Vorträge, Führungen und andere Veranstaltungen statt. 2005 wurde es in der BBC Serien Seven Natural Wonders einer weltweiten Öffentlichkeit als „das Naturwunder Londons" vorgestellt.

2012 erhielt das WWT London Wetland Centre den BBC Countryfile Magazine Award als beliebtestes Naturschutzgebiet Großbritanniens. Dies zeigt, dass Naturschutz und Naturvermittlung gut zusammen betrieben werden können und dass dafür auch oder besonders Feuchtgebiete im urbanen Raum gut geeignet sind (WWT 2018).

5.4.3 Wiederherstellung der Ökosystemleistungen von Stadtgewässern

Die Wiederherstellung oder Neuentwicklung von Ökosystemleistungen ist in vielen Städten eine Management-Aktivität für Stadtgewässer. Das Wasserhaushaltsgesetz und Landeswassergesetze fordern z. B. in Deutschland die Renaturierung von Bächen und Flüssen, wenn davon keine übergeordneten Interessen betroffen sind. Diese kann im Rahmen der üblichen Pflege einfach und kostengünstige oder aber über Ausbaumaßnahmen in einem amtlichen Verfahren (mit Planfeststellung und Plangenehmigung) erfolgen.

Mit dem Mittel der **Gewässerrenaturierung** sollen verlorengegangene Leistungen wiederhergestellt oder neue Leistungen der Stadtgewässer generiert werden. Dazu müssen Leistungsziele für diese Stadtnatur vor Beginn der Maßnahmen bestimmt werden. Normalerweise kann dabei der ursprüngliche Zustand nicht das Referenzziel sein. Stattdessen wird ein **„neuer, naturnaher Zustand"** definiert und durch anfangs technische Maßnahmen unterstützt. An erster Stelle stehen die Verbesserung der Wasserqualität, daneben der Rückbau von unnötigen Verbauungen und die (teilweise) Wiederherstellung von natürlichen Prozessabläufen des Gewässers. Die Erhöhung des Niedrigwasserabflusses und die Verbindung des Hochwasserschutzes mit Maßnahmen der Renaturierung sind aktuelle Herausforderungen im urbanen Gewässermanagement (DVWK 2000; Breuste et al. 2016). Naturschutz und Naturentwicklung, Hochwasserschutz und Erholungsnutzung müssen im Management von Stadtgewässern wieder zusammengebracht werden.

> **Renaturierung von Stadtgewässern**
>
> Als Renaturierung wird die Rückkehr eines Ökosystems in einen Zustand bezeichnet, der dem vor der anthropogenen Störung vergleichbar ist oder der gemäß der EU-Wasserrahmenrichtlinie mindestens deutliche Verbesserungen hin zu einem guten ökologischen Zustand bezeichnet (WRRL 2001).

Ziele der Renaturierung urbaner Fließgewässer sind:

– Verbesserung des Wasserrückhaltevermögens,
– Erhaltung und Regeneration des ökologischen Leistungsvermögens (Biotopfunktion, Refugialfunktion, Selbstreinigungsvermögen),
– wassergebundene Prozessdynamik in einem Korridor mit Entwicklung natürlicher Kleinbiotope (Rauscheflächen, Stillwasserbereiche, Flachwasserzonen)
– Verbesserung der Nutzbarkeit des Potenzials für Naturerfahrung und Tourismus (NRC 1992; Breuste et al. 2016) (s. ◘ Abb. 5.51 und 5.52).

◘ **Abb. 5.51** Technisch ausgebauter Pleißemühlgraben Leipzig. (© Breuste 2000)

Renaturierung der Isar in München (2000–2011)

Die Idee der Renaturierung eines Abschnitts der Isar in München (Isar-Plan) entstand 1988 unter Beteiligung von Bürgern, Verbänden und politischen Gremien. Ab 1995 wurde dazu ein Plan entwickelt. Im Jahre 2000 begannen die Renaturierungsmaßnahmen mit folgenden Zielen:
— Verbesserter Hochwasserschutz,
— mehr Raum und Naturnähe für die Flusslandschaft,
— Verbesserung der Freizeit- und Erholungsfunktion.

Sie wurden 2011 auf einer Länge von acht Kilometern erfolgreich abgeschlossen. Die Isar-Aue mit ihren Inseln, Kiesbänken, Wiesen, Auwäldern und Parkanlagen gilt als das attraktivste Erholungsgebiet für Radeln, Spazierengehen, Joggen, Sonnen, Baden, Grillen, Spielen und Naturerlebnisse für ganz München.

Die Verbreiterung des Flussbettes durch Rückverlegung der Hochwasserdeiche verbesserte den Hochwasserdurchfluss und ließ flache, teilweise terrassierte, begehbare Ufer, Kiesflächen und natürliche Uferformationen mit Erholungsmöglichkeiten und neue, interessante Möglichkeiten des Naturerlebnisses entstehen. Die Isar ist heute in München ein vielbesuchtes Badegewässer mit hoher Wasserqualität. Gleichzeitig wurde ein naturnaher Lebensraum für Fauna und Flora entwickelt. Die Dynamik der weiteren Entwicklung des Flussbettes wird bewusst einbezogen. Das erfolgreiche Projekt wurde 2007 mit dem Gewässerentwicklungspreis für vorbildlich durchgeführte Maßnahmen zur Erhaltung, naturnahen Gestaltung und Entwicklung von Gewässern im urbanen Bereich durch die DWA (Deutsche Vereinigung für Wasserwirtschaft, Abwasser und Abfall e. V.) gewürdigt.

Das realisierte Projekt zeigt, Hochwasserschutz, verbesserte Lebensraumvielfalt für die gewässertypischen Tier- und

5.4 · Die Stadtgewässer

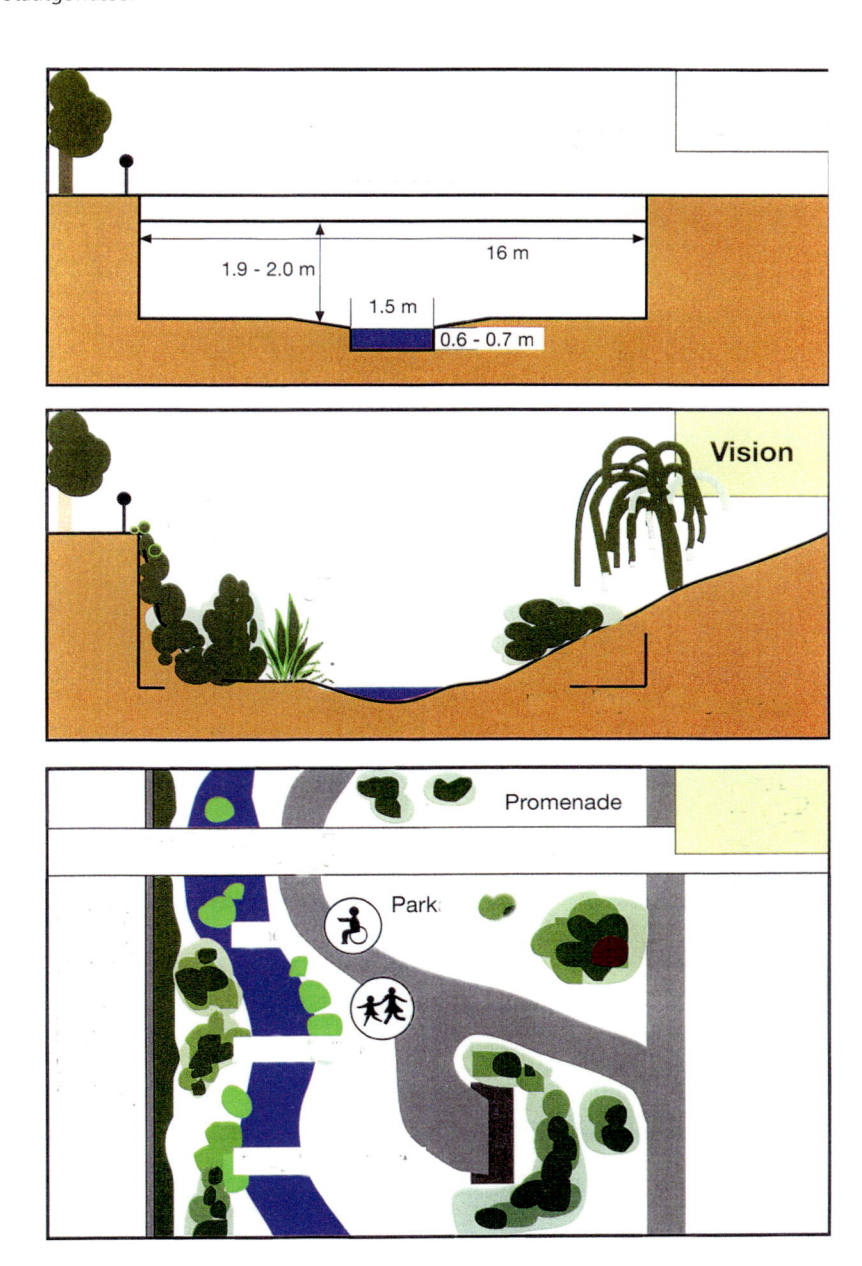

Abb. 5.52 Vision für eine ökologische Gestaltung des technisch ausgebauten Pleißemühlgraben in Leipzig (Breuste und Mohr 2000)

| Pflanzenarten, Naturerlebnis und Erholungsnutzung können auch in Städten zusammen realisiert werden. | Die Kosten für das Projekt (Hochwasserschutz- und Renaturierungsmaßnahmen) betrugen ca. 35 Mio. € Sie wurden zu 55 % vom Freistaat | Bayern und zu 45 % von der Stadt München übernommen (Wasserwirtschaftsamt München 2011; Breuste et al. 2016) (s. ◘ Abb. 5.53). |

Neben der Wiederherstellung von natürlichen Gewässerbedingungen und Prozessabläufen zur Erhöhung der Biodiversität (s. ► Abschn. 6.2 und 7.3) sind Erholung in der Natur und Naturerfahrung und Naturlernen wichtige Ökosystemleistungen, die besonders in Verbindung mit Gewässern und Feuchtgebieten wahrgenommen werden können. Dies ist auf Wasser als Lebensmedium und den Prozesscharakter, besonders bei fließendem Wasser, zurückzuführen (s. ◘ Abb. 5.54).

◘ Abb. 5.53 Abschnitt der renaturierten Isar in München. (© Breuste 2015)

5.4 · Die Stadtgewässer

Abb. 5.54 Kinder fangen Froschlarven an einem Parkgewässer in Chengde, China. (© Breuste 2014)

Die Sommerresidenz Chendge, China – eine gestaltete Wasserlandschaft zur kaiserlichen Erbauung

In der chinesischen Gartenarchitektur wurden oft die emotionalen Eindrücke bei der Verbindung von Wasser, Vegetation und Pavillons hervorgehoben und bewusst hervorgerufen. Dies ist z. B. in der 5,6 km² großen, gestalteten Teichlandschaft der kaiserlichen Sommerresidenz in Chengde, China, 250 km nordöstlich von Beijing, der weltweit größten imperialen Parkanlage, der Fall. Kaiser Qianlong (1711–1799) bezeichnete 36 konkrete Plätze, viele davon mit Emotionen an Gewässern verbunden, mit Gedichten zum Landschaftsempfinden (s. **Abb. 5.55**).

Das Paraná-Delta – attraktives Feuchtgebiet im Großraum Buenos Aires, Argentinien

Das 14.000 km² große Delta des Paraná in den Rio de la Plata, Argentinien (Delta de Paraná), schließt unmittelbar an die Megacity Buenos Aires an und ist von ihrem Zentrum nur 30 km entfernt. Es ist der bedeutendste Lebensraum für Pflanzen und Tiere und gleichzeitig der wichtigste Erholungsraum der 16-Mio.-Einwohner-Stadt. Der 1992 geschaffene Predelta-Nationalpark umfasst 24,58 km² Inseln, Flussläufe, Lagunen, Sumpf- und Überflutungsgebiete im Delta des Paraná. Im Jahre 2000 wurde zusätzlich das unmittelbar an die Stadt anschließende Paraná Delta Biosphere Reserve mit zusammen 886 km² geschaffen, ein einzigartiges Naturgebiet mit außerordentlicher Biodiversität und geringem menschlich Einfluss (2600 Einwohner). Mit dem Biosphärenreservat sollen nachhaltige Entwicklung und Naturschutz verbunden werden.

Die Stadt Tigre (ca. 100.000 Ew.) ist für die Einwohner von Buenos Aires das Eingangstor in die Deltanatur. An jedem Wochenende reisen hier Tausende Erholungsuchende mit öffentlichen Verkehrsmitteln an und verteilen sich auf verschiedene Naturgebiete, überwiegend mit dem Ziel wassergebundener Erholung.

Die gehobene Mittelschicht der Stadt hat sich inmitten dieser Natur eigene geschlossene Wohngebiete mit Zugangsbeschränkung *(gated communities)* mit eigener interner Wassernatur errichtet. Allein n den neun Nachbarschaften des 1999 errichteten Wohngebietes Nordelta leben ca. 25.000 Einwohner (Nordelta 2018) (s. ◘ Abb. 5.56 und 5.57).

◘ **Abb. 5.55** Teichlandschaft im Park der Sommerresidenz Chengde, China, von Kaiser Qianlong mit Gedicht-Stele zum Landschaftsempfinden. (© Breuste 2014)

5.4 · Die Stadtgewässer

◘ Abb. 5.56 Habitat, Naturerfahrungs- und Erholungsraum Delta des Paraná, in der Agglomeration Buenos Aires, Argentinien. (© Breuste 2013)

Río Matanza-Riachuelo in der Agglomeration Buenos Aires, Argentinien – der schmutzigste Fluss Lateinamerikas soll sauber werden

Der Río Matanza-Riachuelo ist nur 80 km lang, durchquert mit geringer Tiefe (0,3–0,5 m) und geringer Fließgeschwindigkeit (8 m^3/s) die Agglomeration Gran Buenos Aires vom landwirtschaftlichen Umland, über die Vororte und den Suburbanraum, bis in den industriellen Kern von Buenos Aires, wo er in den Rio de La Plata mündet. Er hat ein beachtliches urbanes Einzugsgebiet von kleinen Gewässern von 2.046,56 km^2. Verursacher der vor allem organischen Belastung des Flusses sind die Fleischfabriken im Umland und die Kommunen, die ihre Abwässer nahezu ungeklärt in den nur kleinen Fluss einleiten und die Einwohner, die in ihn Hausmüll entsorgen. Diese kritische Situation hat inzwischen keine Akzeptanz mehr in der Gesellschaft, und NGOs und Gemeinden bemühen sich, den Fluss wieder zu einem wertvollen ökologischen Leistungsträger zu entwickeln. Dazu wurde 2006 die Autoridad de Cuenca Matanza-Riachuelo, ACUMAR, eine für das gesamte Einzugsgebiet verantwortliche Organisation der Gemeinden, gegründet. Seitdem gibt es, nur langsam zwar, aber kontinuierlich, Bemühungen um eine verbesserte Wasserqualität und eine natürliche Gestaltung der Uferbereiche – mit einigen Erfolgen. Die Mehrzahl der Anwohner ist mit der Situation unzufrieden und wünscht sich einen sauberen und gepflegten Fluss in ihrer Nachbarschaft. Eine umfangreiche Studie eines interdisziplinären argentinisch-österreichischen Forscherteams entwickelt dazu Managementperspektiven (Breuste und Faggi 2014; Faggi und Breuste 2015) (s. ◘ Tab. 5.10).

In einem Projekt mit Schulkindern im Einzugsgebiet unter Leitung von Prof. Faggi und Prof. Breuste zeichnen diese a) den realen Fluss in ihrer Wahrnehmung und b) einen idealen Fluss ihrer Fantasie (s. ◘ Abb. 5.58, 5.59, 5.60 und 5.61) und belegen damit, dass das Problembewusstsein der Gewässerverschmutzung auch bereits bei den Jüngsten angekommen ist.

◘ **Abb. 5.57** Nordelta Gated Community – Leben in städtischer Wasserlandschaft im Delta des Paraná, in der Agglomeration Buenos Aires, Argentinien. (© Breuste 2015)

5.4 · Die Stadtgewässer

Tab. 5.10 Nutzung des Río Matanza- Riachuelo Einzugsgebietes, Buenos Aires, Argentinien

Nutzung	Fläche (ha)	Fläche (%)
Urban	45.305	22,14
Periurban	18.901	9,24
Suburban	14.476	7,07
Rural	111.631	54,55
Aufforstungen	5828	2,85
Wasserflächen	8515	4,16
Gesamt	**204.656**	**100,00**

Abb. 5.58 Der am stärksten verschmutzte Fluss Lateinamerikas, der Río-Matanza-Riachuelo-Fluss in der Agglomeration Buenos Aires, Argentinien, a) Umland. (© Faggi 2014)

Abb. 5.59 Der am stärksten verschmutzte Fluss Lateinamerikas, der Río-Matanza-Riachuelo-Fluss in der Agglomeration Buenos Aires, Argentinien, b) Suburbanraum. (© Faggi 2014)

Abb. 5.60 Der am stärksten verschmutzte Fluss Lateinamerikas, der Río-Matanza-Riachuelo-Fluss in der Agglomeration Buenos Aires, Argentinien, c) Industrieviertel an der Mündung in La Boca. (© Faggi 2014)

Abb. 5.61 Der Río-Matanza-Riachuelo-Fluss in der Agglomeration Buenos Aires, Argentinien, (**a**) in der Wahrnehmung und (**b**) in der Wunschvorstellung von Briza, einem 9-jährigen Schulkind

Cheonggyecheon Restoration Project – ein knapp elf Kilometer langer künstlicher Wasserweg verändert die Millionenstadt Seoul, Südkorea

Im expandierenden und weitgehend denaturierten Zentrum der 25,6 Mio.-Einwohner-Stadt Seoul, der südkoreanischen Hauptstadt, wurde 2003–2005 ein einmaliges, für die Stadtentwicklung richtungsweisendes Renaturierungsprojekt realisiert. Ein knapp 11 km langer Abschnitt des von einer vielbefahrenen Straße bedeckten und im Untergrund in einem Kanal fließenden Cheonggye-Flüsschens wurde geöffnet und begleitend durch Vegetation und Fußwege gestaltet. Der Wasserweg war im Zuge der Modernisierung und Industrialisierung der Stadt der Verkehrserschließung zum Opfer gefallen und 1958 durch eine Betonkonstruktion abgedeckt und als Straße genutzt worden. 1976 wurde darüber noch ein Highway gebaut. Das Flüsschen wurde gänzlich trockengelegt. Diese Entwicklung stand für die Modernisierung und den wirtschaftlichen Aufschwung der Stadt und des Landes. Natur hatte, vor allem in Städten, dabei keinen Platz. Mit der von der Stadtverwaltung betriebenen Öffnung des Kanals, der damit notwendigen Änderung der Verkehrsführung und der (Re-)Naturierung wurde ein neuer Weg der Stadtentwicklung beschritten. Obwohl eigentlich keine „Renaturierung mehr erfolgen konnte und selbst das Flusswasser nicht mehr zur Verfügung stand und vom Han-Fluss, seinen Nebenflüssen und aus dem Grundwasser in den Kanal gepumpt und den Han Fluss wieder zugeführt werden muss (ca. 120.000 m³ Wasser täglich), ist doch neue Natur um das Medium „Wasser" inmitten der Stadt entstanden.

Das Projekt wird außergewöhnlich gut von Anwohnern und Touristen angenommen und ist ein Beispiel für Reintegration

5.4 · Die Stadtgewässer

von Natur in Städte. Das Cheonggyecheon Restoration Project Headquater und das Cheonggyecheon Restoration Research Corps moderieren Konflikte mit dem Seoul Metropolitan Government, dem Verkehrssystem, den anliegenden Gewerbetreibenden und den Anwohnern, setzen den Renaturierungsplan um und überprüfen dessen Realisierung ständig.

Dadurch, dass der Kanal nicht nur durch Naturelemente „renaturiert" ist, sondern auch durch seine Lage unterhalb des Straßenniveaus vom Fahrzeugverkehr abgeschlossen ist, ist er eine nur den Fußgängern vorbehaltene Zone des Rückzugs aus dem ansonsten sehr verkehrsreichen Stadtleben und der Zuwendung zu Natur und Entspannung. Er trifft damit sehr gut die tatsächlichen Bedürfnisse der Stadtbewohner und bildet einen Teil eines beabsichtigten, den Fußgängern vorbehaltenen Netzwerkes von Wegen. Insgesamt ist das Projekt ein Teil eines größeren Stadterneuerungs- und Stadtverschönerungsvorhabens, in dem Stadtnatur eine mitbestimmende Rolle spielen soll.

Eine Naturoase mit sauberem Wasser und Lebensraum für Pflanzen und Tiere sowie einen Korridor mit reduzierten Sommertemperaturen zu schaffen, war das angestrebte und erreichte Ziel.

Die hohen Projektkosten von 281 Mio. US$ (6,5-mal teurer als der 8 km lange, 2011 wesentlich aufwendiger renaturierte Abschnitt der Isar in München), die jährlich steigenden Unterhaltungskosten und das Fehlen von historischer und ökologischer Authentizität und der lediglich symbolische Charakter der Maßnahme angesichts weitgehender De-Naturalisierung in Seoul wurden kritisiert. Eine viel weitergehende ökologische Revitalisierung der Natur im gesamten Cheonggye Becken (ca. 50 km^2) wurde durch Umweltorganisationen gefordert.

Trotz der tatsächlich, verglichen mit der die Stadt Seoul kennzeichnenden gewaltigen Denaturierung der letzten Jahrzehnte, geringen Ausdehnung des Projektes ist es doch zu einem Symbol für mehr Natur in der Stadt geworden. Die breite Zustimmung und intensive Nutzung zeigt, dass so und nicht wie bisher weiter Stadtentwicklung betrieben werden muss. Dies hat auch zum Umdenken in der Stadtverwaltung beigetragen. Nach Realisierung dieses Projektes kann nicht zu Leitbildern der früheren Stadtentwicklung zurückgekehrt werden (Park 2010) (s. ◘ Abb. 5.62).

◘ **Abb. 5.62** Abschnitt des renaturierten Cheonggye-Flusses in Seoul, Südkorea. (© Breuste 2014)

Literatur

Ab-in-den-Urlaub-de (2013) Studie: Kleingärten in Deutschland. ► www.ab-in-den-urlaub.de/.../studie-532-557-kleingarten-in-den-131-grosten-stadten-deutschlands-spitzenreiter-ist-berlin-leipzig-hamburg-und. Zugegriffen: 16. März 2018

Aevermann T, Schmude J (2015) Quantification and monetary valuation of urban ecosystem services in Munich, Germany. Z Wirtschaftsgeographie 59(3):188–200

Alleyne A (2017) China unveils plans for world's first pollution-eating ‚Forest City'. ► www.cnn.com/style/article/china-liuzhou-forest-city/index.html. Zugegriffen: 9. März 2018

Annerstedt M, Ostergren P-O, Bjork J, Grahn P, Skarback E, Wahrborg P (2012) Green qualities in the neighbourhood and mental health – results from a longitudinal cohort study in Southern Sweden. BMC Public Health 12:337

Anstiftung (Hrsg) (2018) Offene Werkstätten, Reparatur-Initiativen, Interkulturelle und Urbane Gemeinschaftsgärten. ► https://anstiftung.de/.../1417-erste-schritte-wie-baue-ich-einen-interkulturellen-gemeinschaftsgarten-auf. Zugegriffen: 17. März 2018

Appenzeller-Winterberger C, Kaufmann-Hayoz R (2005) Wald und Gesundheit. Schweiz Z Forstwes 7: 234–238. ► https://www.gantrisch.ch/.../Wald-und-Gesundheit_Schweizerischer-Forstverein_2005. Zugegriffen: 4. August 2019

Artmann M, Sartison K (2018) The role of urban agriculture as a nature-based solution: a review for developing a systemic assessment framework. Sustainability 10: 1–32. ► https://doi.org/10.3390/su10061937. ► https://www.mdpi.com/2071-1050/10/6/1937/pdf. Zugegriffen: 2. Jan. 2019

Barbosa O, Tratalos JA, Armsworth PR, Davies RG, Fuller RA, Johnson P, Gaston KJ (2007) Who benefits from access to green space? A case study from Sheffield, UK. Landsc Urban Plan 83:187–195

Baró F, Chaparro L, Gómez-Baggethun E, Langemeyer J, Nowak DJ, Terradas J (2014) Contribution of ecosystem services to air quality and climate change mitigation policies: the case of urban forest in Barcelona, Spain. Ambio 43(4):466–479

Barthel S, Isendahl C (2013) Urban gardens, agriculture, and water management: sources of resilience for long-term food security in cities. Ecol Econ 86:224–234

Bell S, Fox-Kämpfer R, Keshavarz N, Benson M, Caputo S, Noori S, Voigt A (Hrsg) (2016) Urban allotment gardens in Europe. Routledge, London

Bernath K, Roschewitz A, Studhalter S (2006) Die Wälder der Stadt Zürich als Erholungsraum. Besucherverhalten der Stadtbevölkerung und Bewertung der Walderholung. Eidgenössische Forschungsanstalt für Wald, Schnee und Landschaft (Hrsg) Birmensdorf. ► http://www.waldwissen.net/themen/wald_gesellschaft/unentgekldliche_waldleistungen/wsl_wald_erholung_zuerich_DE. Zugegriffen: 11. März 2018

Bernatzky A (1958) Die Beeinflussung des Kleinklimas (Temperatur und relative Luftfeuchtigkeit) durch Grünanlagen. Städtehygiene 10:191–194

BfN (Bundesamt für Naturschutz) (2010) „Stadtgärtnerei-Holz" – eine neue Waldfläche für Leipzig. Presse Pressearchiv. ► www.bfn.de. Zugegriffen: 21. Dez. 2013

Bonauioto M, Aiello A, Perugini M, Bonnes M, Ercolani AP (1999) Multidimensional perception of residential environment quality and neighborhood attachment in the urban environment. J Environ Psychol 19:331–352

Bongardt B (2006) Stadtklimatologische Bedeutung kleiner Parkanlagen, dargestellt am Beispiel des Dortmunder Westparks. (= Essener Ökologische Schriften 24) Hohenwarsleben, S 228

Borysiak J, Mizgajski A (2016) Cultural services provides by urban allotment garden ecosystems. Ekonomia Srodowisko 4(59):292–305

Borysiak J, Mizgajski A, Speak A (2017) Floral biodiversity of allotment gardens and its contribution to urban green infrastructure. Urban Ecosyst 20(2):323–335. ► https://doi.org/10.1007/s11252-016-0595-4

Brecht B (2018a) Geschichten vom Herrn Keuner. ► www.cvd-gs.de/uploads/media/AP_Brecht_Herr_K_01.pdf. Zugegriffen: 9. März 2018

Brecht B (2018b) Die Pappel vom Karlsplatz. Genius. ► https://genius.com/Bertolt-brecht-die-pappel-vom-karlsplatz-annotated. Zugegriffen: 11. Jan. 2018

Breuste J (2004) Decision making, planning and design for the conservation of indigenous vegetation within urban development. Landsc Urban Plan 68:439–452

Breuste J (2007) Stadtnatur der „dritten Art" – Der Schrebergarten und seine Nutzung. Das Beispiel Salzburg. In: Dettmar J, Werner P (Hrsg) Perspektiven und Bedeutung von Stadtnatur für die Stadtentwicklung. Schriftenreihe des Kompetenznetzwerkes Stadtökologie, Darmstadt, S 163–171

Breuste J (2010) Allotment gardens as a part of urban green infrastructure: actual trends and perspectives in Central Europe. In: Müller N, Werner P, Kelcey J (Hrsg) Urban biodiversity and design – implementing the convention on biological diversity in towns and cities. Wiley-Blackwell, Oxfort, S 463–475

Breuste J, Artmann M (2015) Allotment gardens contribute to urban ecosystem service: case study Salzburg, Austria. J Urban Plan Dev 141(3):A5014005

Literatur

Breuste J, Astner A (2018) Which kind of nature is liked in urban context? A case study of solarCity Linz, Austria. Mitt Österr Geogr Ges 158:105–129

Breuste I, Breuste J (1994) Ausgewählte Aspekte sozialgeographischer Untersuchungen zur Kleingartennutzung in Halle/Saale. Greifswalder Beiträge zur Rekreationsgeografie/Freizeit- und Tourismusforschung 5:171–177

Breuste J, Faggi A (2014) Urban waters – ecosystem services, restoration and people's perception. In: Proceedings of the 4th International conference urban biodiversity and design, 9–12 October 2014, Incheon, Korea, 47–56

Breuste J, Mohr B (2000) Stadtökologisches Gutachten. In: Hochschule für Technik, Wirtschaft und Kultur (Hrsg) Pädagogisch-didaktisches Konzept zur Umweltbildung und – kommunikation am Beispiel der Pleiße-Öffnung, Bd 2. Hochschule für Technik, Wirtschaft und Kultur, Leipzig

Breuste J, Endlicher W (2017) Stadtökologie. In: Gebhardt H, Glaser R, Radtke U, Reuber P (Hrsg) Geographie – Physische Geographie und Humangeographie, 3. Aufl. Elsevier, München, S 628–638

Breuste J, Rahimi A (2015) Many public urban parks but who profits from them? – the example of Tabriz. Iran Ecol Process 4(6):1–15. ► https://doi.org/10.1186/s13717-014-0027-4

Breuste J, Wiesinger F (2013) Qualität von Grünzuwachs durch Stadtschrumpfung- Analyse von Vegetationsstruktur, Nutzung und Management von durch Rückbau entstandenen neuen Grünflächen in der Großwohnsiedlung Halle-Silberhöhe. Hallesches Jahrb Geowiss 35:1–26

Breuste J, Pauleit S, Haase D, Sauerwein M (2016) Stadtökosysteme. Funktion, Management, Entwicklung. Springer Spektrum, Berlin

Browne CA (1992) The role of nature for the promotion of well-being of elderly. In: Relf D (Hrsg) The role of horticulture in human well-being and social development. Timber Press, Portland, S 75–79

Bundesinstitut für Bau-, Stadt- und Raumforschung (BBSR) (Hrsg.) (2018) Handlungsziele für Stadtgrün und deren empirische Evidenz. Indikatoren, Kenn- und Orientierungswerte. Bonn, Bundesinstitut für Bau-, Stadt- und Raumforschung

Bundesverband Deutscher Gartenfreunde (Hrsg) (2008) Artenvielfalt: Biodiversität der Kulturpflanzen in Kleingärten. Studie, Berlin

Burkhardt I, Dietrich R, Hoffmann H, Leschner J, Lohmann K, Schoder F, Schultz A (2008) Urbane Wälder. Abschlussbericht zur Voruntersuchung für das Erprobungs- und Entwicklungsvorhaben „Ökologische Stadterneuerung durch Anlage urbaner Waldflächen auf innerstädtischen Flächen im Nutzungswandel – ein Beitrag zur Stadtentwicklung. Naturschutz und Biologische Vielfalt 63:3–214

BUWAL (1999) Gesellschaftliche Ansprüche an den Schweizer Wald – Meinungsumfrage, Bd 309. BUWAL, Bern

Camps-Calvet M, Langemeyer J, Calvet-Mir L, Gómez-Baggethun E, March H (2015) Sowing resilience and contestation in times of crises: the case of urban gardening movements in Barcelona. Partecipazione e Conflicto (PACO) 8(2):417–442

Camps-Calvet M, Langemeyera J, Calvet-Mir L, Gómez-Baggethun E (2016) Ecosystem services provided by urban gardens in Barcelona, Spain: insights for policy and planning. Environ Sci Policy 62:14–23

Carfan AC, Galvani E, Nery JT (2014) Land use and thermal comfort in the county of Ourinhos, SP. Curr Urban Stud 2:140–151

Carp F, Carp A (1982) Perceived quality of neighborhoods: development of assessment scales and their relation to age and gender. J Environ Psychol 2:295–312

Chaudhry P, Tewari VP (2010) Role of public parks/gardens in attracting domestic tourists: an example from city beautiful of India. Tourismos 5(1):101–110

Chiesura A (2004) The role of urban parks for the sustainable city. Landsc Urban Plan 68:129–138

Comber A, Brunsdon C, Green E (2008) Using a GIS-based network analysis to determine urban green space accessibility for different ethnic and religious groups. Landsc Urban Plan 86:103–114

Coombes E, Jones AP, Hillsdon M (2010) The relationship of physical activity and overweight to objectively measured green space accessibility and use. Soc Sci Med 70:816–822

Copestake M, City of Ottawa (2017) Urban forest management plan. ► https://ottawa.ca/en/urban-forest-management-plan. Zugegriffen: 14. Febr. 2018

Crow T, Brown T, De Young R (2006) The riverside and Berwyn experience: contrasts in landscape structure, perceptions of the urban landscape, and their effects on people. Landsc Urban Plan 75:282–299

Deutscher Verband für Wasserwirtschaft und Kulturbau e. V. (DVWK) (1996) Urbane Fließgewässer – I. Bisherige Entwicklung und künftige städtebauliche Chancen in der Stadt. – DVWK-Materialien 2, Hennef

Deutsche Vereinigung für Wasserwirtschaft, Abwasser und Abfall (Hrsg) (2000) Gestaltung und Pflege von Wasserläufen in urbanen Gebieten. GFA – Gesellschaft zur Förderung der Abwassertechnik, Hennef

Die Welt (2001) Auf jeden Münchner kommen 33,8 Quadratmeter Grün. Interview mit Münchens Oberbürgermeister Uhde. Die Welt. ► https://www.welt.de. Zugegriffen: 6. Febr. 2018

Dietrich R (2013) 2. Fachsymposium „Stadtgrün" 11.–12. Dezember 2013 in Berlin-Dahlem. Urbaner Wald Leipzig. Stadtplanungsamt Leipzig, Leipzig. ► https://www.julius-kuehn.de/.../FS-2-Stadt-gruen_2.4_Dietrich_Urbaner_Wald_Leipzi. Zugegriffen: 13. Febr. 2018

Dietrich K (2014) Urbane Gärten für Mensch und Natur. Eine Übersicht und Bibliographie. BfN-Skripten, Bonn-Bad Godesberg, S 386

Dohlen M (2006) Stoffbilanzierung in urbanen Wald-ökosystemen der Stadt Bochum (= Bochumer Geographische Arbeiten 73) Paderborn, 1–125

DPA (2015) Weniger Kleingärtner in Deutschland – der Migrantenanteil wächst. ► https://www.der-westen.de/.../weniger-kleingaertner-in-deutsch-land-der-migrantenanteil-waechst-id11058316.html. Zugegriffen 15. März 2018

Dunnett N, Swanwick C, Woolley H (2002) Improving urban parks, play areas and open spaces. Department for Transport, Local Government and the Regions, London

Dwyer FF, Nowak DJ, Noble MH, Sisinni SM (2000) Connecting people with ecosystems in 21st. Century: an assessment of our nation's urban forest. General Technical Report PNW-GTR-490. US Department of Agriculture, Forest Service, Pacific Northwest Research Station, Portland

Eastern Urban Center (EUC) Sectional Planning Area (SPA) (Hrsg) (2009) Urban parks, recreation, open space, and trails plan, San Diego

EEA (Hrsg) (2012) The contribution of transport to air quality. TERM 2012: transport indicators tracking progress towards environmental targets in Europe. Report No 10. ISSN 1725-9177. Office for official publications of the European Union, Kopenhagen. ► https://www.eea.europa.eu/.../transport-and-air-quality-term-2012. Zugegriffen: 2. Jan. 2019

Egloff L, Eichenberger U, Siegenthaler T (2014) LOCONOMIE. Die Gemüsekooperative ortoloco. Widerspruch – Beiträge zu sozialistischer Politik 64:120–127

Eisel U (2012) Gespenstische Diskussion über Natur-erfahrung. In: Kirchhoff T, Vicenzotti V, Voigt A (Hrsg) Sehnsucht nach Natur. transcript, Bielefeld, S 263–285

Eliasson I, Upmanis H (2000) Nocturnal airflow from urban parks – implications for city ventilation. Theor Appl Climatol 66(1–2):95–107

Endlicher W (2012) Einführung in die Stadtökologie. Grundzüge des urbanen Mensch-Umwelt-Systems. Ulmer, Stuttgart

Faggi A, Breuste J (Hrsg) (2015) La Cuenca Matanza-Riachuelo – una mirada ambiental para recuperar sus riberas. Buenos Aires, Universidad de Flores (UFLO), 68. ► http://img.uflo.edu.ar/a/cuencamatanza.pdf. Zugegriffen: 13. Apr. 2018

Fanan U, Dlama KI, Oluseyi IO (2011) Urban expansion and vegetal cover loss in and around Nigeria's Federal Capital City. J Ecol Nat Environ 3:1–10

FAO (1998) Forest resource assessment (RA) 2000: terms and definitions. FRA Working paper No. 1. FAO, Rome. ► http://www.fao.org/forestry/fo/fra/index.jsp. Zugegriffen: 8. März 2018

FAO (Food and Agriculture Organization of the United Nation) (Hrsg) (2018) Food for the cities. ► www.fao.org/. Zugegriffen: 18. März 2018

Fisch I (1966) Zur hygienischen Bedeutung von Grün-anlagen für das Klima in Großstadtgebieten. Dissertation, Medizinische Fakultät Universität, Berlin

Food and Agriculture Organization of the United Nations (FAO) (Hrsg) (2018) Food for the cities. ► www.fao.org/. Zugegriffen: 18. März 2018

Forman R (2014) Urban ecology. Science of cities. Cambridge University Press, Cambridge

Freitag G (2002) Kleingärten in der Stadt – ein Beitrag zum ökologischen Ausgleich für den Naturhaushalt. Grüne Schriftenreihe des Bundesverbandes Deutscher Gar-tenfreunde 158:49–65

Fritsche M, Klamt M, Rosol M, Schulz M (2011) Social dimensions of urban restructuring: urban gardening, residents' participation, gardening exhibitions. In: Endlicher W, Hostert P, Kowarik I, Kulke E, Lossau J, Marzluff J, von der Meer E, Mieg H, Nützmann G, Schulz M, Wessolek G (Hrsg) Perspectives in urban ecology. Studies of ecosystems and interactions between humans and nature in the metropolis of Berlin. Springer, Berlin, S 261–295

Gälzer R (2001) Grünplanung für Städte. Planung, Entwurf, Bau und Erhaltung. Ulmer, Stuttgart

Gasser K, Kaufmann-Hayoz R (2005) Wald und Volksgesundheit. Literatur und Projekte aus der Schweiz. Umwelt Materialien Nr. 195, Bundesamt für Umwelt, Wald und Landschaft, Bern, 34

Gaston K (Hrsg) (2010) Urban ecology. Cambridge University Press, Cambridge

Gatti L (2017) Bosco Verticale, Nanjing Vertical Forest Towers. ► https://www.stefanoboeriarchitetti.net/en/portfolios/vertical-forest/. Zugegriffen: 6. Okt. 2017

Gebhardt H, Glaser R, Radtke U, Reuber P (Hrsg) (2007) Geographie – Physische Geographie und Humangeographie, 1. Aufl. Elsevier, München

Geiss S, Kemper J, Krings-Heckemeier MT (2002) Halle Silberhöhe. In: Deutsches Institut für Urbanistik (Hrsg) Die Soziale Stadt. Eine Erste Bilanz des Bund-Länder-Programms „Stadtteile mit besonderem Entwicklungsbedarf- die soziale Stadt". Deutsches Institut für Urbanistik, Berlin, S 126–137

Gilbert OL (1989a) The ecology of urban habitats. Chapmann & Hall, London

Gilbert OL (1989b) Städtische Ökosysteme. Neumann, Radebeul

GreenSurge (2015) A typology of urban green spaces, ecosystem provisioning services and demands. o. O.

Greiner J, Gelbrich H (1975) Grünflächen der Stadt, 2. verb. Aufl Aufl. VEB Verlag für Bauwesen, Berlin

Greiner J, Karn H (1960) Freiflächen in Städten. Schriftenreihe Gebiets-, Stadt- und Dorfplanung. Deutsche Bauakademie, Berlin

Grunewald K, Richter B, Meinel G, Herold H, Syrbe R-U (2016) Vorschlag bundesweiter Indikatoren zur Erreichbarkeit öffentlicher Grünflächen Bewertung der Ökosystemleistung „Erholung in der Stadt". Naturschutz und Landschaftsplanung 48(7):218–226

Grunewald K, Richter B, Meinel G, Herold H, Syrbe R-U (2017) Proposal of indicators regarding the provision and accessibility of green spaces for assessing the ecosystem service "recreation in the city" in Germany. Int J Biodivers Sci Ecosyst Serv Manage Special Issue: Ecosystem Services Nexus Thinking 13(2):26–39

Grzimek G (1965) Grünplanung Darmstadt. Hrsg Magistrat der Stadt Darmstadt, Darmstadt

Gunkel G (1991) Die gewässerökologische Situation in einer urbanen Großsiedlung (Märkisches Viertel, Berlin). In: Schumacher H, Thiesmeier B (Hrsg) Urbane Gewässer. Westarpp Wissenschaften, Essen, S 122–174

Haase D, Larondelle N, Andersson E, Artmann M, Borgström S, Breuste J, Gomez-Baggethun E, Gren A, Hamstead Z, Hansen R, Kabisch N, Kremer P, Langemeyer J, Rall EL, McPhearson T, Pauleit S, Qureshi S, Schwarz N, Voigt A, Wurster D, Elmqvist T (2014) A quantitative review of urban ecosystem service assessments: concepts, models, and implementation. Ambio 43:413–433

Hannig M (2006) Wieviel Wildnis ist erwünscht? Stadt+Grün 55(I):36–42

Haq SMA (2011) Urban green spaces and an integrative approach to sustainable environment. J Environ Protect 2:601–608

Helms JA (1998) The dictionary of forestry. Society of American Foresters, Bethesda

Hof A (2015) Modelling gardens as social-ecological systems using geodata – the example of watering and landscaping of urban ecosystems. In: Jekel T, Car A, Strobl J, Griesebner G (Hrsg) GI_Forum 2015. Geospatial minds for society. Wichmann, Berlin, S 614–624

Hof A, Wolf N (2014) Estimating potential outdoor water consumption in private urban landscapes by coupling high-resolution image analysis, irrigation water needs and evaporation estimation in Spain. Landsc Urban Plan 123:61–72

Hoffmann H (2002) Urbaner Gartenbau im Schatten der Betonriesen. Grüne Schriftenreihe des Bundesverbandes Deutscher Gartenfreunde 158:84–98

Horbert M (1983) Die bioklimatische Bedeutung von Grün- und Freiflächen; VDI-Berichte Nr. 477, Berlin

Horbert M, Kirchgeorg A (1980) Stadtklima und innerstädtische Freiräume am Beispiel des Großen Tiergartens in Berlin. Bauwelt 36:270–276 (bzw. Stadtbauwelt HJ. 67)

Houck MC, Cody M (2000) Wild in the city: a guide to Portland's natural areas. Oregon Historical Society Press, Portland Oregon

Huber I (2016) Indikator-basierte Untersuchungen zur strukturellen Biodiversität & Erholungsnutzung des innerstädtischen Grünraums Mönchsberg in Salzburg. Fak., FB Geographie und Geologie, Univ. Salzburg, Masterarbeit

Stadtgärten in Barcelona: Untersuchungen zur aktuellen Situation und Nutzung. University Salzburg, Österreich, Masterarbeit Naturwiss. Fak.

Jauregui E (1990) Influence of a large urban park on temperature and convective precipitation in a tropical city. Energ Buildings 15–16:457–463

Javed MA, Ahmad SR, Ahmad A, Taj AA, Khan A (2013) Assessment of neigbourhoud parks using GIS techniques in Sheikhupura city. Pak J Sci 65(2):296–302

Jim CY (2011) Urban woodlands as distinctive and threatened nature-in-city patches. In: Douglas I, Goode D, Houck M, Wang R (Hrsg) The Routledge handbook of urban ecology. Routledge, London, S 323–337

Johnson CW, Baker FS, Johnson WS (1990) Urban and community forestry. USDA Forest Service, Ogden

Jorgensen E (1970) Urban forestry in Canada. In: Proceedings of the 46th International shade tree conference. University of Toronto, Faculty of Forestry, Shade Tree Research Laboratory, Toronto, 43–51

Jorgensen E (1986) Urban forestry in the rearview mirror. Arboric J 10(3):177–190

Kabisch N, Qureshi S, Haase D (2015) Human–environment interactions in urban green spaces – a systematic review of contemporary issues and prospects for future research. Environ Impact Assess Rev 50:25–34

Kabisch N, Strohbach M, Haase D, Kronenberg J (2016) Urban green spaces availability in European cities. Ecol Ind 70:586–596

Kaiser O (2005) Bewertung und Entwicklung von urbanen Fließgewässern. Dissertation, Fakultät für und Umweltwissenschaften der Albert-Ludwigs-Universität Freiburg i. Br., Freiburg i. Br.

Kaplan R, Austin ME, Kaplan S (2004) Open space communities: resident perceptions, nature benefits, and problems with terminology. J Am Plan Assoc 70(3):300–312

Kasch H (1991) Ökologische Grundlagen der Sanierung stehender Gewässer. In: Schuhmacher H, Thiesmeier R (Hrsg) Urbane Gewässer, 1. Aufl. Westarp, Essen, S 72–87

Katz B (2017) White-house-magnolia. ▶ www.smithsonianmag.com/.../white-house-magnolia-tree-planted-andrew-jackson-be-cut-down-180967657. Zugegriffen: 31. Dez. 2017

Keshavarz N, Bell S (2016) History of urban gardens in Europe. In: Bell S, Fox-Kämper R, Keshavarz N, Benson M, Caputo S, Boori S, Voigt A (Hrsg) Urban allotment gardens in Europe. Routledge, London, S 8–32

Konijnendijk CC (2008) The forest and the city. The cultural Landscape of urban woodland. Springer, Heidelberg

Konijnendijk CC, Nilsson K, Randrup TB, Schipperijn J (Hrsg) (2005) Urban forests and trees. A reference book. Springer, Berlin

Konijnendijk CC, Richard RM, Kenney A, Randrup TB (2006) Defining urban forestry – a comparative perspective of North America and Europe. Urban For Urban Green 4(3–4):93–103

Kessel A, Green J, Pinder P, Wilkinson P, Grundy C, Lachowycz K (2009) Multidisciplinary research in public health: a case study of research on access to green space. Public Health 123(1):32–38

Konijnendijk CC, Annerstedt M, Nielsen AB, Maruthaveera S (2013) Benefits of urban parks. A systematic review. A report for IFPRA (International Federation of Parks and Recreation Administration). Copenhagen/Alnarp. ▶ www.ifpra.org. Zugegriffen: 5. Febr. 2018

Kowarik I (1995) Zur Gliederung anthropogener Gehölzbestände unter Beachtung urban-industrieller Standorte. Verh Ges Ökol 24:411–421

Kowarik I (2005) Wild urban woodlands: towards a conceptual framework. In: Kowarik I, Körner S (Hrsg) Wild urban woodlands. New perspectives for urban forestry. Springer, Heidelberg, S 1–32

Kowarik I, Körner S (Hrsg) (2005) Wild urban woodlands. New perspectives for urban forestry. Springer, Heidelberg

Kowarik I, Langer A (2005) Natur-Park Südgelände: linking conservation and recreation in an abandoned Raiyard in Berlin. In: Kowarik I, Körner S (Hrsg) Wild urban woodlands. New perspectives for urban forestry. Springer, Heidelberg, S 287–299

Krause H-J, Bos W, Wiedenroth-Rösler H, Wittern J (1995) Parks in Hamburg. Ergebnisse einer Besucherbefragung zur Planung freizeit-pädagogisch relevanter städtischer Grünflächen. Münster, Waxmann (= Politikberatung Bd 1)

Kuttler W (1998) Stadtklima. In: Sukopp H, Wittg R (Hrsg) Stadtökologie. Gustav Fischer, Stuttgart, S 125–167

LAF (Hrsg) (1995) Wald und Klima. Schriftenreihe der Sächsischen Landesanstalt für Forsten. H. 2, Graupa

Langemeyer J, Latkowska M, Gómez-Baggethun EN (2016) Ecosystem services from urban gardens. In: Bell S, Fox-Kämpfer R, Keshavarz N, Benson M, Caputo S, Noori S, Voigt A (Hrsg) Urban allotment gardens in Europe. Routledge, London, S 115–141

Larson JT (2012) A comparative study of community garden system in Germany and the United States and their role in creating sustainable communities. Arboric J. Int J Urban For 35:121–141

Leser H (2007) Umweltproblemforschung: Wissenschaft und Anwendung aus Sicht von Geographie und Landschaftsökologie. Gaia 16(3):200–207

Leser H (2008) Stadtökologie in Stichworten, 2. völlig neu bearbeitete Aufl. Gebrüder Borntraeger, Berlin

Library of the European Parliament (Hrsg) (2013) Geräuschpegel von Kraftfahrzeugen. Library Briefing 31/01/2013. ▶ www.europarl.europa.eu/.../Sound-level-of-motor-vehicles-DE.pdf. Zugegriffen: 11. März 2018

Liu S (2015) Urban park planning on spatial disparity between demand and supply of park service. In: International Conference on Advances in Energy and Environmental Science (ICAEES 2015), 1167–1171. ▶ www.SLiu–2015–researchgate.net. Zugegriffen: 11. Febr. 2018

Liu Y, Li J, Li S (2017a) An evaluation on urban green space system planning based on thermal environmental impact. Curr Urban Stud 5:68–81

Liu Y, Yin K, Wei M, Wang Y (2017b) New approaches to community garden practices in high-density high-rise urban areas: a case study of Shanghai KIC garden. Shanghai Urban Plan Rev 2:29–33

Liu H, Hu Y, Li F, Yuan L (2018) Associations of multiple ecosystem services and disservices of urban park ecological infrastructure and the linkages with socioeconomic factors. J Clean Prod 174:868–879

Maas J, Verheij RA, Groenewegen PP, De Vries S, Spreeuwenberg P (2006) Green space, urbanity, and health: how strong is the relation? J Epidemiol Commun Health 60:587–592

Maas J, Van Dillen SME, Verheij RA, Groenewegen PP (2009) Social contacts as a possible mechanism behind the relation between green space and health. Health Place 15:586–595

Madlener N (2009) Grüne Lernorte. Gemeinschaftsgärten in Berlin, 1. Aufl. Ergon, Würzburg (= Erziehung – Schule – Gesellschaft; Bd 51)

Magistrat der Stadt Halle (Hrsg) (o. J.) Die Dölauer Heide – Waldidylle in Großstadtnähe. Eigen, Halle

Matsuoka R, Kaplan R (2008) People needs in the urban landscape: analysis of landscape and urban planning contributions. Landsc Urban Plan 84(2):7–19

Menzel P (2006) Der Garten als Lebensraum – nicht nur für den Menschen. Der Fachberater: Verbandszeitschrift des Bundesverbandes Deutscher Gartenfreunde 56(1):13

Meyer FH (Hrsg) (1982) Bäume in der Stadt. Ulmer, Stuttgart

Milcu AI, Hanspach J, Abson D, Fischer J (2013) Cultural ecosystem services: a literature review and prospects for future research. Ecol Soc 18:44

Mitchell R, Popham F (2008) Effect of exposure to natural environment on health inequalities: an observational population study. Lancet 372(9650):1655–1660. ▶ http://eprints.gla.ac.uk/4767/. Zugegriffen: 2. Jan. 2019

Mitscherlich G (1981) Wald, Wachstum und Umwelt: Eine Einführung in die ökologischen Grundlagen d. Waldwachstums. Waldklima und Wasserhaushalt, Bd 2. J.D. Sauerländers, Frankfurt a. M.

Mougeot LJA (2006) Growing better cities: urban agriculture for sustainable development. International Development Research Centre, Ottawa

Müller C (Hrsg) (2011) Urban Gardening – Über die Rückkehr der Gärten in die Stadt. oekom, München

Nagendra H, Gopal D (2010) Street trees in Bangalore: density, diversity, composition and distribution. Urban For Urban Green 9(2):129–137

Naju (2018) Feuchtgebiete. Naturschutz-Wiki. ▶ www.naju-wiki.de/index.php/Feuchtgebiet. Zugegriffen: 1. Apr. 2018

Nath S (2012) Urban forests. A comparative perspective on urban forestry terminology in India, Europe and the United States of America. ▶ https://sanchayanwrites.wordpress.com/…/a-comparative-perspect. Zugegriffen: 10. März 2018

National Research Council (NRC) (1992) Restoration of aquatic ecosystems: science, technology, and public policy. The National Academies Press, Washington, DC. ▶ https://doi.org/10.17226/1807, ▶ https://www.nap.edu/…/restoration-of-aquatic-ecosystems-science-technology-and-public-policy. Zugegriffen: 11. Apr. 2018

Neumann K (2013) Hat das Kleingartenwesen eine Zukunft? Grüne Schriftenreihe des Bundesverbandes Deutscher Gartenfreunde 227(2):9–27

Newton J (2007) Wellbeing and the natural environment: a brief overview of the evidence. DEFRA & ESRC, London. ▶ resolve.sustainablelifestyles.ac.uk/sites/…/JulieNewtonPaper.pdf. Zugegriffen: 12. Febr. 2018

Niemelä J, Breuste J, Elmqvist T, Guntenspergen G, James P, McIntyre N (Hrsg) (2011) Urban ecology, patterns, processes, and applications. Oxford University Press, Oxford

Nordelta (2018) Nordelta. ▶ http://www.nordelta.com/. Zugegriffen: 12. Apr. 2018

Nowak DJ (2002a) The effects of trees on the physical environment. In: COST Action E12 „Urban forests and trees". In: Proceedings Nr. 1

Nowak DJ (2002b) The effects of urban trees on air quality. ▶ https://www.nrs.fs.fed.us/units/urban/local…/Tree_Air_Qual.pdf. Zugegriffen: 11. März 2018

Nowak DJ, Heisler GM (2010) Air quality effects of urban trees and parks. National Recreation and Park Association. Research series 2010. ▶ www.nrpa.org/…/nrpa.org/…/nowak-heisler-research-paper.pdf. Zugegriffen: 11. März 2018

Nowak DJ, Crane DE, Stevens JC, Ibarra M (2002) Brooklyn's urban forest. USDA Forest Service Gen. Tech. Rep. NE-290, 107

Nowak DJ, Greenfield EJ, Hoehn RE, Lapoint E (2013) Carbon storage and sequestration by trees in urban and community areas of the United States. Environ Pollut 178:229–236

NYC Parks (2018) History of the community garden movement. ▶ https://www.nycgovparks.org/. Zugegriffen: 16. März 2018

Obama M (2012) American grown. How the white house kitchen garden inspires families, schools, and communities. Crown, New York

Oh K, Jeong S (2007) Assessing the spatial distribution of urban parks using GIS. Landsc Urban Plan 82:25–32

Park JK (2010) Fluss als städtebauliches und architektonisches Element der Stadterneuerung. Dissertation, TU Berlin, Fakultät Planen, Bauen und Umwelt, Berlin

Park SA, Lee KS, Son KC (2011) Determining exercise intensities of gardening tasks as a physical activity using metabolic equivalents in older adults. Hort Sci 46(2):1706–1710

Parsanik Z, Maroofnezhad A (2017) Assessing urban parks of district 13 of Mashhad municipality. Open J Geol 7:457–464

Priego C, Breuste JH, Rojas J (2008) Perception and value of nature in urban landscapes: a comparative analysis of cities in Germany, Chile and Spain. Landsc Online 7:1–22

Puliafito SA, Bochaca FR, Allende DG, Fernandez R (2013) Green areas and microscale thermal comfort in arid environments: a case study in Mendoza, Argentina. Atmos Clim Sci 3:372–384

Pütz M, Bernasconi A (2017) Urban Forestry in der Schweiz: fünf Herausforderungen für

Wissenschaft und Praxis (Essay). Schweiz Z Forstwes 168(5):246–251

Pütz M, Schmid S, Bernasconi A, Wolf B (2015) Urban forestry. Definition, Trends und Folgerungen für die Waldakteure in der Schweiz. Schweizerische Z Forstwesen 166(4):230–237

Qureshi S, Kazmi SJH, Breuste JH (2010) Ecological disturbances due to high cutback in the green infrastructure of Karachi: analyses of public perception about associated health problems. Urban For Urban Green 9:187–198

Qureshi S, Breuste JH, Jim CY (2013) Differential community and the perception of urban green spaces and their contents in the megacity of Karachi. Pakistan Urban Ecosyst 16:853–870

Ramsar (1971) Übereinkommen über Feuchtgebiete, insbesondere als Lebensraum für Wasser- und Watvögel, von internationaler Bedeutung. Ramsar, 2.2.1971. ▶ www.ramsar.org. Zugegriffen: 30. März 2018

Randrup TB, Konijnendijk CC, Kaennel Dobbertin M, Prüller R (2005) The concept of urban forestry in Europe. In: Konijnendijk CC, Nilsson K, Randrup TB, Schipperijn J (Hrsg) Urban forests and trees. Springer, Berlin, S 9–21

Rasper M (2012) Vom Gärtnern in der Stadt: die neue Landlust zwischen Beton und Asphalt. oekom, München

Reimers B (Hrsg) (2010) Gärten und Politik. Vom Kultivieren der Erde. oekom, München

Rink D (2004) Ist wild schön? Garten+Landschaft 2:16–18

Rink D, Arndt T (2011) Urbane Wälder: Ökologische Stadterneuerung durch Anlage urbaner Waldflächen auf innerstädtischen Flächen im Nutzungswandel. UFZ-Selbstverlag, Leipzig

Roloff A (2013) Bäume in der Stadt. Ulmer, Stuttgart

Roschewitz A, Holthausen N (2007) Wald in Wert setzen für Freizeit und Erholung. Situationsanalyse. Umwelt-Wissen Nr. 0716. Bundesamt für Umwelt, Bern, 39. ▶ http://www.waldwissen.net/themen/wald_gesellschaft/unentgekldliche_waldleistungen/wsl_wald_erholung_zuerich_DE. Zugegriffen: 11. März 2018

Rosol M (2006) Gemeinschaftsgärten in Berlin: Eine qualitative Untersuchung zu Potenzialen und Risiken bürgerschaftlichen Engagements im Grünflächenbereich vor dem Hintergrund des Wandels von Staat und Planung. Taschenbuch, Mensch & Buch, Berlin

Rowntree RA, McPherson, EG, Nowak DJ (1994) The role of vegetation in urban ecosystems. In: United States Department Agriculture, Forest Service (Hrsg) Chicago's urban forest ecosystem: results of the Chicago urban forest climate project. General Technical Report NE-186, 1–2

Royal Horticultural Society (2013) "Eight reasons to get an allotment." RHS Flower Show Tatton Park. ▶ www.rhs.org.uk. Zugegriffen: 25. Juli 2013

Saito I, Ishihara O, Katayama T (1990) Study of the effect of green areas on the thermal environment in an urban area. Energ Buildings 15(3–4):493–498

Sawidis T, Breuste J, Tsigaridas K, Mitrovic M, Pavlovic P (2011) A comparative study of heavy metal pollution in Salzburg, Belgrade and Thessaloniki city using trees as bioindicators. Environ Pollut 159(12):3560–370. ▶ https://doi.org/10.1016/j.envpol.2011.08.008

Schetke S, Qureshi S, Lautenbach S, Kabisch N (2016) What determines the use of urban green spaces in highly urbanized areas? – examples from two fast growing Asian cities. Urban For Urban Green 16:150–159

Schiller-Bütow H (1976) Kleingärten in Städten. Patzer, Hannover-Berlin

Schipperijn J, Stigsdotter UK, Randrup TB, Troelsen J (2010) Influences on the use of urban green space – a case study in Odense, Denmark. Urban For Urban Green 9:25–32

Scholz T, Ronchi S, Hof A (2016) Ökosystemdienstleistungen von Stadtbäumen in urban-industriellen Stadtlandschaften – Analyse, Bewertung und Kartierung mit Baumkatastern. In: Strobl J, Zagel B, Griesebner G, Blaschke T (Hrsg) AGIT 2-2016 Journal für Angewandte Geoinformatik. Wichmann Verlag, Berlin, S 462–471

Schram-Bijkerk D, Otte P, Dirven L, Breure AM (2018) Indicators to support healthy urban gardening in urban management. Sci Total Environ 621:863–87

Schuhmacher H (1998) Stadtgewässer. In: Sukopp H, Wittig R (Hrsg) Stadtökologie, 2. Aufl. Gustav Fischer, Stuttgart, S 201–218

Schuhmacher H, Thiesmeier R (Hrsg) (1991) Urbane Gewässer, 1. Aufl. Westarp, Essen

Schwarz A (2005) Der Park in der Metropole. Urbanes Wachstum und städtische Parks im 19. Jahrhundert. transcript, Bielefeld

Senatsverwaltung für Stadtentwicklung und Umwelt Berlin/SenStadt (2012) Das bunte Grün. Kleingärten in Berlin, Berlin

Sermann H (2006) Kleingärten als Beitrag für ökologische Stadtentwicklung. Grüne Schriftenreihe des Bundesverbandes Deutscher Gartenfreunde 2006:49–53

Speak AF, Mizgajski A, Borysiak J (2015) Allotment gardens and parks: provision of ecosystem services with an emphasis on biodiversity. Urban For Urban Green 14:772–781

Spronken-Smith RA (1994) Energetics and cooling in urban parks. University of British Columbia, Vancouver, S 204

Spronken-Smith RA, Oke TR (1998) The thermal regime of urban parks in two cities with different summer climates. Int J Remote Sens 19(11):2085–2104

Stadt Halle (2007) ISEK – Integriertes Stadtentwicklungskonzept. Stadtumbaugebiete. Halle, 75–89. ► http://www.halle.de/VeroeffentlichungenBinaries/266/199/br_isek_stadtumbaugebiete_2008.pdf. Zugegriffen: 19. März 2018

Halle Stadt (2011) Stadtteilkatalog 2010 der Stadt Halle. Sonderveröffentlichung Stadt Halle, Halle (Saale)

Stanners D, Bourdeau P (Hrsg) (1995) The urban environment. Europe's environment: The dobris assessment. Copenhagen, European Environment Agency, S 261–296

Stefano Boeri Architetti (Hrsg) (2018) ► https://www.stefanoboeriarchitetti.net/en/.../liuzhou-forest-city/. Zugegriffen: 9. März 2018

Stewart N (2018) Urban gardening in Germany. ► www.young-germany.de/topic/live/.../urban-gardening-in-germany. Zugegriffen: 16. März 2018

Stiftung 7000 Eichen (Hrsg) (2018) 7000 Eichen. ► www.7000eichen.de/. Zugegriffen: 9. März 2018

Stiftung Die Grüne Stadt (2018) Nachhaltige Infrastruktur. Schwerpunkt: Wasser in der Stadt. ► www.die-gruene-stadt.de/. Zugegriffen: 1. Apr. 2018

Stigsdotter UK, Ekholm O, Schipperijn J, Toftager M, Kamper-Jorgensen F, Randrup TB (2010) Health promoting outdoor environments – associations between green space, and health, health-related quality of life and stress based on a Danish national representative survey. Scand J Public Health 38:411–417

Stülpnagel A von (1987) Klimatische Veränderungen in Ballungsgebieten unter Berücksichtigung der Ausgleichswirkungen von Grünflächen. Dissertation, Fachber. 14, Technical University of Berlin

Swanwick C, Dunnett N, Woolley H (2003) Nature, role and value of green space in towns and cities: an overview. Built Environ 29(2):94–106

Swintion S, Lupi MF, Proberstson GP, Hamilton SK (2007) Ecosystem services and agriculture: cultivating agricultural ecosystems for diverse benefits. Ecol Econ 64:245–252

Szumacher I (2005) Funkcje ekologiczne parków miejskich (Ökologische Funktionen von Stadtparks). Prace i Studia Geograficzne 36. Wydawnictwa Uniwersitetu Warszawskiego (in Polnisch), Universität Warschau, Warschau

Tajima K (2003) New estimates of the demand for urban green space: implications for valuing the environmental benefits of Boston's big dig project. J Urban Aff 25:641–655

Tessin W (2001) Nachhaltige Entwicklung in urbanen Räumen unter besonderer Berücksichtigung des Kleingartenwesens. Grüne Schriftenreihe des Bundesverbandes Deutscher Gartenfreunde 151:7–22

TGL 113-0373 (1964) Freiflächen – Grundsätze und Richtlinien für die generelle Stadtplanung. Fachbereichsstandard Bauwesen. Berlin

Toftager M, Ekholm O, Schipperijn J, Stigsdotter U, Bentsen P, Gronbaek M, Randrup TB, Kamper-Jorgensen F (2011) Distance to green space and physical activity: a Danish national representative survey. J Phys Act Heal 8:741–749

Transition Regensburg im Wandel (2018) Gardening. ► https://www.transition-regensburg.de/gruppen/gardening. Zugegriffen: 14. März 2018

Travel + Leisure (Hrsg) (2014) The world's most-visited tourist attractions (2014). Landmarks + Monuments. ► www.travelandleisure.com. Zugegriffen: 6. Febr. 2018

Tyrväinen L, Silvennoinen H, Kolehmainen O (2003) Ecological and aesthetic values in urban forest management. Urban For Urban Green 1:135–149

Tyrväinen L, Pauleit S, Seeland K, de Vries S (2005) Benefits and uses of urban forests and trees. In: Konijnendijk CC, Nilsson K, Randrup TB, Schipperijn J (Hrsg) Urban forests and trees. A reference book. Springer, Heidelberg, S 81–114

Unal M, Uslu C, Cilek A (2016) GIS-based accessibility analysis for neighbourhood parks: the case of Cukurova district. J Digital Landsc Archit 1:45–56

Urban Forest Innovations Inc., Beacon Environmental Ltd., Kenney WA (2016) Putting down roots for the future: city of Ottawa – urban forest management plan 2018–2037. Ottawa

Van Herzele A, Wiedemann T (2003) A monitoring tool for the provision of accessible and attractive urban green spaces. Landsc Urban Plan 63:109–126

Voigt A, Kabisch N, Wurster D, Haase D, Breuste J (2014) Structural diversity: a multi-dimensional approach to assess recreational services in urban parks. Ambio 43:480–491

Vollrodt S, Frühauf M, Haase D, Strohbach M (2012) Das CO_2-Senkenpotential urbaner Gehölze im Kontext postwendezeitlicher Schrumpfungsprozesse. Die Waldstadt-Silberhöhe (Halle/Saale) und deren Beitrag zu einer klimawandelgerechten Stadtentwicklung. Hallesches Jb Geowiss 34:71–96

Wang H, Qureshi S, Qureshi BA, Qiu J, Freidman CR, Breuste JH, Wang X (2016) A multivariate analysis integrating ecological, socioeconomic and physical characteristics to investigate urban forest cover and plant diversity in Beijing, China. Ecol Ind 60:921–929

Ward Thompson C, Roe J, Aspinall P, Mitchell R, Clow A, Miller D (2012) More green space is linked to less stress in deprived communities: evidence from salivary cortisol patterns. Landsc Urban Plan 105(3):221–229

Wasserrahmenrichtlinie (WRRL; RL 2000/60/EG) (2001) Richtlinie des Europäischen Parlaments und des Rates vom 23. Oktober 2000 zur Schaffung eines Ordnungsrahmens für Maßnahmen der Gemeinschaft im Bereich der Wasserpolitik. ABl. Nr. L 327. Geändert durch die Entscheidung des Europäischen Parlaments und des Rates 2455/2001/EC. ABl. Nr. L 331, 15/12/2001

Wasserwirtschaftsamt München (Hrsg) (2011) Neues Leben für die Isar. Faltblatt. ► http://www.muenchen.de/rathaus/Stadtverwaltung/baureferat/projekte/isar-plan.html. Zugegriffen: 18. Nov. 2015

Weber D, Anderson D (2010) Contact with nature: recreation experience preferences in Australian parks. Ann Leis Res 13:46–69

Weinert E (1930) Ferientag eines Unpolitischen. ► http://www.yolanthe.de/vorw_frame1.htm, ► www.buecherlesung.de/.../Ferientag_eines_Unpolitischen-Erich_Weinert.pdf. Zugegriffen: 14. März 2018

Wikipedia (2018) White House vegetable garden. ► https://en.wikipedia.org/wiki/White_House_Vegetable_Garden. Zugegriffen: 19. März 2018

Wildfowl and Wetlands Trust (WWT) (2018) ► https://www.wwt.org.uk/wetland-centres/london/. Zugegriffen: 15. Apr. 2018

Wittig R (2002) Siedlungsvegetation. Ulmer, Stuttgart

Yang J, McBride J, Zhou J, Sun Z (2005) The urban forest in Beijing and its role in air pollution reduction. Urban For Urban Green 3(2):65–78

ZALF (Leibniz-Zentrum für Agrarlandschaftsforschung e. V.) (2013) Urbane Landwirtschaft und "Green Production" als Teil eines nachhaltigen Landmanagements. Diskussionspapier Nr. 6: Müncheberg

Zippel S (2016) Urban parks in Shanghai study of visitors' demands and present supply of recreational services. Masterarbeit TU Dresden, Fakultät Umweltwissenschaften Masterstudiengang „Raumentwicklung und Naturressourcenmanagement"

Zipperer WC, Sisinni SM, Pouyat R (1997) Urban tree cover: an ecological perspective. Urban Ecosyst 1(4):229–246

Was urbane Biodiversität ausmacht

6.1	Urbane Biodiversität – ein Paradigmenwechsel? – 222	
6.2	Wie kann man urbane Biodiversität messen? – 224	
6.2.1	Integrationsstufen biologischer Diversität – 224	
6.2.2	Struktur urbaner Lebensräume als Bilanzgrundlage und Indikator – 225	
6.2.3	Artenvielfalt als Indikator – 228	
6.3	Wie wird urbane Biodiversität wahrgenommen? – 234	
6.4	Urbane Biodiversität und Ökosystemleistungen – 238	
	Literatur – 241	

© Springer-Verlag GmbH Deutschland, ein Teil von Springer Nature 2019
J. Breuste, *Die Grüne Stadt,* https://doi.org/10.1007/978-3-662-59070-6_6

Biodiversität wird oft verkürzt nur als Artenvielfalt wahrgenommen. Die Struktur der Lebensräume gehört jedoch dazu und macht Artenvielfalt erst verständlich. Dies trifft auch auf urbane Biodiversität zu. Sie ist wie die Stadtnatur als Ganzes gestaltete Biodiversität basiert auf städtischen Strukturen und deren Pflege und Management. Biodiversität wird in der Stadt gestaltet, kann damit also auch vergrößert oder reduziert werden.

Oft findet sich ein weiter Blick auf urbane Biodiversität, die diese immer (nur) im Zusammenhang mit Ökosystemleistungen sieht und damit unter dem Namen „Biodiversität" alle Leistungen von Stadtnatur zusammenfasst. Das entwertet allerdings den Biodiversitäts-Begriff und löst ihn von seinen Inhalten.

Biodiversität in Städten ist wie Biodiversität im Allgemeinen Vielfalt von Arten und Lebensräumen und genetische Vielfalt der Arten. Dass dies eine positive Wirkung auf Menschen als Stadtbewohner hat, wird oft behauptet, bedarf aber der Konkretisierung, auch um diese Wirkung zu verbessern und zu erweitern. Menschen nehmen Biodiversität meist nur fragmentarisch und sozusagen „im Vorbeigehen" wahr, wissen aber oft nicht, was hinter dem Begriff steckt. Das bestätigen viele Untersuchungen. Sie nehmen aber die Vielfalt natürlicher Strukturen und von (beobachtbaren) Arten sehr genau wahr und schätzen sie. Wenn Vielfalt positiv bewertet wird, betrifft dies auch biologische Vielfalt. Naturkontakt wird generell als positiv eingeschätzt und nachgefragt, auch in Städten.

Lässt sich biologische Vielfalt messen? Wenn ja, wie kann Struktur- und Artenvielfalt quantifiziert werden? Gehören nur einheimische Arten zur urbanen Biodiversität? Der Naturschutz orientiert sich außerhalb der Städte auf Schutz der einheimischen Arten. Auch der City Biodiversity Index (CBI), ein Mess- und Vergleichsinstrument von Planern und Wissenschaftlern, reduziert urbane Biodiversität auf *native biodiversity* User's Manual 2014. Der CBI schließt damit einen nicht unbeträchtlichen Teil der Stadtnatur bewusst aus und reduziert auf ausschließlich einheimische Arten. Hier dürfen berechtigte Zweifel daran, ob diese Betrachtungsweise den Ansprüchen an eine breite, integrative Gestaltung und Wertschätzung städtischer Natur gerecht wird, angemeldet werden. Einige Ökologen fordern bereits einen notwendigen Paradigmenwechsel in der Betrachtung von Biodiversität ein, wenn diese auf Städte bezogen wird (z. B. Kowarik 2011).

6.1 Urbane Biodiversität – ein Paradigmenwechsel?

Im Rahmen der UN-Konferenz über Umwelt und Entwicklung wurde 1992 das Übereinkommen über die biologische Vielfalt („Convention on Biological Diversity", CBD), um die Erhaltung und nachhaltige Nutzung der biologischen Vielfalt sicherzustellen, verabschiedet. Dieses Ziel, kurz als „Biodiversität" bezeichnet, ist seitdem von vielen Staaten in ihre Politik aufgenommen und in der breiten Öffentlichkeit als erstrebenswertes, ja notwendiges Vorhaben akzeptiert und anerkannt worden (United Nations 1992; COP 2009, 2010; TEEB 2011; Naturkapital Deutschland TEEB DE 2016).

Der Diversitätsbegriff wurde von Whittaker (1972, 1977) in Alpha- (Artenzahl/Fläche, Ökotop, Pflanzenbestand), Beta- (dimensionslos über Ähnlichkeitswerte), entlang eines Gradienten oder für zeitliche Vergleiche, und Gamma-Diversität (Artenzahl/Fläche, größeres Gebiet, Landschaft, Land) gegliedert, um Artenvielfalt auf verschiedenen Maßstabsebenen zu kennzeichnen. 1992 erfuhr der Begriff in der o. g. Internationalen Biodiversitätskonvention CBD (United Nations 1992) eine wichtige Erweiterung auf die Ebene der Ökosysteme. Hierin ist z. B. auch die Vielfalt der Kulturpflanzen eingeschlossen. Die Übertragung auf urbane Räume war jedoch noch nicht intendiert und wurde erst nachträglich zum Gegenstand. Vereinfacht wird Biodiversität häufig, vor allem in der Medienöffentlichkeit, mit Artenvielfalt oder Artenreichtum gleichgesetzt und damit reduziert.

6.1 · Urbane Biodiversität – ein Paradigmenwechsel?

Biodiversität

Der Begriff „Biodiversität" ist sinngleich mit „biotischer Diversität".

» „…„biologische Vielfalt" bedeutet die Variabilität unter lebenden Organismen jeglicher Herkunft, darunter unter anderem Land-, Meeres- und sonstige aquatische Ökosysteme und die ökologischen Komplexe, zu denen sie gehören; dies umfaßt die Vielfalt innerhalb der Arten und zwischen den Arten und die Vielfalt der Ökosysteme" (United Nations 1992, Artikel 2, S. 3).

Damit sind Artenvielfalt, die Vielfalt an Ökosystemen und die genetische Vielfalt innerhalb der verschiedenen Arten eingeschlossen. Die Variabilität räumlicher, zeitlicher und funktionaler Eigenschaften von Naturelementen unterschiedlicher hierarchischer Zuordnung ist ein Aspekt der Biodiversität (Beierkuhnlein 1998). Gleichzeitig ist Biodiversität ein mess- und operationalisierbares ökologisches Konzept mit konkreten Zielen für den Natur- und Artenschutz (United Nations 1992; Hobohm 2000; Wittig und Niekisch 2014) (s. ▶ Abschn. 7.3 und ◘ Abb. 6.1).

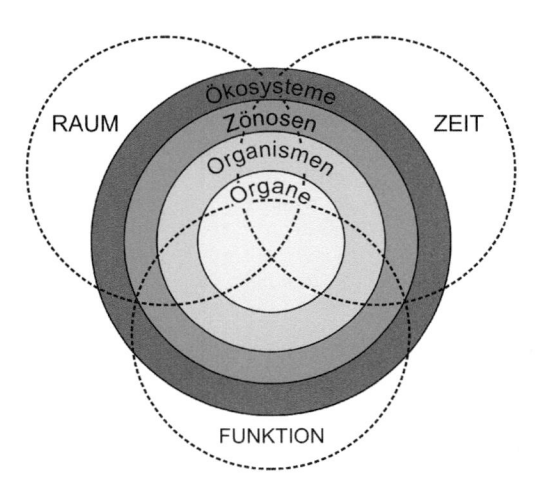

◘ **Abb. 6.1** Schematische Gliederung der biotischen Diversität, Kreise bezeichnen biotische Integrationsebenen. (© nach Beierkuhnlein 1998, S. 84, verändert, Entwurf: J. Breuste, Zeichnung: W. Gruber)

Das Spektrum der Erhaltungs- und Entwicklungsaktivitäten für biologische Vielfalt in Städten reicht von der Erforschung von Biodiversität über die Förderung von Naturkontakt, den Naturschutz bis zur Pflege von Stadtnatur. Urbane Biodiversität und die Bemühungen sie zu erhalten, können sich nicht auf die wenigen, in urbanen Räumen noch vorhandenen Relikthabitate und die Arten der einheimischen Flora konzentrieren. Kowarik (2011 S. 1) fordert zu Recht einen „Paradigmenwechsel" *(paradigm shift)* zur Einbeziehung aller urbanen Ökosysteme und auch deren nicht-einheimischen Arten, unter Verweis auf deren Ökosystemleistungen, den sozialen Nutzen und ihren Beitrag zur Erhaltung der Biodiversität *(contribution to biodiversity conservation)* ein. In Deutschland bezieht die Nationale Biodiversitätsstrategie Deutschland dies ein: „Heimische Arten finden hier einen Ersatzlebensraum und Wärme liebende eingewanderte Arten siedeln sich an" (BmU 2007, S. 42).

Urbane Biodiversität

Urbane Biodiversität geht von der Besonderheit städtischer Ökosysteme aus. Dies betrifft alle Arten und alle Lebensräume, also unterschiedliche Integrationsstufen biologischer Diversität (Beierkuhnlein 1998). Urbane Biodiversität bezieht sich nicht ausschließlich oder vorrangig auf einheimische Arten und deren urbane Reliktlebensräume, sondern schließt auch die Vielfalt der Kulturpflanzen und nicht einheimische Arten ein. Urbane Biodiversität ist damit nicht nur ein Ergebnis von Naturprozessen, sondern auch von bewusster oder unbewusster Gestaltung durch Menschen, insbesondere deren Nutzungsweisen urbaner Ökosysteme. Urbane Biodiversität wird nicht „vorgefunden", sondern gestaltet. Dies bedeutet einen Paradigmenwechsel traditioneller Naturschutzvorstellungen, mit dem Schutzziel, wenig berührter Lebensräume und ausschließlich einheimischer Arten.

Städte – urbane Hotspots der Biodiversität

Mit der hohen Artenvielfalt und Artendichte werden Städte oft als regionale Hotspots der Biodiversität ausgewiesen (Werner und Zahner 2009). Kühn et al. (2004) stellen für Mitteleuropa fest, dass bei Stadtflächen über 100 km² und bei über 200.000 Einwohnern mit ca. 1000 Pflanzenarten insgesamt und 30 bis 600 Pflanzenarten je km² zu rechnen ist. Dies übertrifft die Artenvielfalt der intensiv genutzten Kulturlandschaft bei Weitem. Die hohe Artenzahl in den Städten erklärt sich durch die Standortvielfalt, oft extreme und besondere ökologische Standortsbedingungen. Statistisch erfasst wird dabei meist nur die Spontanvegetation, ohne Unterscheidung in indigene und hemerochore Arten. Der Vergleich Pflanzenvielfalt mit naturnahen Ökosystemen, in denen meist nur indigene Arten vorkommen, belegt, dass die städtische Biodiversität oft nicht unwesentlich durch zugewanderte Arten (Neophyten) gekennzeichnet ist (Breuste et al. 2016).

Im Frankfurter Raum (Netzwerk BioFrankfurt) sind 1675 Farn- und Blütenpflanzen verbreitet. Bei nur 0,06 % Flächenanteil am deutschen Bundesgebiet ist das etwa die Hälfte aller in Deutschland bekannten Arten. Im elfmal größeren Taunusgebirge finden sich lediglich 1250 Pflanzenarten (Lehmhöfer 2010).

Seit 1985 erfasst das Senckenberg Forschungsinstitut und Naturmuseum in der Arbeitsgruppe Biotopkartierung im Auftrag des Umweltamtes der Stadt Frankfurt die Frankfurter Stadtnatur systematisch durch wissenschaftliche Kartierung. Stadtplanung und -entwicklung fällen ihre Entscheidungen auf Basis dieser Erhebungen zur Biodiversität und analysieren deren Auswirkungen auf die Biodiversität. Die Ergebnisse zur Biodiversität werden darüber hinaus durch Publikation einer breiten Öffentlichkeit zugänglich gemacht (s. ◘ Abb. 6.2). Trotz dieser Erfolge der Einbeziehung von urbaner Biodiversität in die Entscheidungsprozesse der Stadtentwicklung fällt das Urteil der Wissenschaftler des Senckenberg Forschungsinstituts zu deren Schutz wenig optimistisch aus:

> „Dennoch steht Stadtnatur mit ihrer meist nur mittelbar und langfristig wahrgenommenen Wirkung und Bedeutung oft auf verlorenem Posten gegenüber den sehr unmittelbar wirkenden ökonomischen Zwängen" (Ottich et al. 2009, S. 158).

◘ Abb. 6.2 BioFrankfurt – Konzept des Netzwerkes für Biodiversität e. V. (© BioFrankfurt)

6.2 Wie kann man urbane Biodiversität messen?

6.2.1 Integrationsstufen biologischer Diversität

Bei der Analyse von Biodiversität geht es darum, Naturelemente, also biotische Kompartimente verschiedener Organisationsstufen, zu abstrakten Einheiten zusammenzufassen und abzugrenzen. Mit zunehmender Integration (Organisation) wächst die Komplexität der Naturelemente. Neben den Arten spielen hierbei vor allem übergeordnete Einheiten (Biozönosen, Ökosysteme, Formationen) und die Vielfalt ihrer verschiedenen Eigenschaften eine besondere Rolle. Bei Ökosystemen (systemische Ebene) ist es möglich, die Vielfalt der Einheiten eines Gebietes zu analysieren und zu vergleichen, um daraus Aussagen über die (Bio-)Diversität auf dieser Integrationsstufe abzuleiten. Nach Beierkuhnlein (1998) sind Arten (2. Integrationsstufe), Biozönosen als Organismengemeinschaften verschiedener Arten (3. Integrationsstufe) und zusammen mit ihrem Lebensraum „Biotop" als Ökosysteme (4. Integrationsstufe) zur Quantifizierung der Biodiversität praktisch nutzbare Integrationsstufen. Bewertungen der Biodiversität beziehen sich meist auf eine konkrete Fläche oder einen Betrachtungsmaßstab (Beierkuhnlein 1998). Diese Vorstellungen sind auch auf städtische Zönosen und Ökosysteme übertragbar (s. ◘ Abb. 6.3 und 6.4).

6.2.2 Struktur urbaner Lebensräume als Bilanzgrundlage und Indikator

Biodiversität kann in Bezug auf räumliche Eigenschaften in der Fläche, z. B. die Bildung räumlicher Muster *(patterns)* von Pflanzengesellschaften, und nach der Bestandsschichtung bestimmt werden. Diese räumlichen Eigenschaften können durch funktionale und zeitliche Eigenschaften in ihrer Vielfalt weiter ergänzt werden. Dies erfordert jedoch weitergehende Untersuchungen, sodass die relativ leicht erfassbaren räumlichen Eigenschaften nach Ähnlichkeit der Artenzusammensetzung und Bildung von Vegetationsmustern als Indikatoren in

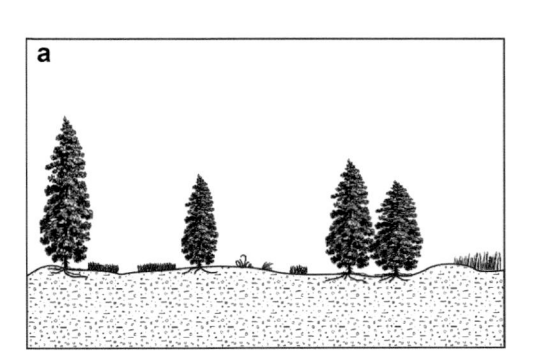

◘ **Abb. 6.3** Schematische Darstellung geringer **a** und hoher **b** Diversität auf der Integrationsebene der Arten am Beispiel unterschiedlich artenreicher Pflanzengemeinschaften, z. B. in einem Stadtpark. (© Zeichnung: W. Gruber, unter Verwendung von Beierkuhnlein 1998, S. 86)

◘ **Abb. 6.4** Schematische Darstellung geringer **a** und hoher **b** struktureller Diversität am Beispiel unterschiedlich strukturierter Vegetationseinheiten, z. B. in einem Stadtpark. (© Zeichnung: W. Gruber, unter Verwendung von Beierkuhnlein 1998, S. 88)

verschiedenen Maßstäben häufiger verwendet werden. Für ganze Städte bestimmt der Erfassungsmaßstab 1:5000–10.000 die abbildbaren strukturellen Inhalte. Hier werden Biotope als Typen-Lebensräume mit ähnlichen inneren, vor allen durch Nutzung geprägten Vegetationsstrukturen, erfasst (Biotopkartierung). Sie bilden die Bilanzgrundlage für Beschreibungen ihres Inventars (Arten, Strukturen, Nutzungen etc.) und für Bewertungen ihres „Biotopwertes" als z. B. „artenreich", „Lebensraum seltener und geschützter Arten" oder „schützenswert".

> „Im besiedelten Bereich sind es in erster Linie die Nutzungen, die das Verbreitungsmuster der Organismenarten prägen. Grundlage der Naturschutzarbeit in der Stadt ist es daher, die wichtigsten Nutzungsarten systematisch zu erfassen und ihren Artenbestand und deren ökologische Existenzbedingungen zu beschreiben. Im Endergebnis wird deutlich, in welchem Maße einzelne Nutzungen bestimmter Ausprägungen zur Erhaltung von Arten im besiedelten Bereich beitragen. Ebenso wird ablesbar, welche Nutzungen sich durch ausgesprochene Artenarmut auszeichnen und unter Umständen Maßnahmen zur „Renaturalisierung" erforderlich machen können" (Sukopp et al. 1980, S. 565).

Biotopkartierung

„Biotopkartierung" bezeichnet ein Verfahren der Erfassung von Lebensräumen (Biotope) und ihres tatsächlichen oder potenziellen Arteninventars durch Karten und Beschreibungen. Biotopkartierungen basieren wegen der engen Beziehung zur Nutzung der Flächen häufig auf durch weitere Merkmale untersetzen Nutzungstypenkartierungen. Sie werden meist durch Behörden, Städte und Gemeinden, aber auch von Naturschutzverbänden in Auftrag gegeben und für Entscheidungsprozesse in der Stadtplanung und -entwicklung und im Naturschutzmanagement genutzt. Sie dienen auch im Rahmen von Forschungsarbeiten als Grundlagen. Die Erfassung erfolgt entweder flächendeckend, flächendeckend repräsentativ (repräsentative Flächen) oder selektiv („wertvolle" Biotope). Praktizierter Maßstab für die Nutzungstypenerfassung im urbanen Raum ist 1:5000–10.000 (Arbeitsgruppe 1986, 1993).

Seit 1979 ist in Deutschland die nutzungsbezogene flächendeckende Biotoperfassung durch Biotopkartierung im urbanen Bereich zur Erfassung der urbanen Biodiversität in Anwendung. Insgesamt fanden bis 2004 21 Sitzungen einer überregionalen und interdisziplinären Arbeitsgruppe „Biotopkartierung im besiedelten Bereich" zur überregionalen Koordinierung des Konzeptes statt, denen 2006–2011 weitere fünf Sitzungen eines Kompetenznetzwerkes Stadtökologie (CONTUREC) folgten. 1986 wurde dazu in Deutschland ein Standardverfahren (Grundprogramm für die flächendeckende Biotopkartierung im besiedelten Bereich (Arbeitsgruppe 1986), erweitert 1993 (Arbeitsgruppe 1993) zur Ermittlung von Arten- und Lebensraumvielfalt, deren Lokalisation und zeitlicher Entwicklung, oft verbunden mit praktischen Handlungsanleitungen, entwickelt. Dadurch wird Biodiversität raumzeitlich „messbar", abgebildet, bilanziert und handlungspraktisch verfügbar gemacht (Breuste 1994a, b). Die 25 kreisfreien Städte Bayerns wurden z. B. bis 1989 bereits vollständig kartiert. Das Verfahren wird inzwischen auch in anderen Ländern adaptiert und erfolgreich angewandt (z. B. Bedé et al. 1997 in Brasilien). Empfehlenswert ist die regelmäßige Wiederholung der Kartierungen in kurzer Frequenz für Biotope und in längeren Abständen für Arten.

Im Betrachtungsmaßstab bleiben z. B. Parke bestenfalls durch die Pflegeintensität „intensive" oder „extensiv" unterschieden, nicht jedoch in ihrer inneren Struktur. Diese kann als Strukturdiversität aus biotischer, abiotischer und Infrastruktur bestehend betrachtet werden (s. ◘ Abb. 6.5 und 6.6).

Nur ein Teil dieser Strukturdiversität ist dabei die Diversität flächiger Vegetationsmuster, die als Indikatoren von Biodiversität typisiert erfasst werden können.

◘ **Abb. 6.5** Konzeptionelles Modell von Strukturdiversität am Beispiel eines Stadtparks. (© Entwurf: J. Breuste, Zeichnung: W. Gruber nach Voigt et al. 2014, S. 482)

◘ **Abb. 6.6** Vielfalt natürlicher Strukturen im Parl Lednice (Eisgrub) in Mähren, Tschechische Republik. (© Breuste 2017)

Die **strukturelle Diversität der Vegetation** von städtischen Habitaten ist als Indikator der Biodiversität geeignet (Whitford et al. 2001). Dies trifft besonders für Vögel zu (Sandström et al. 2006). Kleinstrukturen und vor allem Baumbestand spielt eine besondere Rolle als Habitatfaktor (Chace und Walsh 2006).

Der positive Zusammenhang zwischen Artenvielfalt und **Flächengröße** von Vegetationsflächen wird widersprüchlich diskutiert, insbesondere wenn unterschiedliche Tiergruppen analysiert werden. Der Faktor „Größe" steht meist für eine Kombination weiterer Faktoren (z. B. Raino und Niemela 2003; Deichsel 2007). Tscharntke et al. 2002 begründen, dass Flächengröße kein einfacher Parameter zur Vorhersage für Artenreichtum ist. Dies trifft wohl auch für die oft benannte positive Beziehung zwischen **Flächenalter** und Artenvielfalt zu. Sattler et al. (2011) bezeichnen Alter von Grünflächen in Schweizer Städten als den wichtigsten Indikator für Biodiversität. Der Faktor „Alter" steht jedoch wohl häufig für den Faktor „Habitatqualität" (Kowarik 1998).

Vernetzungen werden entweder durch räumliche Nähe oder durch direkte Verbindung bewirkt. Als verbindende Korridore kommen in Städten Fließgewässer, Verkehrswege (v. a. Eisenbahnlinien) und parkartige Grünzüge infrage (Werner und Zahner 2009). Marzluff und Ewing (2001) verweisen bereits darauf, dass von Vernetzungsstrukturen vor allem Generalisten und invasive Arten profitieren. Angold et al. (2006) betonen, dass Spezialisten (Feuchtgebiete) nicht durch Vernetzungen gefördert werden. Dies trifft auch für Wasservögel zu (Werner 1996).

Für ihre Biodiversitätsbewertung können die Vielfalt der biotischen Strukturtypen, Flächenanteil und Wertgewichte der Habitatstrukturen (nach typbezogener Quantität des Arteninventars) herangezogen werden. Da für diese Bewertung die horizontale und vertikale Strukturierung der Vegetationsbestände erfasst werden muss, müssen Fernerkundungserfassungen (Luft- und Satellitendaten) durch Kartierungen vor Ort ergänzt werden (s. ◘ Abb. 6.7).

Welche Ökosysteme in der Bewertung eine hohe oder niedrige Biodiversität aufweisen, lässt sich durch einen Bewertungsschlüssel ermitteln. Dieser erlaubt dann auch einen Vergleich der Ökosysteme untereinander, was zur Entscheidungsfindung, z. B. zum Biodiversitätsschutz, zur Erhöhung der Biodiversität und generell zur Definition von Naturschutzmaßnahmen beitragen kann.

Biodiversität ist in Städten nicht gleichverteilt, sondern hängt von Strukturmerkmalen der städtischen Ökosysteme, Störung und Bewirtschaftung und weiteren Merkmalen ab. Sie kann aber typischen Stadtstrukturen (Stadtstrukturtypen) zugeordnet werden, um damit einen zumindest groben Überblick über die **räumliche Verteilung der Biodiversität** in Städten zu gewinnen. Dazu können Pflanzen- oder Tierarten als Indikatoren genutzt werden.

Untersuchungen in Linz (Breuste et al. 2013a, b; Weissmair et al. 2000–2001) zeigen, dass bestimmte Stadtstrukturtypen eine deutlich höhere Biodiversität, gemessen an der in ihnen typisch vorkommenden Anzahl von Brutvogelarten und der Anzahl an Individuen, aufweisen (s. ◘ Tab. 6.1).

Die Ergebnisse zeigen, dass nicht nur Stadtwälder und Parks (s. ◘ Abb. 6.8), sondern auch locker bebaute Wohngebiete mit viel Grün, Bäumen und Gärten durch ihre strukturellen Merkmale vergleichbar hohe Biodiversitätswerte aufweisen. Besonders Baum- und Gehölzbestände wirken als biodiversitätssteigernde Elemente, zumindest für Brutvögel, bei denen die Mehrzahl in der Stadt Baum- und Höhlenbrüter sind (s. ◘ Tab. 6.2). Die geringste Biodiversität wiesen wie erwartet die Flächen der Intensivlandwirtschaft auf.

6.2.3 Artenvielfalt als Indikator

Die Erfassung von Arten in Bezugsräumen, ihren Habitaten oder der gesamten Stadt ist eine vielfach angewandte Praxis, urbane Biodiversität abzubilden. Dabei werden für

6.2 · Wie kann man urbane Biodiversität messen?

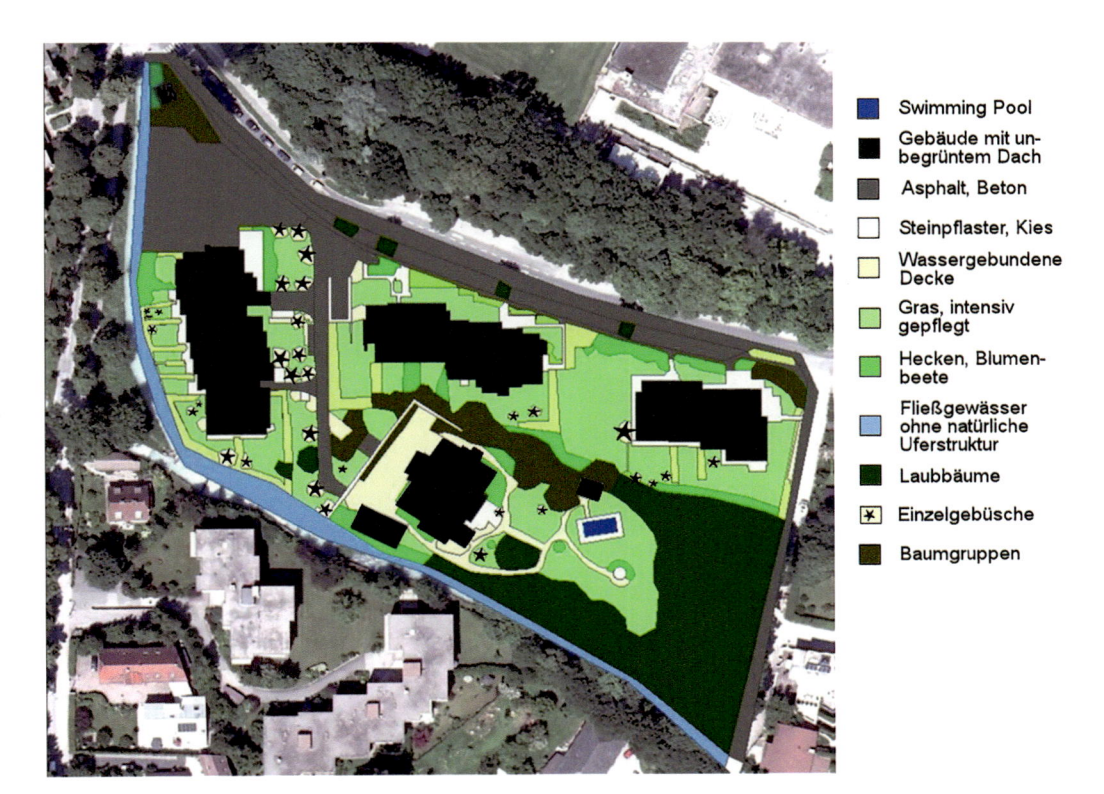

■ Swimming Pool
■ Gebäude mit unbegrüntem Dach
■ Asphalt, Beton
□ Steinpflaster, Kies
□ Wassergebundene Decke
□ Gras, intensiv gepflegt
■ Hecken, Blumenbeete
□ Fließgewässer ohne natürliche Uferstruktur
■ Laubbäume
✳ Einzelgebüsche
■ Baumgruppen

◘ **Abb. 6.7** Flächenkonkrete Erfassung von Vegetations- und Baustrukturtypen als Landschaftselemente und Träger von Biodiversität und Ökosystemleistungen in großem Maßstab (größer 1:5000). (© Wurster et al. 2014)

◘ **Tab. 6.1** Biodiversität von Stadtstrukturtypen in Linz (Indikator Brutvögel). (Czermak 2008; Weissmair et al. 2000–2001, ergänzt)

Stadtstrukturtyp	Typische Artenzahl Brutvögel	Typische Anzahl Brutvogelindividuen
Stadtwald	Mehr als 60	Mehr als 10.000
Park	Mehr als 60	Mehr als 10.000
Locker bebaute Wohngebiete (Einzelhausbebauung mit Gärten)	Mehr als 60	Mehr als 10.000
Dicht bebaute Wohngebiete (mehrgeschossige Bebauung mit wenig Grünausstattung)	50–60	5000–10.000
Dienstleistungsgebiete	50–60	5000–10.000
Landwirtschaftliches Grünland	Unter 50	Unter 5000
Ackerland	Unter 50	Unter 5000

◘ Abb. 6.8 Stadtwaldartiger Freinberg Park in Linz, Österreich. (© Breuste 2005)

Artengruppen oder einzelne Arten Werte zur Bestandsdichte ermittelt. Differenzierungen nach funktionalen Leistungen und Lebensdauer der Individuen (Beierkuhnlein 1998) werden seltener zusätzlich erfasst. Für eine breite Öffentlichkeit bleibt es häufig bei der Kennzeichnung der Biodiversität durch Anzahl der Arten (Artenvielfalt). Sie gibt allerdings Biodiversität nur fragmentarisch wieder (s. ▶ Abschn. 6.1). Betrachtet werden meist solche Arten, deren Erfassung und Bestimmung mit einem vertretbaren Aufwand und verfügbarer Artenkenntnis möglich ist. Diese Arten oder Artengruppen dienen als Indikatoren für Biodiversität als Ganzes, ohne dass dies tatsächlich als gesichert gelten kann.

Gefäßpflanzen werden meist vollständig im Rahmen von geobotanischen Pflanzenaufnahmen erfasst. Die Fauna wird oft nur durch einzelne Artengruppen repräsentiert. Hier sind es besonders die Brutvögel, die als Indikatoren für Biodiversität herangezogen werden. Artenvielfalt von Brutvögeln wird als Indikator von „Landschaftsqualität" genutzt (bundesweiter Indikator „Artenvielfalt und Landschaftsqualität"). Zwischen 2004 und 2014 konnte, anders als im Agrarland, in Siedlungen als einzigem Lebensraum in Deutschland eine signifikante Steigerung der Artenzahl nachgewiesen werden (Wahl et al. 2014).

Andere Tiergruppen als Indikatoren werden deutlich seltener untersucht, z. B. Säugetiere, Fische oder Amphibien oder die Herpetofauna (Werner und Zahner 2009). Eine der am besten untersuchten Arten ist der Rotfuchs *(Vulpes vulpes)* (z. B. Gloor et al. 2001). Besonders Schmetterlinge und Carabiden werden international als typische Indikatoren für Studien zur urbanen Biodiversität genutzt (z. B. GLOBENET Niemelä et al. 2000).

Vögel gelten weltweit als am besten untersuchte und am häufigsten angewandte Bioindikatoren für urbane Biodiversität (z. B. Biadun 1994; Müller et al. 2010).

Die bundesweiten ehrenamtlichen Programme zum Vogelmonitoring werden vom Dachverband Deutscher Avifaunisten (DDA) koordiniert und in Zusammenarbeit mit dem Bundesamt für Naturschutz sowie den Vogelschutzwarten der Länder ausgewertet

6.2 · Wie kann man urbane Biodiversität messen?

◘ **Tab. 6.2** Biodiversität von Linzer Stadtparks, Brutvögel und Strukturindikatoren. (Weissmair et al. 2000–2001; Czermak 2008; Breuste et al. 2013a, b, ergänzt)

Parks	Größe in ha	BS1	BS2	BS3	Anzahl der Brutvogelarten	Struktur diversität der Vegetation	Dominate Strukturen der Vegetation	Störungs-intensität
Bauernberg	9,54	15	10	12	37	3	B	2
Freinberg West-Ost	6,5	12	12	8	32	3	B	2
Hummelhofwald	7,81	10	8	13	31	3	B	3
Freinberg Aroboretum	9,0	9	8	8	24	2	R/B	2
Bergschlössl	2,79	1	14	9	25	1	R	2
Panuliwiese	1,5	11	6	7	24	2	R	3
Wasserwald	70,86	10	10	3	22	3	B	2
Schlossberg	1,1	3	10	9	23	2	B	2
Donaupark	7,57	6	13	2	21	2	R/B	3
Volksgarten	2,6	6	7	6	19	2	B	3
Universitätspark	4,1	6	6	4	16	3	R	1
Pöstlingsberg	2,61	6	6	3	15	3	R	2
J. W. Kleinstrasse	1,35	4	5	1	10	2	R	3
Wag-Park	1,67	4	5	1	10	1	R	3
Ökopark	1,12	7	1	2	10	1	B	1
Ing.Stern.Strasse	1,02	2	2	5	9	1	R	3
Erholungspark Urfahr	7,73	3	1	3	7	1	R	2
Peuerbachstraße	1,07	3	1	0	4	1	R	2
Harbachpark	1,39	0	0	1	1	2	B	3

BS 1 = Brut möglich, BS 2 = Brut wahrscheinlich, BS 3 = Brut bestätigt
Strukturdiversität der Vegetation: 3 = hoch, 2 = mittel, 1 = niedrig
Störungsintensität durch Besucher: 3 = hoch, 2 = mittel, 1 = gering
Dominate Strukturen der Vegetation: B = Bäume, R = Rasen
Störungsintensität (Lärm, Nutzer, Pflege): 3 = hoch, 2 = mittel, 1 = gering
Dunkle Schattierung in der Tabelle: hohe Biodiversität
Mittlere Schattierung: mittlere Biodiversität
Keine Schattierung: geringe Biodiversität

(Flade et al. 2008). Sie zeigen, dass die wichtigsten Faktoren, die die Artendiversität beeinflussen,
— Zunahme der Nutzungsintensität, Nutzungsänderung,
— Entwässerung,
— Nutzungsaufgabe (Sukzession) und
— Sport- und Freizeitnutzungen sind.

Für Brutvögel in Deutschland ist ein „Zielwert 100" der Artenvielfalt bestimmt, der erst zu 69 % erreicht ist (Wahl et al. 2015).

Messung urbaner Biodiversität mit Citizen Science – Stunde der Gartenvögel 2018

Bei Citizen Science (Bürgerwissenschaft) werden Projekte unter Mithilfe oder komplett von interessierten Laien durchgeführt. Diese melden z. B. Beobachtungen zum Artenbestand. Im Mai 2018 hat der Naturschutzbund Deutschland (NABU) zwischen Mutter- und Vatertag zum 14.-mal Vogelfreunde aufgerufen, beobachtete Vögel in Gärten und Parks zu zählen und per Internet oder per Post an den NABU zu übermitteln. 55.976 Vogelfreunde haben im Rahmen der Aktion „Stunde der Gartenvögel" 2018 Beobachtungen aus mehr als 36.841 Gärten und Parks zu 1.244.151 Vögel gemeldet.

Die Ergebnisse belegen allerdings die niedrigsten Vogelanzahlen seit Beginn der Aktion 2004. Pro Garten oder Park wurden im Durchschnitt 33,7 Vögel festgestellt. Insgesamt ist das ein Minus von über 5 % gegenüber dem Vorjahr und dem langjährigen Mittel.

Unter den 15 häufigsten Gartenvögeln weisen sieben Arten die bisher geringsten Zahlen auf, darunter Amsel, Kohlmeise, Blaumeise, Elster, Grünfink, Buchfink und Hausrotschwanz. Lediglich Haussperling, Feldsperling, Ringeltaube und Rabenkrähe wurden ähnlich häufig wie in den vergangenen Jahren beobachtet.

Besonders niedrige Zahlen weisen Arten auf, die ihre Jungen mit Insekten füttern. Die Luftinsektenjäger Mehlschwalbe und Mauersegler kommen nur mehr auf einen Wert von 60 % bezogen auf 2006. Die beiden samenfressenden Finkenarten Stieglitz und Kernbeißer setzten ihre Bestandszunahmen fort.

Der Star als Vogel des Jahres 2018 kommt auf –16 % im Vergleich zum Vorjahr.

Die Ergebnisse zeigen, dass mehr zum Schutz der Vögel getan werden muss und dass Vögel gute Indikatoren der Biodiversität insgesamt sind. Die Aufforderung an alle Städter lautet: „Jeder kann damit beginnen, seinen Garten als Mini-Naturschutzgebiet zu gestalten" (NABU 2018) (s. ◘ Tab. 6.3)!

Seit 1989 wird die Bestandsentwicklung aller häufigen Brutvogelarten in ganz Deutschland auch mithilfe standardisierter Methoden überwacht. Seit 2004 finden die Erfassungen auf bundesweit repräsentativen, 1 × 1 km großen Probeflächen statt. Die Ergebnisse werden jährlich im Bericht „Vögel in Deutschland" fortgeschrieben und fließen in den Indikator „Artenvielfalt und Landschaftsqualität" der Bundesregierung (Bundesamt für Naturschutz) sowie Indikatoren auf europäischer Ebene ein (u. a. den „European Farmland Bird"-Indikator, EBCC) (NABU 2018).

◘ Tab. 6.3 Ergebnisse der Stunde der Gartenvögel 2018 in Deutschland. (NABU 2018)

Rang	Vogelart	Anzahl	Vorkommen in % der Gärten	Vögel pro Garten	Vergleich zum Vorjahr (Trend in %)
1.	Haussperling	180.597	65,28	4,90	+2
2.	Amsel	121.039	94,85	3,29	–5
3.	Kohlmeise	94.788	82,04	2,57	–7
4.	Star	81.336	49,31	2,21	–10
5.	Feldsperling	78.832	35,12	2,14	–3
6.	Blaumeise	75.520	71,56	2,05	–8
7.	Elster	55.596	65,27	1,51	–6
8.	Ringeltaube	43.610	45,53	1,18	+4
9.	Mehlschwalbe	43.377	20,54	1,18	–8
10.	Mauersegler	40.017	21,08	1,09	–17

6.2 · Wie kann man urbane Biodiversität messen?

In urbanen Gebieten sind neben Wäldern insbesondere Parks und Gärten die artenreichsten Lebensräume für Brutvögel (Jokimäki 1999; Peris und Montelongo 2014). „Wildnis" (z. B. Wald) und Garten stellen damit in Bezug auf Artenvielfalt in Städten keinen Biodiversitätsgegensatz dar.

Für mehr als 180 Städte liegen derzeit komplette Artenlisten (Gefäßpflanzen und/oder Vögel) als Vergleichsbasis vor (Werner 2011). Der Vergleich der Biodiversität zwischen Städten und der Urbanisierungsprozesse und ihrer Auswirkungen auf die Biodiversität gewinnt immer mehr an Bedeutung. Es wird deutlich, dass die Flächengröße einer Stadt durch Zunahme an Lebensraumangeboten eine positive Beziehung zur Artenvielfalt bei Gefäßpflanzen hat (Pysek 1998).

Die Quantität und Qualität der Vegetationsanteile an der städtischen Matrix und ihre Verteilung und Vernetzung fördern sowohl einheimische Arten als auch „Spezialisten". Urbane Biodiversität kann also „gemacht" werden (s. ◘ Tab. 6.4 und ◘ Abb. 6.9).

Die Diversitäten der Pflanzenarten und die der Brutvögel für den gleichen urbanen Raum

◘ **Tab. 6.4** Zusammenhang zwischen Stadtfläche und Artenzahl bei Brutvögeln. (Werner 2011)

Stadt	Fläche km²	Anzahl Vogelarten	% des regional. Artenpools
St. Petersburg (Russland)	1431	242	80
Warschau (Polen)	517	146	65
Valencia (Spanien)	135	232	62
Rom (Italien)	1272/300 (city)	120	50
München (Deutschland)	310	122	50

◘ **Abb. 6.9** Schachwürger *(Lanius schach)* im Knowledge and Innovation Community Garden in Shanghai, China. (© Breuste 2017)

stimmen nicht immer überein, was die Wahl der Indikatoren für generelle Aussagen zur urbanen Biodiversität zumindest infrage stellt.

Hand et al. (2016) entwickelten eine Methodik, urbane Biodiversität multiskalar mit Indikatoren zu erfassen und dabei mehrere Artengruppen (Vögel, Wirbellose, Pflanzen), pflanzliche Lebensformtypen, Deckungsgrad und Schichtung der Vegetation sowie den Grad der menschlichen Beeinflussung in einem Arbeitsgang zusammenzuführen.

6.3 Wie wird urbane Biodiversität wahrgenommen?

Die ohnehin komplexen Beziehungen zwischen Menschen und Biodiversität werden oft als *„people-biodiversity paradox"* (Fuller et al. 2007; Shwartz et al. 2014; Pett et al. 2016) bezeichnet. Damit wird eine Nichtübereinstimmung von
- Biodiversitätspräferenzen der Menschen und wie diese Neigungen mit dem persönlichen subjektiven Wohlbefinden zusammenhängen und
- die eingeschränkte Fähigkeit von Individuen, die Biodiversität, die sie umgibt, genau wahrzunehmen, bezeichnet.

Zwischen Biodiversität und Wahrnehmung dieser Biodiversität („subjektive Biodiversität"), wie dies Hof und Keul 2017 an urbanen Beispieluntersuchungen zeigen, ist deutlich zu unterscheiden. Menschen können Nutzen aus der Biodiversität ziehen, müssen dafür aber Biodiversität nicht in ihrer Komplexität wahrnehmen (können) oder verstehen.

> „Much more research is needed to discern the links between exposure to biodiversity and how this might, ultimately, lead to shifts in underlying attitudes and behavior. Beyond education, understanding what individuals perceive as constituting a preferable biodiverse environment will allow for human-modified landscapes to be designed in a manner that delivers benefits to both people and biodiversity" (Pett et al. 2016, S. 580–581).

Die von der deutschen Bundesregierung in Auftrag gegebene Studie „Naturbewusstseins 2015" (BmU, BfN 2016) zeigt durch 2000 repräsentativ Befragte das gesellschaftliche Bewusstsein für Natur und biologische Vielfalt, ein Ziel der Nationalen Strategie zur biologischen Vielfalt (BmU 2007). Dies enthält Folgendes zur Stadtnatur (BmU, BfN 2016):
- 94 % der Befragten meinen, dass Natur zu einem guten Leben gehört,
- sie verbinden mit Natur Gesundheit, Erholung, Glück und Verbundenheit mit der Region,
- unter Stadtnatur wird vorrangig gepflegtes Grün und vor allem Vegetation wahrgenommen, Tierwelt deutlich weniger,
- Stadtbewohner sind zunehmend abhängig von Leistungen der Stadtnatur (Ökosystemleistungen),
- die Zufriedenheit mit Stadtnatur ist hoch (80 % der Befragten sind sehr oder eher zufrieden),
- Städte werden immer mehr zu primären Orten von Naturerfahrung,
- die Vielfalt der Stadtnatur wird geschätzt (92 % der Befragten stimmen dem zu),
- öffentliche Grünanlagen, Bäume, Straßenbegleitgrün, Gewässer, Wälder und Gärten werden weniger häufig genutzt (nur 39 % der Befragten nutzen sie mehrmals in der Woche),
- Wildnis und Landwirtschaft in der Stadt (Natur der 4. Art, Kowarik 1992, s. ▶ Abschn. 1.3) ist kein etabliertes Konzept (nur 20 % der Befragten halten solche Natur für sehr wichtig (bei öffentlichen Grünanlagen, Natur der 3. Art, Kowarik 1992, s. ▶ Abschn. 1.3, sind es 80 %),
- der Bildungsgrad hat keinen Einfluss auf eine bessere Beziehung zu Stadtnatur,

6.3 · Wie wird urbane Biodiversität wahrgenommen?

- Frauen und ältere Menschen haben eine engere Beziehung zur Stadtnatur als Männer und Jüngere,
- In größeren Städten wird Stadtnatur als weniger wichtig wahrgenommen (BmU, BfN 2016).

Zur Biodiversität (allgemein) lassen sich als Ergebnisse der Naturbewusstseinsstudie folgende Aussagen zusammenfassen (BmU, BfN 2016):

- 85 % der Befragten meinen, dass Biodiversität ihr Wohlbefinden und ihre Lebensqualität fördert.
- Sie verbinden damit zuerst die Vielfalt von Arten (Pflanzen und Tieren), einen ethischen Auftrag von zu schützendem „Erbe", Flächenverbrauch, aber auch „Wohlbefinden und Lebensqualität".
- Biodiversität findet für die meisten in Schutzgebieten statt, nicht jedoch wird sie mit Stadtnatur in Verbindung gebracht. 92 % der Befragten sind bereit, ihren persönlichen Beitrag zum Schutz der Biodiversität dadurch am besten zu leisten, indem man sich am besten von Schutzgebieten fernhält!
- Von 2000 Befragten machen dazu, was Biodiversität ist nur, 868 überhaupt Angaben. Mehr als die Hälfte der Befragten (58 %) wissen gar nicht, was Biodiversität bedeutet! Nur für die Hälfte derjenigen, die dazu geantwortet haben, ist es mehr als Vielfalt von Arten.
- Bei denjenigen, die der Biodiversität positiv zugeneigt sind, sind Oberschichten und obere Mittelschichten deutlich überrepräsentiert und das über alle Lebensstile hinweg (BmU, BfN 2016) (s. ◘ Abb. 6.10)!

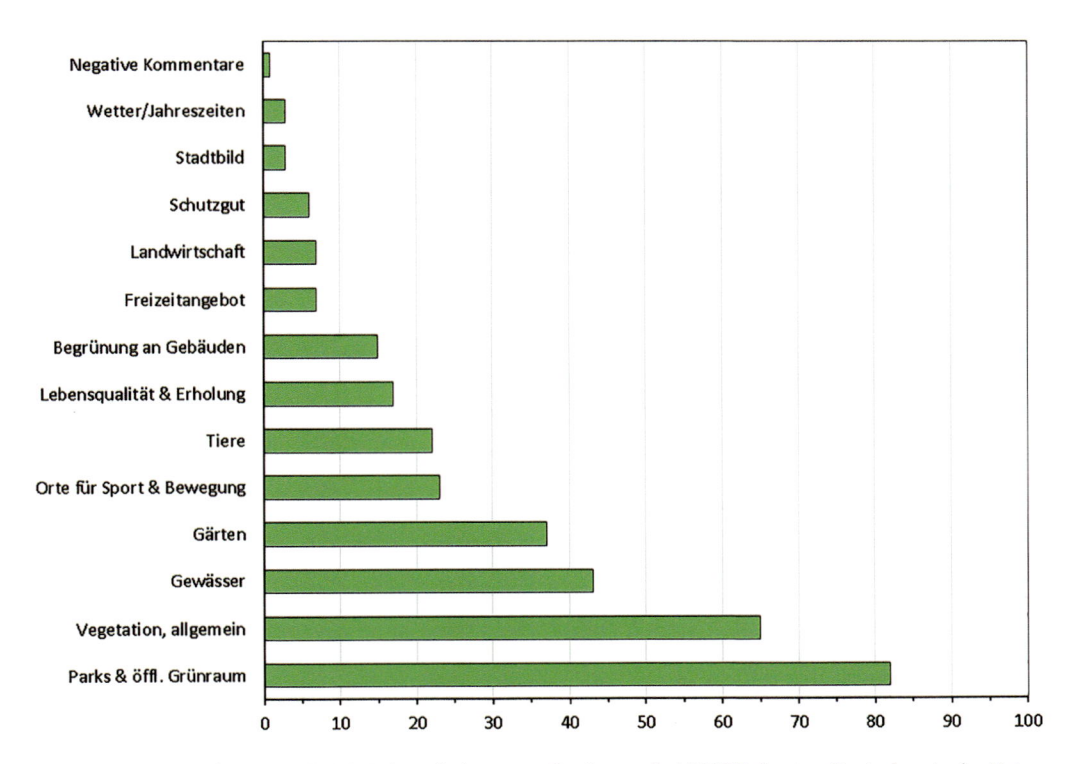

◘ **Abb. 6.10** Naturbewusstsein 2015, Assoziationen zur Stadtnatur bei 2000 Befragten Deutschen in der Naturbewusstseinsstudie, kategorisiert. (© nach BmU, BfN 2016)

Diese Ergebnisse einer repräsentativen Umfrage in Deutschland (BmU, BfN 2016) dürften sicher ähnlich auch auf andere europäische Länder zutreffen. Es besteht also eine zwar große Zuwendung zur Stadtnatur in ihrer gepflegten Form, aber nur ein geringes Verständnis von Biodiversität außerhalb der Bildungseliten und das trotz breiten Bemühens um Umweltbildung in den Medien. Die Botschaft, Biodiversität ist wichtig, ist zwar in der Gesellschaft angekommen und wird auf Nachfrage reproduziert. Ihre Begründung wird allerdings nicht völlig verstanden und reduziert sich vor allem auf Artenvielfalt. Biodiversität wird fast gar nicht auf Stadtnatur bezogen, sondern anderswo in wenig genutzten, den Naturprozessen überlassenen Räumen lokalisiert. Dass das beste biodiversitätsfördernde Verhalten bei fast allen Befragten (92 %!) darin besteht, solche Räume zu meiden, um keine Störungen auszulösen, zeugt von einem Verständnis fragiler Natur, der der Mensch am besten fernbleibt. Dies ist jedoch insgesamt und besonders für Städte keine Alternative und keineswegs Ziel der Bemühungen um Biodiversiät (BmU, BfN 2016). Damit würde Naturkontakt und wirkliches Verständnis für Biodiversität individuell weiter reduziert. Seit einer ähnlichen Befragung im Jahre 2009 hat sich daran nichts Wesentliches geändert. Dies ist alarmierend!

Eine breite Öffentlichkeitsarbeit in den Medien auf nationaler, regionaler und lokaler Ebene versucht seit Längerem mit mäßigem Erfolg dem entgegenzuwirken. Die Stadt Frankfurt am Main zum Beispiel publiziert seit Jahren die Ergebnisse ihrer Biotopkartierung durch das Senckenberg Forschungsinstitut und Naturmuseum und wirbt für „Natur vor der Haustür", erklärt, wie und wo man „Biodiversität erleben" kann (Ottich et al. 2009) (s. ◘ Abb. 6.11).

Empirische Untersuchungen in Linzer Parks (Breuste et al. 2013a, b) zeigen, dass die Integrationsebene der Arten von Besuchern von Stadtnatur wenig wahrgenommen wird. Dies ist auch kaum verwunderlich, denn viele Arten sind durch nicht fachlich vorgebildete und vorbereitete Besucher auch nicht beobachtbar. In der Flora fallen so vor allem Gehölze, besonders Bäume, in der Fauna vor allem Vögel auf. Viele unscheinbare Arten, auch wenn diese besonders oder sogar verbreitet sind, werden kaum oder gar nicht bemerkt. Vorrangige Motive, Parks zu besuchen, sind die Vielfalt ihrer visuellen Vegetationsausstattung und ihre Infrastruktur. Die Integrationsebene der Biotope und Ökosysteme (Beierkunhnlein 1998) wird als Strukturvielfalt (Voigt et al. 2014) deutlicher als die Integrationsebene der Arten (Artniveau) wahrgenommen.

Palliowoda et al. 2017 ermittelten eine Vielzahl von „Interaktionen" von Parkbesuchern in Berlin und Pflanzen im Parkgrasland, viele davon keine bewussten und gezielten Interaktionen. Sie konnten zeigen, dass Biodiversität auch auf dem Artniveau neben anderen gezielten Aktivitäten wahrgenommen wird. Die Mehrzahl der Interagierenden waren dabei Frauen (78 %). Dabei waren 26 kultivierte oder spontane Pflanzenarten (einheimische und nicht-einheimische) zum Verspeisen, zur Dekoration und zum Gewinn von Erfahrung *(biodiversity experience)* einbezogen. Von den beobachteten und befragten Aktivitäten waren 12 % Biodiversitäts-Interaktionen nach Spazierengehen, Ausruhen und Hunde ausführen, immerhin sogar mehr als bei Jogging (6 %) erzielt wurden. Einheimische wie nicht-einheimische Arten wurden im Verhältnis zu ihrem Vorkommen etwa gleich häufig einbezogen. Dies lässt auch darauf schließen, dass bisher wenig beachtete Aktivitäten beim Besuch von Stadtnatur durchaus eine Rolle bei der Wahrnehmung von Biodiversität spielen. Verzehr- und Dekorationsaspekte, Düfte und visuelle Eindrücke dürften dabei eine Bedeutung haben und sollten näher untersucht werden.

6.3 · Wie wird urbane Biodiversität wahrgenommen?

Abb. 6.11 Postkarte im Rahmen der Öffentlichkeitsarbeit der Biodiversitätsregion BioFrankfurt. (© ► www.biofrankfurt.de)

Wie wird urbane Biodiversität wahrgenommen? – Ergebnisse von Untersuchungen in Shanghaier Parks

Befragt wurden in einer Studie zur Parknutzung unter Leitung des Verfassers 421 Shanghaier Parkbesucher über 15 Jahre in etwa gleichen Altersgruppen (15–29, 30–49, über 50 Jahre alt) in vier Parks (ältere Parks: Fuxing Park, Changfeng Park, junge Parks: Lujiazui Park, Mengqing Park).

Die mit Abstand dominierenden Motive für den Besuch der Parks sind frische Luft genießen (74,0 %) und in der Natur sein (58,2 %). Etwas über die Natur zu lernen, geben 19,3 % der Befragten als Besuchsgrund an, 24,9 % wollen sich an der Vielfalt des Landschaftsbildes erfreuen.

Wenn der Besuchsgrund zwar abseits vom Stadtleben in „frischer Luft" und von „Natur umgeben zu sein" auch dominiert, so ist doch ca. jeder Fünfte wegen emotionalem und kognitiven Naturempfindens im Park. Etwa ein Viertel der Befragten (27,8 %) gibt an, überhaupt keine Alternativen der Naturwahrnehmung in der ansonsten stark verdichteten Stadt Shanghai zu haben.

Die Besucher kommen zu mehr als der Hälfte aus weniger als 20 min fußläufiger Entfernung und besuchen die Parknatur überwiegend für mehr als eine Stunde (42,9 %) morgens (37,8 %) und am Nachmittag (22,1 %).

Artenreiche, mehrschichtige Gehölzbestände mit guter Infrastruktur wurden in allen vier Parks am häufigsten aufgesucht, die offenen Rasenflächen nur in den Morgenstunden für Tai Chi Übungen.

Obwohl die präferierten Bereiche auch die mit hoher Biodiversität sind, ist die Besuchsmotivation jedoch nicht auf Biodiversität ausgerichtet, sondern auf Struktur- und Eindrucksvielfalt (Voigt et al. 2014). Lebensfreude und befriedigendes Gesundheitsgefühl werden während des Parkbesuchs besonders empfunden.

Auf einer Skala von 1 (Ablehnung) bis 5 (besondere Wertschätzung) erreichen folgende Ausstattungen Werte über 4 (Zuwendung) (s. ◘ Tab. 6.5).

Biodiversität wird nicht als Artenvielfalt, wohl aber als Strukturvielfalt wahrgenommen, insbesondere dort, wo diese auch durch gute Infrastrukturqualität für Nutzer gut erschlossen ist (Zippel 2016) (s. ◘ Abb. 6.12).

◘ **Tab. 6.5** Wertschätzung von Strukturelementen der Parks

Werturteil	Strukturelemente	Artenvielfalt der Vegetationsstrukturen
4,5	Baumgruppen und Waldinseln mit Unterwuchs	Hoch
4,4	Abwechslungsreiche, vielfältige Grünbereiche, Offene Rasen	Hoch Gering
4,2	Breite Wege mit Ruheplätzen	–
4,1	Bepflanzte Blumenrabatten	Gering
4,0	Bereiche um Wasserflächen	Mittel

6.4 Urbane Biodiversität und Ökosystemleistungen

Die Bedeutung der Biodiversität für das „Funktionieren" von Ökosystemen ist noch wenig untersucht (Beierkuhnlein 1998). Dies trifft auch jetzt noch zu (Schwarz et al. 2017). Nicht das Erfassen von Artenzahlen, die für urbane Ökosysteme im Vergleich mit ihrem agrarischen Umland häufig hoch sind, sondern die Bedeutung dieser biotischen Vielfalt für ökologische Funktionen und Ökosystemleistungen

6.4 · Urbane Biodiversität und Ökosystemleistungen

Abb. 6.12 Vielfältig strukturierter Bereich des Freinberg-Parks in Linz, Österreich. (© Breuste 2005)

sind von praktischer Bedeutung. Darüber hinaus muss der raum-zeitlichen Variabilität der biotischen Vielfalt deutlich mehr Aufmerksamkeit gewidmet werden. Angesichts der hohen Dynamik anthropogen bedingter Veränderungen in urbanen Ökosystemen und der noch geringen Kenntnis, wie lange biotische Kompartimente benötigen, um sich an neue Bedingungen anzupassen, muss diesem Sachverhalt bei der Betrachtung urbaner Biodiversität deutlich mehr Aufmerksamkeit gewidmet werden.

Sowohl in der wissenschaftlichen als auch in der umweltpolitischen Diskussion wird weithin die Annahme vertreten, dass urbane Biodiversität eine Voraussetzung von Ökosystemleistungen in Städten ist bzw. ihre Erhöhung zu einer Erhöhung von Ökosystemleistungen führt (z. B. Hand et al. 2016; Kabisch et al. 2016; Ziter 2016).

» „…biodiversity has been linked to providing multiple benefits ranging from supporting city sustainability to enhancing the health and well-being of individual residents" (Hand et al. 2016, S. 33).

Dazu liegen jedoch kaum empirische Befunde vor. Oft werden Ökosystemleistungen mit Biodiversität gleichgesetzt. Der von 12 Institutionen aus Forschung, Bildung und Naturschutz getragene Verein BioFrankfurt führt z. B. unter Unterrichtsmaterialien an:

» „Was ist Biodiversität und warum ist sie so wichtig? Die biologische Vielfalt bietet uns viele „Dienstleistungen" der Natur wie Nahrung, Medizin und Rohstoffe, ohne die wir nicht überleben könnten".
… „Für den Menschen ist die Biodiversität eine der wichtigsten Lebensgrundlagen und Garant für Lebensqualität, von dem wir auf vielseitige Weise abhängen oder profitieren" (BioFrankfurt 2018).

Positive Zusammenhänge zwischen Biodiversität und Ökosystemleistungen sind in Experimenten und nicht-urbanen Ökosystemen (Wald, Grasland, Feuchtgebiete) lediglich in wenigen Studien nachgewiesen (Schwarz et al. 2017). Es gibt derzeit auch keine ausreichenden empirischen Befunde, ob, wie angenommen, die Konzepte „Green Infrastructure" (European

Commission 2012) und „Nature-Based Solutions" (European Commission 2015) urbane Biodiversität und Ökosystemleistungen tatsächlich fördern (Schwarz et al 2017).

Schwarz et al. (2017) untersuchten den in wissenschaftlichen Einzelstudien zwischen 1990 und 2017 behandelten Zusammenhang zwischen urbaner Biodiversität und Ökosystemleistungen. Insgesamt wurden 317 Publikationen gefunden, die diesen Gegenstand 944-mal behandeln. Nur 228 davon (24 %) waren empirische Studien. 119 Behandlungen (52 %) begründeten einen positiven Zusammenhang. In 43 % der untersuchten 228 urbanen Biodiversitäts-Ökosystemsleistungs-Relationen wurden taxonomische Gruppen wie Pflanzen, Vögel oder Insekten verwendet. Funktionelle Biodiversitäts-Zusammenhänge und die Rolle einzelner Arten, einschließlich nicht-einheimischer, und spezifische funktionelle Merkmale wurden kaum untersucht. Damit besteht nachweislich ein Mangel an empirischen Daten, die den Zusammenhang zwischen urbaner Biodiversität und Ökosystemleistungen belegen könnten.

Die Ergebnisse der Untersuchung zeigen, dass der Zusammenhang zwischen urbaner Biodiversität und urbanen Ökosystemleistungen bisher vorrangig anhand taxonomischer Daten untersucht wurde. Mehr quantitative und empirisch begründete Forschung, vor allen zu funktionalen Zusammenhängen, ist nötig. Schwarz et al. (2017) sind überzeugt, dass solchen Eigenschaften, von denen bekannt ist, dass sie sensitiv gegenüber Urbanisierungsprozessen und gleichzeitig wichtig für Ökosystemleistungen sind, bisher kaum Aufmerksamkeit in der Forschung gewidmet wurde. Stattdessen wird auf einer nur schwach fundierten empirischen Basis eine auch von der Europäischen Kommission breit unterstützte Anwendung (European Commission 2015) in Planung und Gestaltung von städtischen Ökosystemen gefördert. Da Planer bereits zunehmend Ökosystemleistungen in ihren Entwürfen und Entscheidungen einbeziehen, sollten diese erheblichen Wissenslücken zur Findung von abwägenden Kompromissen und Synergien zwischen der Biodiversität einerseits und der Erhaltung und die Förderung von Ökosystemleistungen andererseits angemessen berücksichtigt werden (Schwarz et al. 2017) (s. ◘ Abb. 6.13).

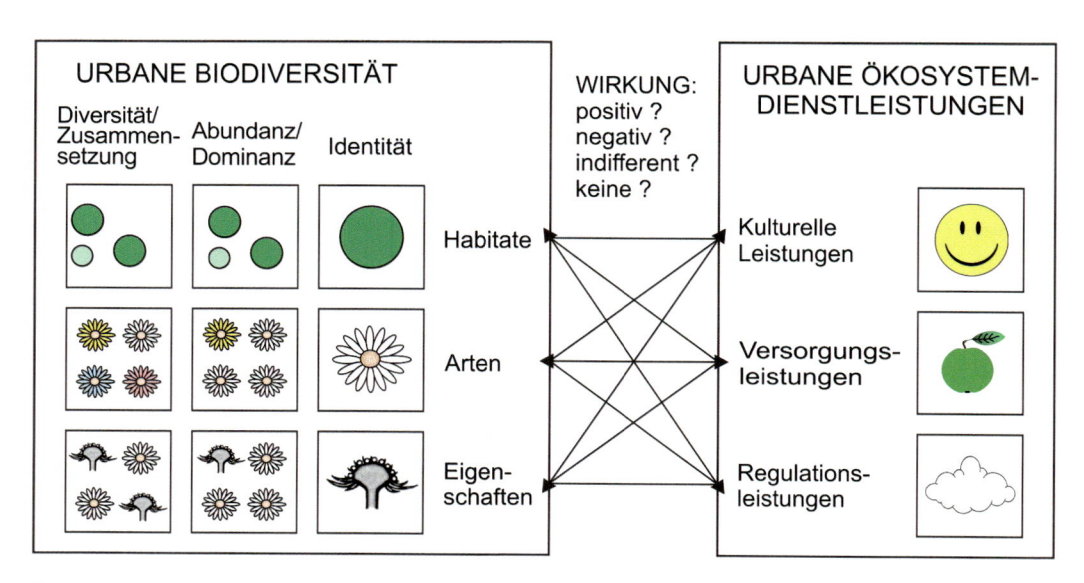

◘ Abb. 6.13 Untersuchungszusammenhang urbane Biodiversität – urbane Ökosystemleistungen. (Entwurf: J. Breuste, Zeichnung: W. Gruber, nach Schwarz et al. 2017, S. 163)

Literatur

Angold PG, Sadler JP, Hill MO, Pullin A, Rushton S, Austin K, Small E, Wood B, Wadsworth R, Sanderson R, Thompson K (2006) Biodiversity in urban habitat patches. Sci Total Environ 360:196–204

Arbeitsgruppe Methodik der Biotopkartierung im besiedelten Bereich (1986) Flächendeckende Biotopkartierung im besiedelten Bereich als Grundlage einer ökologisch bzw. am Naturschutz orientierten Planung: Grundprogramm für die Bestandsaufnahme und Gliederung des besiedelten Bereichs und dessen Randzonen. Natur Landsch 61(10):371–389

Arbeitsgruppe Methodik der Biotopkartierung im besiedelten Bereich (1993) Flächendeckende Biotopkartierung im besiedelten Bereich als Grundlage einer am Naturschutz orientierten Planung: Programm für die Bestandsaufnahme, Gliederung und Bewertung des besiedelten Bereichs und dessen Randzonen: Überarbeitete Fassung 1993. Natur Landsch 68(10):491–526

Bedé L, Weber W, Resende S, Piper W, Schulte W (1997) Manual para mapeamento de Biótopos no Brazil. Funacao Alexander Brandt, Belo Horizonte

Beierkuhnlein C (1998) Biodiversität und Raum. Die Erde 128:81–101

Biadun W (1994) The breeding avifauna of the parks and cemeteries of Lublin (SE Poland). Acta Ornithol 29:1–13

BioFrankfurt (2018). ▶ https://www.biofrankfurt.de/. Zugegriffen: 7. Mai 2018

Breuste J (1994a) "Urbanisierung" des Naturschutzgedankens: Diskussion von gegenwärtigen Problemen des Stadtnaturschutzes. Naturschutz und Landschaftsplanung 26(6):214–220

Breuste J (1994b) Flächennutzung als stadtökologische Steuergröße und Indikator. Geobotan Kolloquium 11:67–81

Breuste J, Schnellinger J, Qureshi S, Faggi A (2013a) Investigations on habitat provision and recreation as ecosystem services in urban parks – two case studies in Linz and Buenos Aires. In: Breuste J, Pauleit S, Pain J (Hrsg) Stadtlandschaft – vielfältige Natur und ungleiche Entwicklung. Schriftenreihe des Kompetenznetzwerkes Stadtökologie. CONTUREC 5, Darmstadt, S 5–22.

Breuste J, Schnellinger J, Qureshi S, Faggi A (2013b) Urban ecosystem services on the local level: urban green spaces as providers. Ekologia 32(3):290–304

Breuste J, Pauleit S, Haase D, Sauerwein M (2016) Stadtökosysteme. Funktion, Management, Entwicklung. Springer Spektrum, Berlin

Bundesministerium für Umwelt, Naturschutz, Bau und Reaktorsicherheit (BmU) (2007) Nationale Strategie zur biologischen Vielfalt. Vom Bundeskabinett am 7. November 2007 beschlossen. Reihe Umweltpolitik. Berlin

Bundesministerium für Umwelt, Naturschutz, Bau und Reaktorsicherheit, Bundesamt für Naturschutz (BmU, BfN) (2016) Naturbewusstsein 2015. Bevölkerungsumfrage zu Natur und biologischer Vielfalt. Berlin

Chace JF, Walsh JJ (2006) Urban effects on native avifauna: a review. Landsc Urban Plann 74:46–69

Convention on Biological Diversity (COP) (2009) Report on the first expert workshop on the development of the City Biodiversity Index in the first expert workshop on the development of the City Biodiversity Index, Singapore City, February 10–12, ▶ http://www.cbd.int/doc/meetings/city/ewdcbi-01/official/ewdcbi-01-03-en.pdf. Zugegriffen: 22. Sept. 2010

Convention on Biological Diversity (COP) (2010) Report on the second workshop on the development of the City Biodiversity Index in the second expert workshop on the development of the City Biodiversity Index, Singapore City, July 1–3, ▶ http://www.cbd.int/doc/meetings/city/ewdcbi-02/official/ewdcbi-02-03-en.pdf. Zugegriffen: 22. Sept. 2010

Czermak P (2008) Ökologische Bewertung von Parkanlagen der Stadt Linz auf der Basis des Datenbestandes der Brutvogelkartierung. Salzburg, Universität Salzburg, Naturwiss. Fakultät, Masterarbeit

Deichsel R (2007) Habitatfragmentierung in der urbanen Landschaft – Konsequenzen für die Biodiversität und Mobilität epigäischer Käfer (Coleoptera: Carabidae und Staphylinidae) am Beospiel Berliner Waldfragmente. Dissertation, Freie Universität Berlin, Berlin

European Commission, Directorate-General for Research and Innovation (2015) Towards an EU research and innovation policy agenda for nature-based solutions and re-naturing cities: final report of the horizon 2020 expert group on "Nature-Based Solutions and Re-Naturing Cities" (full version). Brussels, S 1–70. ▶ https://ec.europa.eu/programmes/horizon2020/en/news/towards-eu. Zugegriffen: 7. Mai 2018

Flade M, Grüneberg C, Sudfeldt C, Wahl J (2008) Birds and biodiversity in Germany – 2010 Target. Dachverband Deutscher Avifaunisten, Steckby

Fuller RA, Irvine KN, Devine-Wright P, Warren PH, Gaston KJ (2007) Psychological benefits of greenspace increase with biodiversity. Biol Let 3(4):390–394

Gloor S, Bontadina F, Heggelin D, Deplazes P, Breitenmoser U (2001) The rise of urban fox populations in Switzerland. Mamm Biol 66:155–164

Hand KL, Freeman C, Seddon PJ, Stein A, van Heezik Y (2016) A novel method for fine-scale biodiversity assessment and prediction across diverse urban landscapes reveals social deprivation-related inequalities in private, not public spaces. Landsc Urban Plann 151:33–44

Hobohm C (2000) Biodiversität. UTB 2162. Quelle & Meyer, Wiebelsheim

Hof A, Keul A (2017) Objektive und subjektive Biodiversität städtischer Parks. AGIT J Angewandte Geoinform 3:364–373

Jokimäki J (1999) Occurence of breeding bird species in urban parks: effects of park structure and broad-scales variables. Urban Ecosyst 3(1):21–34

Kabisch N, Frantzeskaki N, Pauleit S, Artmann M, Davis M, Haase D, Knapp S, Korn H, Stadler J, Zaunberger K, Bonn A (2016) Nature-based solutions to climate change mitigation and adaptation in urban areas – perspectives on indicators, knowledge gaps, opportunities and barriers for action. Ecol Soc 21:39. ▶ https://doi.org/10.5751/ES-08373-210239. Zugegriffen: 13. März 2018

Kowarik I (1992) Das Besondere der städtischen Flora und Vegetation. In: Natur in der Stadt – der Beitrag der Landespflege zur Stadtentwicklung. Schriftenreihe des Deutschen Rates für Landespflege 61:33–47

Kowarik I (1998) Auswirkungen der Urbanisierung auf Arten und Lebensgemeinschaften – Risiken, Chancen und Handlungsansätze. Bundesamt für Naturschutz, Schriftenreihe für Vegetationskunde 29:173–190

Kowarik I (2011) Novel urban ecosystems, biodiversity and conservation. Environ Pollut 159(8–9):1974–1983

Kühn I, Brandl R, Klotz S (2004) The flora of German cities is naturally species rich. Evol Ecol Res 6:749–764

Lehmhöfer A (2010) Die üppig Blühende. Frankfurter Rundschau. 7. Oktober, S R2

Marzluff JM, Ewing K (2001) Restoration of fragmented landscapes for the conservation of birds: a general framework and specific recommendations for urbanizing landscapes. Restortion Ecol 9(3):280–292

Müller N, Werner P, Kelcey JG (2010) Urban biodiversity and design. Blackwell, Singapore

NABU (2018) Fast nur Verlierer unter den Gartenvögeln. News. ▶ https://www.nabu.de. Zugegriffen: 28. Mai 2018

Naturkapital Deutschland – TEEB DE (2016) Ökosystemleistungen in der Stadt – Gesundheit schützen und Lebensqualität erhöhen. Hrsg. von Ingo Kowarik, Robert Bartz und Miriam Brenck. Technische Universität Berlin, Helmholtz-Zentrum für Umweltforschung – UFZ. Berlin, Leipzig

Niemelä J, Kotze J, Ashworth A, Brandmayr P, Desender K, New T, Penev L, Samways M, Spence J (2000) The search for common anthropogenic impacts on biodiversity: a global network. J Insect Conserv 4:3–9

Ottich I, Bönsel D, Gregor T, Malten A, Zizka G (2009) Natur vor der Haustür – Stadtnatur in Frankfurt am Main. E. Schweizerbart'sche Verlagsbuchhandlung, Stuttgart

Peris S, Montelongo T (2014) Birds and small urban parks: a study in a high plateau city. Turk J Zool 38(3):316–325

Pett TJ, Shwartz A, Irvine KN, Dallimer M, Davies ZG (2016) Unpacking the people – biodiversity paradox. A conceptual framework. BioScience 66(7):576–583

Pysek P (1998) Is there a taxonomic pattern to plant invasions? Oikos 82:282–294

Raino J, Niemelä J (2003) Ground beetles (Colooptera: Carabidae) as bioindicators. Biodivers Conserv 12:487–506

Sandström UG, Angelstam P, Mikusinski G (2006) Ecological diversity of birds in relation to the structure of urban green space. Landsc Urban Plann 77:39–53

Sattler T, Obrist MK, Duelli P, Moretti M (2011) Urban arthropod communities: added value or just a blend of surrounding biodiversity? Landsc Urban Plann 103:347–361

Schwarz N, Moretti M, Bugalho MN, Davies ZG, Haase D, Hack J, Hof A, Melero Y, Pett TJ, Knapp S (2017) Understanding biodiversity-ecosystem service relationships in urban areas: a comprehensive literature review. Ecosyst Serv 27:161–171

Shwartz A, Turbé A, Simon L, Julliard R (2014) Enhancing urban biodiversity and its influence on city-dwellers: an experiment. Biol Cons 171:82–90

Sukopp H, Kunick W, Schneider C (1980) Biotopkartierung im besiedelten Bereich von Berlin (West): Teil II: Zur Methodik von Geländearbeit. Gart Landsch 7:565–569

TEEB (2011) TEEB Manual for cities: ecosystem services in urban management. ▶ http://www.naturkapitalteeb.de/aktuelles.html.Zugegriffen. Zugegriffen: 26. Aug. 2014

Tscharntke T, Steffan-Dewenter I, Kruess A, Thiess C (2002) Characteristics of insect populations in habitat fragments: a mini review. Ecol Res 17:229–239

United Nations (1992) Convention on Biological Diversity (deutsch: Übereinkommen über die biologische Vielfalt), Rio de Janeiro. Übersetzung Bundesmin. F. Umwelt) ▶ www.dgvn.de/fileadmin/user…/UEbereinkommen_ueber_biologische_Vielfalt.pdf. Zugegriffen: 17. April 2018

User's Manual on the Singapore Index on Cities' Biodiversity (also known as the City Biodiversity Index) (2014). ▶ https://www.cbd.int/…/city/…/subws-2014-01-singapore-index-m. Zugegriffen: 2. Juni 2018

Voigt A, Kabisch N, Wurster D, Haase J, Breuste J (2014) Structural diversity – a multi-dimensional approach to assess recreational services in urban parks. Ambio 43(3):480–491

Literatur

Wahl J, Dröschmeister R, Gerlach B, Grüneberg C, Langgemach T, Trautmann S, Sudfeldt C (2015) Vögel in Deutschland 2014. Dachverband Deutscher Avifaunisten, Münster

Weissmair W, Rubenser H, Brander M, Schauberger R (2000–2001) Linzer Brutvogelatlas. Naturkundliches Jahrbuch der Stadt Linz 46/47:1–318

Werner P (1996) Welche Bedeutung haben räumliche Dimensionen und Beziehungen für die Verbreitung von Pflanzen und Tieren im besiedelten Bereich. Gleditschia 24(1–2):303–314

Werner P (2011) Stadtbiotopkartierung, City Biodiversity Index und Co.: Biodiversität der Städte im Spiegelbild von Indikatoren und Naturschutzzielen. 5. Conturec-Tagung: Stadtlandschaft – vielfältige Natur und ungleiche Entwicklung, Laufen und Salzburg 22.–24.09.2011, Vortrag 22.09.2011 – Laufen.

Werner P, Zahner R (2009) Biologische Vielfalt und Städte. In: Bundesamt für Naturschutz (Hrsg) BfN-Skripten 245. Bundesamt für Naturschutz, Bonn.

Whitford V, Ennos AR, Handley JF (2001) City form and natural processes – indicators for the ecological performance of urban areas and their application to Merseyside, UK. Landsc Urban Plann 57(2):91–103

Whittaker RH (1972) Evolution and measurement of species diversity. Taxon 12:213–251

Whittaker RH (1977) Evolution of species diversity in land communities. Evol Biol 10:1–67

Wittig R, Niekisch M (2014) Biodiversität. Grundlagen, Gefährdung, Schutz. Springer Spektrum, Berlin

Wurster D, Artmann, M, Breuste J (2014) Meeting supply and demand of ecosystem services in built-up areas: an illusion? Unveröffentlichtes Vortragsmaterial URBIO Konferenz Korea

Zippel S (2016) Urban parks in Shanghai. Study of visitors' demands and present supply of recreational services. Dresden, TU Dresden, Master Thesis, Fakultät Umweltwissenschaften Masterstudiengang „Raumentwicklung und Naturressourcenmanagement"

Ziter C (2016) The biodiversity-ecosystem service relationship in urban areas: a quantitative review. Oikos 125:761–768

Was Stadtnatur im Konzept der Grünen Stadt ausmacht

7.1 Die Grüne Stadt, ein konzeptionelles Mosaik von Handlungszielen – 246

7.2 Grüne Infrastruktur – das lokale Basiskonzept – 252

7.3 Das Konzept der urbanen Biodiversität – 256

7.4 *Wild goes urban* – Wildnis als Teil der Stadtnatur – 270

7.5 Das Konzept der Grünen Stadt in europäischer und globaler Perspektive – 287

Literatur – 294

Die Grüne Stadt ist Leitbild und Vision. Das inhaltlich breite Konzept der Grünen Stadt enthält als Kern die Stadtnatur. Im Konzept der Grünen Stadt wird Stadtnatur „konzeptualisiert". Sie wird in Teilen oder als Ganzes mit Entwicklungszielen verknüpft und planerisch aufbereitet. Dies alles, um für die Stadtbewohner bessere Lebensbedingungen zu erreichen. In diesem konzeptionellen Mosaik von Handlungszielen zur Grünen Stadt ist erst seit dem Weißbuch *Stadtgrün* des Bundesumweltministeriums 2017 eine nationale Politik in Deutschland zu erkennen. Bereits die Gartenstadtbewegung gibt der Stadtnatur am Beginn des 20. Jahrhunderts mit den Begriffen „Licht, Luft und Sonne", die allen zuteilwerden sollen, ein erstes Gesicht. Am Beginn des 21. Jahrhunderts werden dazu neue Handlungsfelder entwickelt, denn die Problemlagen (z. B. Bewohnerdichte, Klimawandel, Mangel an Freiraum) haben sich verschärft. Systemisches und vernetztes Denken lässt den Begriff der „Grünen Infrastruktur" entstehen und zum Gegenstand planerischen und gestaltenden Handelns werden. Hohe Erwartungen werden an das nun erkannte Leistungsvermögen der Stadtnatur zum Nutzen der Stadtbewohner geknüpft, oftmals zu hohe (z. B. Reduzierung der Luftverschmutzung). Biodiversität rückt in den Mittelpunkt vieler Betrachtungen und Zielstellungen, gewinnt Konzeptcharakter sogar in Städten. Urbane Biodiversität ist, anders als in der breiten Öffentlichkeit wahrgenommen, nicht nur die Vielfalt von Arten und kann bewusst gestaltet werden, um den Menschen in der Stadt von Nutzen zu sein. Die ausschließlich ethische Perspektive des Schutzes von seltenen einheimischen Arten vor dem Menschen ist nicht mehr die generelle Betrachtungsweise zur urbanen Biodiversität. Dazu braucht es auch neue Paradigmen.

Der Umgang mit Wildnissen in Städten gerät auf den Prüfstand, leisten doch auch diese Positives für die Städter, sind oftmals besondere Hotspots der urbanen Biodiversität. Da die „neuen Wildnisse" als Brachen und ungenutztes Land jedoch oft mit Verfall und Unordnung in Verbindung gebracht werden, stehen sie im Bewusstsein der Städter nicht besonders hoch im Kurs, werden sogar weitgehend abgelehnt. Dieser vernachlässigten und bisher wenig beachteten Stadtnatur einen sicheren Platz unter allen anderen Stadtnatur-Arten zu geben, ist ein derzeit zu beobachtendes Phänomen. Begründet wird es durch die Ökologie als Wissenschaft und flankiert von der Soziologie, die zu verstehen sucht, wie Menschen mit dieser Natur umgehen. Dies verspricht, noch weiter ein spannendes Forschungs-, Erlebnis- und Gestaltungsfeld zu werden.

Die Stadtgrün-Strategien sind auf europäischer und globaler Ebene zurzeit noch bescheiden, aber wahrnehmbar. Andere Schwerpunkte beherrschen diese Gestaltungsebene. Auf der lokalen Ebene ist Stadtnatur als Gestaltungsziel dagegen bereits angekommen und wird orientiert an initiativreichen Vorbildern in Politik umgewandelt. Die Anstöße kommen oft aus Konzepten von innovativen Planern und Vordenkern, z. B. zum vertikalen Wald oder zur Ökostadt, wo eine neue „Balance mit der Natur" in der Stadt gesucht und als Leitbild in den Mittelpunkt der Stadtentwicklung gestellt wird.

7.1 Die Grüne Stadt, ein konzeptionelles Mosaik von Handlungszielen

Nationale Organisationen und die europäische Vereinigung des Garten-, Landschafts- und Sportplatzbaus (ELCA), tragen wesentlich die Idee einer auf Stadtnatur aufbauenden Stadt als „Grüne Stadt". Sie und Wissenschaftler und Planer argumentieren bereits seit Jahrzehnten,

7.1 · Die Grüne Stadt, ein konzeptionelles Mosaik von Handlungszielen

ohne immer den Terminus „Grüne Stadt" zu benutzen, für eine Stadtentwicklungspolitik, die die Stadtnatur als wesentlichen Bestandteil enthält (s. ▶ Abschn. 1.1).

> **Die Grüne Stadt ist Vision und Konzept**
>
> Die Grüne Stadt ist eine visionäre Zielvorstellung, der sich Einzelpersonen, Organisationen und Entscheidungsträger verpflichtet fühlen und deren konzeptionelle Vorstellungen in ihre Entscheidungen einfließen lassen. Sie ist keine fertige Konzeption, die lediglich angewandt werden muss. Die Vorstellung von der Grünen Stadt bedarf der immer neuen angepassten Visionsentwicklung unter konkreten natürlichen, räumlichen und gesellschaftlichen Rahmenbedingungen. Dazu müssen alle Handlungsträger die Grundziele dieses Entwicklungsmodells mittragen, Stadtnatur als essenziellen Bestandteil einer lebenswerten, gesunden und (biologisch) vielfältigen Stadt verstehen und dazu konkrete Handlungsziele bestimmen. Die Grüne Stadt entwickelt sich damit „von unten" und „von oben" gleichermaßen.

Der Terminus „ökologisch orientierte Stadtentwicklung" bildet sich bereits in den 1980er-Jahren heraus, blieb aber noch diffus und oft lediglich plakativ. Eine nationale Politik zur Stadtnatur fehlt seit Langem.

Prinzipien der Förderung von Stadtnatur in der Stadtplanung wurden in Deutschland von wissenschaftlicher Seite bereits in den 1980er-Jahren als „Leitlinien für die Umsetzung des Naturschutzes in die Stadtplanung" entwickelt (Sukopp und Sukopp 1987). Sie sind als Anleitung, um Stadtnatur zu erhalten und zu fördern, auch heute noch vollauf gültig und anwendbar.

> **Auf dem Weg zur Grünen Stadt – „Leitlinien für die Umsetzung des Naturschutzes in die Stadtplanung"**
>
> Prinzip der:
>
> 1. Vorranggebiete für Umwelt- und Naturschutz,
> 2. zonal differenzierten Schwerpunkte des Naturschutzes und der Landschaftspflege,
> 3. Berücksichtigung der Naturentwicklung in der Innenstadt,
> 4. historischen Kontinuität,
> 5. Erhaltung großer zusammenhängender Freiräume,
> 6. Vernetzung von Freiräumen,
> 7. Erhaltung von Standortunterschieden,
> 8. differenzierten Nutzungsintensitäten,
> 9. Erhaltung der Vielfalt typischer Elemente der Stadtlandschaft,
> 10. Unterbindung aller vermeidbaren Eingriffe in Natur und Landschaft,
> 11. funktionellen Einbindung von Bauwerken in Ökosysteme,
> 12. Schaffung zahlreicher Luftaustauschbahnen und
> 13. des Schutzes aller Lebensmedien (Sukopp und Sukopp 1987, S. 351–354).

2003 gründete sich in Deutschland das Forum DIE GRÜNE STADT (▶ www.die-gruene-stadt.de), seit 2009 Stiftung. Die Stiftung bietet Organisationen, Firmen, Einzelpersonen, darunter Gesundheitsexperten, Gebäudeverwalter und Architekten, Hauseigentümerverbände, Industrieunternehmen, Wirtschaftsprüfungsgesellschaften, Vereine, Agenda-21-Arbeitsgruppen, Kommunen und Hochschulen, die sich gemeinsam für mehr Stadtgrün einsetzen wollen, eine Plattform. Dies erfolgt aus der Überzeugung, dass Grün und Stadtnatur bisher zu wenig im politischen Blickfeld sind, eine Bündelung von Wissen und der Erfahrungsaustausch, die Anlage von öffentlichem und privatem Grün in der Stadt und die Schärfung des Naturbewusstseins von Bürgern und Entscheidungsträgern notwendig sind. Das Betätigungsspektrum reicht von der Innenraumbegrünung über private Gärten, Grün, Parks, Botanische Gärten bis zum Straßenbegleitgrün. Inzwischen wirken solche „Grüne-Stadt-Organisationen" in einer Kooperation „Green City Europe" auch in den Niederlanden, Großbritannien, Frankreich, Italien und Ungarn. Die Idee der Grünen Stadt breitet sich in Europa aus (s. z. B. De Groene Stad (NL) (2018) ▶ www.degroenestad.nl und The Green City (UK) ▶ www.thegreencity.co.uk) und gewinnt eine breite gesellschaftliche Basis (DIE GRÜNE STADT 2018).

Charta „Zukunft Stadt und Grün"

Für „mehr Lebensqualität durch urbanes Grün" setzt sich ein breites Bündnis aus Verbänden, Stiftungen und Unternehmen, u. a. NABU (Naturschutzbund Deutschland e. V.) und Bund Deutscher Landschaftsarchitekten e. V. (bdla, ▶ www.bdla.de), in einer gemeinsamen Charta, initiiert vom Bundesverband Garten-, Landschafts- und Sportplatzbau e. V. (BGL) und der Stiftung DIE GRÜNE STADT ein.

Urbanes Grün soll einen wesentlich größeren Beitrag für eine nachhaltige Stadtentwicklung leisten. Dazu wurden acht Wirkungs- und Handlungsfelder identifiziert und Forderungen erhoben:
- Abmilderung der Folgen des Klimawandels,
- Förderung der Gesundheit,
- Sicherung sozialer Funktionen,
- Steigerung der Standortqualität,
- Schutz des Bodens, des Wassers und der Luft,
- Erhalt des Artenreichtums,
- Förderung von bau- und vegetationstechnischer Forschung,
- Schaffung gesetzlicher und fiskalischer Anreize.

Mit der Charta „Zukunft Stadt und Grün" sollen die Verantwortlichen vor allem in Politik und Verwaltung, aber auch in Wirtschaft, Wissenschaft und Zivilgesellschaft aufgefordert werden, ihre Anstrengungen zur Entwicklung von Stadtnatur deutlich zu verstärken und besser zu kooperieren (DIE GRÜNE STADT 2018, ▶ www.die-gruene-stadt.de).

In die „Nationale Strategie zur biologischen Vielfalt" (2007) wird zuerst vorsichtig die Stadt mit ihrer Natur eingebunden. Hier wird das Aktionsfeld C 9 „Siedlung und Verkehr" erstellt und Flächenverbrauch und Flächenzerschneidung als vorrangig zu überwinden benannt. Gleichzeitig geforderte Nachverdichtungen und die Zunahme von Versiegelungen konterkarieren dieses Ziel jedoch oft im Konkreten. Als erstes Ziel mit Hinblick auf Stadtnatur steht hier (BMU 2007, S. 79):

» „In möglichst fußläufig zur Verfügung stehendem Grün werden auch Naturerlebnisräume geschaffen, um das Naturverständnis von Kindern zu fördern" (BmU 2007).

Die „konkreten Visionen" beschreiben entweder den aktuellen Zustand oder begnügen sich noch mit bescheidenen Begrünungsvisionen. Vielfältige Stadtnatur wird mit der in der Öffentlichkeit besser zu vermittelnden Bezeichnung „Grün" umschrieben:

» **„Unsere Vision für die Zukunft ist:** Unsere Städte weisen eine hohe Lebensqualität für die Menschen auf und bieten vielen, auch seltenen und gefährdeten Tier- und Pflanzenarten einen Lebensraum. Vielfältiges Grün verbessert Luftqualität und Stadtklima. Es bietet umfassend Möglichkeiten für Erholung, Spiel und Naturerleben für jung und alt. **Unsere Ziele sind:** Bis zum Jahre 2020 ist die Durchgrünung der Siedlungen einschließlich des wohnumfeldnahen Grüns (z. B. Hofgrün, kleine Grünflächen, Dach- und Fassadengrün) deutlich erhöht. Öffentlich zugängliches Grün mit vielfältigen Qualitäten und Funktionen steht in der Regel fußläufig zur Verfügung" (BmU 2007, S. 42).

7.1 · Die Grüne Stadt, ein konzeptionelles Mosaik von Handlungszielen

Auf Initiative des ehemaligen Bundesministeriums für Verkehr, Bau und Stadtentwicklung (Abteilung Stadtentwicklung) wurde 2013 eine ressortübergreifende Zusammenarbeit zum Thema „Grün in der Stadt" mit dem Ziel, das Thema auf die politische Agenda zu setzen und Diskussionsprozesse anzustoßen, initiiert. Nach dem 1. Bundeskongress „Grün in der Stadt" 2015 in Berlin wurde mit einem *Grünbuch Stadtgrün. Grün in der Stadt. – Für eine lebenswerte Zukunft* (BmU 2015) das Thema Stadtgrün (= Stadtnatur) und seine Entwicklung als zukunftsweisendes Politikfeld und facettenreiche politische Gestaltungsaufgabe entwickelt. Das Grünbuch drückt die ministeriumsübergreifende Sicht des Bundes aus und betrachtet neben den Potenzialen auch die Spannungsfelder. Es ist damit eine breite Bestandsaufnahme der Thematik. Darauf aufbauend hat das BMUB einen breiten Dialog über urbanes Grün initiiert.

Der Begriff **Stadtgrün** wird nun konkret definiert und politisch und planerisch operationalisiert. Er schließt Stadtnatur jeder Art und Besitzverhältnisse ein und entspricht weitgehend dem in diesem Buch verwendeten Begriff „Stadtnatur". Es verwundert lediglich, dass, anders als beim hier verwendeten Stadtnatur-Begriff, sogar Innenraumbegrünung eingeschlossen, Wasserflächen in Städten jedoch nicht als Teil dieses Stadtgrün-Begriffes benannt sind. Im Begriff der grünen Infrastruktur werden Wasserflächen jedoch dezidiert erwähnt (BBSR 2017, S. 8) (s. ◘ Abb. 7.1).

> **Stadtgrün**
>
> „Stadtgrün umfasst alle Formen grüner Freiräume und begrünter Gebäude. Zu den Grünflächen zählen Parkanlagen, Friedhöfe, Kleingärten, Brachflächen, Spielbereiche und Spielplätze, Sportflächen, Straßengrün und Straßenbäume, Siedlungsgrün, Grünflächen an öffentlichen Gebäuden, Naturschutzflächen, Wald und weitere Freiräume, die zur Gliederung und Gestaltung der Stadt entwickelt, erhalten und gepflegt werden müssen. Auch private Gärten und landwirtschaftliche Nutzflächen sind ein wesentlicher Teil des Stadtgrüns. Weiterhin zählen das Bauwerksgrün mit Fassaden- und Dachgrün, Innenraumbegrünung sowie Pflanzen an und auf Infrastruktureinrichtungen dazu. Dem Stadtgrün zuzuordnen sind außerdem das Netz an befestigten Wegen, Promenaden, Plätzen, Wirtschaftswegen der Wasser-, Forst- und Landwirtschaft im urbanen Kontext sowie mittelbar verkehrsberuhigte Straßen und breite Fußwege, die eine Voraussetzung bilden, um Stadtgrün zu erreichen…" (BBSR 2017, S. 8).

Nach dem 2. Bundeskongress „Grün in der Stadt" 2017 in Essen wurde Stadtgrün und seine Entwicklung als zukunftsweisendes Politikfeld entwickelt. Auf den 2. Bundeskongress folgen konkrete Schritte mit einem Weißbuch und Handlungsempfehlungen und Möglichkeiten der Umsetzung.

Das Weißbuch „Stadtgrün" des Bundesministeriums für Umwelt, Naturschutz und nukleare Sicherheit (BMUB 2017) und die darauf aufbauenden Handlungsempfehlungen des Bundesinstituts für Bau- Stadt- und Raumforschung (BBSR 2017) eröffnen seit 2017 nun in Deutschland eine **nationale Strategie zur Grünen Stadt**. Für zehn Handlungsfelder werden Handlungsziele bestimmt, die durch Indikatoren, Kenn- und Orientierungswerte messbar gemacht werden, ein großer Fortschritt auf dem Weg zur Grünen Stadt in Deutschland.

Das Weißbuch „Stadtgrün" versteht sich als Angebot, das Kommunen und andere Akteure bei ihrem Bemühen um Schaffung, Entwicklung und den Erhalt urbanen Grüns als selbstverständlicher Aspekt der integrierten Stadtentwicklung und Stadtplanung unterstützen soll.

Abb. 7.1 Stadtgrün als wesentliches Strukturelement. Deutschlands erste Gartenstadt Dresden-Hellerau (1909). (© Breuste 2011)

Handlungsfelder des Weißbuches „Stadtgrün" des Bundesumweltministeriums (BMUB 2017)

1. Integrierte Planung für das Stadtgrün
   - Die Bedeutung des Stadtgrüns in der Planung stärken
   - Regional-, Landschafts- und Grünordnungspläne fortentwickeln
   - Stadtgrün in der Planungspraxis stärken
   - Stellplatzverordnungen und -satzungen flexibler ausgestalten
   - Integrierte Strategien für Grünräume unterstützen
   - Stadt-Umland-Beziehungen stärken
   - Bundesliegenschaften in Stadtentwicklungskonzepte integrieren
   - Städte auf dem Weg zu mehr Freiraumqualität
2. Grünräume qualifizieren und multifunktional gestalten
   - Stadtgrün als Ausgleichsmaßnahme stärken
   - Friedhöfe als Teil des Stadtgrüns sichern
   - Orientierungs- und Kennwerte für Grün entwickeln
   - Stadtgrün im Rahmen der Städtebauförderung stärken
   - Förderkulisse für Stadtgrün erweitern
   - Urbanes Grün ist ein Stück Baukultur
   - Multicodierte Grün- und Freiräume fördern
   - Mit Gartenschauen „grüne" Stadtentwicklung umsetzen
3. Mit Stadtgrün Klimaschutz stärken und Klimafolgen mindern
   - Klimagerechtes Stadtgrün in der Planungspraxis berücksichtigen
   - Klimaschutzprogramme für Stadtgrün nutzen
   - Mit vitalem Stadtgrün Klimarisiken begrenzen
   - Städte wassersensibel entwickeln
   - Regenwassermanagement auf Rückhalt und Verdunstung ausrichten – Versiegelung reduzieren, Entsiegelung fördern
   - Retentionsräume zur Hochwasservorsorge ausweiten

7.1 · Die Grüne Stadt, ein konzeptionelles Mosaik von Handlungszielen

- Planungsinstrumente zur Frisch- und Kaltluftversorgung nutzen
- Integration zukunftsgerichteter Mobilität

4. Stadtgrün sozialverträglich und gesundheitsförderlich entwickeln
   - In der Städtebauförderung den gesellschaftlichen Zusammenhalt und die Bedeutung des Ansatzes von Umweltgerechtigkeit durch Stadtgrün stärken
   - Gerechte sozialräumliche Verteilung von Grün sicherstellen
   - Öffentliche Grünräume sicherer gestalten
   - Barrierefreiheit in Außenräumen herstellen
   - Das Potenzial urbaner Gärten nutzen
   - Stadtgrün und Gesundheit besser verknüpfen

5. Bauwerke begrünen
   - Stärkung der Bauwerksbegrünung erreichen
   - Bauwerksbegrünung in Zertifizierungssysteme einbringen
   - Straße als Grün- und Lebensraum aufwerten

6. Vielfältige Grünflächen fachgerecht planen, anlegen und unterhalten
   - Label für Stadtgrün entwickeln
   - Standorteigenschaften stärker in den Blick nehmen
   - Die Pflege des Stadtgrüns sicherstellen
   - Historisches Stadtgrün als kulturelles Erbe mit gesellschaftlichen, touristischen und ökologischen Funktionen stärken
   - Wissenstransfer unterstützen

7. Akteure gewinnen, Gesellschaft einbinden
   - Privatwirtschaftlichem und zivilgesellschaftlichem Engagement Raum geben
   - Citizen-Science-Ansätze stärken
   - Über rechtliche Instrumente und finanzielle Anreize private Akteure aktivieren
   - Rechtssicherheit für die Öffnung privater Flächen schaffen
   - Öffentliche Akteure stärken und vernetzen
   - Den Wert von Ökosystemleistungen aufzeigen

8. Forschung verstärken und vernetzen
   - Forschungscluster „Grün in der Stadt" als Teil der Innovationsplattform „Zukunftsstadt" einrichten
   - Verschiedene Facetten von Grün in der Stadt integriert beforschen
   - Neue Nutzungsformen und Freiraumtypen erproben

9. Vorbildfunktion des Bundes ausbauen
   - Mit einem knappen Gut vorbildlich umgehen
   - Biodiversitätsbelange bei Klimaanpassung und Grünpflege berücksichtigen
   - Durch „Grüne Architektur" qualifiziert gestalten
   - Vorbildliche grüne Verkehrs- und Wasserwege entwickeln
   - Durchgängigkeit von Gewässern herstellen
   - Konversionsflächen und bahnbegleitende Flächen qualifizieren
   - Bauwerksgrün bei Bundesliegenschaften entwickeln, sichern und pflegen
   - Grünflächen des Bundes stärker der Öffentlichkeit zugänglich machen
   - Nachhaltige Grünflächen planen, realisieren und zertifizieren

10. Öffentlichkeitsarbeit und Bildung
    - Wettbewerbe durchführen
    - Öffentlichkeitsarbeit stärken und ausbauen
    - Initiative „Grünflächenentwicklung in der integrierten Stadtentwicklung" starten
    - Ökologisches Bewusstsein im Kleingartenwesen schärfen
    - Umwelt- und Bewusstseinsbildung für das Stadtgrün verbessern
    - Aus-, Fort- und Weiterbildungsangebote entwickeln

Themenbereiche für Handlungsziele (BBSR 2017)
1. Klima und Gesundheit
2. Umwelt und Naturraum
3. Gesellschaft und Sozialraum
4. Organisation und Finanzierung
5. Stadtraum

7.2 Grüne Infrastruktur – das lokale Basiskonzept

„Urbane grüne Infrastruktur" ist ein Konzept, dass seinen Ursprung in der Planung hat. Es wurde eingeführt, um das städtische „Grünraum-System" als einheitlichen Planungsgegenstand zu begreifen (Sandström 2002; Tzoulas et al. 2007).

> **Urbane grüne Infrastruktur**
>
> Urbane grüne Infrastruktur ist ein Netzwerk aus allen, naturnahen und gestalteten Naturbestandteilen (Grün- und Freiflächen sowie Wasserflächen) in Städten. Dies schließt Natur auch im bebauten und versiegelten Bereich ein. Dieses Netzwerk aus unterschiedlichen Naturstrukturen in unterschiedlicher Größe, Lage und Eigentümerschaft soll als Gemeinschaftsaufgabe verschiedener staatlicher, wirtschaftlicher und zivilgesellschaftlicher Akteure geplant, erhalten und entwickelt werden. Ziel ist es, das alle urbanen Stadtnaturbestandteile im Sinne einer sozial, ökonomisch und ökologisch nachhaltigen Stadtentwicklung
> - für alle Bürger nutzbar sind,
> - Gesundheit und Wohlbefinden der Bürger fördern,
> - gemeinsam eine hohe biologische Vielfalt und ein Naturerleben ermöglichen,
> - gemeinsam zu einem attraktiven Stadtbild und hoher Lebensqualität beitragen und
> - lokal angestrebte Ökosystemleistungen für Stadtbürger erbringen.

Urbane grüne Infrastruktur trägt maßgeblich zur Lebensqualität und Daseinsvorsorge in Städten bei. Versiegelte und bebaute Flächen können durch Entsiegelung, Begrünung und Bepflanzung mit Bäumen Teil der grünen Infrastruktur werden.
Auf EU-Ebene definiert „grüne Infrastruktur" (nicht speziell urban) ein strategisch geplantes europäisches Netzwerk in überregionaler Dimension. Es setzt sich aus wertvollen natürlichen, naturnahen und gestalteten Flächen sowie weiteren Umweltelementen zusammen, die wichtige Ökosystemleistungen gewährleisten und zum Erhalt der biologischen Vielfalt beitragen (s. a. Dover 2015; Naumann et al. 2011; BfN 2017; BBSR 2017).

> » „It (green infrastructure – d. Verf.) can be considered to comprise of all natural, semi-natural and artificial networks of multifunctional ecological systems within, around and between urban areas, at all spatial scales" (Tzoulas et al. 2007, S. 169).

7.2 · Grüne Infrastruktur – das lokale Basiskonzept

Die Grüne Stadt basiert Stadtnatur auf einer „grünen" (und „blauen") Infrastruktur. Dies schließt die Gewässer als Teil der Stadtnatur ein, wird aber häufiger auch mit dem ergänzenden Terminus „blau" nochmals unterstrichen. Dies erfolgt nicht ganz zu Unrecht, denn oft werden die Gewässer, wenn sie nicht innerhalb von offiziellen Grünflächen liegen, auch „vergessen" einzubeziehen. Der Begriff „Grüne Infrastruktur" wird seit etwa zehn Jahren intensiver genutzt, auch wenn seine Inhalte früher bereits im Blickfeld waren, aber anders bezeichnet wurden. Mit der Verbindung von „Grün" und „Infrastruktur" wird versucht, Stadtnatur einen der technischen Infrastruktur ähnlichen Bedeutungswert zuzumessen und damit durchsetzungsfähiger zu machen. Infrastruktur wird als notwendiger Unterbau verstanden, ohne den die Funktionsfähigkeit des Ganzen nicht gewährleistet ist. Genau dies soll ausgedrückt werden, die Notwendigkeit einer Naturbasierung der Stadt.

Grüne Infrastruktur, allgemein auch „grüne und blaue" Infrastruktur, beschreibt ein strategisches Planungsnetzwerk zur Förderung von Natur auf verschiedenen Maßstabsebenen.

Das Netzwerk der grünen Infrastruktur hat zum Ziel, den Erhalt der Biodiversität, die Stärkung und Regenerationsfähigkeit von Ökosystemfunktionen und von Ökosystemleistungen im Sinne einer nachhaltigen Nutzung der Natur zu erreichen. Intensive Landnutzung und starke Landschaftsfragmentierung bedrohen weltweit, besonders in Europa, die Biodiversität. Das Konzept der grünen Infrastruktur soll dem entgegenwirken (Europäische Kommission 2009; Neßhöfer et al. 2012). Grüne Infrastruktur steht auch für einen integrativen Ansatz, um Akteure zusammenzubringen (BfN 2017).

Der Begriff „Infrastruktur", ursprünglich aus dem Militärischen kommend, wird im Wirtschafts- und Sozialbereich gebraucht. Er umfasst alle langlebigen Einrichtungen materieller oder institutioneller Art, die das zielgerichtete, arbeitsteilige Funktionieren begünstigen. Dies wird auch auf die Stadt und deren Stadtnatur übertragen.

> „Der Begriff „grüne Infrastruktur" bietet die Chance, den gesellschaftlichen Wert von Stadtgrün zu verdeutlichen, denn mit „Infrastruktur" wird verbunden, dass sie für das Funktionieren von Wirtschaft und Gesellschaft unverzichtbar ist" (Torsten Wilke, Stadt Leipzig, Amt für Stadtgrün und Gewässer), (zitiert nach BfN 2017, S. 5).

Im überregionalen, z. B. europäischen Maßstab, geht es bei grüner Infrastruktur nur um natürliche und naturnahe Flächen. Mit dem Übergang zum lokalen urbanen Maßstab werden alle Stadtnaturflächen eingeschlossen. Es erfolgt ein maßstabsbegründeter Paradigmenwechsel. Statt um natürliche und naturnahe Flächen geht es hier um „naturnahe und gestaltete Flächen und Elemente" (BfN 2017, S. 3). Dies begründet den neuen Terminus „urbane grüne Infrastruktur".

Eine besondere Rolle spielt grüne Infrastruktur in städtischen Gebieten. Hier ist die Zerstückelung der Grünflächen durch Versiegelung, bspw. durch Verkehrs- und Gebäudeinfrastruktur, und damit einhergehenden Biodiversitätsverlust besonders stark ausgeprägt. Jedoch können gerade in Städten vielfältige Ökosystemleistungen bereitgestellt werden, wenn das Konzept der grünen Infrastruktur verfolgt wird. Beispielsweise kann die Luftqualität durch Parks und Grünflächen deutlich verbessert werden. Auch bewachsene Hauswände können einen großen Beitrag leisten, indem sie die Wärme absorbieren, welche durch die (sommerliche) Sonneneinstrahlung auf die Häuser entsteht. Diese grünen Wände tragen u. a. dazu bei, dass der Effekt der städtischen „Hitzeinseln" verringert wird (Neßhöfer et al. 2012).

Während in der Wirtschaft zwischen von privater Hand geschaffener Infrastruktur und der vom Staat gestalteten Infrastruktur unterschieden wird, erfolgt diese Unterscheidung urbaner grüner Infrastruktur meist nicht. Damit sind höchst unterschiedliche Akteure, öffentliche Hand, private Grundstücksbesitzer und Interessenvertreter einbezogen. Dies macht die Netzwerkentwicklung zu einer komplizierten kommunalen Abstimmungsaufgabe.

Das Konzept der urbanen grünen Infrastruktur steht damit für strategische und integrierte Planung, Sicherung, Entwicklung und Management von Stadtnatur. Dafür sind gesamtstädtische, quartiers- und objektbezogene räumliche Konzepte, als unterschiedliche Maßstäbe, erforderlich. Dies geht über traditionelle Freiraumplanung deutlich hinaus.

Sicherung, Management und Entwicklung der urbanen grünen Infrastruktur erfolgt unter Berücksichtigung der folgenden Prinzipien:
- Nutzbarkeit und Leistungen von Natur den Ansprüchen anpassen,
- dazu strategische Pläne entwickeln,
- Natur vernetzen,
- Mehrfachnutzung und Funktionsvielfalt fördern,
- unbeeinflusste Naturentwicklung zulassen und Pflege und Management wenn möglich reduzieren,
- Grüne Infrastrukturen auch in den Gebäude- und Versiegelungsbereich hineinentwickeln und
- Kooperationen und Allianzen von Akteuren eingehen.

Das BBSR (2017) stellte in den Mittelpunkt seiner Forschungsarbeit folgende Fragestellungen zur urbanen grünen Infrastruktur:
1. „Welche systematischen Erhebungen zu Grünausstattung und -qualitäten gibt es?
2. Wie entwickelte sich die Grünausstattung und -zugänglichkeit, welche Trends sind absehbar? Welche Funktionen lassen sich empirisch ableiten?
3. Welche Handlungsziele/Standards zu Stadtgrün in der Stadtentwicklung gibt es bereits heute? Welche Standards zum Grün sind für Kommunen systematisch ableitbar?
4. Welche Städte/Stadttypen arbeiten mit Zielen der Grünausstattung?
5. Geht es um (noch) mehr Stadtgrün, wenn ja wo, und/oder um bessere Grünqualitäten und wenn ja, in welcher Form?
6. Wie ist die GALK(Gartenamtsleiterkonferenz)-Liste von 1973 (gemeint sind die Richtwerte für die Grünversorgung in Städten der GALK von 1973 – der Verf.) aus heutiger Sicht zu beurteilen? Ist deren Fortschreibung sinnvoll? Welche Empfehlungen für Grünstandards lassen sich erarbeiten?
7. Welche zentralen, politisch kommunizierbaren Kernbotschaften/ Handlungsziele lassen sich ableiten?" (BBSR 2017, S. 9)

Die Gestaltung der urbanen grünen Infrastruktur fällt in erster Linie in den Bereich der Kommunen, die geeignete Strategien und Partnerschaften dazu entwickeln können.

Das Verständnis von Stadtnatur als mit seiner Umwelt im Austausch stehendes System intern interagierender Naturelemente hat sich inzwischen etabliert. Wenn dieses System als urbane grüne Infrastruktur vorausschauend

7.2 · Grüne Infrastruktur – das lokale Basiskonzept

geplant, entwickelt und gepflegt wird, hat es das Potenzial, Stadtentwicklung zu steuern und dabei wirtschaftliches Wachstum, Naturschutz und öffentliche Gesundheitsvorsorge zu integrieren (Walmsley 2006; Schrijnen 2000; van der Ryn und Cowan 1996; Breuste et al. 2013). Damit kann urbane grüne Infrastruktur der Schlüssel für die Grüne Stadt sein.

Mit der Biotopkartierung im urbanen Bereich in den 1970er- und 1980er-Jahren wurden dafür in Deutschland und nachfolgend in einer Reihe weiterer europäischer und außereuropäischer Länder (z. B. Japan und Brasilien) gute und untereinander zwischen den Städten vergleichbare Grundlagen gelegt (s. ▶ Abschn. 6.2.2, s. ◘ Abb. 7.2).

◘ **Abb. 7.2** Der Anleitung zur Biotopkartierung widmet 1993 die Zeitschrift *Natur und Landschaft* ein ganzes Heft. (Arbeitsgruppe Methodik der Biotopkartierung im besiedelten Bereich 1993)

7.3 Das Konzept der urbanen Biodiversität

Urbane Biodiversitätsstrategien sind mess- und operationalisierbare ökologische Konzepte für den urbanen Raum mit konkreten Zielen für den Natur- und Artenschutz. Sie haben politische und Umsetzungsdimension. Dazu werden sie auf nationaler, regionaler und lokaler Ebene erstellt und politisch-gestaltend angewandt. Erhaltung und Entwicklung biologischer Vielfalt in Städten ist immer mehr ein Gestaltungsziel, das mit durchaus unterschiedlichem Verständnis für Biodiversität und unterschiedlichen Begründungen weit über den klassischen Natur- und Umweltschutz als ganzheitliche Aufgabe und Vision für Städte angestrebt wird.

Biodiversitätsschutz ersetzt inzwischen häufig international den klassischen Naturschutz als Arten- und Biodiversitätsschutz. **Biodiversitätsschutz und Klimaschutz** stehen immer mehr im Vordergrund der Argumentation zur Verbesserung und Gestaltung unserer Umwelt.

Übertragen auf urbane Räume muss Biodiversitätsschutz in jedem Fall in Bezug zu den Stadtbewohnern gesehen und betrieben werden. Dies ist schon länger eine grundsätzliche Position.

> » „Naturschutz in der Stadt dient nicht in erster Linie dem Schutz bedrohter Pflanzen- und Tierarten; seine Aufgabe besteht vielmehr darin, Lebewesen und Lebensgemeinschaften als Grundlage für den unmittelbaren Kontakt der Stadtbewohner mit natürlichen Elementen ihrer Umwelt gezielt zu erhalten" (Sukopp und Weiler 1986, S. 25).

> » „Today „city parks"are usually either managed overwhelmingly for the enjoyment of people, or may also have an important nature protection value. Semi-natural vegetation in a park supports both nature and nature-based recreation" (Forman 2014, S. 349).

Biodiversitätsschutz *(Biodiversity Conservation)* – Schutz und Erhalt der Biodiversität

Biodiversitätsschutz *(Biodiversity Conservation)* zielt darauf ab, Politik und Praxis des Naturschutzes auf der Basis des verfügbaren wissenschaftlichen Forschungsstandes zu gestalten. Dies schließt die Zusammenarbeit mit vielfältigen Forschungs- und Planungspartnern ebenso wie mit politischen Entscheidungsträgern und der Wirtschaft als Partner ein. Themen sind z. B. Prozessschutz zur Wildnisentwicklung *(rewilding)*, Erhalt geschützter Arten und ihrer Lebensräume, Umgang mit invasiven Arten und EU- und nationalen Rahmenrichtlinien (Jedicke 2016; British Ecological Society 2018).

Urbaner Biodiversitätsschutz *(Urban Biodiversity Conservation)* – Schutz und Erhalt der urbanen Biodiversität

Beim urbanen Biodiversitätsschutz als Arten- und Biotopschutz kann es nicht primär um Reliktschutz oder Schutz von seltenen und/oder eiheimischen Arten gehen, auch wenn diese sich tatsächlich in Städten finden. Stattdessen geht es um einen ganzheitlichen Ansatz, der den Menschen mit seinen Naturbedürfnissen und mit dem Nutzen dem ihm Natur in der Stadt bringt, in den Mittelpunkt stellt (Sukopp und Weiler 1986; Breuste 1994a, b). Schutz urbaner Biodiversität wird mit einigem Zeitverzug in Nachfolge des Rio-Gipfels 1992 ab ca. dem Jahr 2000 ein international kommuniziertes und verhandeltes Ziel. Internationale Biodiversitätsstrategien in Nachfolge der Biodiversitätskonvention von Rio (United Nations 1992) zielen erst seit ca. 2010 auch auf Städte und deren Biodiversität.

7.3 · Das Konzept der urbanen Biodiversität

Die „Global Partnership on Cities and Biodiversity under the Convention on Biological Diversity" führte zu wichtigen internationalen Veranstaltungen, in denen nationale und regionale Politik, einschließlich Stadtregierungen mit internationalen Organisationen wie dem International Council for Local Environmental Initiatives (ICLEI) und ihrem Cities Biodiversity Centre (CBC) mit Vertretern von Wissenschaftsorganisationen, NGOs und deren politischen oder wissenschaftlichen Vertretern zusammentrafen und kooperierten. Ziel waren Positionsbestimmungen auf dem Weg zum Schutz und zur Entwicklung von Biodiversität in Städten, die Vernetzung untereinander und insbesondere von nationalen und regionalen Politikvertretern und die Vereinbarung von Schritten auf dem Weg zum besseren Schutz urbaner Biodiversität.

Auf solchen Treffen mit üblicherweise Hunderten Teilnehmern und meist deutlich über 50 Länder- und Stadtvertretern wurden meist Resolutionen, Deklarationen und Erklärungen zur urbanen Biodiversität und ihres städtischen Managements verabschiedet. Sie alle zielen auf
— internationale Kooperation,
— Verbesserung des Wissenstransfers von Forschung zu Entscheidungsträgern,
— Verbesserung von Planung und Gestaltung mit ökologischen Prinzipien,
— effektivere Öffentlichkeitsarbeit und Bildung zur Verbesserung der Akzeptanz und Unterstützung dieser Ziele in der Bevölkerung,
— weitere Forschung auf dem Gebiet der urbanen Biodiversität und
— die Entwicklung nationaler und regionaler urbaner Biodiversitätsstrategien.

Im Vordergrund stehen kooperatives Zusammenwirken zwischen Politik, Management, Wirtschaft und Forschung in internationalen Netzwerken und Vergleich erzielter Ergebnisse. Folgende Ereignisse sind besonders zu nennen:

— World Summit on Sustainable Development in Johannesburg (2002)
— Curitiba Declaration on Cities und Biodiversity (2007)
— Erfurt Declaration, URBIO (2008)
— Ninth meeting of the Conference of the Parties (COP) to the Convention on Biological Diversity (CBD) in Bonn (2008)
— Durban Commitment (2008)
— Fifth World Urban Forum in Rio de Janeiro (2010)
— Second Curitiba Declaration on Local Authorities und Biodiversity (2010)
— Expo Shanghai (2010)
— Nagoya Declaration (2010)
— Biodiversity Summit for Cities & Subnational Governments, Gangwon Province, Korea (2014)
— Incheon Declaration, Korea (2014)
— 5th Global Biodiversity Summit of Cities & Subnational Governments, Cancun (2016)
— The Panama City Declaration: URBIO and IFLA (2016)

Immer wieder standen und stehen dabei die Suche nach Indikatoren für die Messung und den Vergleich von urbaner Biodiversität, die Selbstverpflichtungen von Städten und Regionen zur Erreichung oft ambitionierter Ziele auf dem Weg zur Verbesserung der Biodiversität und Strategien zur Beförderung „Grünerer Städte" auf der Tagesordnung.

Die Curitiba Declaration (2007) wiederholt den bereits auf dem World Summit on Sustainable Development in Johannesburg 2002 beklagten Verlust an Biodiversität im globalen Maßstab, obwohl er für viele Städte gar nicht zutrifft. Leistungen der Ökosysteme für Menschen, besonders für Arme, werden direkt auf Biodiversität zurückgeführt. Biodiversität gewinnt damit eine generelle Bedeutung für das menschliche Wohlbefinden. Ohne Biodiversität, so die Darstellung, droht der Verlust an Lebensqualität. Der Städtebezug ist dabei eher gering, was spätere Deklarationen deutlich verbesserten.

Die Erfurt Declaration (2008) unterstrich grundsätzlich die Bedeutung von urbaner Biodiversität für Kultur, Soziales, Klimawandel und Gestaltung der Städte. Hervorgehoben wurde die Notwendigkeit, urbane Ökosysteme und urbane Biodiversität weiter wissenschaftlich zu untersuchen, daraus Bewertungen abzuleiten, urbane Räume als Evolutions- und Anpassungszentren und Hotspots der regionalen Biodiversität zu verstehen. Von Bedeutung ist die Hervorhebung der engen Beziehung des Konzepts der urbanen Biodiversität zum „Quality-of-Life-Konzept":

> „Urban biodiversity is the only biodiversity that many people directly experience. Experiencing urban biodiversity will be the key to halt the loss of global biodiversity, because people are more likely to take action for biodiversity if they have direct contact with nature." (Erfurt Declaration 2008, S. 1)

Gefordert wurde hier auch erstmals ein langzeitliches Monitoring und Langzeitforschung zur urbanen Biodiversität (Erfurt Declaration, URBIO 2008).

Das Durban Commitment (2008) und Second Curitiba Declaration on Local Authorities und Biodiversity (2010) sind politische Erklärungen von Local Governments for Biodiversity. In Durban waren dies 20 Städte, darunter Bonn in Deutschland. Die Erklärung stellte einen Zusammenhang von Biodiversitätsschutz und Armutsbekämpfung her und verwendete dafür das Konzept der Ökosystemleistungen, das unter Biodiversität als Schlüsselbegriff subsumiert wurde.

Die Second Curitiba Declaration on Local Authorities und Biodiversity (2010) führte die Inhalte der Nagoya Declaration 2010 fort und bekräftigt sie auf der politischen Ebene (Second Curitiba Declaration on Local Authorities und Biodiversity 2010) (s. Exkurs Nagoya Declaration).

Die Nagoya Deklaration – urbane Biodiversität macht Städte zu *„green, pleasant and prosperous places"*

Im Internationalen Jahr der Biodiversität 2010 fand in Nagoya das 14. Expertentreffen der Teilnehmer der Konvention zur Biologischen Vielfalt (nach Rio) statt. Der Hauptgegenstand der Konferenz war „Urban Biodiversity in the Ecological Network" mit zwei Schwerpunkten, „Ecosystem Network and Quality of Habitats in and around the Urban Area" und „Networking the Activities of Urban People". Die behandelten Themen waren:
- Pflege, Erhaltung und Entwicklung stadtökologischer Netzwerke,
- städtisches Leben in „Harmonie mit der Natur",

Dazu wurden folgende Maßnahmen empfohlen:

- Erhalt von *„native biodiversity"* (Biodiversität einheimischer Arten),
- Entwicklung eines quantitativen Bewertungssystems für urbane Biodiversität, um Biodiversität zwischen Städten und im Zeitverlauf vergleichen zu können,
- enge Kooperation zwischen öffentlicher Hand und der Wirtschaft und
- Stärkung des öffentlichen Bewusstseins für urbane Biodiversität durch Umweltbildung und Beteiligung der Kommunen.

- Planung und Entwurf von „resilienten ökologischen Korridoren" in Städten und besseres Verständnis der Interaktionen zwischen Habitaten, Korridoren und ihrer Umgebung,
- Begrenzung des Klimawandels und Anpassung an ihn,
- vergleichende Studien verschiedener Städte,
- Verbindung von Biodiversität und Ökosystemleistungen,
- ökologische Gestaltung sollte Biodiversität und Klimawandel berücksichtigen,
- Verbesserung der Anwendung von Forschungsergebnissen in Planung und

7.3 · Das Konzept der urbanen Biodiversität

Gestaltung durch bessere Kooperation zwischen allen beteiligten Interessenvertretern,
- Beachtung der Verbindungen zwischen Wirtschaft und Biodiversität,
- besseres Informationsangebot für politische Entscheidungsträger,
- Einforderung des Engagements nationaler Regierungen, regionaler Verwaltungen, finanzierender Partner und relevanter Organisationen (Nagoya Declaration 2010) (s. ◘ Abb. 7.3).

Die im gleichen Jahr 2010 nachfolgende Conference of the Parties to the Convention on Biological Diversity (CBD) verabschiedete einen „Plan of Action on Subnational Governments, Cities and Other Local Authorities for Biodiversity" (2011–2020), der wesentliche, o. g. Punkte enthält (Plan of Action 2010).

Das „Quintana Roo Communiqué on Mainstreaming Local and Subnational Biodiversity Action" wurde 2016 auf dem 5th Global Biodiversity Summit of Cities & Subnational Governments in Cancun, Mexiko, verabschiedet. Es ist das jüngste der internationalen Statements für urbane Biodiversität und entstand als Ergebnis der 13. Conference of the Parties (COP) der Convention on Biological Diversity (5th Global Biodiversity Summit of Cities und Subnational Governments 2016).

Mit **Biodiversität** wird nun eindeutig die generelle Beziehung von Menschen zur Natur bezeichnet und diese **als Grundlage von Wohlbefinden und wirtschaftlichem Erfolg** betrachtet:

◘ **Abb. 7.3** Central Park in Nagoya, Japan. (© Breuste 2010)

> „…people are inextricably linked to, and part of nature, and that this connection is essential to the health, resilience and well-being of our rapidly growing urban communities and their local and regional economies" (5th Global Biodiversity Summit of Cities und Subnational Governments 2016, S. 1)

Städte äußern nun genauer, was ihre konkreten Bedürfnisse sind, um Biodiversität tatsächlich zu fördern und zu erhalten. Sie sehen Biodiversität als Voraussetzung für nachhaltige Entwicklung! Dazu soll Biodiversität in allen Bereichen und bereichsübergreifend integriert werden. Dafür wird der Terminus „mainstreaming biodiversity" gebraucht.

Mainstreaming Biodiversity (IUCN)

„Biodiversity conservation is thus a pre-condition for achieving sustainable development. As such, it needs to be integrated into all sectors and across sectors: biodiversity needs to be mainstreamed" (IUCN 2019).

Genauere, spezifischere und wissenschaftlich fundierte Kenntnisse, Entscheidungen unterstützende Werkzeuge und die Notwendigkeit der Bewertung dieser Ergebnisse zur urbanen Biodiversität werden gefordert. Eine horizontale Durchdringung aller Bereiche, insbesondere der Einbeziehung von Biodiversität in Flächennutzungsplanung, bei gleichzeitiger inhaltlicher Vertiefung *(horizontal mainstreaming, vertical alignment)*, kooperatives und integriertes Management, verbunden mit messbaren Berichtsmechanismen auf allen Ebenen der kommunalen Verwaltung, Abstimmung zwischen sektoralen Politiken und Unterstützung der Wiederherstellung von Ökosystemen werden gefordert. Dies alles zu erreichen, wäre tatsächlich ein Durchbruch und würde auch die bisherigen kommunalen Schwächen in der Durchsetzung von Biodiversitätsstrategien überwinden.

Neue Partnerschaften und Finanzierungsinstrumente werden dazu gesucht. ICLEI's Local Action for Biodiversity (LAB) und der Singapore Index on Cities' Biodiversity (gleichnamiger Exkurs) werden als dafür unterstützend erachtet (5th Global Biodiversity Summit of Cities und Subnational Governments 2016; IUCN 2019).

Die Panama City Declaration 2016 ist das Ergebnis der Konferenz des Urban Biodiversity and Design Network (URBIO) und der International Federation of Landscape Architects of the Americas Region (IFLA-AR) ‚From Cities to Landscape: Design for Health & Biodiversity' 2016 in Panama City. Sie hob als Fokus für nachhaltige Städte Gesundheit und Biodiversität als Ziele hervor (The Panama City Declaration 2016).

City Biodiversity Index (CBI) – Biodiversitätsvergleich, unter Ausschluss stadttypischer Natur für die Convention on Biological Diversity (CBD)

Native Biodiversity der natural ecosystems

Der weltweite Wettbewerb um Biodiversität auch in Städten hat dazu geführt, international durch ein Indikatorkonzept nicht nur Artenvielfalt, sondern Biodiversität in breiter Komplexität auch in urbanen Gebieten vergleichend zu ermitteln.

Bisherige Umweltindices enthielten vor allem *brown issues* als Indikatoren, wie sauberes Wasser, Abwasser, Energieeffizienz, Luftqualität und Abwassermanagement. Biodiversitätsindikatoren wurden meist unter Einbeziehung unterschiedlicher Indizes auf nationaler, nicht jedoch auf lokaler Ebene angewandt (2005 Environmental Sustainable Index (ESI) und 2008 Environmental Performance Index (EPI)). Ziel war es jedoch, alle auf Biodiversität bezüglichen Merkmale in

7.3 · Das Konzept der urbanen Biodiversität

einem Index auf lokaler Ebene zusammenzuführen.

Auf der 9. Konferenz der Teilnehmer der Convention on Biological Diversity (CBD) (COP 9) 2008 in Bonn schlug Singapurs Minister für Nationale Entwicklung, Mah Bow Tan, die Entwicklung eines City Biodiversity Index zum Vergleich der Erfolge von Städten im Biodiversitätsschutz *(biodiversity conservation)* vor.

Seit 1992 ist der Stadtstaat Singapur einer der Vorreiter des Schutzes der urbanen Biodiversität weltweit (Davison et al. 2012). Das National Parks Board of Singapore entwickelte in Zusammenarbeit mit Experten verschiedener Länder in zwei Workshops 2009 und 2010 (Chan und Djoghlaf 2009) einen ‚Singapore Index on Cities' Biodiversity oder ‚Singapore Index' (SI), um damit das Sekretariat des CBD für vergleichende Erhebungen mit einem geeigneten Werkzeug für Städte im Monitoring und in ihrer Selbstbewertung im Biodiversitätsschutz auszustatten (Chan et al. 2010).

Der CBI/SI erfasst 23 Indikatoren, die durch summierte Punktbewertung des Erfüllungsgrades maximal 92 Punkte ergeben. In einem ersten Teil (Profil der Stadt) werden Lokalisation, Größe, Ökosysteme, Arten, Bevölkerungszahl und qualitative Angaben zur Biodiversität erfasst. Daran schließen sich drei Kernkomponenten
- *native biodiversity* (10 Indikatoren, erfasst werden Vögel, Gefäßpflanzen, Schmetterlinge und nicht näher bezeichnete *other taxonomic groups*),
- *ecosystem services provided by biodiversity* (4 Indikatoren) und
- *governance and management of native biodiversity within the city* (9 Indikatoren) an.

Es werden also neben Merkmalen einer *native biodiversity*, Ökosystemleistungen (Regulation von Wasserhaushalt, Klima, CO_2-Bindung, Erholung und Umweltbildung) und Managementmaßnahmen erfasst und bewertet. Dies geht über das, was wissenschaftlich unter „Biodiversität" zu verstehen ist weit hinaus und schließt nicht-einheimische Arten generell aus der Biodiversitätsbetrachtung aus. Da es sich um ein offizielles Instrument des Sekretariats des CBD handelt, ist dies auch von politischer Bedeutung.

Die Suche nach „natürlicher Natur" *(natural ecosystems)* in Stadtgebieten als Indikator für Biodiversität ist dabei zentral und fragwürdig:

» „**Natural ecosystems** contain more species than disturbed or human made landscapes, hence, the higher the proportion of natural areas to the total city area gives an indication of the biodiversity richness" (Chan et al. 2010, S. 11; Rodericks 2010, S. 3).

Als Arbeitsdefinition stehen *natural areas* im Mittelpunkt:

» „**Natural areas** comprise predominantly native species and natural ecosystems, which are not, or no longer, or only slightly influenced by human actions, except where such action is intended to conserve or enhance native biodiversity" (Chan et al. 2010, S. 11; Rodericks 2010, S. 3).

» „**Natural ecosystems** are defined as all areas that are natural and not highly disturbed or completely human-made landscapes. Some examples of natural ecosystems are forests, mangroves, freshwater swamps, natural grasslands, streams, lakes, etc. Parks, golf courses, roadside plantings are not considered as natural" (Chan et al. 2010, S. 11, Rodericks 2010, S. 3).

Der City Biodiversity Index (CBI) schließt stadttypische Natur aus und fokussiert allein auf wenig vom Menschen beeinflusste, verbliebene Naturreste im urbanen Raum *(natural ecosystems* und *native biodiversity)*. Was Stadtnatur eigentlich ausmacht – die *man-made ecosystems* –, bleibt unbeachtet (s. ◘ Abb. 7.4).

Bereits 2010 hatten mehr als 30 Städte weltweit den CBI angewandt (Rodericks 2010). Wie viel Städte den Index nach nunmehr zehn Jahren angewandt haben, teilt das Sekretariat der Convention on Biological Diversity (CBD) als Verwalter des Werkzeugs auf seiner Webseite leider nicht mit. Die Erhebung der geforderten Daten dürfte für viele Kommunen angesichts dazu kaum schon vorhandener und laufend gehaltener Datensätze nur schwer möglich und kaum wiederholbar sein.

☐ **Abb. 7.4** Renaturierter Flusslauf der Isar in München. (© Breuste 2016)

> *Native biodiversity* versus *non-native biodiversity* – Biodiversität nur durch einheimische Arten als Ziel für Städte?
>
> Kann urbane Biodiversität nur auf einheimischen Arten beruhen? Dies wurde bereits im ▶ Abschn. 6.1 als unmöglich begründet. Viel Arten in Städten, oftmals die Mehrzahl, sind nicht einheimisch, aber auch nicht invasiv! Die Nagoya-Deklaration und der City Biodiversity Index (CBI) gehen ausdrücklich von *native biodiversity* aus und verwenden den ansonsten selten gebrauchten Terminus. Sie schließen jede Biodiversität durch nicht-einheimische Arten damit aus.
>
> Der Terminus existiert (noch) nicht in deutscher Sprache. Gemeint ist eine Biodiversität, die auf ausschließlich einheimischen Arten aufbaut, Gegensatz *(non-native biodiversity)*. Die Gleichsetzung von nicht-einheimischen mit invasiven Arten ist die Begründung für native Biodiversity. Sie ist aber falsch (Biodiversity Gardening 2018)! Nicht nur der „Schutz" der einheimischen Arten, sondern auch Zugehörigkeit von „einheimischen" Pflanzen und Tieren zur kulturellen Tradition und zum Glaubenssystem als Teil der Identität werden als Gründe der Bewahrung von *native biodiversity* angeführt. Dies kann vielleicht für Inselökosysteme mit hohem Endemitenanteil, wie z. B. Big Island von Hawaii, gelten (Department of Land und Natural Resources 2018), kaum jedoch auf Städte übertragen werden (Kowarik 2011).

7.3 · Das Konzept der urbanen Biodiversität

Die **Nationale Strategie zur biologischen Vielfalt in Deutschland** verbindet mit Biodiversität (in der Stadt) nicht zuerst Ziel des Natur- und Artenschutzes, sondern sieht in Biodiversität die Grundlage für Ökosystemleistungen (s. ▶ Abschn. 6.4). Beide Konzepte vermischen sich, sodass die Unterscheidung zwischen beiden kaum mehr möglich ist. Das Ziel beider, Biodiversität und Ökosystemleistungen, ist Stadtnatur, „von den Menschen genutzt […] und als Lebensraum für Arten" (BmU 2007, S. 42).

Die Vision für Städte lautet (s. ▶ Abschn. 7.2):
- vielfältiges Grün,
- verbesserte Luftqualität und Stadtklima,
- umfassende Möglichkeiten für Erholung, Spiel und Naturerleben und
- weiterhin eine aktive Innenentwicklung der Städte.

Die Ziele sind:
- bis zum Jahre 2020 die Durchgrünung der Siedlungen deutlich zu erhöhen,
- öffentlich zugängliches Grün mit vielfältigen Qualitäten und Funktionen in fußläufiger Entfernung zu den Nutzern,
- Erhaltung und Erweiterung von Lebensräumen für stadttypische gefährdete Arten (z. B. Fledermäuse, Wegwarte, Mauerfarne),
- Naturerfahrungsräume für eine gesunde psychische und physische Entwicklung von Kindern,
- Ausweitung von Naturräumen in Innenstädten unter Berücksichtigung der unterschiedlichen Ansprüche der verschiedenen Bevölkerungsgruppen,
- in vielen Stadtbereichen mehr Grün, das von den Menschen genutzt werden und als Lebensraum für Arten dienen kann.

Die Studie zum Naturkapital Deutschland – TEEB DE (2016) geht deutlich sensibler mit Biodiversität um (s. ▶ Abschn. 6.3). Einerseits wird berechtigterweise auf die überraschend hohe biologische Vielfalt an z. B. Pflanzenarten in Städten im Vergleich mit gleich großen Gebieten in ihrem ländlichen Umfeld hingewiesen, aber auch auf die oft damit zusammenhängenden geringen Populationsgrößen und die Beschränkung seltener und gefährdeter Arten auf besondere Lebensräume (Kowarik 1992; Wittig 2002). Auf die mehr oder weniger engen und vor allem durch wissenschaftliche Studien belegten Zusammenhänge zwischen biologischer Vielfalt und Ökosystemleistungen (Fuller et al. 2007; Botzat et al. 2016; Shwartz et al. 2014) muss hier hingewiesen werden (s. ▶ Abschn. 6.1). Die Autoren von TEEB DE 2016, S. 18, sehen hier lediglich „Chancen" mit dem „Ökosystemleistungsansatz gleichzeitig die Lebensqualität der Bevölkerung und die biologische Vielfalt in urbanen Gebieten zu fördern".

Regionale urbane Biodiversitätsstrategien setzen entweder ein Städtenetzwerk oder Stadt-Umland-Regionen in enger Kooperation voraus. Dies trifft auf die Metropolregion Ruhr und die Stadt-Umland-Region Frankfurt (Biodiversitätsregion Frankfurt, Netzwerk Urbane Biodiversität Ruhrgebiet 2013; BioFrankfurt 2018b) zu (s. ▶ Abschn. 6.1).

Biodiversitätsregion BioFrankfurt

Zwölf Institutionen aus Forschung, Bildung und Naturschutz, darunter die Universität Frankfurt/M. und die renommierte Senckenberg-Gesellschaft, tragen derzeit den gemeinnützigen Verein BioFrankfurt e. V. Die Einrichtungen bündeln ihre Erfahrung und ihr Wissen, um sich gemeinsam für die Biodiversitätsregion BioFrankfurt einzusetzen und das öffentliche Bewusstsein dafür zu stärken. BioFrankfurt wurde 2004 als Netzwerk gegründet und 2013 als Verein etabliert. Gemeinsam haben sie sich zum Ziel gesetzt, die herausragende Bedeutung der Biodiversität und ihrer Erhaltung stärker in das Bewusstsein von Medien und Öffentlichkeit zu rücken, das Wissen und die Erfahrung der Einzelinstitutionen zu bündeln und durch Kooperation und Informationsaustausch Biodiversität effizienter zu fördern. Dazu gehören ein gezieltes Bildungsangebot zum Thema „Biodiversität" (mit Ausstellungen, Symposien, Vorträgen, Führungen und Exkursionen), Informations- und Schulungsangebote für Schulen und Lehrer, gemeinsam durchgeführte Forschungsprojekte zur Gewinnung neuer Erkenntnisse und zur Nutzung wertvoller Synergien und der kontinuierliche Dialog mit Partnern aus Wirtschaft und Gesellschaft.

Im Verbundprojekt „Städte wagen Wildnis" (2016–2021) wirken drei Städte, Frankfurt, Hannover und Dessau-Roßlau, zusammen, um mehr Biodiversität durch mehr „urbane Wildnis" und mehr Verständnis dafür zu gewinnen. BioFrankfurt ist dabei Vorreiter und Kommunikator (BioFrankfurt 2018b) (s. ◘ Abb. 7.5).

Die Aufgabe **kommunaler Biodiversitätsstrategien** (Beispiel Berlin, SenStadt 2012) könnte die Unterstützung der Entwicklung einer grünen urbanen Infrastruktur sein, die zur Stärkung von Ökosystemleistungen führt und gleichzeitig die biologische Vielfalt in verschiedenen städtischen Ökosystemen fördert.

Die „Berliner Strategie zur Biologischen Vielfalt" – „grüne Metropole" Berlin durch Biodiversität

Berlin als größte Stadt Deutschlands setzt Arten und Lebensräume mit urbanen Bezügen als eigenen Schwerpunkt in seiner kommunalen Biodiversitätsstrategie. Dazu werden **Maßnahmen und Indikatoren zur Kontrolle** der Erfolge erarbeitet (SenStadt 2012). Lebensräume, Ökosysteme, Tier- und Pflanzenarten und deren genetische Ressourcen sollen auch bei Fortentwicklung der Stadt erhalten bleiben.

Der Landesbeauftragte für Naturschutz und Landschaftspflege, Prof. Dr. Ingo Kowarik, konstatiert: „Biologische Vielfalt macht glücklich! Wir haben bereits eine hohe biologische Vielfalt an vielen Stellen in der Stadt" (SenStadt 2012, S. 4).

Festgestellt wird:
– der Zugang zur Stadtnatur als Träger der biologischen Vielfalt ist in den Berliner Stadtteilen sehr unterschiedlich,
– Naturerfahrung ist für Kinder in der Stadt wichtig,
– die Stadt wird dichter,
– Flächennutzungen wandeln sich,
– der Klimawandel erfordert Anpassungen und
– Mittel im Stadthaushalt zur Entwicklung und Pflege von Stadtnatur werden immer knapper.

Aus den sich ändernden Rahmenbedingungen erwächst Handlungsbedarf für eine Strategie, die bewährte Naturschutzziele aufgreift, aber auch darüber hinausgeht (s. ◘ Abb. 7.6 und 7.7).

7.3 · Das Konzept der urbanen Biodiversität

BioFrankfurt
Das Netzwerk für Biodiversität e.V.

Was wir tun

- Ausstellungen, Vorträge, Exkursionen und Führungen rund um Natur, Mensch und Umwelt
- Aktionswoche „Biologische Vielfalt erleben"
- Moderation des Dialogs zwischen Wissenschaft, Wirtschaft und Gesellschaft für einen zukunftsfähigen Lebens- und Arbeitsraum Rhein-Main
- Initiierung internationaler Kooperationen und Forschungsprojekte
- Durchführung von Fachkonferenzen
- »Biozahl des Jahres«: Berichte zur biologischen Vielfalt in Frankfurt und der Welt
- Workshops für Schüler aller Altersklassen und Lehrer zum Thema biologische Vielfalt
- Partner im Verbundprojekt „Städte wagen Wildnis", gefördert durch das Bundesamt für Naturschutz mit Mitteln des BMU
- Durchführung des Projektes „Frankfurt wagt Wildnis – Für mehr Wildnisentwicklung, Naturvielfalt und Naturerleben in Frankfurt", gefördert durch die Stiftung Flughafen Frankfurt/Main für die Region

Aktuelle Informationen zu unseren Aktionen finden Sie unter:
www.biofrankfurt.de
www.staedte-wagen-wildnis.de

◘ **Abb. 7.5** BioFrankfurt – Gemeinsam für Vielfalt und Nachhaltigkeit, BioFrankfurt (2018a)

Kommunale Strategien zur Biodiversität entwickeln grüne Infrastruktur, die Grüne Stadt, als Grundlage für Lebensqualität der Bevölkerung durch Ökosystemleistungen UND gleichzeitig für die Entwicklung biologischer Vielfalt.

Die „Berliner Strategie zur Biologischen Vielfalt" nennt 38 Ziele in vier Themenfeldern, die beispielgebend auch für andere Städte sind (SenStadt 2012):

Arten und Lebensräume
- Artenvielfalt erhalten und Verantwortung für besondere Arten übernehmen
- gebietsfremde Arten werden beobachtet, aber nur reguliert, wenn sie die biologische Vielfalt erheblich zu beeinträchtigen drohen
- FFH-Lebensräume in günstigem Zustand erhalten
- Erhaltung und Entwicklung von besonders geschützten Biotopen
- Entwicklung eines Biotopverbundsystems
- Verbesserung der Durchgängigkeit von Gewässern
- angestrebt werden für Gewässer: Gewässergüteklasse II sowie ein deutlich höherer Anteil naturnaher Gewässerabschnitte und Uferzonen
- mindestens ein Drittel der Uferlinien von Spree-, Dahme- und Havelseen sollen wieder Röhricht in gutem Zustand aufweisen
- nachhaltige Bewirtschaftung des Grundwassers, Erhaltung grundwasserabhängiger Lebensräume
- Moore als Lebensraum moor- und feuchtgebietstypischer Arten erhalten
- Landwirtschaft leistet wichtige Beiträge zur Gestaltung einer attraktiven und erlebnisreichen Stadtlandschaft (z. B. als Anbieter von Freizeit- und Bildungsdienstleistungen, insbesondere für Kinder und Jugendliche, Etablierung ausgewählter landwirtschaftlicher Nutzungen auf geeigneten innerstädtischen Freiflächen)
- Förderung naturnaher und standorttypischer Mischwälder, Erhalt von lichten Wäldern und erholungswirksamen Offenlandlebensräumen
- Waldbewirtschaftung weiterhin nach den FSC- und Naturlandstandards zur Verbesserung und langfristigen Erhaltung der Funktions- und Leistungsfähigkeit

Genetische Vielfalt
- genetische Vielfalt traditioneller Zier- und Nutzpflanzen, von traditionellen Nutztieren sowie der Wildarten von Tieren und Pflanzen erhalten

Abb. 7.6 Berlins größter Park (355 ha) ist das 2010 eröffnete Tempelhofer Feld, ein ehemaliges Flugplatzgelände. (© Breuste 2011)

Abb. 7.7 Berlins jüngster Park (2011/2013) ist der Park am Gleisdreieck (26 ha), eine gewachsene Wildnis und gestalteter Freiraum, ausgezeichnet mit dem Architekturpreis Berlin 2013, dem Sonderpreis Deutscher Städtebau 2014 und dem Deutschen Landschaftsarchitekturpreis 2015. (© Breuste 2015)

- Angebot an traditionellen Nutztierrassen und Nutzpflanzensorten zur Verwendung im Freiland nachhaltig stärken
- zertifiziertes gebietseigenes Pflanz- und Saatgut bei Maßnahmen von Landschaftsbau und Landschaftspflege verwenden
- keine Gefährdung für die biologische Vielfalt durch gentechnisch veränderte Pflanzen

Urbane Vielfalt
- stadttypische Arten zu erhalten und langfristig zu sichern
- Förderung von urbaner Wildnis als Erlebnisraum und als Raum dynamischer und weitgehend ungesteuerter Naturentwicklung
- Verstärkung des Beitrags von Kleingärten zur Bewahrung und nachhaltigen Nutzung der biologischen Vielfalt. Neue Formen urbanen Gärtnerns ermöglichen Zugänge zur biologischen Vielfalt und verankern dieses Wissen breit in der Gesellschaft
- naturverträgliche Pflege von öffentlichen Grünflächen und Außenanlagen öffentlicher Gebäude. Angestrebt ist, diese Zielsetzung auch auf Freiflächen im Eigentum konfessioneller oder anderer Träger auszudehnen.
- deutliche Erhöhung des Anteils naturnah gestalteter privater Freiflächen, insbesondere Haus- und Vorgärten, Innenhöfe, Fassaden und Dächer
- Erhöhung der biologischen Vielfalt an betriebseigenen Gebäuden und auf Firmengeländen durch Kooperation mit der Berliner Wirtschaft und Anreize
- Bewahrung und Entwicklung des Straßenbaumbestandes sowie des Straßenbegleitgrüns durch qualifizierte Pflege
- biologischer Reichtum von Offenlandschaften ehemaliger Verkehrsflächen wird erlebbar gemacht (z. B. Nachnutzung der Flughafenflächen Tempelhof und Tegel)

Gesellschaft
- Standards für die Erhaltung der biologischen Vielfalt im öffentliches Bau- und Beschaffungswesen
- Berücksichtigung biologischer Vielfalt bei rechtlichen Regelungen und Planungsgrundlagen
- Berücksichtigung des Themas „Biologische Vielfalt" in Rahmenlehrplänen der Schulen und im Bildungsprogramm für Kinder in Tageseinrichtungen
- Erweiterung des Platzangebots in Natur(erlebnis)- und Waldkindergärten
- Förderung von Umweltbildungseinrichtungen, Verankerung des Themas „Biologische Vielfalt" in Umweltinformations-, Bildungs- und Erlebnisangeboten
- Förderung und Nutzung von Biodiversitätsforschung
- Naturerfahrungsräume besonders in verdichteten Siedlungsgebieten
- Unterstützung von Initiativen zur Förderung von naturverträglichen Mensch-Natur-Interaktionen, vor allem für sozial benachteiligte Kinder und Jugendliche
- Unternehmen engagieren sich zunehmend bei der Förderung von Projekten zur Erforschung und Erhaltung biologischer Vielfalt
- Engagement der Wirtschaft: Zertifizierung und Bilanzierung in EMAS (= Eco-Management and Audit Scheme und z. B. ISO 14001)
- Unternehmen und Kreditinstitute gewährleisten bei Auslandsinvestitionen die Einhaltung internationaler und deutscher Umweltstandards
- bei Importen den Anteil importierter Naturstoffe und -produkte aus natur- und sozialverträglicher Nutzung und Produktion erhöhen
- Förderung des gesellschaftlichen Engagements für die Bereiche „Naturschutz und Umweltbildung" (SenStadt 2012).

Städte engagieren sich im Wettbewerb um urbane Biodiversität – Internationalisierung und lokales Bemühen um Natur für Stadtbewohner

Politisch betont wird, dass der Verlust der biologischen Vielfalt neben dem Klimawandel die größte globale umweltpolitische Herausforderung ist, die ohne die aktive Beteiligung der Kommunen nicht zu bewältigen sei.

Die Bundesstadt Bonn hat frühzeitig am Prozess der Entwicklung internationaler Biodiversitätsstrategien mitgewirkt. Seit 2005 sitzt die Bonner Oberbürgermeisterin dem Weltbürgermeisterrat zum Klimawandel WMCCC vor. Bonn gehörte bereits 2007 zur Pilotgruppe von „Local Action for Biodiversity", einem globalen Städteprojekt für Biodiversität und unterschrieb die Curitiba Declaration on Cities and Biodiversity (2007), wo die Stadt mit ihrem Bürgermeister vertreten war. Bonn war 2008 Gastgeber des 9. Treffens Convention on Biological Diversity (CBD), Conference of the Parties (COP 9) und erarbeitete 2008 den ersten **Bonner Biodiversitätsbericht** als Statusreport zur lokalen urbanen Biodiversität und den angestrebten Zielen. An der Erfurt und Durban Declaration 2008 wirkte Bonn ebenfalls mit.

Bonn gehört als einzige deutsche Stadt zum Globalen Aktionsbündnis für Städte und Sub-Nationale Regierungen für Biodiversität. Im Rahmen dieses Bündnisses arbeitet die Stadt sehr eng mit mehreren UN-Organisationen, Wissenschaftseinrichtungen, Städtenetzwerken und anderen Städten international zusammen.

Der Biodiversitätsbericht der Stadt Bonn stellt die Biodiversität im Stadtgebiet, Strategien zu deren Erhalt (Biotopschutz) und weitere Aktivitäten der Stadt Bonn zum Erhalt der biologischen Vielfalt auf lokaler, nationaler und internationaler Ebene vor. Grundlage der Bonner Biodiversitätsstrategie ist **durch wissenschaftliche Forschung unterstütze intensive Analyse des Landschaftsraums,** die mit konkreten Projekten zur Erhaltung der Biodiversität verbunden wird.

Die Biodiversitätskarte für Bonn zeigt die Verteilung von Gebieten mit hoher, mittlerer und niedriger Bedeutung für urbane Biodiversität. 51 % der Stadtfläche sind Schutzgebietsflächen. Die die Stadt umgebenden Waldflächen (ca. 25 % der Stadtfläche, überwiegend naturnahe Laubwälder) werden geschützt. Zusammen mit Auen und Fließgewässern bilden sie das Rückgrat der Bonner Biodiversität. Die verschiedenen Artengruppen sind in Bonn als einer der botanisch und zoologisch am besten untersuchten Regionen Nordrhein-Westfalens sehr gut dokumentiert.

Aus Anlass des Internationalen Jahres der Biodiversität 2010 zeichnet die Deutsche Umwelthilfe e. V. (DUH) Städte und Gemeinden für ihr besonderes Engagement zum Schutz und zur Förderung der lokalen, kommunalen Biodiversität aus. Die Stiftung „Lebendige Stadt" als Förderer des Wettbewerbs **„Bundeshauptstadt der Biodiversität"** lobte für die Gewinnerkommunen ein Preisgeld von insgesamt 50.000 EUR aus, das zweckgebunden für kommunale Projekte zum Schutz der Biodiversität eingesetzt werden sollte. Der Wettbewerb wurde im Rahmen des internationalen Projektes „Capitals of Biodiversity" durchgeführt, dass vom europäischen Umweltprogramm LIFE + gefördert wurde. Gewinner des Wettbewerbs wurde 2011 die Landeshauptstadt Hannover, die sich aufgrund ihres besonderen Engagements zum Erhalt der biologischen Vielfalt „Bundeshauptstadt der Biodiversität" nennen durfte. Insgesamt hatten sich 124 Städte und Kommunen, darunter auch Bonn, mit fast 900 Projekten in insgesamt sechs Kategorien beworben. Mit einem umfassenden Fragebogen wurde das Engagement der Städte und Kommunen für Biodiversität in den Bereichen „Natur in der Stadt", „Umweltbildung und Umweltgerechtigkeit", „Arten- und Biotopschutz", „Nachhaltige Nutzung", „Konzeption", „Kommunikation und Kooperation" sowie „Monitoring der lokalen Entwicklung" erfasst. Hannover überzeugte mit einem ganzheitlichen Programm zum Schutz der biologischen Vielfalt, naturnahem Waldbau, dem Gewässer-Renaturierungsprogramm, der Förderung der ökologischen Landwirtschaft, dem Programm „Mehr Natur in der Stadt" und insbesondere einer Vielzahl von Projekten,

7.3 · Das Konzept der urbanen Biodiversität

die das Ziel haben, die **Bevölkerung für die Natur in ihrer Nähe zu begeistern,** z. B. Umweltbildungsangebote für Schulen und Kindergärten, Führungsprogramm „Grünes Hannover", Kinderwald, Waldstation Eilenriede mit Waldhochhaus, Schulbiologiezentrum (Stadt Bonn 2008; Stiftung Lebendige Stadt 2010).

Singapur schützt seine Biodiversität mit einer National Biodiversity Strategy

Singapur ist als Inselstaat mit 719,9 km², im Jahr 2017 5,6 Mio. Einwohnern und sehr hoher und wachsender Bevölkerungsdichte von 7,8 Einw./km² (Government of Singapore 2018) nicht nur besonders begrenzt, sondern auch besonders in seinem Bestand an Stadtnatur reduziert und unter Wachstumsdruck. Noch vor 200 Jahren war die Insel fast völlig waldbedeckt (82 % Tropenwälder). Heute sind dies noch 23,06 % der Fläche (164 km²), Tendenz leicht sinkend. Entsprechend intensiv sind die Bemühungen um den Erhalt der verbliebenen Naturreste in der Stadt. 1992 wurde ein erster Singapore Green Plan entworfen, inzwischen um den Singapore Blue Plan ergänzt. Eine National Climate Change Strategy und eine National Biodiversity Strategy mit einem Action Plan wurden verabschiedet und in den 10-Jahres-Concept-Plan und 5-Jahres-Master-Plan für die Stadtentwicklung einbezogen. Singapur hat sich den Schutz seiner Biodiversität als besondere Aufgabe gestellt. Das Konzept „City in a Garden" sieht die Stadt eingebettet in eine Naturumgebung mit abgestimmten Stadtnatur-Management und dem Schutz noch vorhandener Waldreste. Der National Park Board betreut vier Naturreservate (3347 ha), 2269 ha Stadtgrünflächen (59 Regional- und 255 Stadtteilparks) 2664 ha Straßengrün, darunter mehr als 1 Mio. Bäume, und 1679 ha genutztes Offenland. Seit 1992 ist Singapur damit einer den Vorreiter des Schutzes der städtischen Biodiversität weltweit (Davison et al. 2012) (s. ◘ Abb. 7.8).

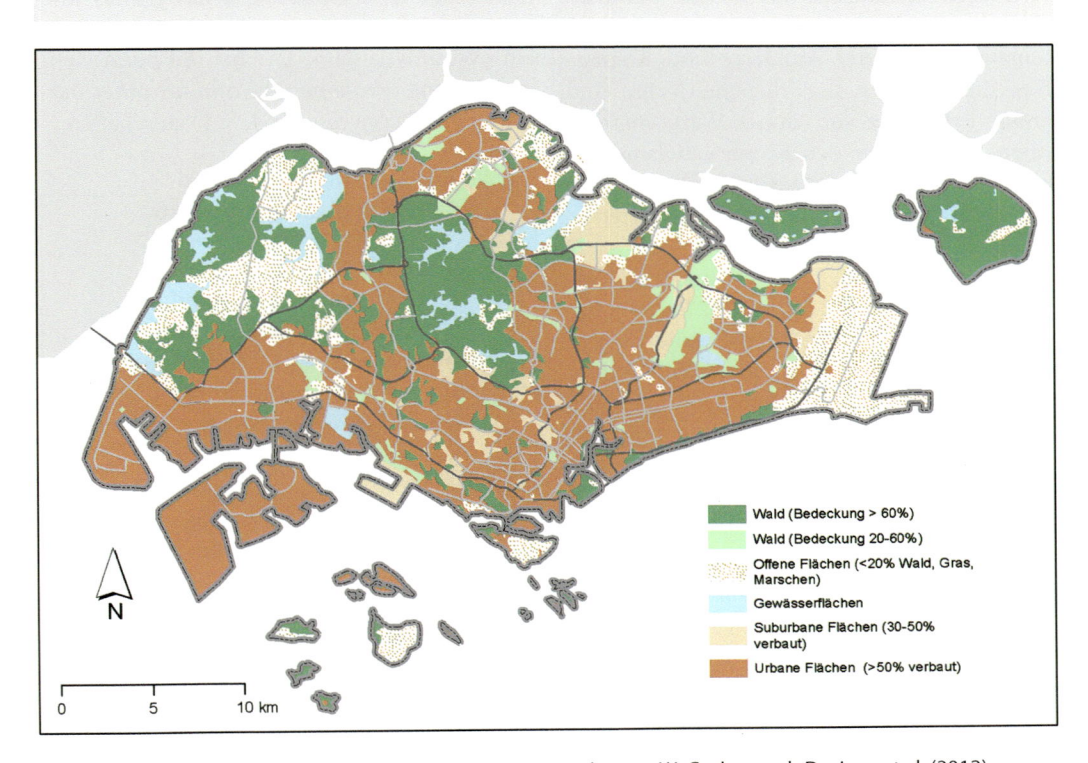

◘ **Abb. 7.8** Stadtnatur in Singapur. Entwurf: J. Breuste, Zeichnung: W. Gruber nach Davison et al. (2012). (Breuste et al. 2016, Abb. 4.24, S. 122)

7.4 *Wild goes urban* – Wildnis als Teil der Stadtnatur

Während „Wildnis" überwiegend positive Assoziationen hervorruft, ist dies für „urbane Wildnisse" meist nicht der Fall. Der Gegensatz zur gelebten Zivilgesellschaft Stadt erscheint zu groß. Dabei entstehen in Städten neben den „alten" Wildnissen, die ggf. als Reste vorhanden sind (z. B. Wälder), auch neuartige Wildnisse, die einen wichtigen Bestandteil der Stadtnatur darstellen. Beide haben Wildnischarakter, sie unterscheiden sich jedoch deutlich. Die besondere Bedeutung urbaner Wildnis beruht auf ihrer Nähe zur Bevölkerung, den damit zusammenhängenden kulturellen Ökosystemleistungen und den besonderen Möglichkeiten, hier Natur anders als in Parks und Grünanlagen zu erfahren. Durch integrierte Konzepte können Akzeptanz und Zugang zur urbanen Wildnis gefördert und Biodiversität direkt erfahrbar werden.

Wildnis als Konzept aus sozialer Perspektive hat seinen Ursprung in Aufklärung und Romantik. Während Aufklärer und Romantiker die Wildnis als erhabene Natur und direkte Erfahrung von Gottes Werk entdeckt haben, entwickelte der Konservativismus in der Mitte des 19. Jahrhunderts die Idee der Wildnis als „Jungbrunnen" des „degenerierten Volkes" (Trepl 2011).

Der einflussreiche deutsche Konservative Wilhelm Heinrich Riehl (1823–1897) hat Mitte des 19. Jahrhunderts die Wildnis-Idee auf die moderne Großstadt übertragen und sie als Erziehungsort und notwendige Ergänzung zum Kulturland und besonders zur von ihm abgelehnten naturfernen Zivilisationsgesellschaft der Großstadt betrachtet (Riehl 1854; Vincenzotti und Trepl 2009). Die moderne Großstadt steht dabei für „Überzivilisierung" und „krankhafte Kultur-Natur-Verhältnisse". Als Gegenbild zur Industriestadt der Moderne basiert Wildnis auf der konservativen Zivilisationskritik des 19. Jahrhunderts. Wildnis wurde Gegenwelt zur amoralischen Ordnung der Kultur, zur Urbanisierung der Moderne (und Postmoderne) (Oelschlaeger 1991, Kirchhoff und Trepl 2009; Kirchhoff und Vicenzotti 2014). Wald und Hochgebirge, später ergänzt durch Feuchtgebiete, abgelegen vom Industrialisierungszugriff, wurden Idealtypen von Wildnis und Gegenstand von Schutzbemühungen (Schwarzer 2007). Spanier (2015) weist zu Recht auf die kulturelle Konstruktion von Wildnis, ihre romantische Prägung und aktuelle Denkmodelle „nutzungs- und menschenfreier" Natur hin, die so nicht auf Städte übertragbar sind.

Der Wildnisschutz hebt auch heute **„Ursprünglichkeit"** und **„Unberührtheit"** von Natur und Kontrast zum menschlichen Siedlungsraum hervor. Der Wilderness Act des US-Kongresses von 1964 und die Schutzgebietskategorisierung der International Union for Conservation of Nature and Natural Resources (IUCN) von 2008 beruhen darauf. Der Wilderness Act des US-Kongresses und andere Schutzbestrebungen zielen darauf ab, ein „Wildnis-System" *„… for the permanent good of the whole people, and for other purposes"* (US-Congress 1964, S. 1) zu schaffen.

> **Wildnis als Schutzobjekt und Gegenbild zum Siedlungsraum**
>
> » „A wilderness, in **contrast with those areas where man and his own works dominate** the landscape, is hereby recognized as an area where the earth and its community of life are untrammeled by man, where man himself is a visitor who does not remain. … without permanent improvements or human habitation" (US Congress 1964, S. 1).
>
> Mit dem Wildnisbegriff wird heute die Suche nach dem „Ursprünglichen" in der Natur verbunden:

7.4 · Wild goes urban – Wildnis als Teil der Stadtnatur

> » „Als Wildnis gilt ein ausgedehntes, **ursprüngliches** oder leicht verändertes Gebiet, das seinen ursprünglichen Charakter bewahrt hat, eine weitgehend ungestörte Lebensraumdynamik und biologische Vielfalt aufweist, in dem keine ständigen Siedlungen sowie sonstige Infrastrukturen mit gravierendem Einfluss existieren und dessen Schutz und Management dazu dienen, seinen ursprünglichen Charakter zu erhalten" (Wilderness Area IUCN Category Ib, Dudley 2008).

Wildnis kann aus sozialer, umweltsoziologischer, kultureller, umweltpsychologischer Perspektive und aus der Perspektive weiterer Disziplinen betrachtet werden (Ridder 2007; Hofmeister 2009; Lupp et al. 2011; Kowarik 2015). Dazu kommt eine alltagssprachliche Begriffsverwendung vielfältigen Inhalts (*wilderness is what people perceive as wilderness*, Kowarik 2018, S. 336). Die **Wildnis aus ökologischer Perspektive** übersetzt sich nicht notwendigerweise in den sozialen Bereich (Kowarik 2018).

Obwohl Wildnis auch weiterhin ein Konzept zum Schutz stadtferner, (weitgehend) unberührter Natur ist, gibt es inzwischen auch ein Wildniskonzept, das den urbanen Raum einschließt (Kowarik 2018; Threlfall und Kendal 2017; Diemer et al. 2003; Kowarik und Körner 2005; Jorgensen und Tylecote 2007; Rink 2009; Vicenzotti und Trepl 2009; Jorgensen und Keenan 2012; Stöcker et al. 2014).

Neue Begriffe wie *urban wilderness* (Diemer und Hofmeister 2003; Kowarik 2018), *urban wildscape* (Jorgensen und Keenan 2012), Wildnis in urbanen Zwischenräumen (Jorgensen und Tylecote 2007) und *urban wild spaces* (Threlfall und Kendal 2017) entstanden, um das Besondere der Verbindung von Wildnis und Stadt auszudrücken.

Urbane Wildnisgebiete

Urbane Wildnisse sind Bestandteile der Stadtnatur, die sich ohne wesentliches Eingreifen des Menschen entwickeln. Sie sind nicht frei von menschlichen Einflüssen, oft kleinflächig und in unmittelbarer Nähe zum besiedelten Bereich und können damit auch Schad- oder Nährstoffeinträgen und Lärm ausgesetzt sein. Eigendynamische Entwicklungsprozesse werden bewusst zugelassen, sodass natürliche Sukzession stattfinden kann. Solche Wildnisse sind Reste ursprünglicher prä-urbanen Natur (Natur der 1. Art, Kowarik 1992, s. Abschn. 1.3), aber auch neue urbane Ökosysteme auf innerstädtischen Brachflächen nach Nutzungsaufgabe (Natur der 4. Art, Kowarik 1992, s. Abschn. 1.3). Urbane Wildnis kann die landschaftliche und biologische Vielfalt einer Stadt durch zusätzliche, anders- und neuartige Lebensräume ergänzen. Die Reste der **prä-urbanen Natur können als alte urbane Wildnisse** (*ancient urban wilderness*) und neu entstehende Wildnisse auf **Sukzessionsflächen als neue urbane Wildnisse** (*novel urban wilderness*) bezeichnet werden (Kowarik 2018, s. a. Diemer et al. 2003; Wissel 2016, s. ◘ Tab. 7.1).

Urbanes Wildniskonzept

Urbane Wildnisse existieren auch ohne Planung und Akzeptanz durch die Bevölkerung. Jedoch erst durch beides werden sie Teil eines Konzeptes, das Erhalt von Arten und ihren Lebensräumen und Erfahrung von Natur in ihrer spontanen Entwicklung gleichermaßen einschließt.

Urbane Wildnis als Konzept kann nicht allein das Wildnisgebiet als Naturobjekt betrachten, sondern muss die menschliche Dimension

Tab. 7.1 Vergleich zwischen „Wildnis" und „urbaner Wildnis". (verändert nach Stöcker et al. 2014)

Merkmal	Wildnis	Urbane Wildnis
Größe	Oft große Flächen	Oft kleine Flächen
Fragmentierung	Oft unzerschnitten	Oft zerschnitten
Pflegeintensität	Keine Pflege	Vorzugsweise keine Pflege, aber häufig durch Umgebungsnutzungen beeinflusst
Natürliche Prozessabläufe	Keine menschlichen Einflüsse	Naturprozesse laufen kontrolliert und ggf. beeinflusst ab
Bedeutung für Biodiversität	Sehr groß	Groß, besonders im regionalen urbanen Umfeld
Biotopverbund	Bedeutung im großräumigen Biotopnetzwerk	Oft isoliert
Bedeutung für Umweltbildung	Groß, aber oft weit entfernt in bevölkerungsarmen Regionen	Sehr groß, in erreichbarer Entfernung zu einer Vielzahl von potenziellen Nutzern, die hier Naturerfahrung gewinnen können, leichte Einbindung in Umweltbildungsprogramme für viele
Habitattypen	Oft alte Wälder, Flüsse, Auen, Gebirge	Alte Wildnisse: alte Wälder neue Wildnisse: Sukzessions- und Spontanvegetationsflächen
Anthropogener Einfluss	Keiner bis gering	Wenig bis deutlich

einbeziehen (Cronon 1996; Hoffmann 2010; Kowarik 2018). Potenzielle Komponenten eines urbanen Wildniskonzeptes können aus ökologischer Perspektive die Identifikation von Wildnisgebieten in der Planung unterstützen, das Konzept mit Biodiversitätsschutz verbinden und müssen die zunehmenden sozialen Anforderungen berücksichtigen.

Kowarik 2018 argumentiert für ein vereinheitlichtes Stadtwildniskonzept (*urban wilderness* concept), das die soziale und ökologische Dimension von Wildnis und beides mit Planungszugängen verbindet. Er schlägt ein dreidimensionales sozioökologisches System, bestehend aus ökologischer, sozialer und Planungsdimension, vor (s. ◘ Abb. 7.9 und 7.10).

Zum urbanen Wildniskonzept gehören:
- Identifikation von urbanen Wildnisgebieten als Naturelemente, die auf Akzeptanz und Nachfrage der Bevölkerung treffen. Hierzu sind die aus ökologischer Sicht zu überprüfenden vorhandenen Wildnisgebiete zu identifizieren (Angebotsseite).
- Identifikation der Nachfrager-Anforderungen an urbane Wildnis

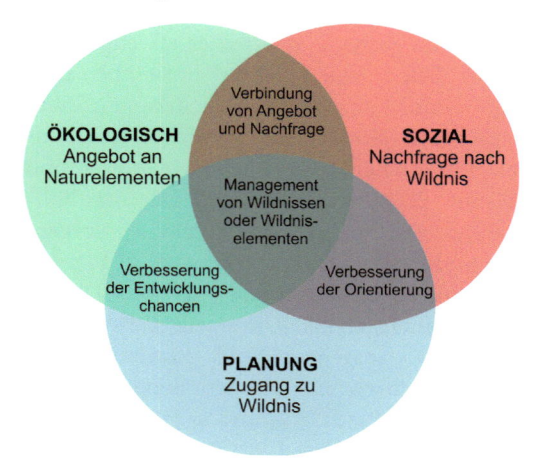

Abb. 7.9 Urbane Wildnis als sozioökologisches System: Herausforderungen in drei übergreifende Dimensionen (nach Kowarik 2018, S. 337). (Zeichnung: W. Gruber)

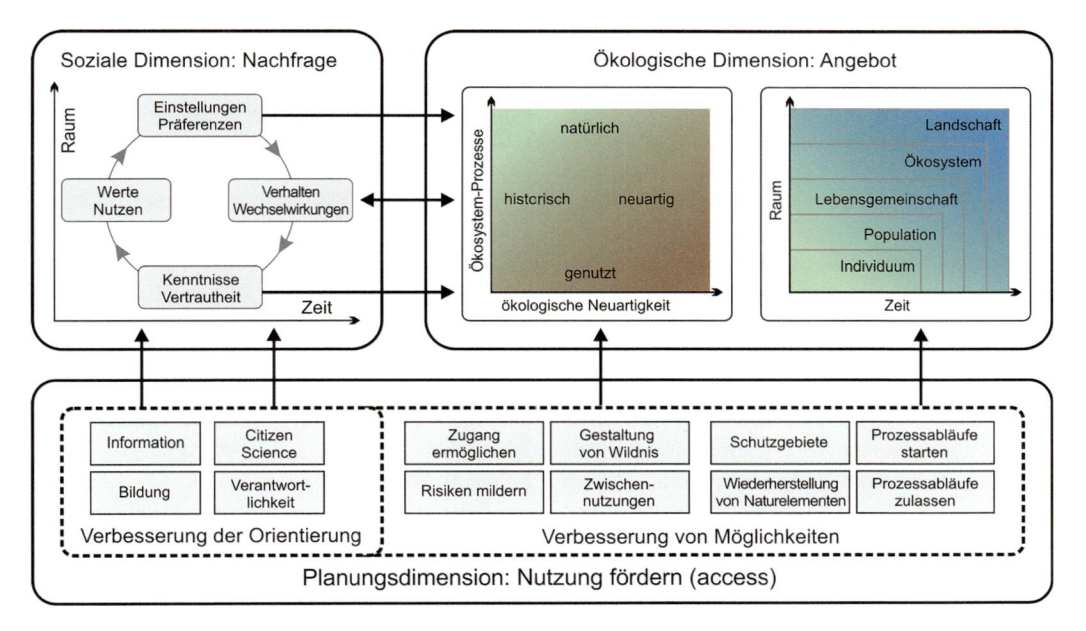

7.4 · Wild goes urban – Wildnis als Teil der Stadtnatur

○ **Abb. 7.10** Hauptbestandteile der ökologischen und sozialen Dimensionen von urbaner Wildnis und Bezüge zur Planungspraxis (verändert nach Kowarik 2018, S. 338). (Entwurf: J. Breuste, Zeichnung: W. Gruber)

(Erschließung, Risikomanagement, Struktur etc.).
- Physischer und mentaler Zugang zu urbanen Wildnissen muss durch Planung, interaktive Akzeptanzentwicklung und Bürgerbeteiligung erfolgen (s. ○ Abb. 7.10).

Kowarik und Kendal (2018) untersuchen in einer globalen Perspektive, wie urbane Wildnisse in Konzepte der Grünplanung, grüne Infrastruktur, urbane Biodiversitätsstrategien und nachhaltige Stadtentwicklung integriert werden können und kommen zu positiven Ergebnissen. Dadurch ergeben sich einmalige, aber bisher selten untersuchte Möglichkeiten, um lebenswerte Städte zu entwickeln und Stadtbewohner wieder mit Natur in Kontakt zu bringen. Threlfall und Kendal (2017) zeigen die besonderen Bedingungen von urbanen Wildnissen als vielfältige Beiträge zur ökologischen Stadtstruktur aus multidisziplinärer Perspektive (s. ○ Abb. 7.11).

Die Akzeptanz für alte urbane Wildnisse *(ancient urban wilderness)*, insbesondere Wälder, Wasserläufe und Seen, durch kulturelle Adaptation als bekannter und nützlicher Teil der „gewachsenen Kulturlandschaft", ist deutlich größer als für die unbekannten neu entstehenden Wildnisse auf Sukzessionsflächen. Diese neuen urbanen Wildnisse *(novel urban*

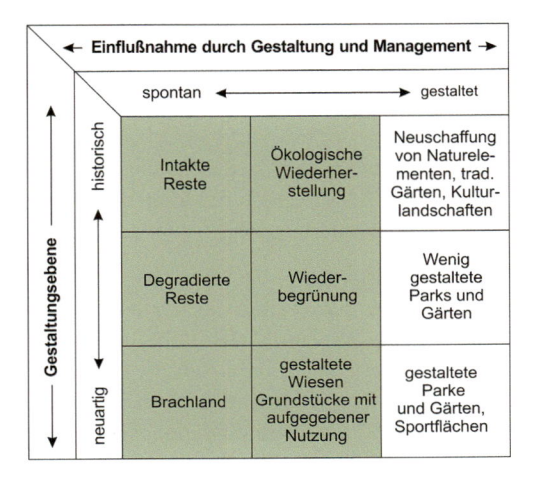

○ **Abb. 7.11** Typologie von urbanen Wildnissen im Verhältnis zu anthropogenen Einflüssen. (verändert nach Threlfall und Kendal 2017, S. 349)

wilderness) müssen erst kennengelernt werden, um akzeptiert und genutzt zu werden. Dazu bedarf es Bildungsangebote, emotionales Kennenlernen und gute risikolose Erschließung durch Planung, vor allem aber eine frühzeitige Einbeziehung der Anwohner und potenziellen Benutzer in die Gestaltung.

Neue und alte urbane Wildnisse sollen nicht allein wegen ihrer hohen Biodiversität bestehen. In erster Linie sind sie Teil des urbanen Grünkonzepts, der grünen Infrastruktur. Dazu gehört Aneignung, Benutzung und angemessene Erschließung. Genau dies in Balance zu ihren ökologischen Werten zu erreichen, ist die Aufgabe eines urbanen Wildniskonzeptes.

Kowarik (2018) argumentiert im Biodiversitätsschutz nicht allein die alten urbanen Wildnisse mit ihren vorrangig einheimischen Arten, sondern auch die neuen urbanen Wildnisse mit ihren nicht-einheimischen Arten und ihren vielfältigen Ökosystemleistungen einzubeziehen:

> » „While many conservation approaches tend to focus on such **relict habitats and native species** in urban settings ... (I) argue(s) for a paradigm shift towards considering the whole range of urban ecosystems. Although conservation attitudes may be challenged by the **novelty of some urban ecosystems,** which are often linked to high numbers of **nonnative species,** it is promising to consider their associated **ecosystem services, social benefits,** and possible contribution to **biodiversity conservation**" (Kowarik 2011, S. 1, in den Klammern Anpassungen des Autors, ebenso Hervorhebungen)

Die Bundesregierung hat sich in der 2007 beschlossenen Nationalen Strategie zur biologischen Vielfalt (BmU 2007) bis zum Jahr 2020 zum Ziel gesetzt, dass sich die Natur auf 2 % der Fläche von Deutschland wieder nach ihren eigenen Gesetzmäßigkeiten ungestört entwickeln darf und Wildnis entstehen kann. Dies schließt urbane Wildnis durchaus ein, auch wenn daran sicher nicht primär gedacht wurde (s. ◘ Tab. 7.2).

Wildnisschutz in Städten ist nicht länger allein Bestreben eines auf Arten- und Biotopschutz orientierten Naturschutzes. Rücknahme der Pflege (des Managements), mit dem Ziel der „Verwilderung" *(rewilding),* gehört zu innovativen städtischen Grünkonzepten. Dies schließt Zugang zur (neuen) Wildnis, Risikoreduzierung bei Nutzung und Bildungsinitiativen zur urbanen Wildnis ein. Die oft gemutmaßten Gefahren durch Invasion nicht-einheimischer Arten im Zuge der Zulassung von Wildnissen sind deutlich geringer als die zu erwartenden Ökosystemleistungen (Hansen 2012; Wissel 2016; Mathey et al. 2018).

Durch das Entstehen von Stadtbrachen, von denen einige langfristig, andere nur kurzfristig bestehen, eröffnen sich Chancen, „neue Wildnisse" direkt in den Wohngebieten der Städter anzubieten. Solche Stadtnatur wird jedoch oft als unbekannt, ungewollt und als Merkmal von Verfall und Unordnung von Anwohnern abgelehnt. Sie als wertvollen Bestandteil eines Stadtnaturkonzeptes für die Menschen zu erhalten, bedarf damit der Akzeptanz dieser Menschen. Während diese für die „alten Wildnisse", besonders alte Wälder, durchaus besteht, muss sie für „neue Wildnisse" erst geschaffen werden. Dazu können Informationsveranstaltungen und Umweltbildungsprogramme, beginnend mit Kindern, erheblich beitragen. Notwendig ist es aber auch, die bereits vorhandene Akzeptanz für unterschiedliche Zustände spontaner Vegetationsentwicklung und der Sukzession und deren Gründe zu kennen. Mathey und Rink (2010), Banse und Mathey (2013) führten in Dresden und Mathey et al. (2015 und 2018) in Dresden und Leipzig Befragungen zur Akzeptanz und Nutzung von Sukzessionsstufen der spontanen Vegetationsentwicklung, visualisiert in Bildern, aus. Die Ergebnisse können bei der Wildnisentwicklung sehr hilfreich sein: Neue urbane Wildnisse sind für etwa ein Viertel der Befragten akzeptiert und für ein Drittel erhaltenswert. Trotzdem zeigten sich traditionelle Werthaltungen wie Ordnung, Sauberkein und Sicherheit als dominierend,

7.4 · Wild goes urban – Wildnis als Teil der Stadtnatur

Tab. 7.2 Beispiele für neue urbane Wildnisse in Berlin und ihre Integration in das Konzept der Grünen Infrastruktur. (nach Kowarik 2018, S. 341)

Fläche (Größe/Jahr der Einrichtung)	Vornutzung	Schutzstatus	Position in der Stadt	Habitattyp	Entwicklungsziel	Interventionen	Zugang
Park Hallesche Straße/Möckernstraße (0,7 ha; 1987)	Brache	Geschützter Landschaftsbestandteil	Stadtkern	Wald, dominant nicht einheim. Baumarten	Wildnis, Naturerfahrung	Wegenetz	Öffentl. frei zugänglich
Park am Gleisdreieck (26 ha; 2013)	Güterbahnhof	Park	Stadtkern	Wald, dominant einheim. Baumarten	Erholung, Naturerfahrung, Wald	Gestaltet mit wilder Vegetation	Öffentl. frei zugänglich
Park am Nordbahnhof (5,5 ha; 2009)	Bahnhof	Park	Stadtkern	Grasland-Wald-Mosaik	Erholung, Naturerfahrung	Wegenetz, gestaltet mit wilder Vegetation	Öffentl. frei zugänglich
Tempelhofer Feld (300 ha; 2010)	Flugplatz	Park	Stadtkern	Grasland, Referendum 2014 für Bestand	Erholung, Vogelschutz	Mahd	Öffentl. frei zugänglich
Natur-Park Südgelände (16,7 ha; 1999)	Güterbahnhof	NSG, LSG	Innerer Stadtring	Grasland-Wald-Mosaik (einheim./nicht-einheim.)	Wildnis, Artenschutz, Naturerfahrung	Wegenetz, Beweidung	Öffentl. frei zugänglich
Flugfeld Johannisthal (26 ha; 2002)	Flugplatz	NSG, LSG	Innerer Stadtring	Gassland-Mosaik	Artenschutz, Erholung	Mahd, Wegenetz, gestaltete Bereiche	Begrenzter Zugang
Spandauer Zitadelle (13,1 ha; 1959)	Festung	LSG, FFH	Innerer Stadtring	Wald, Höhlen	Artenschutz, Wald	Pflege der hist. Strukturen	Begrenzter Zugang

◘ Tab. 7.2 (Fortsetzung)

Fläche (Größe/Jahr der Einrichtung)	Vornutzung	Schutzstatus	Position in der Stadt	Habitattyp	Entwicklungsziel	Interventionen	Zugang
Grünauer Kreuz (34,2 ha; 2004)	Bahngelände	NSG	Äußerer Stadtring	Grasland	Artenschutz, Waldentwicklung	Mahd	Kein öffentl. Zugang
Festung Hahneberg (29,2 ha; 2009)	Festung	NSG, FFH	Äußerer Stadtring	Wald, Höhlen	Artenschutz, Waldentwicklung	Mahd, Pflege der hist. Strukturen	Begrenzter Zugang, geführte Touren
Falkenberger Rieselfelder (60 ha; 1995)	Flächen für Abwasserrieselung	NSG	Äußerer Stadtring	Halboffener Wald, Hecken, Grasland, Feuchtgebiet	Artenschutz, Erholung	Beweidung, Wegenetz, Informationssystem, teilw. landw. Nutzung	Zugang auf Wegen
Rieselfelder Karolinenhöhe (220,4 ha; 1987)	Flächen für AbwasserVerrieselung	LSG	Äußerer Stadtring	Hecken, Grasland	Erholung	Wegenetz, landw. Nutzung	Öffentl. frei zugänglich

7.4 · Wild goes urban – Wildnis als Teil der Stadtnatur

die zu weitgehend traditionellen Vorstellungen der Grünausstattung führen. Die urbane Wildnis wird von den meisten Befragten nicht als erstrebenswert angesehen. Etwa ein Drittel der Befragten empfinden neue urbane Wildnisse als Störungen im Stadtbild und nicht als Bereicherungen der Stadtnatur. Dass Zu- oder Abwendung aber auch vom Wissen um die Vegetationsstrukturen, von sicherer Zugänglichkeit und ästhetischem Empfinden abhängt, konnte deutlich gezeigt werden. Mathey und Rink (2010) zeigten bereits, dass in einer Abfolge von Sukzessionsstufen von

- offener Pioniervegetation, jünger drei Jahre,
- ausdauernde Spontanvegetation mit Stauden und Einzelbüschen (3–10 Jahre),
- ausdauernde Spontanvegetation mit Einzelgehölzen über 10 m (10–50 Jahre) und
- spontane Gehölzbestände, dicht (über 50 Jahre)

weder der unattraktive, offene Zustand a), noch der unzugängliche Gehölzzustand d), sondern die Sukzessionsstufe c) die höchsten Zustimmungswerte erhält (Dresden ca. 1/3, Leipzig ca. 50 %) (s. ◘ Abb. 7.12).

Dieses Mosaik aus hoher Stauden- und Gehölzvegetation im Sukzessionszustand d), bietet ästhetische Vielfalt und Abwechslungsreichtum, Sichtkontrolle, Sicherheitsgefühl und Zugänglichkeit am besten. Am meisten abgelehnt wird der dichte spontane Wald (ca. 50 %). Dass dieser jedoch z. B. im Naturpark Schöneberger Südgelände durchaus positiv angenommen wird, hängt sicher mit der dortigen attraktiven Wege-Erschließung und erklärenden Einführung für die Besucher zusammen. Dies sind Faktoren, die die Akzeptanz also deutlich steigern können. Strukturvielfalt, gemeinsam mit attraktiver, sicherer Zugänglichkeit und gezielter Umweltinformation, erweisen sich als attraktivitätsfördernde Faktoren.

Wilde Gärten und wilde Wälder eröffnen neue Naturerfahrung in Städten, die bisher nur außerhalb von Städten geboten wird. Sie in die Stadt zu holen, sind Verheißungen der urbanen Wildniskonzepte. Sie zu erfüllen, ist z. Zt. noch ein längerer Weg, der aber schon begonnen wurde. Idealisierung der urbanen Wildnis ist genauso unangebracht wie deren Ablehnung: Wildnis ist nicht die „bessere", sondern eine „andere Stadtnatur" (s. ◘ Abb. 7.13, 7.14, 7.15 und 7.16).

Pioniervegetation	Ruderalvegetation	Strauchvegetation	Spontaner Wald
Beginn der Bracheperiode bis 3 Jahre:	Bracheperiode 3 bis 10 Jahre:	Bracheperiode 10 bis 50 Jahre:	Bracheperiode mehr als 50 Jahre:
offene, fragmentierte Pioniervegetation mit kurzlebigen Einjährigen Arten	Vordringende persistente Ruderalvegetation mit einzelnen Büschen über 5 m Höhe.	Überwiegend persistente Arten, ruderale hohe Stauden, Büsche, einzelne Gewächse über 10 m hoch.	Dichte Waldbedeckung, bei unvollständiger Bedeckung hohe Krautschicht, lokal-spezifische Gehölze.

◘ **Abb. 7.12** Urbane Wildnisse als Sukzessionsstadien zwischen Pioniervegetation und spontanem Wald nach Mathey et al. 2018, S. 388. (Zeichnung: W. Gruber)

Abb. 7.13 Magerrasen als neues, konzipiertes, wildes Straßengrün in Freilassing. (© Breuste 2018)

Abb. 7.14 „Wilder", aufgelassener Garten in der Siedlergarten-Gemeinschaft Hildesheim-West. (© Breuste 2018)

7.4 · Wild goes urban – Wildnis als Teil der Stadtnatur

◘ Abb. 7.15 „Wildnis" ohne Konzept – Bahnanlagen der Voestalpine AG in Linz, Österreich. (© Breuste 2017)

◘ Abb. 7.16 Neue Industriewald-Wildnis auf dem Gelände der Zeche Zollverein, Gelsenkirchen. (© Breuste 2011)

Projekt „Städte wagen Wildnis" – Bundesprogramm Biologische Vielfalt – Pilotprojekte sollen Akzeptanz für urbane Wildnis entwickeln

> „Zieht sich der Mensch zurück, übernimmt die Natur das Steuer – und das selbst mitten in einer Großstadt. Was entsteht, sind ungewöhnliche Bilder der Stadtlandschaft" (Leben.Natur.Vielfalt. Das Bundesprogramm 2018).

Das Bundesministerium für Umwelt, Naturschutz und nukleare Sicherheit (BmU) und das Bundesamt für Naturschutz (BfN) fördern im Bundesprogramm *Biologische Vielfalt* das inter- und transdisziplinäre Projekt „Städte wagen Wildnis". Untersucht werden soll aus ökologischer und sozialwissenschaftlicher Perspektive, wie sich die Natur inmitten einer für menschliche Bedürfnisse gestalteten urbanen Umgebung entwickelt. Die Projektstädte Hannover, Frankfurt am Main und Dessau-Roßlau wollen mehr „Wildnisflächen" in ihre Stadtentwicklung integrieren und damit

- einen Beitrag zur Erhaltung und Förderung von Arten- und Biotopvielfalt leisten,
- die urbane Lebensqualität in Städten steigern,
- Menschen für Stadtwildnis begeistern,
- urbane Natur erreichbar und erlebbar machen und
- neuartige Landschaftsbilder etablieren und deren Pflege- und Nutzungsstrategien erproben.

Wildnis steht damit im Projekt für Naturförderung zum Nutzen von Biodiversität und Naturbewusstsein. Die Städter sollen „beobachten, staunen, genießen und entdecken". Dazu lassen die Städte 2016–2021 ausgewählte Freiräume in der Stadt „verwildern", d. h. sie nehmen deren Pflege zurück, damit „neue Wildnisse" spontaner Entwicklung entstehen können. Als größte Herausforderung für das Projekt sehen die Verantwortlich das Erreichen von Akzeptanz in der Bevölkerung, denn „urbane Wildnis" steht für viele Städter für „Chaos, Gefahr und Verwahrlosung". Zusammen mit Wissenschaftspartnern wird dazu eine Reihe von Veranstaltungen durchgeführt, die Akzeptanz und Verständnis für Wildnis entwickeln sollen.

Dessau-Roßlau setzt auf die Etablierung und Stärkung des Wildobstbestandes, Frankfurt auf spezielle Umweltbildungsprogramme zur Wildnis für den Frankfurter Grüngürtel, um den Naturschutz-Nachwuchs, Lehrerinnen und Lehrer und andere Multiplikatoren zu informieren und zu sensibilisieren und damit Akzeptanz weiterzugeben. Hannover bindet das Vorhaben in sein Gesamtprogram „Mehr Natur in der Stadt" ein und setzt auf abgestimmte und reduzierte Pflegeintensität. Auf 11 bestehenden Grünflächen, Kleingartenbrachen und zwei Waldparzellen soll mit jeweils unterschiedlichen Schwerpunkten die Wildnis-Entwicklung gefördert und für die Öffentlichkeit nachvollziehbar dargestellt werden („wilde Inseln, wilde Gärten, postindustrielle Wildnis, wilde Wälder").

Der Tempelhofer Feld in Berlin – Akzeptanz und Erwartungen an Natur in der Stadt trifft auf Lebensraum von Wildtieren

Nach Aufgabe des Flugbetriebs auf dem innerstädtischen Flughafen Berlin-Tempelhof 2008 verblieb ein großer innerstädtischer Grünraum für den eine Nachnutzung gesucht wurde. Neben Bebauungsabsichten entstand die Idee einer gestalteten Parklandschaft (SSB 2010). Das ehemalige Flugplatzgelände mit seinen offenen Grasflächen und Asphaltbahnen ist bisher als „Tempelhofer Feld" seit 2010 größter Stadtpark Berlins (355 ha) und beliebtes Erholungsgebiet für ca. 1 Mio. Besucher bereits in den ersten vier Wochen. Die Entwicklung der Parklandschaft Tempelhofer Feld kann nur mit der Bevölkerung erfolgen, die in die Planung durch Beteiligungsverfahren einbezogen wurden. Die Erwartungen von beteiligten Bürgern drücken auch ihre Werthaltungen zu bestimmten Naturbestandteilen und deren nutzungsbezogener Ausstattung aus (s. ◘ Tab. 7.3). 2014 bestätigte

7.4 · Wild goes urban – Wildnis als Teil der Stadtnatur

die Senatsverwaltung, dass keine Bauvorhaben auf dem Gelände, lange eine Option, stattfinden werden und die gesamte Fläche der Bevölkerung als Park erhalten bleibt.

Im Park treffen Erholungs- und Naturschutzkonzepte zusammen. Die inneren Wiesenbereiche, seltene Glatthaferwiesen und Sandtrockenrasen gehören zu den wertvollsten Lebensräumen von überregional stark gefährdeten bodenbrütenden Vogelarten (z. B. Steinschmätzer, Wiesenpieper, Brachpieper, Grauammer und Feldlerche). Im Park kommen 368 wildwachsende Pflanzenarten vor. Ihr Lebensraum wird als moderat gepflegte „Wildnis" in den Park integriert (s. Abb. 7.17) und kann bisher stabil erhalten werden. Darüber hinaus eröffnet sich eine seltene Dialogmöglichkeit über „wilde Stadtnatur" und ihre Integration in erholungsbezogene Nutzungskonzepte, die Entwicklung von Akzeptanz und Verständnis für Natur. Es ist ein Lebensraum entstanden, der ein neues Natur- und Selbstverständnis der Menschen in der Stadt als Grundlage entwickeln kann (SSB 2010).

Tab. 7.3 Am häufigsten geäußerte Erwartungen der Anwohner und Besucher an die Entwicklung des Tempelhofer Feldes in Berlin, Angaben in Prozent. (Argus GmbH 2009)

Wünsche der Befragten	Bürgerbefragung im Einzugsbereich	Besucherbefragung
Große Bäume	92	83
Bänke zum Erholen und Treffen	91	85
Kleinere geschützte Bereiche für Erholung	90	87
WC-Anlagen	89	90
Kleinteilige Wasserelemente	87	77
Große Rasenflächen zum Liegen und Spielen	85	84
Bereiche mit blühenden Sträuchern	78	71
Besondere Bereiche für den Naturschutz	75	82
Gastronomisches Angebot	75	70
Bewegtes Gelände mit Hügeln und Senken	70	65
Treffpunkte, Kommunikationsbereiche auch zum Picknicken	69	75
Blumenbeete	68	57
Spielflächen für unterschiedliche Altersgruppen	65	72
Möglichkeit der Naturbeobachtung	62	70
Flächen für Freizeitsport	62	66
Natürlich gestaltete Bereiche mit Liegewiesen	60	56

Abb. 7.17 Informationstafel im Tempelhofer Park zu Nutzungsbedingungen und zum Lebensraum bodenbrütender Vögel (Vogelsymbole in der Mitte), Informationstafel im Park. (© Breuste 2011)

Sensible „urbane Wildnis" – Riccarton Bush Christchurch

Christchurch ist mit 367.800 Bewohnern (2015) die größte Stadt der neuseeländischen Südinsel, seit 1850 Siedlungsstandort von Kolonisten in einem ausgedehnten sumpfigen Tieflands-Waldgebiet.

Der Bezug zwischen urbaner Biodiversität und regionalem, nationalem Bewusstsein ist in der neuseeländischen Bevölkerung besonders ausgeprägt. Man versteht sich und die neuseeländische Natur als „nativ" und einmalig, identifiziert sich direkt damit. Ihre Erhaltung ist ein unmittelbares Anliegen der Neuseeländer, die dies in vielen Initiativen und Bürgerbewegungen und in den Medien ausdrücken (Meurk und Hall 2006; Stewart et al. 2004; Ignatieva et al 2008).

Riccartin Bush repräsentiert den letzten verbliebenen Waldrest der ursprünglich verbreiteten Sumpf-Stein-eibenwälder *(Podocarpaceae)* der Region. Die lediglich verbliebenen 7 ha von ursprünglich Tausenden ha werden seit 1914 vom Riccarton Bush Trust und öffentlicher Förderung als geschützter Waldbestand inmitten der Stadt erhalten und geschützt (Chilton 1924). Damit ist das älteste Schutzgebiet Neuseelands eine „urbane Wildnis".

Der Wald ist die letzte Insel ursprünglicher Wald-Wildnis, die in der intensiv genutzten Agrarlandschaft längst verschwunden ist, aber in diesem Stadtgebiet zufällig erhalten blieb. Die Charakterbäume Kahikatea *(White Pine, Dacrycarpus dacrydioides)*, Totara *(Podocarpus totara)*, Kowhai *(Sophora microphylla)* und Hinau *(Elaeocarpus dentatus)* bilden einen dichten Baumbestand, der von einem hohen Schutzzaun mit Zugangsschleuse *(predator proof fence)* umgeben ist, um mit ihm den seltenen einheimischen bodenbrütenden Vogelbestand vor invasiven Kleinsäugern aus Australien *Australian Brushtail Possum (Trichosurus vulpecula)* und europäischen Igeln und Ratten zu schützen.

Die urbane Wildnis wird durch Ansiedlungsversuche von heimischen Tieren (Great spotted Kiwi/Roroa, *Apteryx haastii*) und Pflanzen (regionale Baumart Wētā, *Hemideina femorata*) gezielt nativ weiterentwickelt (s. **Abb. 7.18**).

7.4 · Wild goes urban – Wildnis als Teil der Stadtnatur

◘ Abb. 7.18 Riccarton Bush, Christchurch, Neuseeland, Schutzzaun *(predator proof fence)*, um einheimische bodenbrütende Vögel vor eingeführten Kleinsäugern (z. B. *Possums* aus Australien) zu schützen. (© Breuste 2006 (Breuste et al. 2016, Abb. 7.1, S. 243))

Gepflegte Stadtnatur versus Wildnis – das Beispiel Linz, Österreich

In einer Studie (Breuste und Astner 2018) wurde die Nutzung von verschiedenen Naturangeboten im urbanen Umfeld im 2005 neu erbauten Stadtteil „solarCity Linz", Österreich, untersucht. Das Schutzgebiet „Natura 2000 Traun-Donau-Auen", eine „alte" Wald-Wildnis, ist direkt benachbart mit einem dazwischen eingebetteten Landschaftspark traditioneller Parkgestaltung. Damit konkurrieren „Erholungspark" und „Wildnis" direkt miteinander. In einer Umfrage wurden 153 Anwohner zur Akzeptanz, Nutzung und ihren Beziehungen zu diesen unterschiedlichen Naturtypen im städtischen Raum befragt. Als Vergleichsgruppe gaben 91 Besucher des städtischen Wildnisgebietes zu den gleichen Aspekten Auskunft. Unterstützend zur Befragung wurden Bilder eingesetzt, die einen Gradienten zwischen Wildnis und gut gepflegter Freizeitfläche abbildeten.

Die Ergebnisse zeigen, dass dem Großteil der Anwohner (75 %) und Besucher (66 %) der Schutzgebietsstatus des Wildnisgebiets nicht bewusst ist. Die nahegelegene Schutzgebiets-Wildnis hat bei der Mehrheit beider Befragungsgruppen aber hohe Akzeptanz.

Die Wildnis-Natur als Kulisse schätzen 59 %; sobald „unordentliche" Naturprozesse (z. B. umgestürzte Bäume) betrachtet werden, sinkt die Wertschätzung auf nur mehr 11 %. „Ordnung" und Wegeerschließung in der Wildnis wird von 43 % geschätzt. Der Landschaftspark bringt es auf 91 % Wertschätzung. 33 % besuchen die Wildnis trotz unmittelbarer Nähe (5 Gehminuten) nie, die gestörten Bereiche noch weniger (58 % nie). 80 % nutzen den Landschaftspark oft oder sehr oft. Wertschätzung und tatsächliche Nutzung unterscheiden sich also deutlich.

Als bevorzugte Aktivitäten im Wildnisgebiet werden Spazierengehen (28 %), Natur beobachten (24 %), Entspannen (18 %) und Sport treiben (6 %, hauptsächlich Jogging) am häufigsten genannt. Bevorzugte Aktivitäten im Landschaftspark sind Spazieren, Entspannen oder Freunde treffen.

Es zeigt sich, dass Natur generell für 54 % der Befragten wichtig ist. Welche Art von Natur dabei bevorzugt wird und dass es Vorbehalte gegen „zu viel wilde Natur" gibt, ist abhängig von Faktoren, wie: Besuchsqualität, Qualität der Infrastruktur, Sicherheitsempfinden und Zugänglichkeit (s. ◘ Abb. 7.19, 7.20 und 7.21).

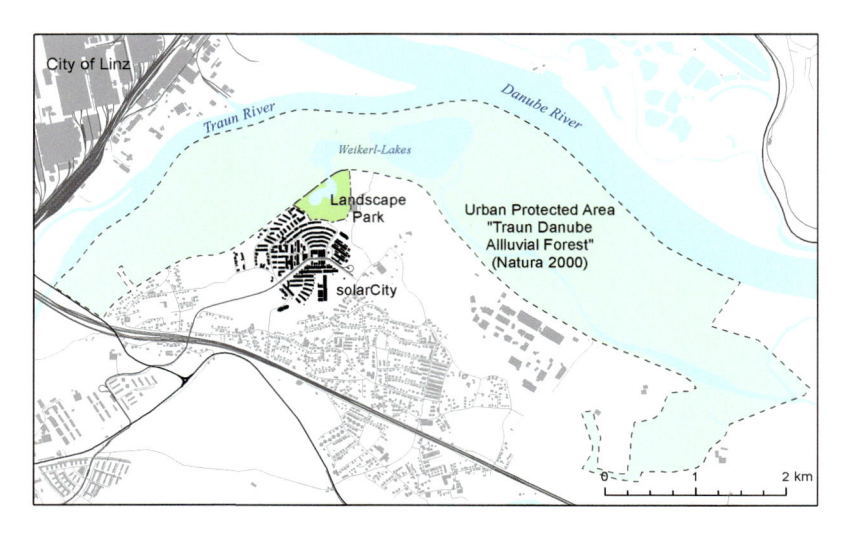

Abb. 7.19 Traun-Donau-Auen bei Linz, Natura 200 Gebiet, Beziehungsgefüge Wald-Wildnis – Landschaftspark – Siedlung. (© Zeichnung: W. Gruber 2016 in Breuste und Astner 2016)

Abb. 7.20 Landschaftspark im urbanen Umfeld vom Linzer Stadtteil solarCity, Österreich. (© Astner 2014)

7.4 · Wild goes urban – Wildnis als Teil der Stadtnatur

◘ **Abb. 7.21** Alte Wald-Wildnis im urbanen Umfeld vom Linzer Stadtteil solarCity, Österreich. (© Astner 2014)

Unspektakuläre Wildnis wird spektakulär – Naturpark Schöneberger Südgelände, Berlin

Flächen, die sich selbst überlassen sind, durchlaufen einen natürlichen Sukzessionsprozess, der in Mitteleuropa als Wald seinen Klimax-Zustand erreicht.

Dieser Prozess wird nur selten zum Abschluss gebracht, weil meist nicht genug Zeit zur Verfügung steht und eine neue Nutzung, die nichts mit Wald zu tun hat, auf der „Brachfläche" eingerichtet wird. Somit wissen wir wenig, welche Artenzusammensetzung der neue Wald haben wird, wenn dafür 100 oder mehr Jahre zur Verfügung stehen und ob sich solche neuen Wälder regional unterscheiden werden, was erwartet werden kann. Es stehen wenig Experimentierflächen zur Verfügung.

Eine davon ist der Naturpark Schöneberger Südgelände in Berlin. Hier vollzieht sich auf dem 18 ha großen Gelände des ehemaligen Rangierbahnhofes Tempelhof seit 67 Jahren, seit Nutzungsaufgabe der Bahnanlagen am Anhalter-Bahnhof in Berlin 1952, ungehinderte Naturentwicklung. Die noch nach ca. 30 Jahren dominierende Krautvegetation ist nach ca. 40 Jahren bereits einer flächendominanten Waldvegetation gewichen, in der *Betula pendula* 23,8 % und *Robinia pseudoacacia* 21,3 % dominäte Baumarten ausmachen. Aber ist das bereits ein stabiler „Endzustand"? Um die trocken-warmen Offenbereiche mit ihrer artenreichen Flora und Fauna zu erhalten, wird in die Waldentwicklung durch Mahd auf einigen Flächen eingegriffen (s. ◘ Tab. 7.4).

Die 1987 gegründete „Bürgerinitiative Naturpark Südgelände" setzte sich frühzeitig unter Bezug auf den inzwischen belegten ökologischen Wert für den Erhalt der Fläche ein. 1995 übereignete die Deutsche Bahn AG dem Senat der Stadt Berlin das Schöneberger Südgelände als Ausgleichsfläche für Eingriffe durch ihre Verkehrsanlagen an anderer Stelle. Eine landeseigene Grün Berlin GmbH, mit 1,8 Mio. Euro unterstützt durch die Allianz Umweltstiftung, entwickelte die urbane Wildnis als Wald-Park, der 1999 eröffnet und unter Natur- und Landschaftsschutz gestellt wurde. Im Jahr 2000 wurde der Naturpark Schöneberger Südgelände offizielles deutsches EXPO-Projekt. Urbane Wald-Wildnis wurde erschlossen, begehbar gemacht, erklärt, inszeniert und einladend präsentiert und letztlich auch durch die Berliner und ihre Gäste „angenommen". Eine hohe Biodiversität hat sich dort inzwischen eingestellt. 366 verschiedene Arten an Farn- und Blütenpflanzen, 49 Großpilzarten, 49 Vogelarten, 14 Heuschrecken- bzw. Grillenarten, 57 Spinnenarten und 95 Bienenarten kommen vor, davon mehr als 60 gefährdete Arten.

2,7 km Stahlgitter-Wege führen Besucher erhöht über dem Boden neben den alten, noch vorhandenen Bahnschienen durch die urbane Wildnis. Zusätzliche Kulturangebote zur Natur des Standortes sollen künftig noch mehr Besucher mit ungewohnter Wildnis in der Stadt in Kontakt bringen. Führungen zu Flora, Fauna und Geschichte des Areals versuchen diesen Kontakt bereits jetzt zu entwickeln. Wilde Natur, Kultur und Erholung verbinden sich für einen Euro Eintritt zu neuer Attraktivität (Kowarik und Langer 2005; Senatsverwaltung für Stadtentwicklung – Kommunikation– Berlin 2011; GrünBerlin GmbH 2013; Cobbers 2001) (s. ◘ Abb. 7.22).

◘ **Tab. 7.4** Tabelle Entwicklung der Vegetationsstruktur im Naturpark Schöneberger Südgelände in Berlin. (Kowarik und Langer 2005)

(in %)	1981	1991
Krautvegetation	63,5	30,9
Waldvegetation	36,5	69,1

◘ **Abb. 7.22** Naturpark Schöneberger Südgelände, Berlin. (© Breuste 2011)

> **Neue Wildnis als neue Chance für mehr Naturkontakt – Ecological Parks in London**
>
> Als Max Nicholson 1976 Naturschutz mit Naturerfahrung verband und der Trust for Urban Ecology (TRUE) diese Idee auf einem alten Lastwagenparkplatz nahe der London Bridge in London durch einen Ecological Park (William Curtis Ecological Park) realisierte, war damit der erste Park entstanden, der „neuartige" städtische Ökosysteme integrierte. Neue urbane Wildnisse bekamen einen Platz im Spektrum der traditionellen Stadtnaturangebote. 1986–1988 folgte Stave Hill Ecological Park in den Londoner Docklands und inzwischen viele weitere, die mit den Anwohnern in Wohngebieten auf Brachland entstanden. Der neun Meter hohe Stave Hill besteht aus Abbruchmaterial der Londoner Docks und präsentiert auf 2,1 ha Fläche Natur in verschiedenen Stadien natürlicher Sukzession. Das Unspektakuläre wird spektakulär inszeniert und auch dafür gestaltet. Nicht alle Ecological Parks sind einfach nur sich selbst überlassene „urbane Wildnisse". Alle haben aber Bereiche, in denen Natur ein Stück weit sich selbst überlassen und beobachtbar ist und auch erklärt wird. Das einfache Konzept *„enjoy nature"* funktioniert zusammen mit den Anwohnern und für sie. Weitere *ecological parks* und *urban wildlife habitats* sind in London und anderen britischen Städten seit 1988 hinzugekommen. TRUE verwaltet inzwischen neben Stave Hill, Greenwich Peninsula Ecology Park, Dulwich Upper Wood und Lavender Pond Nature Park. 2012 wurde TRUE Teil von The Conservation Volunteers (TVC) (TVC 2018). Die TRUE Ecological Parks gehen einen neuen Weg im Naturschutz in der Stadt, indem Sie Menschen mit der (un)spektakulären Stadtnatur vertraut machen. Sie schaffen neue Lebensräume für Pflanzen und Tiere *(habitat for urban wildlife)*, ermöglichen stadtökologische Forschung, bringen Städter, besonders Kindern, Stadtnatur durch eigene Erfahrung nahe (Umweltbildung) und demonstrieren „kreativen Stadtnaturschutz" abseits der traditionellen Wege, unter Einbeziehung von Bürgern als freiwillige Helfer im Management. Die Londoner Ecological Parks auf Stadtbrachen mit natürlicher Sukzession und nutzungsbezogenem Management haben sich als neue Idee, Stadtnatur in Wert zu setzen, bewährt (Breuste et al. 2016).

7.5 Das Konzept der Grünen Stadt in europäischer und globaler Perspektive

1994 begannen die europäischen Städte eine Initiative Europäischer Städte und Gemeinden auf dem Weg zur Zukunftsbeständigkeit. Als in Aalborg 2004 ein europäischer Prozess zur nachhaltigen Entwicklung von Städten durch selbstverpflichtende Aktionen konkret wurde (European Sustainable Cities & Towns Campaign), waren rund 2500 lokale und regionale Verwaltungen in 39 Ländern und 80 europäischen Städten und Gemeinden beteiligt. In Aalborg, Dänemark, beschlossen die ca. 1000 Teilnehmenden der Vierten Konferenz Zukunftsbeständiger Städte & Gemeinden, Aalborg + 10, die „Aalborg Commitments" (10 Themenbereiche). Stadtnatur war zwar kein zentraler, aber doch integraler Bestandteil. Ziel 3 „Gemeinschaftliche Naturgüter: Verpflichtung, die volle Verantwortung für den Schutz und die Erhaltung der natürlichen Gemeinschaftsgüter zu übernehmen und ihre gerechte Verteilung zu sichern", betrifft Stadtnatur direkt. Der Arbeitsbereich 3 verpflichtet „die Artenvielfalt zu fördern und zu steigern und Schutzgebiete und Grünflächen zu erweitern und zu pflegen". Auch „ökologisch produktives Land" soll bewahrt „nachhaltige Forstwirtschaft" gefördert, „Wasser-, Boden und Luftqualität" verbessert werden (ESCTS 2004, 2013).

Die Leipzig-Charta 2007 empfiehlt eine „integrierte Stadtentwicklungspolitik" als Prozess der gleichzeitigen und gerechten Berücksichtigung der für die Entwicklung von Städten relevanten Belange und Interessen. Sie setzt auf Innovation, Wettbewerbsfähigkeit,

Bürgerbeteiligung und Ausgleich, sieht aber Stadtnatur nicht in einer bedeutenden Rolle für diese Zielstellungen (Leipzig Charta 2010).

20 europäische Staaten sind bereits Mitglied in der European Landscape Contractors Association (ELCA). In ihr sind 74.000 Unternehmen und 330.000 Mitglieder vertreten. In einem ersten Workshop 2011 wurde die Leitidee Green City ausgearbeitet.

> » „For us the green city is the model of the future, creating urban structures with environments with life-quality" (ECLA 2011, S. 4).

Dieses Modell soll helfen, die erkannten Probleme der kommenden Jahrzehnte zu lösen. Dazu wird auch ein neues Design von Stadtgrün gefordert, das Wassermanagement, Biodiversität, Klimaanpassung und Gesundheit verbindet.

Als vier Grundprinzipien auf dem Weg zur Grünen Stadt wurden z. B. von Green City Hungary identifiziert:

- Wiederverbindung der Städte mit Natur zum Nutzen von deren positiven Wirkungen,
- Stadtgrün muss von Anfang an integraler Teil der Stadtplanung sein,
- Stadtgrün ist in Planung und Ausführung ein interdisziplinäres Anliegen und
- Stadtgrün sollte nicht länger der vernachlässigte Teil von Nachhaltigkeitsbemühungen sein (ECLA 2011) (z. B. ◘ Abb. 7.23).

Europäische Wissenschaftler sahen bereits 2008 Stadtverwaltungen, nationale Regierungen und die Europäische Kommission deutlich stärker in der Verantwortung mehr zu tun, um **Stadtgrün-Strategien** im Hinblick auf eine grüne Stadt zu entwickeln. Unter anderem wird gefordert:

von Stadtverwaltungen
- Stadtgrün-Strategien zu entwickeln, sie umzusetzen, ihre Anwendung zu überprüfen, zum Schlüsselelement der

◘ **Abb. 7.23** Intensiv genutzte Grünfläche am Miradouro de Santa Catarina, Lissabon, Portugal. (© Breuste 2013)

Raumplanung ihrer Städte zu machen und dazu kooperativ mit anderen Städten zusammenzuwirken,
- Stadtgrün-Strategien sollten mit allen Planungsbereichen und breiter öffentlicher Beteiligung entwickelt werden,
- Kooperation und öffentliche Verantwortung für Grünflächen zu fördern,
- lokale Standards von Grünqualität, -quantität und Zugänglichkeit unter Berücksichtigung unterschiedlicher Nutzergruppen zu entwickeln,
- ausreichende Finanzmittel für Planung und Unterhaltung von Stadtgrün zur Verfügung zu stellen und dazu Ausbildung anzubieten.

von den europäischen Regierungen
- urbane Nachhaltigkeitsstrategien im regionalen und lokalen Maßstab zu fördern,
- das Verständnis dafür zu fördern, dass Stadtnatur ökologische Funktionen hat und Ökosystemleistungen erbringt und dazu entsprechende Datenerhebungen und GIS-Anwendungen zu fördern,
- die finanziellen Mittel für Stadtgrünflächen und die Entwicklung von Stadtgrün-Strategien zur Verfügung zu stellen,
- den nationalen und europäischen Erfahrungsaustausch von Institutionen der Grünflächen- und Stadtplanung zu fördern.

von der Europäischen Kommission
- Stadtgrün-Strategien in EU-Politik-Dokumenten und Initiativen zu integrieren, um damit urbane Nachhaltigkeit und Wettbewerbsfähigkeit zu sichern,
- konkrete Stadtgrün-Strategien, die den Bedürfnissen der Städter entsprechend alle Stadtnatur-Typen umfassen, mit Schwerpunkt Biodiversität, Lufthygiene, Anpassung an den Klimawandel und Gesundheit zu entwickeln, lokal anzupassen, zu verbreiten und dafür Finanzmittel zur Verfügung zu stellen,
- Forschung und Wissenstransfer zur Grünen Stadt zu fördern und den Austausch zwischen Grün- und Stadtplanungsinstitutionen in Europa zu verstärken und dies durch neue europäische Organisationsformen zu unterstützen (GreenKeys 2018) (s. ◘ Abb. 7.24 und 7.25).

Die globale Perspektive zur Nachhaltigkeit wurde bereits 1992 in Rio de Janeiro eröffnet, für Städte durch die Habitat-I–III-Konferenzen konkretisiert.

Der Millennium Ecosystem Assessment Report 2005 (WRI 2005) behandelt die Städte nicht als Ökosysteme und widmet sich damit auch nicht der Stadtnatur oder einer Perspektive für Grüne Städte. Auf globaler Ebene erfolgt dies erst wieder durch die Konferenz Habitat III 2016 in Quito und ihre Vorbereitungstreffen.

In Habitat III wurde die Neue Urbane Agenda zu „nachhaltigen Städten und menschlichen Siedlungen für alle" verabschiedet. Sie soll eine gemeinsame Vision und eine politische Verpflichtung zur Förderung und Verwirklichung einer nachhaltigen Stadtentwicklung sein (UN 2016). In den Grundsätzen und Verpflichtungen der Neuen Urbanen Agenda ist eine Vision zur Grünen Stadt nicht enthalten. Im Bereich Umwelt stehen Ressourceneffizienz um die städtische Resilienz und die ökologische Nachhaltigkeit zu erhöhen deutlich im Vordergrund. Die üblichen Verpflichtungen zum Schutz der ökologischen Ressourcen und der Biodiversität bleiben wenig konkret und ohne klare Ziele und Instrumente. Stattdessen treten Risikomanagement und Resilienz deutlich in den Vordergrund. In der Arbeitsgruppe „Urban Ecosystems and Resource Management", die bereits 2015 in New York ein Strategiepapier verabschiedete, finden sich zwar wichtige Schlüsselbegriffe einer Grünen Stadt wie Ecosystem services (ES), Ecosystem-based Adaptation (EbA), Green infrastructure (GI), auch *preserving ecosystem-based management of cities, disaster risk reduction, health and recreation* und sogar *Citizens need to connect with nature,*

Abb. 7.24 Stadtpark Thüringer Bahnhof in Halle/Saale auf ehemaligem Gleisgelände mit reduzierter Pflege. (© Breuste 2018)

Abb. 7.25 Hans-Donnenberg-Park in Salzburg, Österreich – reduziertes Mähen an Gehölzsäumen führt zur deutlichen Erhöhung der Artenvielfalt. (© Borysiak 2017)

7.5 · Das Konzept der Grünen Stadt in europäischer und …

and benefit from this connection (S. 6), aber nichts davon hat es in die Vision der Neuen Urbanen Agenda geschafft. Damit fehlt leider eine globale Vision der Grünen Stadt, die hinter der übrigen urbanen Problemlast, wie z. B. Armut, Ungleichheit und Zunahme der Risiken wohl zurücktreten musste (UN 2015).

Dresden – mit der Leitidee „Kompakte Stadt im ökologischen Netz" auf dem Weg zur Grünen Stadt

Die Leitidee der Dresdner Stadtplanung ist: Kompakte urbane Siedlungsstrukturen, eingebettet in ein Netz ökologischer Funktionsräume. Das vorhandene und vielgliedrige Gewässersystem ist die räumliche Grundlage für das Dresdner ökologische Netz. Die 400 kommunalen Bäche bilden zusammen mit der Elbe ein fast flächendeckendes Netz. Schrittweise will man es zusammen mit Grünräumen zu einem ökologischen Netz ausbauen. Seinen Natur-Teilräumen werden konkrete Funktionen zugewiesen:

— Frischluftzufuhr und gesundes Stadtklima,
— ausreichende Grundwasserneubildung,
— Hochwasservorsorge, Wasserrückhaltung und Gewässerentwicklung,
— Erholungsräume für die Menschen,
— Lebensräume für Pflanzen und Tiere, Wanderungskorridore und
— Schönheit und Einzigartigkeit der Kulturlandschaft.

Gewässerentwicklungsmaßnahmen stärken das ökologische Netz (+ E/A-Maßnahmen, Brachflächenrevitalisierung). Moderates bauliches Wachstum findet in definierten räumlichen Zellen statt, stärkeres bauliches Wachstum in definierten Korridoren bis ins Umland. Das ökologische Netz baut auf Stadtnaturkorridore auf. Die Umsetzung des Konzeptes erfolgt in einem Entwicklungs- und Maßnahmenkonzept (EMK). An diesem Leitbild orientiert sich auch der Landschaftsplan der Landeshauptstadt Dresden von 2012. Stadtnatur wird als Infrastruktur verstanden und **Freiräume als Leitstrukturen der Stadtentwicklung.**

Die notwendige Anpassung an den Klimawandel kann so besser bewältigt werden. Sie erfordert mehr Grünflächen, um sommerliche Hitze zu mildern und Niederschlagswasser besonders bei Starkregen versickern zu lassen (REGKLAM 2015; Wende et al. 2014; Breuste et al. 2016) (s. ◘ Abb. 7.26).

Rebuilding Cities in Balance with Nature

Die Vision der Ökostädte in neuen Stadtentwürfen versucht einen fundamental neuen Zugang zum Städtebau und zum Leben in Städten zu entwickeln. Die Perspektiven und Entwürfe von Ökostädten sind unterschiedlich. Gemeinsam ist ihnen, dass die Ressourceneffizienz, Energieeffizienz, Verwendung erneuerbarer Energie, Wiederverwendung von Abfallprodukten, Renaturierung (besonders Gewässer) und innerstädtischer effizienter Transport im Mittelpunkt stehen. Während einige Ökostadt-Entwürfe davon ausgehen, dass diese und andere Probleme durch effizientere Technik lösbar sind (z. B. Smart Cities), gehen andere von einem radikalen Umdenken der Entwicklung von Städten aus. Register 2006, S. 5 meint: *„Cities need to be rebuilt from their roots…. They need to be reorganized and rebuilt upon ecological principles"* (Register 2006, S. 5). Diese Sicht geht von einer für Städte notwendigen *balance with nature* für Städte aus, was konkret bedeutet, Natur eine größere Bedeutung in der Stadtentwicklung zu geben. So gesehen, sind diese Ökostädte Grüne Städte, die *coexist peacefully with nature* (Register 2006, S. 5) (s. ◘ Abb. 7.27).

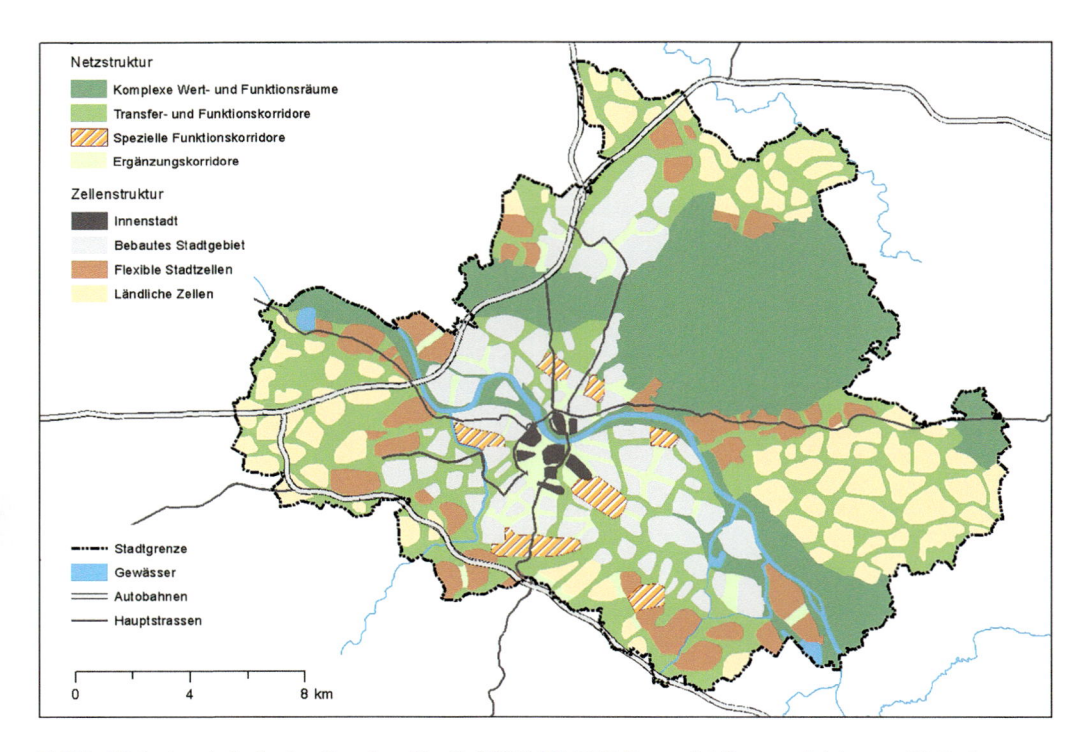

Abb. 7.26 Landschaftsplan Dresden. (Quelle REGKLAM 2015; Entwurf: J. Breuste, Zeichnung: W. Gruber, Breuste et al. 2016, Abb. 6.9, S. 189)

Abb. 7.27 Salzburg, Österreich, wird oft als die Stadt *„in balance with nature"* angesehen. (© Breuste 2003)

2050 Nagoya Strategy for Biodiversity – Eine Stadt setzt sich messbare Ziele auf dem Weg zur Grünen Stadt

In der japanischen Stadt Nagoya ist durch bauliche Entwicklung der Grünflächenanteil von 40 % im Jahr 1967 auf 25 % im Jahr 2008 zurückgegangen. Dies war verbunden mit erheblichen Auswirkungen auf den immer schlechter werdenden thermischen Komfort für die Einwohner. Das hat die Stadt Nagoya im Jahre 2008 zu einer weitreichenden, zukunftsweisenden Entscheidung veranlasst. Mit dem Blick auf 2050 wurde die „2050 Nagoya Strategy for Biodiversity" mit ambitionierten Zielen verabschiedet und zum kommunalpolitischen Grundsatzdokument erklärt. Schritte dieser Strategie sind:

- **keine weitere Reduzierung der bestehenden Grünflächen,** einschließlich der privaten Waldflächen,
- Begrünung wichtiger Straßen durch Baum- und Strauchpflanzungen,
- Einrichtung von (begrünten) Greenways für vorrangig Fußgänger und Fahrradfahrer,
- Unterstützung von Public-Private-Partnerschaftsprogrammen zur Grünentwicklung,
- Verabschiedung eines Water-Cycle-Revitalisation-Plans mit dem Ziel, die Versickerungsrate des Niederschlags von 2008 von 24 % bis 2050 auf 33 % zu steigern. Maßnahmen dazu sind neue Grünflächen, begrünte Dächer, wasserdurchlässige Versiegelungsdecken (Kazmierczak und Carter 2010; City of Nagoya 2008) (s. ◘ Abb. 7.28).

◘ **Abb. 7.28** Grüne Infrastruktur von Nagoya, Japan. (© Breuste 2010)

Die Vision der Grünen Stadt bleibt also zuerst einmal lokal. Dort gehört sie durchaus auch hin und kann beispielgebend realisiert werden. Sie ist eine ursprünglich europäische Vision, die schon längst als Green City überall weltweit wachsende Aufmerksamkeit, Weiterentwicklung, Anwendung und Unterstützung erfährt. Die Grüne Stadt gibt Orientierung in einem wesentlichen Bereich, dem Verhältnis der Stadt zur Natur. Damit bleibt die Vision überschaubar und kann als Leitidee mit einzelnen Schritten verfolgt werden. Sie ist ein wesentlicher Teilbereich dessen, was als sehr komplexe und facettenreiche Vision nachhaltige Stadt bezeichnet wird.

Literatur

5th Global Biodiversity Summit of Cities & Subnational Governments (2016) Quintana Roo Communiqué on Mainstreaming Local and Subnational Biodiversity Action. ▶ www.nrg4sd.org/…/biodiversity_summit_for_cities_and_subnati. Zugegriffen: 1. Juni 2018

Arbeitsgruppe Methodik der Biotopkartierung im besiedelten Bereich (1993) Flächendeckende Biotopkartierung im besiedelten Bereich als Grundlage einer am Naturschutz orientierten Planung: Programm für die Bestandsaufnahme, Gliederung und Bewertung des besiedelten Bereichs und dessen Randzonen: Überarbeitete Fassung 1993. Nat Landsch 68(10):491–526

Argus GmbH (2009) Wettbewerb Parklandschaft Tempelhof. Ergebnisse des Besuchermonitorings 2009 – Bürgerbeteiligung zum Wettbewerbsverfahren 2009

Banse J, Mathey J (2013) Wahrnehmung, Akzeptanz und Nutzung von Stadtbrachen. Ergebnisse einer Befragung in ausgewählten Stadtgebieten von Dresden. In: Breuste J, Pauleit S, Pain J (Hrsg) Stadtlandschaft – vielfältige Natur und ungleiche Entwicklung. CONTUREC 5, Darmstadt, S 37–54

Biodiversity Gardening (2018) What is native biodiversity? ▶ https://www.biodiversitygardening.com/what-is-native-biodiversit. Zugegriffen: 1. Juni 2018

BioFrankfurt (2018a) Gemeinsam für Vielfalt und Nachhaltigkeit BioFrankfurt. Flyer, Frankfurt a. M.

BioFrankfurt (2018b) ▶ https://www.biofrankfurt.de/. Zugegriffen: 7. Mai 2018

Botzat A, Fischer LK, Kowarik I (2016) Unexploited opportunities in understanding liveable and biodiverse cities. A review on urban biodiversity perception and valuation. Glob Environ Change 39:220–233

Breuste J (1994a) „Urbanisierung" des Naturschutzgedankens: Diskussion von gegenwärtigen Problemen des Stadtnaturschutzes. Naturschutz Landschaftsplanung 26(6):214–220

Breuste J (1994b) Flächennutzung als stadtökologische Steuergröße und Indikator. Geobotan. Kolloquium, Frankfurt a. M. 11:67–81

Breuste J, Astner A (2018) Which kind of nature is liked in urban context? A case study of solarCity Linz, Austria. Mitt Österreichischen Geographischen Ges 158:105–129

Breuste J, Pauleit S, Pain J (Hrsg) (2013) Stadtlandschaft – vielfältige Natur und ungleiche Entwicklung. Schriftenreihe des Kompetenznetzwerkes Stadtökologie. Conturec 5, Darmstadt

Breuste J, Pauleit S, Haase D, Sauerwein M (Hrsg) (2016) Stadtökosysteme. Springer, Berlin

British Ecological Society (2018) Biodiversity conservation. ▶ https://www.britishecologicalsociety.org ‚Policy' Policy topics. Zugegriffen: 1. Juni 2018

Bundesamt für Naturschutz (BfN) (Hrsg) (2017) Urbane grüne Infrastruktur. Grundlage für attraktive und zukunftsfähige Städte. Hinweise für die Kommunale Praxis. BfN, Bonn

Bundesinstitut für Bau-, Stadt- und Raumforschung (BBSR) (Hrsg) (2017) Handlungsziele für Stadtgrün und deren empirische Evidenz. Indikatoren, Kenn- und Orientierungswerte. BBSR, Bonn

Bundesministerium für Umwelt, Naturschutz, Bau und Reaktorsicherheit (BmU) (2007) Nationale Strategie zur biologischen Vielfalt. Vom Bundeskabinett am 7. November 2007 beschlossen. Reihe Umweltpolitik. BmU, Berlin

Bundesministerium für Umwelt, Naturschutz, Bau und Reaktorsicherheit (BmU) (2015) Grün in der Stadt – Für eine lebenswerte Zukunft. Grünbuch Stadtgrün. BmU, Berlin

Bundesministerium für Umwelt, Naturschutz, Bau und Reaktorsicherheit (BMUB) (Hrsg) (2017) Grün in der Stadt – Für eine lebenswerte Zukunft. BMUB, Berlin

Chan L, Djoghlaf A (2009) Invitation to help compile an index of biodiversity in cities', Nature, 460:33. ▶ http://www.nature.com/nature/journal/v460/n7251/full/460033a.html. Zugegriffen: 11. Okt. 2011

Chan L, Calcaterra E, Elmqvist T, Hillel O, Holman N, Mader A, Werner P (2010) User's manual for the city biodiversity index. Latest version: 27 September 2010. ▶ https://www.cbd.int/subnational/partners…/city-biodiversity-index. Zugegriffen: 2. Juni 2018

Chilton C (1924) Riccarton Bush. A remnant of the Kahikatea swamp forest formerly existing in the

Literatur

neighbourhood of Christchurch, New Zealand. The Canterbury Publishing, Christchurch

City of Nagoya (Hrsg) (2008) Biodiversity report. Local action for biodiversity, and ICLEI initiative. ICLEI, Nagoya

Cobbers A (2001) Vor Einfahrt HALT – ein neuer Park mit alten Geschichten. Der Natur-Park Schöneberger Südgelände in Berlin. Jaron, Berlin

Cronon W (1996) The trouble with wilderness: or, getting back to the wrong nature. In: Cronon W (Hrsg) Uncommon ground: rethinking the human place in nature. W. W. Norton, New York, S 69–90

Curitiba Declaration on Cities and Biodiversity (2007) ► https://www.cbd.int/doc/…/city/…01/mayors-01-declaration-en.pd. Zugegriffen: 1. Juni 2018

Davison G, Tan R, Lee B (2012) Wild Singapore. John Beaufoy, Oxford

De Groene Stad (NL) (2018) De Groene Stad. ► www.degroenestad.nl. Zugegriffen: 5. Jan. 2018

Department of Land and Natural Resources (2018) Issue 6: Conservation of native biodiversity. ► www.dlnr.hawaii.gov/forestry/files/2013/09/SWARS-Issue-6.pdf. Zugegriffen: 1. Juni 2018

Die Grüne Stadt (2018) Die Grüne Stadt. ► www.die-gruene-stadt.de. Zugegriffen: 5. Jan. 2018

Diemer M, Held M, Hofmeister S (2003) Urban wilderness in Central Europe. Rewilding at the urban fringe. Int J Wilderness 9(3):7–11

Dover JW (2015) Green infrastructure. Incorporating plants and enhancing biodiversity in buildings and urban environments. Earthscan und Routledge, London

Dudley N (Hrsg) (2008) Guidelines for applying protected area management categories. IUCN, Gland, Switzerland. ► https://www.iucn.org/…areas/…areas…/category-ib-wilderness-are. Zugegriffen: 3. Juni 2018

Durban Commitment (2008) ► www.joondalup.wa.gov.au/files/…/2008/Attach2brf080708.pdf. Zugegriffen: 1. Juni 2018

Erfurt Declaration, URBIO 2008 (2008) ► https://www.fh-erfurt.de/urbio/…/ErfurtDeclaration_Eng.php. Zugegriffen: 1. Juni 2018

Europäische Kommission, Generaldirektion Umwelt (Hrsg) (2009) Zielrichtung: eine grüne Infrastruktur in Europa. Natura 2000: Newsletter „Natur und Biodiversität" der Europäischen Kommission 27:3–7

European Landscape Contractors Association (ELCA) (Hrsg) (2011) ELCA research workshop green city Europe for a better life in European Cities. ► www.green-city.de. Zugegriffen: 5. Jan. 2018

European Sustainable Cities & Towns Compaign (ESCTC) (2004) Die Aalborg Commitments. ► www.ccre.org/docs/Aalborg03_05_deutsch.pdf. Zugegriffen: 7. Jan. 2018

European Sustainable Cities & Towns Compaign (ESCTC) (2013) European sustainable cities. ► www.sustainablecities.eu. Zugegriffen: 12. Jan. 2014

Forman R (2014) Urban ecology. Science of cities. Cambridge University Press, Cambridge

Fuller RA, Irvine KN, Devine-Wright P, Warren PH, Gaston KJ (2007) Psychological benefits of greenspace increase with biodiversity. Biol Lett 3(4):390–394

Government of Singapore (2018) Singapore Department of Statistics (DOS). ► https://www.singstat.gov.sg/. Zugegriffen: 4. Dez. 2018

GreenKeys (2018) Recommendations for new urban green policies and an agenda for future action. ► www.greenkeys-project.net; greenkeys@ioer.de. Zugegriffen: 7. Jan. 2018

GrünBerlin GmbH (Hrsg) (2013) Natur-Park Schöneberger Südgelände. ► http://www.gruen-berlin.de/parks-gaerten/natur-park-suedgelaende/. Zugegriffen: 21. Dez. 2013

Hansen R, Heidebach M, Kuchler F, Pauleit S (2012) Brachflächen im Spannungsfeld zwischen Naturschutz und (baulicher) Wiedernutzung. BfN-Skripten 324, Bonn

Hoffmann M (2010) Urbane Wildnis aus Sicht der Nutzer. Wahrnehmung und Bewertung vegetationsbestandener städtischer Brachflächen. Dissertation Mathematisch-Wissenschaftlichen Fakultät II Humboldt-Universität zu Berlin, Berlin

Hofmeister S (2009) Natures running wild: a social-ecological perspective on wilderness. Nat Cult 4(3):293–315

Ignatieva ME, Meurk C, van Roon M, Simcock R, Stewart G (2008) How to put nature into our neigbourhoods. Application of Low Impact Urban Design and Development (LIUDD) principles, with a biodiversity focus, for New Zealand developers and homeowners, Bd 35. Landcare Research Science. Manaaki Whenua, Christchurch

IUCN, International Union for Conservation of Nature (2019) Mainstreaming biodiversity. ► https://www.iucn.org/theme/global…/mainstreaming-biodiversity. Zugegriffen: 5. Jan. 2019

Jedicke E (2016) Biodiversitätsschutz. In: Riedel W, Lange H, Jedicke E, Reinke M (Hrsg) Landschaftsplanung. Springer Reference Naturwissenschaften. Springer Spektrum, Berlin

Jorgensen A, Keenan R (Hrsg) (2012) Urban wildscapes. Routledge, Oxon

Jorgensen A, Tylecote M (2007) Ambivalent landscapes – wilderness in the urban interstices. Landsc Res 32(4):443–462

Kazmierczak A, Carter J (2010) Adaptation to climate change using green and blue infrastructure. A database of case studies. Manchester. ► https://

www.escholar.manchester.ac.uk/uk-ac-manscw:128518. Zugegriffen: 7. Jan. 2018

Kirchhoff T, Trepl L (Hrsg) (2009) Vieldeutige Natur. Landschaft, Wildnis und Ökosystem als kulturgeschichtliche Phänomene. transcript, Bielefeld

Kirchhoff T, Vicenzotti V (2014) A historical and systematic survey of European perceptions of wilderness. Environ Values 23(4):443–464

Kowarik I (1992) Berücksichtigung von nichteinheimischen Pflanzenarten, von „Kulturflüchtlingen" sowie von Pflanzenvorkommen auf Sekundärstandorten bei der Aufstellung Roter Listen. Schriftenr Vegetationskunde 23:175–190

Kowarik I (2011) Novel urban ecosystems, biodiversity and conservation. Environ Pollut 159(8–9):1974–1983

Kowarik I (2015) Wildnis in urbanen Räumen. Erscheinungsformen, Chancen und Herausforderungen. Natur und Landschaft online; Natur und Landschaft Jahrgang 2015. ▶ https://www.natur-und-landschaft.de/de/news/wildnis-in-urbanen-raumen. Zugegriffen: 17. Aug. 2018

Kowarik I (2018) Urban wilderness: supply, demand, and access. Urban Forestry Urban Green 29:36–347

Kowarik I, Kendal D (2018) The contribution of wild urban ecosystems to liveable cities. Urban Forestry Urban Green 29:334–335

Kowarik I, Körner S (Hrsg) (2005) Wild urban woodlands. New perspectives for urban forestry. Springer, Berlin

Kowarik I, Langer A (2005) Natur-Park Südgelände: Linking conservation and recreation in an abandoned raiyard in Berlin. In: Kowarik I, Körner S (Hrsg) Wild urban woodlands. New perspectives for urban forestry. Springer, Heidelberg, S 287–299

Leben.Natur.Vielfalt. Das Bundesprogramm (2018) Städte wagen Wildnis. ▶ https://www.staedte-wagen-wildnis.de/das-projekt.html. Zugegriffen: 18. Aug. 2018

Leipzig Charta (2010) Leipzig-Charta zur nachhaltigen europäischen Stadt 2007. Informationen zur Raumentwicklung 4:315–319

Lupp G, Höchtl F, Wende W (2011) Wilderness – a designation for central European landscapes? Land Use Policy 28(3):594–603

Mathey J, Arndt T, Banse J, Rink D (2018) Public perception of spontaneous vegetation on brownfields in urban areas – results from surveys in Dresden and Leipzig (Germany). Urban Forestry Urban Green 29:384–392

Mathey J, Rink D (2010) Urban wastelands – a chance for biodiversity in cities? Ecological aspects, social perceptions and acceptance of wilderness by residents. In: Müller N, Werner P, Kelcey JG (Hrsg) Urban biodiversity and design. Conservation science and practice series. Wiley-Blackwell, Oxford, S 406–424

Mathey J, Röbler S, Banse J, Lehmann I, Bräuer A (2015) Brownfields as an element of Green Brownfields as an element of green infrastructure for implementing ecosystem services into urban areas. J Urban Plan Dev 141(3):A4015001. ▶ https://doi.org/10.1061/(asce)up.1943-5444.0000275

Meurk CD, Hall GMJ (2006) Options for enhancing forest biodiversity across New Zealand's managed landscapes based on ecosystem modelling and spacial design. New Zealand J Ecol 30:131–146

Nagoya Declaration, Urbio 2010 (2010) ▶ https://www.cbd.int/…/doc/NagoyaDeclaration-URBIO-2010.pdf. Zugegriffen: 1. Juni 2018

Naturkapital Deutschland – TEEB DE (2016) Ökosystemleistungen in der Stadt – Gesundheit schützen und Lebensqualität erhöhen. In: von Kowarik I, Bartz R, Brenck M (Hrsg) Technische Universität Berlin, Helmholtz-Zentrum für Umweltforschung – UFZ. TEEB DE, Berlin

Naumann S, McKenna D, Kaphengst T, Pieterse M, Rayment M (2011) Design, implementation and cost elements of Green infrastructure projects. Final report to the European Commission, DG Environment, Contract no. 070307/2010/577182/ETU/F.1. Ecologic institute and GHK Consulting, Brüssel

Neßhöfer C, Kugel C, Schniewind I (2012) Ökosystemleistungen im Europäischen Kontext: EU Biodiversitätsstrategie 2020 und „Grüne Infrastruktur". In: Hansjürgens B, Neßhöver C, Schniewind I (Hrsg) Der Nutzen von Ökonomie und Ökosystemleistungen für die Naturschutzpraxis. Workshop I: Einführung und Grundlagen, Bd 318. BfN-Skripte., S 22–27

Netzwerk Urbane Biodiversität Ruhrgebiet (2013) Urbane Biodiversität – ein Postionspapier. ▶ www.urbane-biodiversitaet.de/…/Urbane_Biodiversitaet_Positionspapier.pdf. Zugegriffen: 16. Apr. 2018

Oelschlaeger M (1991) The idea of wilderness: from prehistory to the age of ecology. Yale University Press, New Haven

Plan of Action on Subnational Governments, Cities and Other Local Authorities for Biodiversity (2010). ▶ https://www.cbd.int/decision/cop/default.shtml?id=12288. Zugegriffen 1. Juni 2018

Register R (2006) Ecocities: rebuilding cities in balance with nature. Revised edition. New Society Pub, Gabriola Island

REGKLAM Regionales Klimaanpassungsprogramm für die Modellregion Dresden (2015) Grüne und kompakte Städte. ▶ www.regklam.de/…/programm/…/gruene-und-kompakte-staedte/?tx. Zugegriffen: 15. Apr. 2015

Ridder B (2007) The naturalness versus wildness debate: ambiguity, inconsistency, and unattainable objectivity. Restor Ecol 15(1):8–12

Riehl WH (1854) Naturgeschichte des Volkes als Grundlage einer deutschen Social-Politik, Bd 1. Cotta'scher Verlag, Stuttgart

Rink D (2009) Wilderness: the nature of urban shrinkage? The debate on urban restructuring and restoration in Eastern Germany. Nat Cult 4(3):275–292

Rodericks S (2010) Singapore city biodiversity index. ▶ TEEBweb.org. Zugegriffen: 2. Juni 2018

Sandström UF (2002) Green infrastructure planning in urban Sweden. Plann Pract Res 17(4):373–385

Schrijnen PM (2000) Infrastructure networks and red-green patterns in city regions. Landsc Urban Plan 48:191–204

Schwarzer M (2007) Wald und Hochgebirge als Idealtypen von Wildnis. Eine kulturhistorische und phänomenologische Untersuchung vor dem Hintergrund der Wildnisdebatte in Naturschutz und Landschaftsplanung. Diplomarbeit am Lehrstuhl für Landschaftsökologie der Technischen Universität München, München

Second Curitiba Declaration on Local Authorities and Biodiversity (2010). ▶ www.biodic.go.jp/biodiversity/activity/international/…/urbio1.pdf. Zugegriffen: 1. Juni 2018

Senatsverwaltung für Stadtentwicklung – Kommunikation – Berlin (Hrsg) (2011) Natur-Park Schöneberger Südgelände. Faltblatt, Senatsverwaltung für Stadtentwicklung, Berlin

Senatsverwaltung für Stadtentwicklung Berlin (SSB) (2010) Ideenfreiheit Tempelhof. Auf dem Weg zur Stadt von morgen. ▶ www.stadtentwicklung.berlin.de/…/tempelhof/…/ideenfreiheit_tempelhof. Zugegriffen: 4. Jan. 2014

Senstadt – Senatsverwaltung für Stadtentwicklung und Umwelt Berlin (Hrsg) (2012) Berliner Strategie zur Biologischen Vielfalt. Begründung, Themenfelder und strategische Ziele. Download 17.06.2015. ▶ http://www.stadtentwicklung.berlin.de/natur_gruen/naturschutz/downloads/publikationen/biologische_vielfalt_strategie.pdf. Zugegriffen: 12. Nov. 2011

Shwartz A, Turbé A, Simon L, Julliard R (2014) Enhancing urban biodiversity and its influence on city-dwellers: an experiment. Biol Conserv 171:82–90

Spanier H (2015) Zur kulturellen Konstruiertheit von Wildnis. Nat Landsch online; Nat Landsch 90 (2015):09/10. Zugegriffen: 17. Aug. 2018

Stadt Bonn (2008) Biodiversitätsbericht Bonn. Zusammenfassung. ▶ www.bonn.de›…› Internationaler Konferenzstandort. Zugegriffen: 3. Juni 2018

Stadt Halle (2007) ISEK- Integriertes Stadtentwicklungskonzept. Stadtumbaugebiete. Halle, S. 75–89. ▶ http://www.halle.de/VeroeffentlichungenBinaries/266/199/br_isek_stadtumbaugebiete_2008.pdf. Zugegriffen: 12. Jan. 2015

Stewart GH, Ignatieva ME, Ignatieva ME, Meurk CD, Earl RD (2004) The re-emergence of indigenous forest in an urban environment, Christchurch, New Zealand. Urban Forestry – Urban Green 2:149–158

Stiftung Lebendige Stadt (2010) „Bundeshauptstadt der Biodiversität" – Auszeichnung für Anstrengungen im Artenschutz. Hannover ist Bundeshauptstadt der Biodiversität. ▶ www.lebendige-stadt.de/web/goto.asp?sid=204. Zugegriffen: 2. Juni 2018

Stöcker U, Suntken S, Wissel S (2014) A new relationship between city and wilderness. A case for wilder urban nature. Deutsche Umwelthilfe e. V. (Hrsg), Berlin. ▶ www.duh.de. Zugegriffen: 4. Juni 2018

Sukopp H, Sukopp U (1987) Leitlinien für den Naturschutz in Städten Zentraleuropas. In: Miyawaki A, Bogenrieder A, Bogenrieder A, Bogenrieder A, Bogenrieder A, Okuda S, White J, White J (Hrsg) Vegetation ecology and creation of new environments. Tokai University Press, Tokyo, S 347–355

Sukopp H, Weiler S (1986) Biotopkartierung im besiedelten Bereich der Bundesrepublik Deutschland. Landsch Stadt 18(1):25–38

The Conservation Volunteers (TVC) (2018) The community volunteering charity. ▶ https://www.tcv.org.uk/. Zugegriffen: 18. Juni 2018

The Green City (UK) ▶ www.thegreencity.co.uk. Zugegriffen: 5. Jan. 2018

The Panama City Declaration: URBIO and IFLA (2016) ▶ urbionetwork.org/data/documents/PanamaCityDeclaration.pdf. Zugegriffen: 18. Juni 2018

Threlfall CG, Kendal D (2017) The distinct ecological and social roles that wild spaces play in urban ecosystems. Urban For Urban Green. ▶ http://dx.doi.org/10.1016/j.ufug. 2017.05.12. ▶ www.sciencedirect.com/science/article/pii/…/pdf?md5…pid. Zugegriffen: 5. Juni 2018

Trepl L (2011) Die Idee der Landschaft. transcript, Bielefeld

Tzoulas K, Korpela K, Venn S, Yli-Pelikonen V, Kazmierczak Niemela J, James P (2007) Promoting ecosystem and human health in urban areas using green infrastructure: a literatur review. Landsc Urban Plan 81:167–178

United Nations (1992) Convention on biological diversity (deutsch: Übereinkommen über die biologische Vielfalt), Rio de Janeiro. Übersetzung Bundesmin. F. Umwelt). ▶ www.dgvn.de/fileadmin/user…/

UEbereinkommen_ueber_biologische_Vielfalt.pdf. Zugegriffen: 17. Apr. 2018

United Nations (UN) (2015) Habitat III Issued Papers. 16 Urban ecosystems and resource management. New York. ▶ www.habitat3.org. Zugegriffen: 18. Juni 2018

United Nations (UN) (2016) Habitat III. Neue Urbane Agenda. ▶ www.habitat3.org. Zugegriffen: 18. Juni 2018

US Congress (1964) Wilderness Act. Public Law 88–577. 88th Congress, Second Session, Act of September 3, 16 U.S.C., S. 1131–1136. ▶ http://www.wilderness.net/NWPS/documents//public-laws/PDF/16_USC_1131-1136.pdf. Zugegriffen: 3. Juni 2018

van der Ryn S, Cowan S (1996) Ecological design. Island Press, Washington, DC

Vicenzotti V, Trepl L (2009) City as wilderness: the wilderness metaphor from Wilhelm Heinrich Riehl to contemporary urban designers. Landsc Res 34(4):379–396

Walmsley A (2006) Greenways: multiplying and diversifying in the 21st century. Landsc Urban Plan 76:252–290

Wende W, Rößler S, Krüger T (Hrsg) (2014) Grundlagen für eine klimawandelangepasste Stadt- und Freiraumplanung. Publikationsreihe des BMBF-geförderten Projektes REGKLAM – Regionales Klimaanpassungsprogramm für die Modellregion Dresden, 6. Aufl. IÖR, Dresden

Wissel S (2016) Perspektiven für Wildnis in der Stadt. Naturentwicklung in urbanen Räumen zulassen und kommunizieren. Deutsche Umwelthilfe (Hrsg), Berlin 27 s. ▶ www.duh.de. Zugegriffen: 3. Juni 2018

Wittig R (2002) Siedlungsvegetation. Ulmer, Stuttgart

World Ressources Institut (WRI) (2005) Millennium ecosystem assessment. Washington. ▶ http://www.millenniumassessment.org/documents/document.356.aspx.pdf. Zugegriffen: 18. Juni 2018

Welche Wege es zu einer Grünen Stadt gibt es?

8.1 Die ersten Schritte – 300

8.2 Raum für Stadtnatur erhalten, gewinnen und vernetzen – 302

8.3 Stadtnatur allen zugänglich machen – 311

8.4 Den Nutzen von Stadtnatur vergrößern und dabei alle Naturarten einbeziehen – 315

8.5 Stadtnatur zum Naturerlebnisraum und zum Lernort für Naturerfahrung machen – 321

8.6 Stadtnatur schützen und nutzen – 324

8.7 Stadtnatur zur Klimamoderation nutzen – 342

8.8 Mit Stadtnatur Probleme lösen und Risiken reduzieren – Nature-Based Solutions (NbS) – 346

8.9 Mit guten Beispielen Orientierung geben – 350

Literatur – 363

Die Wege zur Grünen Stadt können vielfältig sein und entwickeln sich im lokalen und regionalen Kontext. Dieses Kapitel beschreibt in acht Punkten die „Hauptstraßen" einer „Road Map" zur Grünen Stadt. Das Bemühen um eine Grüne Stadt wird immer zunächst mit ersten Schritten beginnen, um eine Perspektive für die anzugehenden Aufgaben zu gewinnen. Immer wird es darum gehen, Raum für Stadtnatur zu erhalten, neu zu gewinnen und diesen zu vernetzen. Stadtnatur allen zugänglich machen, bedeutet auch, vorhandene Potenziale an Stadtnatur zu erschließen. Generell geht es darum, den Nutzen von Stadtnatur für die Bürger der Stadt zu vergrößern und dabei alle Naturarten einzubeziehen. Dazu ist es notwendig, Stadtnatur zum Naturerlebnisraum und zum Lernort für Naturerfahrung zu machen. Der klassische Konflikt zwischen „Schützen" und „Nutzen" von Natur muss in der Stadt zugunsten eines Naturschutzkonzepts, das Schützen durch Nutzen in den Mittelpunkt stellt, aufgehoben werden.

Immer mehr wird auch deutlich, dass Stadtnatur vielfältigen Nutzen für die Stadtbewohner bringt, mehr als durch eingesparte finanzielle Aufwendungen berechenbar wäre, und einen wesentlichen Beitrag in der Moderation des Klimawandels in Städten durch kluge und gezielte Planung zu leisten imstande ist. Damit wird es möglich, mit Stadtnatur auch an der Lösung von Problemen mitzuwirken und Risiken zu reduzieren *(nature-based solutions)*. Letztlich sind es immer gute, realisierte Beispiele, die Mut machen, ihnen zu folgen und dem Weg zur Grünen Stadt immer ein Stück weiter zu gehen.

8.1 Die ersten Schritte

Die Wege zu einer Grünen Stadt sind je nach Region, Naturbedingungen, Kultur und Tradition, gesellschaftlichen Möglichkeiten u. a. Faktoren unterschiedlich. Städte mit guten Voraussetzungen, z. B. schon vielen Grünflächen, funktionierender, gut ausgestatteter und durchsetzungsfähiger Verwaltung, engagierten Bürgern, staatlicher Unterstützung etc., werden andere Wege gehen können als solche, bei denen der Beginn lokalen kommunalen Engagements von Bürgern in ihrem Viertel ausgeht oder ein erstes engagiertes Projekt ist. Damit sind die Wege zur Grünen Stadt nicht zu verallgemeinern. Deutschland (s. ▶ Abschn. 7.1 und 7.2) setzt auf dem Weg zur Grünen Stadt seit 2017 klare politische Akzente (BMUB 2017; BBSR 2017). Anderswo werden die Bestrebungen regional oder nur lokal sein und damit gute Beispiele für mehr Aufmerksamkeit im Land oder darüber hinaus geben.

Meist ist die Problemlage in anderen Städten, besonders außerhalb Europas, ganz anders und ein Grün-Bewusstsein und eine Grüne Agenda beginnen sich erst zu entwickeln. Andere drängendere Probleme, wie z. B. die Sozialsituation, Wohnraum, Arbeit, Gesundheitsversorgung, Bildung, Straßen, Trinkwasser, stehen weiter oben auf der lokalen Agenda. Es ist jedoch sicher, dass auch dort Menschen von Stadtnatur profitieren und diese auch in ihrem Wohnumfeld integriert sehen wollen, als Grünplatz für soziale Interaktionen, als Spielraum ihrer Kinder oder als Garten. Es wäre vermessen, dort Stadtnatur als zurückstellbaren Luxus „der ersten Welt" zu betrachten. Die große Wertschätzung für Stadtgrün/Stadtnatur ist auch überall dort zu finden, wo andere Probleme die Stadtverwaltungen deutlich mehr beschäftigen. Hier muss den lokalen Initiativen und der noch vorhandenen Stadtnatur (oder den -resten) deutlich mehr Aufmerksamkeit geschenkt werden. Dies zu erkennen und Initiativen zu starten, sind die ersten Schritte auf dem Weg zur Grünen Stadt. Diese Schritte werden vornehmlich „von unten", also von den Bürgern, kommen.

Stadtnatur ist in Form der grünen und blauen Infrastruktur eine gleichwertige Infrastruktur für das Funktionieren einer lebenswerten Stadt wie andere technische Infrastrukturen auch (s. ▶ Abschn. 7.2). Dies wird mehr und mehr auch durch die Entscheidungsträger erkannt. Die Wertschätzung

8.1 · Die ersten Schritte

für Stadtnatur wächst auch in der Gesellschaft, nicht zuletzt durch mediale Aufmerksamkeit. Überall finden sich international Projekte zur Entwicklung oder zur Wiederherstellung von unterschiedlicher Stadtnatur. Dies kann durch Einzelprojekte, aber auch gezielt strategisch als Entwicklungskonzept erfolgen. Immer mehr setzt sich durch, dass Städte in ihrer Entwicklung auch ausgehend von ihren Naturvoraussetzungen gedacht und geplant werden sollten. Dies reduziert die Risiken, die mit Naturprozessen (z. B. Hangrutschungen, Überschwemmungen an Fließgewässern und in Abflussbahnen) verbunden sind und lässt die Stadtbevölkerung weitgehend am Nutzen von Stadtgrün teilhaben. Planung ist dazu ein geeignetes Mittel. Nicht überall erfolgt die Integration der Stadtnatur in die Stadtplanung jedoch effizient und strategisch. In vielen Regionen der Erde ist Stadtplanung entweder nur marginal vorhanden oder aber nur von geringem Einfluss auf die Stadtentwicklung. Es kann also nicht überall auf Planung in einem europäischen Sinne gesetzt werden.

In Deutschland wir eine integrierte Planung für Stadtgrün, Regional-, Landschafts- und Grünordnungspläne verbindend, gefordert. Hier sind die Bedingungen für einen Weg zur Grünen Stadt vergleichsweise günstig. In vielen anderen Ländern wird der Weg wohl eher von unten durch viele lokale Einzelmaßnahmen zu beschreiten sein.

Beides, Planung und Aktionen, beginnen aber damit, die Stadt von ihrer Naturseite her im Gleichgewicht mit anderen Aspekten zu denken. Damit haben die Architekten der Moderne bereits begonnen:

> „Modern Life demands, and is waiting for a new kind of plan, both for the house and the city" (Le Corbusier) (Ausstellung im Le Courbusier Centre in Chandigarh, Indien 2016).

Experten entwickeln eine internationale Forschungsagenda für die Grüne Stadt

Ein europäisches Expertenteam hat bereits 2009 als Ergebnis von intensiver Forschungskooperation fünf wissenschaftliche Forschungsschwerpunkte für eine internationale Forschungsagenda für die Grüne Stadt bestimmt und dazu 35 Forschungsfragen entwickelt. Diese zielen darauf ab, Stadtnatur *(urban green spaces)* noch besser als Leistungsträger für bessere Lebensbedingungen in Städten Europas zu entwickeln.
Diese internationale Forschungsagenda macht zuerst darauf aufmerksam, wo in relevanten Forschungsbereichen (Ökosystemleistungen, Wandel der Stadtentwicklung, Nutzungskonkurrenzen, Nutzungsansprüche und Angebote durch Stadtnatur usw.) bisher Defizite in Wissen und Forschung bestehen.

Die identifizierten Themenfelder sind:
1. Wie können Ökosystemleistungen exakter örtlich konkret bestimmt und quantifiziert werden?
2. Wie kann (neue) Stadtnatur in urbanen Bereichen mit Umwelt- und sozialen Problemen Nutzen bringen?
3. Wie können Qualität, Quantität und Form für Stadtnatur-Elemente in Bezug zu unterschiedlichen Stadtstrukturen bestimmt werden, um optimale Ökosystemleistungen zu erbringen?
4. Wie können die direkten und indirekten Wirkungen des erwarteten Klimawandels auf Stadtnatur in Bezug auf städtische Lebensqualität bestimmt werden?
5. Wie widerstandsfähig ist gestaltete Stadtnatur (einschl. Baumbestand) gegenüber Wirkungen des Klimawandels und wie kann diese Widerstandsfähigkeit verbessert werden?
6. Wie kann durch Verknüpfung mit Stadtnatur Angebot (Quantität und Qualität von Ökosystemleistungen) und Management von Stadtgewässern verbessert werden (James et al. 2009)?

Erste Schritte schließen immer die Stadtbewohner mit ein, ermitteln ihre Interessen, Vorlieben, Nutzungsgewohnheiten und Präferenzen bezüglich des Umgangs mit Natur. Darauf hinzielend sollte die Informationsbasis der Stadtbevölkerung bezüglich der sie umgebenden Stadtnatur deutlich verbessert werden. Oft bestehen darüber weniger Kenntnisse aus den Medien als über weit entfernte, besondere Natur-Highlights. Die emotionale Bindung der Bewohner einer Stadt an „ihre Stadtnatur" aufzubauen oder zu entwickeln, ist eine weitere wichtige Aufgabe. Dies können Stadtverwaltungen sehr gut in Kooperation mit NGOs oder Wissensvermittlern (Universitäten, Fachhochschulen, Volkshochschulen, Schulen oder ähnlichen Einrichtungen in anderen Ländern) als längerfristiges Programm angehen. Über Stadtnatur besser informieren, ist der erste Schritt, sie bei Entscheidungen besser einzubeziehen der zweite.

Stadtplanung mit dem Ziel der Grünen Stadt muss sich auch auf die Bedürfnisse der Stadtbewohner einstellen, auch wenn diese nicht immer mit den angestrebten, wissenschaftlich begründeten Zielen übereinstimmen. Für die Grüne Stadt sind Kompromisse zu schließen und ist Bildungsarbeit zu leisten. Langfristig kann nichts gegen die Bürger, sondern nur mit ihnen umgesetzt werden. Gut gemeinte dirigistische Maßnahmen oder überraschende „Naturbeglückungen" in Wohngebieten werden eher weniger erfolgreich sein als kooperatives Vorgehen mit den Bewohnern (Landeshauptstadt Dresden 2014; Rusche et al. 2015; Penn-Bressel 2018) (s. ◘ Abb. 8.1 und 8.2).

Ziel sollte es sein, Problembewusstsein und Akzeptanz für die Erfordernisse der Grünen Städte in der Bevölkerung zu schaffen, dazu Strategien und Konzepte in den Stadtverwaltungen zu entwickeln und mit einem ersten Projekt dazu zu beginnen und dadurch Aufmerksamkeit zu erlangen.

8.2 Raum für Stadtnatur erhalten, gewinnen und vernetzen

> **Ziel sollte es sein**
> So viel Raum wie möglich für alle Arten von Stadtnatur zu erhalten, neu zu schaffen und zu vernetzen.

Der Raum für Stadtnatur steht in Städten und ihrem Umland in besonderer Konkurrenz zu anderen Nutzungen mit starken, durchsetzungsfähigen und gut begründeten Interessen (Bebauung, Infrastruktur etc.). Durch Stadtentwicklung geht in den Städten, aber vor allem am Stadtrand in der Stadtumgebung, immer mehr Stadtnatur verloren. In den meisten Fällen ist diese wichtige Landwirtschaftsfläche für die Versorgung der Stadtbevölkerung wichtig, aber auch als Habitat, Klimaausgleichsraum und oft auch als ländlicher Erholungsraum.

Weltweit wachsen Bevölkerung und Fläche in der Mehrzahl der Städte. Das Wachstum dieser beiden Merkmale erfolgt durchaus nicht korrelativ. In vielen Städten der entwickelten Industriestaaten wächst die urbane Inanspruchnahme von Fläche deutlich schneller als die Bevölkerung. Das zeugt von wachsender Flächenkonsumtion je Einwohner, ein Wohlstandsmerkmal.

Abb. 8.1 Populäre Printmedien nehmen sich des Themas „Grüne Stadt" an, Titelseite der Zeitschrift *Geo* 09 2017. (GEO 2017)

Abb. 8.2 Stadt-Naturlehrpfad-Station mit Stempelhäuschen in Incheon, Südkorea. (© Breuste 2014)

Deutschland strebt an, die tägliche Neuinanspruchnahme von Flächen für Siedlungs- und Verkehrszwecke bis 2020 auf 30 ha zu begrenzen. In dieser Neuinanspruchnahme von Siedlungsflächen ist auch ein wachsender Anteil an gärtnerischer Stadtnatur (Natur der 3. Art, Kowarik 1992, s. ▶ Abschn. 1.3) enthalten. In der Bilanz geht jedoch meist eine vorher landwirtschaftlich genutzte Fläche (Natur der 2. Art, Kowarik 1992, s. ▶ Abschn. 1.3) zuvor verloren. Damit findet auch eine Konversion von landwirtschaftlicher Stadtnatur vorwiegend hin zu Bebauung und Infrastruktur (Versiegelung) und zur gärtnerischen Stadtnatur statt. Die Stadtnaturbilanz ist insgesamt negativ.

8.2 · Raum für Stadtnatur erhalten, gewinnen und vernetzen

Das 30-Hektar-Ziel in Deutschland

Trotz stagnierender Bevölkerung lag die tägliche Flächeninanspruchnahme 2015 immer noch bei 62 ha. Ziel ist in Deutschland eine generelle Reduzierung des Ressourcenverbrauchs, als auch des Verbrauchs an Fläche für Bebauung, also auch an Natur. Die Zielstellung, nicht mehr als 30 ha Fläche am Tag (!) in Siedlungs- und Verkehrsflächen umzuwandeln, steht nicht für einen bestimmten anzustrebenden Zustand an Energieverbrauch, Verkehr, Biodiversität oder andere ökologisch relevante Faktoren, sondern ist auf eine generelle gesellschaftliche Zielstellung des Wuppertal-Instituts der 1990er-Jahre zurückzuführen. Damals wurde vom Wuppertal-Institut die Reduzierung des Umfangs des Ressourcenverbrauchs (1993–1996: 120 ha Fläche/Tag) auf ein Viertel des damaligen Wertes gefordert. Unbebaute, unzersiedelte und unzerschnittene Freiflächen im Außenbereich der Städte sollten damit geschützt werden. Solche Flächen sind, wenn Sie Landwirtschaftsflächen sind, in der Regel heute intensiver genutzt und oft weniger Lebensraum für Pflanzen und Tiere als Naturflächen innerhalb der Städte. Trotzdem ist diese landwirtschaftliche, unbebaute Fläche an sich ein wertvolles Schutzgut, allein wegen ihrer potenziellen Entwicklungsmöglichkeit, die auch Natur einschließt (NABU 2017; Umweltbundesamt 2018).

In einigen Ländern erfolgt die Flächeninanspruchnahme für Siedlungs- und Verkehrszwecke noch viel rasanter als in Deutschland. Dies hat entweder noch höhere Werte der Flächenumwidmung pro Einwohner oder einen besonders starken Bevölkerungszuwachs, vor allem durch Migration, als Ursache.

Das Ergebnis sind Flächenstädte gewaltigen räumlichen Ausmaßes, die sich entweder planmäßig (z. B. USA, Australien) oder völlig ungeplant (z. B. Lateinamerika, Indien, Pakistan, Nigeria u. v. a.) entwickeln (Habibi und Asadi 2011; Taubenböck et al. 2012, 2015; Breuste et al. 2016, s. ◘ Abb. 8.3 und 8.4).

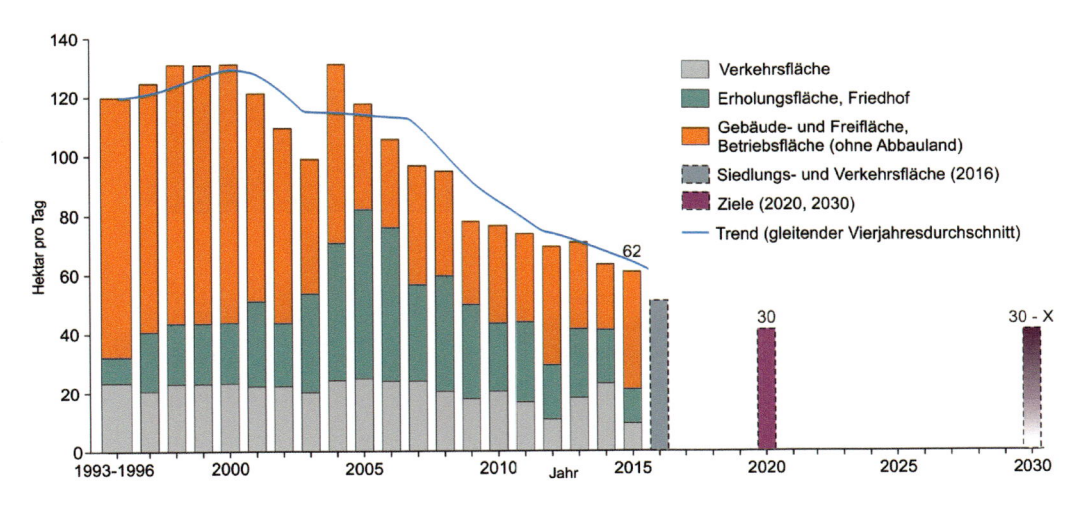

◘ **Abb. 8.3** Anstieg der Siedlungs- und Verkehrsfläche in Deutschland nach Berechnungen des Umweltbundesamtes. (Statistisches Bundesamt 2017)

Legend

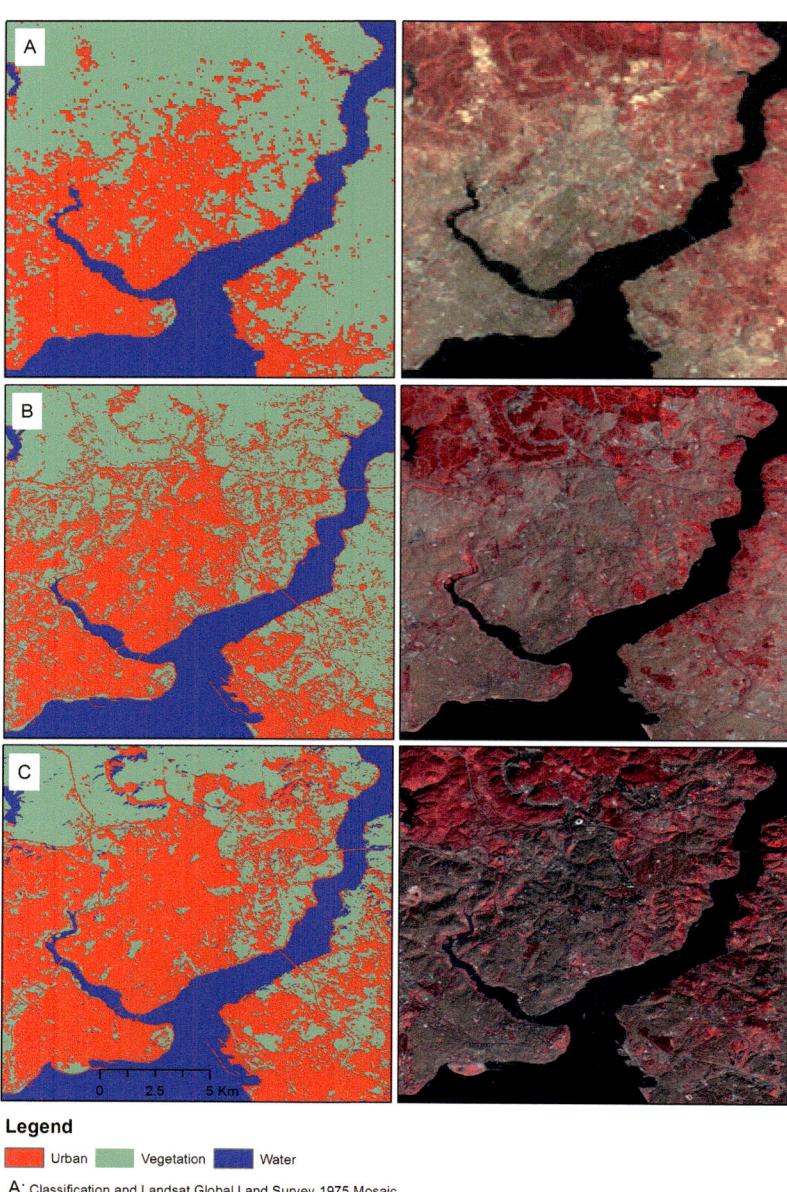

 Urban Vegetation Water

A: Classification and Landsat Global Land Survey 1975 Mosaic
B: Classification and Landsat 5 TM TOA Reflectance 1990 Mosaic
C: Classification and Landsat 8 TOA Reflectance 2015 Mosaic

Abb. 8.4 Bauliche Stadtentwicklung unter Inanspruchnahme von Grün- und Freiräumen in Istanbul, Türkei. (Taubenböck et al. 2012)

8.2 · Raum für Stadtnatur erhalten, gewinnen und vernetzen

> **Die Flächenstadt**
>
> Eine „Flächenstadt" ist durch ihre große räumliche Ausdehnung oft bei geringer Einwohner- und Baudichte gekennzeichnet. Stadtteile (Wohnen, Gewerbe) wachsen geplant oder ohne Planung in den unbebauten Raum des Stadtumlandes, oft über die administrativen Stadtgrenzen hinaus. Ineffiziente Ressourcennutzung, Beeinträchtigung ökologischer Funktionalität, Reduzierung von Biodiversität und von Ökosystemleistungen sind Begleiterscheinungen (Breuste et al. 2016).

Ob schrumpfende Städte, deren Bevölkerung und genutzte Siedlungsfläche zurückgeht, dauerhaft mehr Platz für Stadtnatur gewinnen, bleibt noch abzuwarten. Meist sind diese aufgegebenen Flächen nur zeitlich befristet „grün", jedoch vorrangig Bauerwartungsland für angestrebte neue Entwicklungsprozesse. Neue Wildnisse (s. ▶ Abschn. 7.4) entstehen auch bei räumlich begrenzten Schrumpfungsphänomenen in Städten, in denen anderswo Wachstum stattfindet (Schwarz und Sturm 2008) (s. ◘ Abb. 8.5 und 8.6).

In Detroit liegt nach Schätzungen ca. ein Drittel der gesamten Stadtfläche brach. Auf einem großen Teil davon entsteht ungeplant neue Stadtnatur (s. ◘ Abb. 8.7).

Flächenverbrauch findet auch innerhalb der Städte bis zu extremen baulichen Verdichtungen (z. B. in Großstädten der Entwicklungsländer wie z. B. Mumbai oder La Paz) statt. Das Ergebnis ist die Reduzierung von fast jeglicher Stadtnatur, die nur mehr sporadisch (z. B. in wenigen Grünflächen, Friedhöfen etc.) auftritt. Verbunden damit ist der Verlust aller Ökosystemleistungen im unmittelbaren Lebensumfeld der Menschen, eine Vergrößerung von Naturrisiken durch thermische und hydrologische Prozesse und eine weitgehende Naturentfremdung. Dieser extremen baulichen Verdichtung muss zur Verbesserung der Lebensbedingungen der dort lebenden, meist benachteiligten und marginalisierten Bevölkerung, oft in informellen

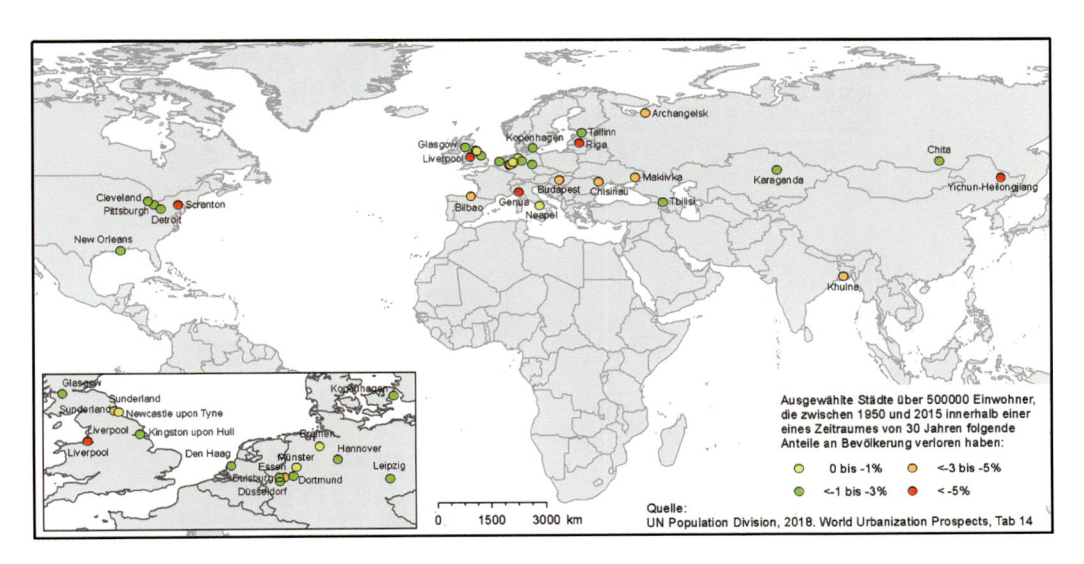

◘ **Abb. 8.5** Schrumpfende Städte, Auswahl 1950–2000. (Entwurf: J. Breuste, Zeichnung: W. Gruber nach Klett-Verlag 2018 und diversen weiteren Quellen)

Abb. 8.6 Neue Stadtnatur auf aufgegebenen Industrieflächen in Chemnitz, Sachsen. (© Breuste 2017)

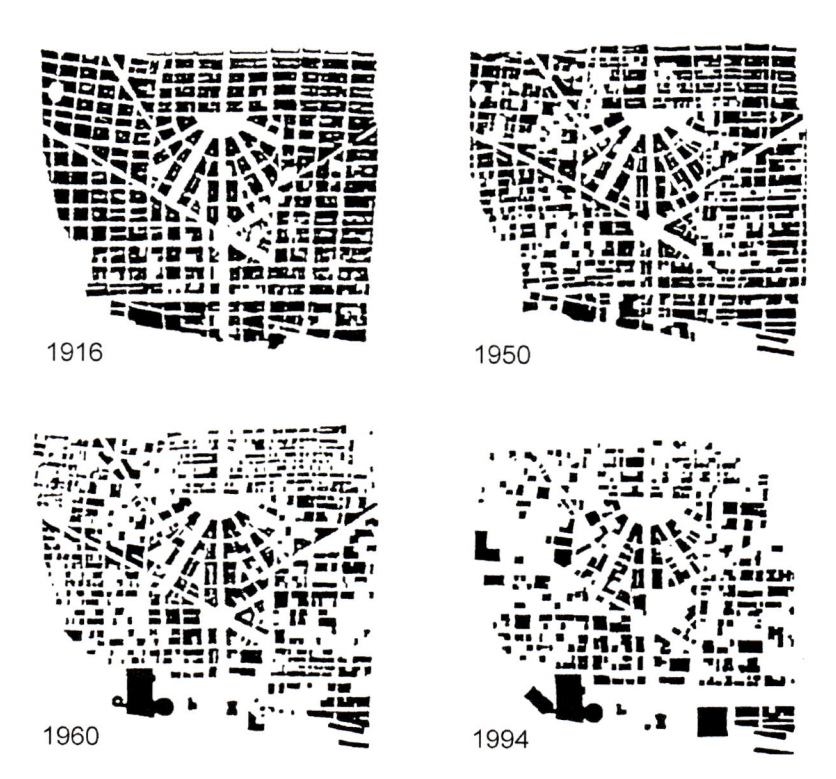

Abb. 8.7 Schrumpfung der Bebauung und Wachstum der Freiflächen in Detroit 1916–1994. (nach Unger F 1995, Zeichnung: W. Gruber)

8.2 · Raum für Stadtnatur erhalten, gewinnen und vernetzen

Siedlungen lebend, durch die Stadtverwaltungen entgegengewirkt werden. Dies ist nur in einem funktionierenden Stadtsystem, unter kontrollierten, planbaren Bedingungen mit wirksamer Exekutive möglich. Dies ist in vielen Städten von Entwicklungsländern oft nicht gegeben. UN-Programme wie z. B. das UN-Habitat-Programm City Development Strategy (CDS) zur Stadtentwicklung sowie das Urban Management Program (UMP) zum Stadtmanagement sollen in solchen Städten die Regierungs- und Planungsfähigkeit stärken (Ribbeck 2007) (s. ◘ Abb. 8.8).

Nachträgliche „Eingriffe" in die extrem verdichtete bauliche Substanz sind meist unmöglich, sodass lediglich Ergänzungen von Stadtnatur im erreichbaren Umgebungsraum möglich sind. Einige Städte, wie z. B. Medellín in Kolumbien, haben damit bereits Erfolge erzielt.

◘ **Abb. 8.8** La Paz, Macrodistrito Maximiliano Paredes, Bolivien; Einziges Grün findet sich im Cementerio General (Zentralfriedhof, Bildmitte). (© Breuste 2015)

Arví-Park Medellín, Kolumbien

Der Regionalpark Arví (Arví-Park) im Großraum Medellín, Kolumbien, ist seit 2010 per Metrocable, einer Seilbahn, an das Metro- und Busnetz der Stadt angeschlossen, von der dicht bebauten Stadt Medellín aus leicht erreichbar. Es ist ein Naturpark, der den letzten Rest noch vorhandenen Naturwaldes (1760 ha) und Kulturlandschaft verbindet. Der Stadt-Naturpark ist der größte und bedeutendste in Kolumbien. Die lokale Bevölkerung profitiert durch Ökotourismus, Erholungsnutzung und Angebote zum Naturlernen von diesem nun leicht zugänglichen Naturangebot. In einem innovativen Konzept werden Naturschutz mit Erholung und Naturkontakt für alle Besucher zu einem nachhaltigen Naturtourismus verbunden. Das besondere Konzept besteht im Vermitteln von Natur, besonders für Stadtkinder und Erwachsene (Naturlernplätze) und wurde durch die gemeinsamen Anstrengungen der Regionalverwaltung und privater Initiativen möglich. Statt früher 4 m^2 stehen nun jedem Bewohner Medellíns in der Bilanz 12 m^2 zur Verfügung (Arvi-Park 2018) (s. ◘ Abb. 8.9).

◘ **Abb. 8.9** Arvi-Park Medellín, Kolumbien, Naturschutz, Erholung, Naturinformation und Einbeziehung der Bevölkerung (hier Vermarktung lokaler Produkte). (© Breuste 2014)

8.3 Stadtnatur allen zugänglich machen

> **Doppelte Innenentwicklung in Deutschland**
>
> Die in Deutschland angestrebte „doppelte Innenentwicklung" versucht bauliche „Innenentwicklung" (im baulichen Bestand) vor Außenentwicklung (am Stadtrand außerhalb geschlossener Bebauung) zu bevorzugen und bei dieser Entwicklung Stadtnatur in der Stadt im Wohnumfeld der Stadtbewohner zu erhalten und zu entwickeln.
>
> Doppelte Innenentwicklung meint, Flächenreserven im Siedlungsbestand nicht nur baulich, sondern auch als urbanes Grün zu entwickeln. Damit soll die Landschaft im Stadtumland vor weiterer Bebauung geschützt und gleichzeitig der innere Siedlungsraum durch leistungsfähiges und nutzbares Grün entwickelt werden. Dies ist in verdichteten Ballungsräumen eine besondere Herausforderung. Die doppelte Innenentwicklung bildet als Programm eine Schnittstelle zwischen Städtebau, Freiraumplanung und Naturschutz (DIFU 2013).

> **Ziel sollte es sein**
>
> Allen Stadtbürgern im täglichen Lebensablauf, also in kurzer Entfernung zum Wohnstandort, Zugang zu ausreichend großen Stadtnaturflächen zu ermöglichen.

Haase et al. 2017 bilanzieren anhand von Beispielen für Europa zunehmend Grüne-Stadt-Strategien als Aspekt von Stadterneuerungs-, Stadtentwicklungs- und Revitalisierungsprozessen. Sie sehen darin vor allem wirtschaftlich begründete Bemühungen für eine attraktivere Stadt, die besonders auf Bevölkerung mittlerer und höherer Einkommen abzielen. Weniger im Fokus der Begrünungsaktivitäten stehen die Viertel der einkommensschwachen Bevölkerung. Dadurch stabilisieren sich bestehende und entwickeln sich neue soziale Ungleichheiten in der Ausstattung und in der Entwicklung von Stadtnatur. Erfolge im Bemühen um eine Grüne Stadt kommen nicht allen Bewohnern der Städte gleichermaßen zugute. Dieses Phänomen ist bereits seit Langem weltweit zu beobachten. In Europa sind jedoch die Erwartungen an soziale Inklusion und gleiche Nutzungsmöglichkeiten öffentlich finanzierter Güter wie Stadtbegrünung höher (Barbosa et al 2007).

Die Bildung eines **Grün-Blauen Netzwerkes** aus Stadtnaturflächen basiert häufig auf vorhandenen Fließgewässern. Ziel ist dabei nicht allein und vordringlich die Verbindung von Biotopen zu einem Lebensraumverbund (Biotopverbund), sondern vor allem die Stadtnaturelemente für die Nutzung durch Stadtbürger grün zu vernetzen (s. ▶ Abschn. 7.2). Zu diesem Netzwerk sollte jeder in geringer Entfernung zum Wohnort Zugang haben und in ihm zu vielen Teilen der Stadt zu Fuß oder mit dem Rad Verbindung haben. Vernetzung von urbanen Naturelementen reduziert außerdem die Größe der „Bebauungs- und Versiegelungszellen" in ihrer Fläche und vermindert die Bildung von Wärmeinseln. Dresden hat dieses Prinzip zur langfristigen, kommunalen Stadtentwicklungsstrategie gemacht: „Kompakte Stadt im ökologischen Netz" (Landeshauptstadt Dresden 2014; Rusche et al. 2015, s. ▶ Abschn. 7.5).

Nicht zu vergessen sind die allen Stadtbewohnern zukommenden Leistungen von Stadtgrün in grünen Stadtzentren oder deren Ergänzungen, ebenfalls ein weltweit zu beobachtender Prozess. Ein Beispiel ist der 2009 auf neu gewonnenem Land für 189 Mio. US$ fertiggestellte grüne Küstengürtel Cinta Costera in der dynamischem Metropole Panama City (s. ◘ Abb. 8.10 und 8.11).

Stadtnatur ist auch bedingt durch Besonderheiten der Lage, der historischen Entwicklung und der Kultur zwischen den Städten, aber auch innerhalb der Städte,

Abb. 8.10 Cinta Costera, Linearpark im Zentrum von Panama City. (© Breuste 2012)

Abb. 8.11 Cinta Costera, ein Park für alle im Zentrum von Panama City. (© Breuste 2012)

> **Nordelta, Buenos Aires – eine grüne Insel der Wohlhabenden**
>
> Stadtnatur als private Natur findet sich immer dort, wo sie für begüterte Stadtbewohner einen Wert darstellt und als Repräsentationsobjekt wirkt. Allein der Besitz der grünen Flächen weist Stadtbewohner als Bevorteilte aus. Grün ist Statusobjekt. Grüne Wohnviertel mit Eigenheimen und Gärten unterscheiden sich von dicht bebauten mehrgeschossigen Baublocks mit deutlich weniger (Gemeinschafts-)Grün weltweit.
>
> Oftmals sind abgeschlossene und zugangskontrollierte Wohngebiete *(gated communities)* grüne Inseln im Bebauungsmeer der Städte oder an deren Rändern.
>
> In der 1999 gegründeten, durch Aufschüttung und Begrünung geschaffenen Wasserlandschaft Nordelta, einer exklusiven Wohnsiedlung am Stadtrand von Buenos Aires, Argentinien, leben ca. 25.000 Einwohner (2014) ungestört von den ansonsten drängenden Problemen der Stadt in einer Parklandschaft (Nordelta 2015, s. ◘ Abb. 8.12).

ungleich verteilt (s. ▶ Abschn. 8.3). Skandinavische Städte haben häufig eine ausgedehnte grüne und blaue Infrastruktur, die den Städten im Mittelmeerraum meist fehlt. Geringeres Vorhandensein von Stadtnatur führt dann auch zu einem geringeren Versorgungsgrad mit ihren Ökosystemleistungen.

Innerhalb der Städte ist das Ziel „Grüngerechtigkeit" ein Teil von anzustrebender Umweltgerechtigkeit. Gemeint ist, dass öffentliche Güter, wie Stadtgrün als Natur auf öffentlichen Flächen, allen Stadtbürgern gleichermaßen Nutzen bringen sollen. Dazu ist der freie Zugang zu dieser Stadtnatur notwendig. Wer jedoch lange Wege zu z. B. Grünflächen zurückzulegen hat, ist durch eine eingeschränkte Nutzungsmöglichkeit benachteiligt (s. ▶ Abschn. 8.5).

Im 500-m-Radius ist es nur in ca. der Hälfte der europäischen Städte für die Mehrzahl der Stadtbewohner möglich (Kabisch et al. 2016) (s. ◘ Abb. 8.13), eine öffentliche Grünfläche zu erreichen. (s. ◘ Abb. 8.14).

Grunewald et al. (2016) berechnen die Erreichbarkeit öffentlicher Grünflächen für die Wohnbevölkerung in Deutschland. In den untersuchten 182 deutschen Städten mit über 50.000 Einwohnern sind für 74,3 % der Wohnbevölkerung Grün- und Gewässerflächen (≥ 1 ha) in einer Entfernung von 300 m Luftlinie (= 500 m Fußweg) als auch Grün- und Gewässerflächen (≥ 10 ha) in einer Entfernung von 700 m Luftlinie (= 1000 m Fußweg) erreichbar. Das sind auch im europäischen Vergleich sehr positive Versorgungswerte (s. Abschn. 8.3).

In Deutschland wird die Einführung bundesweiter Mindeststandards für eine bedarfsgerechte Grünraumversorgung angeregt (BBSR 2017). Für Länder außerhalb Europas liegen dazu kaum Angaben vor. Ein Vergleich im Sinne „bessere" oder „schlechtere" Verhältnisse weltweit widerzuspiegeln, verbiet sich, denn natürliche Voraussetzungen und kulturelle Traditionen wären zu unterschiedlich. Auch kann privates Grün in gewisser Weise öffentliches Grün ersetzen, was zu berücksichtigen ist. Eindeutig aber ist, dass die informellen Siedlungen und Stadtvierteln der Armen in Afrika, Asien und Lateinamerika eine hohe Bevölkerungsdichte und fast kein Grün aufweisen, hier also keine Grüngerechtigkeit besteht. Mehr noch, ganze Bevölkerungsteile, häufig Mehrheiten, werden in Städten der Entwicklungsländer überhaupt vom Kontakt zur Stadtnatur ausgeschlossen (Ernstson 2013) (s. ◘ Abb. 8.15).

Das deutsche Bundesinstitut für Bau-, Stadt- und Raumforschung (BBSR) empfiehlt Handlungsziele für öffentliche Grünflächen mit einer Mindestgröße von 1 ha für die alltägliche Erholung. Sie sollten in fußläufiger Entfernung (300 m Luftlinie) lokalisiert sein. Grünflächen mit einer Mindestgröße von 10 ha sollten für die Nah- und Wochenenderholung in mittlerer Entfernung (700 m Luftlinie) vorgesehen werden. Die Kombination der Erreichbarkeit von Grünflächen mit Mindestgrößen soll eine optimale Nutzung ermöglichen (BBSR 2017).

Abb. 8.12 Nordelta, Buenos Aires, Argentinien, ein Wohngebiet der Oberschicht in einer neu geschaffenen grünen Wasserlandschaft im Paraná-Delta. (© Breuste 2015)

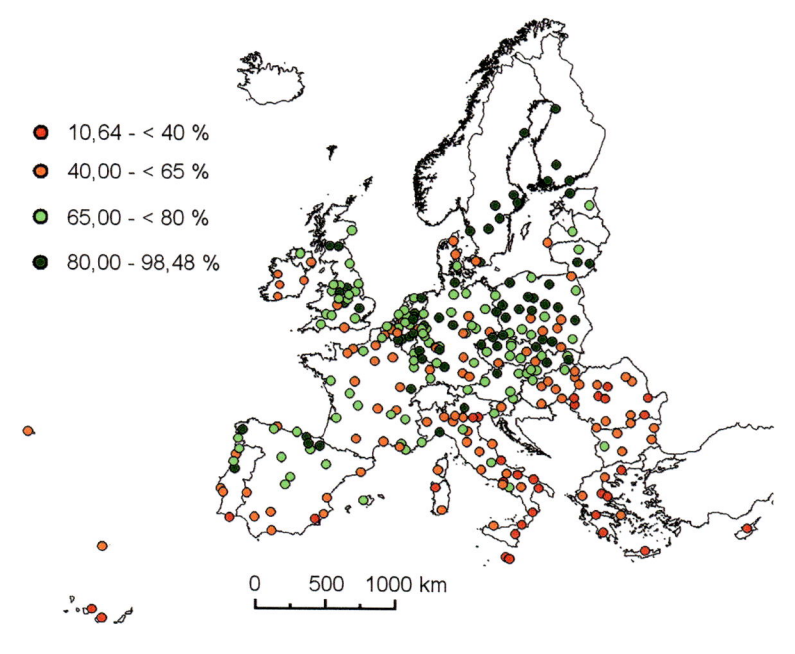

Abb. 8.13 Versorgungsgrad der Stadtbevölkerung mit Grünflächen von mindestens 2 ha in 500 m Entfernung vom Wohnort in europäischen Städten (in Prozent). (nach Kabisch et al. 2016, Zeichnung W. Gruber)

8.4 · Den Nutzen von Stadtnatur vergrößern und dabei alle Naturarten ...

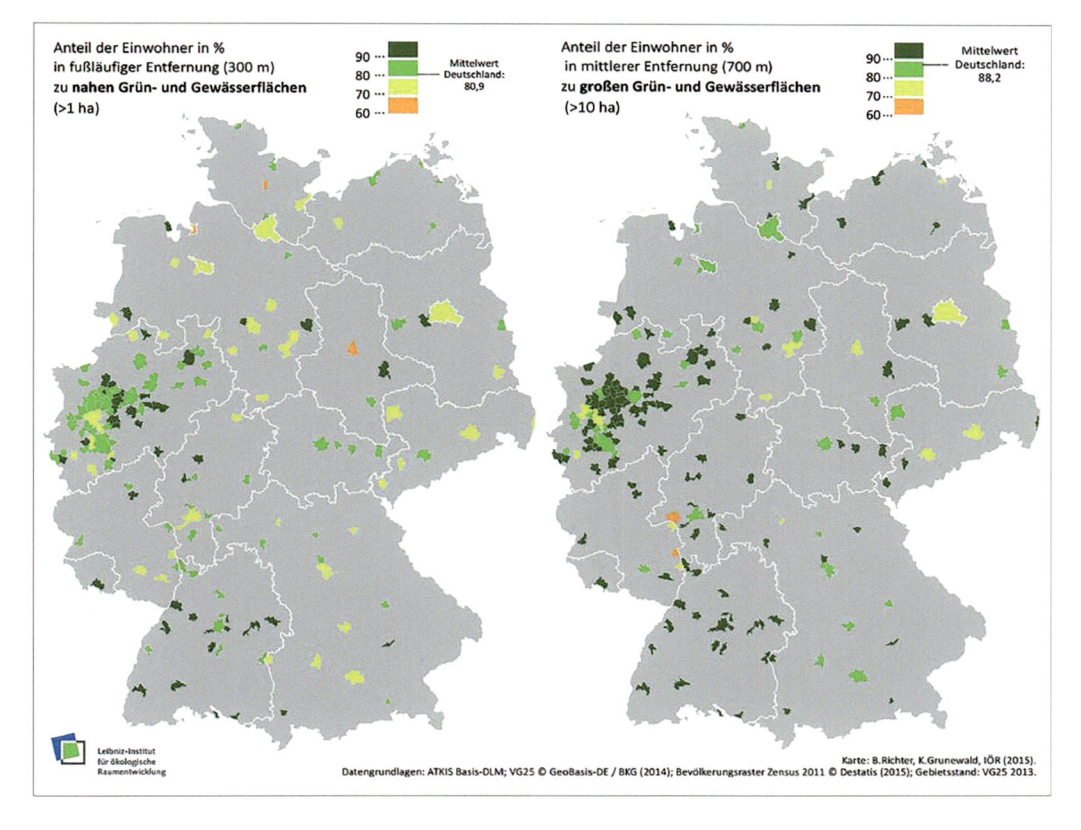

◘ **Abb. 8.14** Erreichbarkeit naher kleinerer (ab 1 ha) (300 m Fußweg) links und größerer (an 10 ha) öffentlicher Grünflächen (1000 m Fußweg) (rechts) (einschl. Gewässer) für die Wohnbevölkerung in deutschen Groß- und Mittelstädten ($\geq$ 50.000 Einwohnern). (Grunewald et al. 2016)

8.4 Den Nutzen von Stadtnatur vergrößern und dabei alle Naturarten einbeziehen

> **Ziel sollte es sein**
>
> Das Konzept der Ökosystemleistungen kommunal in der Entscheidungsfindung anzuwenden und sich dazu als Ausgangspunkt einen Überblick über die lokale Stadtnatur, ihre Leistungseigenschaften und über die Leistungsnachfrage zu verschaffen. Diese Bestandsaufnahme sollte laufend aktualisiert werden, für öffentliche Information zur Verfügung stehen und alle Naturarten einbeziehen. Mit ihrer Hilfe kann konkret Stadtnatur dort erhalten und vermehrt werden, wo sie am meisten von Nutzen ist.

Das Konzept der Ökosystemleistungen anwenden, heißt, den Naturbestand einer Stadt als ihren Reichtum begreifen. Wenn dieses Verständnis vorhanden ist oder entsteht, kann dieser Reichtum geschützt, gepflegt und vermehrt werden. Das Konzept der Ökosystemleistungen soll Städten weltweit helfen, ihren Naturreichtum zu bewahren und zu vermehren. Das Prinzip ist einfach: Was mir nutzt, das bewahre und vermehre ich. Damit steht die Nutzenseite im Vordergrund. Stadtplanung, Stadtfinanzhaushalt und städtische Leistungen können dabei in den Blick genommen werden. Wirtschaftliche Tragfähigkeit und sozialer Nutzen können Argumente für die Erzielung kommunaler politischer Verpflichtungen sein.

Abb. 8.15 Geringe öffentliche Grünversorgung in ausgedehnten Stadtvierteln von Buenos Aires, Argentinien. (© Breuste 2015)

Das Konzept der Ökosystemleistungen kann Städte unterstützen, wenn bei Entscheidungen über Nutzenabwägungen Ökosystemleistungen von Anfang an einbezogen werden. Sie werden jedoch bisher in vielen Städten noch nicht oder nur unzulänglich in Entscheidungen einbezogen. Ursache dafür ist oftmals Unkenntnis der Leistungen oder auch fehlende Quantifizierbarkeit im Vergleich mit quantifizierten ökonomischen Nutzungsalternativen. Erhalt von Ökosystemleistungen ergibt sich oft nur dann, wenn die Stadtbevölkerung unmittelbar profitiert, von einem Verlust direkt betroffen wäre und diesen nicht akzeptiert. Dies betrifft z. B. Stadtnatur, die etablierte und nachgefragte Leistungen als Erholungsraum, zur Verschönerung des Stadtbildes oder als religiöser Ort erbringen (z. B. Shrine-Wälder in Japan, der zentrale Stadtpark, das Natur-Erholungsgebiet am Stadtland, die flussbegleitenden Baumreihen) (s. ► Abschn. 3.6). Andere, wenig oder nur durch Minderheiten beachtete Stadtnatur hat keine „Lobby". Ihr Wert wird oft nicht erkannt und bei Konkurrenzdruck kann sie oft problemlos beseitigt und durch andere Nutzungen ersetzt werden. Akzeptanz für Stadtnatur stärken, heißt, damit auch zu informieren, Nutzen durch jede einzelne Naturfläche bewusst zu machen und Bewusstsein für die mit Stadtnatur verbundenen Werte bei der Bevölkerung stärken (*bottom-up*-Ansatz). Eine starke Bürgergesellschaft mit verschiedenen Möglichkeiten der Vertretung ihrer Interessen ist für den Erfolg dieses Ansatzes hilfreich oder sogar Voraussetzung (TEEB 2011) (s. ► Abschn. 7.5).

Insgesamt gilt es auch darauf hinzuwirken, dass das Konzept der Ökosystemleistungen auch in formalisierte Planungs- und Entscheidungsabläufe eingebracht werden kann. Dies ist auch in Staaten und Städten mit entwickeltem und etabliertem Planungssystem meist noch nicht der Fall (*top-down*-Ansatz). Die Abwägung, welcher der beiden Ansätze, *bottom-up* oder *top-town* oder ob beide Ansätze kooperativ angewendet werden können, fällt lokal.

Die Stadtverwaltung von Cape Town, Südafrika, zum Beispiel hat sich entschlossen, die Ökosystemleistungen ihrer Stadtnatur kontinuierlich zu bewerten und dabei auch monetäre Bewertungen (Total Economic Value/TEV-Approach) einzubeziehen. Dies ist eine immense Aufgabe, die Wertbewusstsein, Personal, Erfahrung und Budgets voraussetzt. Cape Town will damit auch für andere Städte beispielgebend sein (De Witt et al. 2009, 2011) (s. ◘ Abb. 8.16 und 8.17).

Leistungseigenschaften von Stadtnatur hängen nicht nur von der Art der Stadtnatur ab, sondern auch von ihrer Qualifizierung. Die Qualifizierung des städtischen Naturbestandes als Leistungsträger ist notwendig zu ihrer gezielten Entwicklung. Diese kann dadurch erfolgen, dass auch kleinere Flächen attraktiv für z. B. Erholungsnutzer werden, wenn ihre Ausstattung und Sauberkeit verbessert werden und ihre Attraktivität durch Vernetzung mit anderen z. B. durch attraktive Wegeverbindungen wächst. Urbane Wildnisse können eine Bedeutung als Naturerfahrungsraum erhalten, wenn eine einfache Infrastruktur an Wegen ihre Benutzung ermöglicht. Feuchtflächen, die auszutrocknen drohen, können durch geeignete Maßnahmen wieder zu einem wertvollen, artenreichen Feuchtgebiet werden. Es gibt viele Beispiele dafür, wie die vorhandene Stadtnatur in ihren Eigenschaften als Leistungsträger für die Stadtbewohner verbessert werden kann. Das ist umso wichtiger, als Stadtnatur oft nicht einfach flächenhaft erweitert werden kann, oft aber ihre Leistungseigenschaften steigern kann (s. ▶ Abschn. 8.5).

◘ **Abb. 8.16** Cape Town, Südafrika, mit Table Mountain. (© Breuste 2006)

Abb. 8.17 Cape Town, Südafrika, Stadtzentrum. (© Breuste 2006)

Eine besondere Bedeutung kommt dem Schutz und dem Erhalt des städtischen Baumbestandes zu. Baumbestandene Straßen und Plätze, in denen sommerliche Temperaturen reduziert sind, kleine Wäldchen, Parks und Stadtwälder gehören zu den attraktivsten und leistungsfähigsten Naturelementen der Städte (s. ▶ Abschn. 5.2).

Städtische Wasserflächen bieten oft noch vielfältige Potenziale an Leistungen, wenn sie zugänglich und im Uferbereich renaturiert werden. Gerade die Fließgewässer sind als Verbindungselemente besonders geeignet, ein grünes Netz in der Stadt zu bilden. Dem kann deutlich weit mehr Aufmerksamkeit als bisher gewidmet werden. Sie können künftig als wesentlicher Teil der grün-blauen Infrastruktur Verbindung von Stadtteilen herstellen (s. ▶ Abschn. 5.4, s. ◘ Abb. 8.18).

Gärten, insbesondere Kleingärten, sind in Deutschland immer wieder aus den dicht bebauten, mehrgeschossigen Wohngebieten, wo sie einen wertvollen Naherholungsergänzungsraum darstellen, dem Konkurrenzdruck anderer Nutzungen zum Opfer gefallen und an den Stadtrand gedrängt worden. Sie in den Wohngebieten zu belassen und als Teil der Kombination Wohnen-Garten zu denken, wird eine wichtige Aufgabe auf dem Weg zur Grünen Stadt sein. In einigen Ländern, z. B. Portugal und Spanien, wurde damit bereits erfolgreich neues Grün etabliert (s. ▶ Abschn. 5.3).

Landwirtschaftsflächen in und um Städte sind die Naturkategorie (Natur der 2. Art, Kowarik 1992, s. ▶ Abschn. 1.3), die am meisten im Rückgang begriffen und die am wenigsten geschützt ist. Sie sind der städtische Entwicklungsraum, auf den bei Stadtentwicklung und -erweiterung zugegriffen wird. Bei entsprechender Bewirtschaftung und Zugänglichkeit durch nutzbare Wege zeigt sich jedoch, dass auch diese Naturkategorie wertvolle Ökosystemleistungen (z. B. Nahrungsmittelproduktion für die Stadt, Erholungsraum, Habitat) erbringen kann.

Abb. 8.18 Karl-Heine-Kanal mit Uferbegrünung, Leipzig. (© Breuste 2011)

Feuchtgebiete sind allgemein in Städten im Rückgang begriffen. Sie sind artenreiche Lebensräume und als Naturerlebnisräume besonders geeignet. Ihrem Erhalt und ihrer Renaturierung sollte in Städten vordringliche Aufmerksamkeit zukommen. Als Fließgewässer sind sie oft auch die Grundlage eines bestehenden oder möglicherweise zu schaffenden grün-blauen Netzwerkes (s. ▶ Abschn. 6.4 und 7.2).

Gebäudebegrünung (horizontal und vertikal) wird noch viel zu selten in Städten als Teil der grünen Infrastruktur angewandt. Häufig bestehen dagegen technische und wirtschaftliche Vorbehalte. Auch sollte der Nutzen durch Gebäudebegrünung konkretes, messbares Ziel sein. Die Vertikalbegrünung und die Begrünung von Dächern könnte vor allem wesentlich häufiger bei Neubauten angewandt werden als bisher (s. ◘ Abb. 8.19). Dachbegrünungen sind oftmals für Nutzer nicht zugänglich, d. h. sie können nicht in den Genuss der Leistungen der Vegetation kommen, denn Zugänglichkeit ist dafür eine Voraussetzung. Dachbegrünung muss nicht nur in Mauerpfeffer-Vegetation bestehen, sondern kann durchaus Leistungsgrün (Büsche, kleinere Bäume integrieren und Dächer zu attraktiven Aufenthaltsorten mit Naturelementen in dicht bebauten Quartieren machen. Die Bauten der öffentlichen Hand könnten dafür Vorreiter und Beispiel sein. Die Begrünung der Warschauer Universitätsbibliothek ist dafür ein anschauliches Beispiel (s. ◘ Abb. 8.20, s. ▶ Abschn. 8.4) (The Green City 2015).

Kapitel 8 · Welche Wege es zu einer Grünen Stadt gibt es?

◘ Abb. 8.19 Vertikalbegrünung am Supermarkt Les Halles in Avignon, Frankreich. (© Breuste 2014)

◘ Abb. 8.20 Als nutzbarer Park begrüntes Dach der Warschauer Universitätsbibliothek, Polen. (© Breuste 2011)

8.5 Stadtnatur zum Naturerlebnisraum und zum Lernort für Naturerfahrung machen

> **Ziel sollte es sein**
> Naturkontakt in der Stadt zum Lebensalltag von Kindern und Jugendlichen zu machen und die bestehende Naturentfremdung zu stoppen. Dazu sollten Naturerfahrungsräume, vor allem für Kinder und Jugendliche, erhalten und erweitert werden. Grüne Lernorte sollten formell und informell zuerst für Kinder und Jugendliche, aber auch für Erwachsene zur Verfügung stehen.

Naturentfremdung ist zu einem charakteristischen Merkmal vieler entwickelter, urbaner Gesellschaften geworden, und dies, obwohl niemals mehr Informationen über Natur für alle Menschen verfügbar war als mit heutiger Medienunterstützung. Der Unterschied was „natürlich" und vom Menschen unbeeinflusst und was „natürlich", zwar auf Naturprozessen beruhend, aber vom Menschen stark beeinflusst ist, ist den meisten Menschen nicht bewusst. Pflanzliches und tierisches Leben umgibt uns zwar, ist jedoch aus der Alltagserfahrung vieler Städter verschwunden. Es bestehen eklatante Wissens-, Kontakt- und Erfahrungsdefizite, besonders in den entwickelten, urbanen Gesellschaften und dort insbesondere bei der Mehrzahl der Bevölkerung, die in Städten lebt. Stadtleben entfremdet von Natur. Die Studien zum Naturbewusstsein 2017 des Bundesministeriums für Umwelt, Naturschutz (BMU) und nukleare Sicherheit und des Bundesamtes für Naturschutz in Deutschland macht es offenbar (s. ▶ Abschn. 6.3):

58 % der repräsentativ Befragten 2065 Personen wissen nicht, was biologische Vielfalt ist, obwohl 53 % angeben, sich für die Erhaltung der biologischen Vielfalt persönlich verantwortlich zu fühlen. Nur 36 % sind vom Rückgang der biologischen Vielfalt sehr überzeugt. Drei Viertel (75 %) aller Deutschen haben kein hohes Bewusstsein für biologische Vielfalt. Das gesellschaftliche Bewusstsein für die Bedeutung der biologischen Vielfalt hat sich in den letzten Jahren trotz immenser Informationsflut kaum verändert. In den Lebenswelten ganzer Milieus nimmt Natur keine bedeutende Stellung mehr ein (z. B. Bürgerliche Mitte und Prekäre) (BMU, BFN 2018, s. ▶ Abschn. 6.3).

Natur wird im Erfahrungsbereich der Städter, in der Stadt, nur wenig, z. B. durch Medien, thematisiert. Natur wird als etwas außerhalb der Städte Bestehendes lokalisiert, Verantwortung dafür bei der Politik gesucht. Das gesellschaftliche und individuelle Bewusstsein, das Naturwissen, Einstellungen und Verhalten, Natur zu erfahren, zu nutzen und wertzuschätzen hängt von sozialen Milieus, von Lebensstilen und Wertorientierungen ab (BMU, BFN 2018, s. ▶ Abschn. 8.6 und 8.7).

Der potenzielle Haupterfahrungsraum für Natur ist aber die Stadtnatur, da sie die alltäglich erfahrbare Natur der Umgebung von mehr als drei Viertel der Menschen z. B. in Deutschland ist. Dieses Potenzial ist bisher bei Weitem nicht genutzt. Die gesamte Stadt ist ein Naturerfahrungsraum. In ihr können spezielle Naturerfahrungs- und Erlebnisräume gezielt eingerichtet und bestimmt werden. In Großbritannien wurden dazu bereits in den 1980er- und 1990er-Jahren vielfältige positive Erfahrungen gemacht und entsprechende Stadtnaturflächen gezielt für die Nutzung durch Kinder und Jugendliche in Städten wie London eingerichtet (Johnston 1990) (s. ▶ Abschn. 8.6).

Eine besondere Zielgruppe für die Verbesserung des zurückgegangenen Naturkontaktes sind Kinder und Jugendliche. Seit 1997 dokumentiert der „Jugendreport Natur" in unregelmäßigen Abständen den Wandel des Verhältnisses von Jugendlichen zur Natur. Dazu wurden jedes Mal zwischen 1200 und 3000 Sekundarschülerinnen und -schüler aller Schulformen in Deutschland nach ihren

Erfahrungen, Einstellungen und Kenntnissen in Bezug auf Natur befragt. Die Ergebnisse sind abgesehen von diversen Publikationen auf der Website ▶ http://www.natursoziologie.de/NS/alltagsreport-natur/jugendreport-natur.html zusammengestellt. Generell ist festzustellen: Natur verschwindet zunehmend aus dem Alltag der Jugendlichen. In nur zehn Jahren hat sich die Zahl derer, die gern die Natur aufsuchen, auf unter 20 % halbiert. Der Natursoziologe Brämer (2006; Brämer und Koll 2017), Leiter der Studie, bezeichnet diese Naturentfremdung als „Naturvergessenheit". Jugendliche in Deutschland sind immer mehr in der Medien-Gesellschaft und immer weniger in der Natur zu Hause. Sie verstetigen meist ein romantisches Naturbild. Naturnutzung, z. B. für die Jagd oder die Holzwirtschaft, wird als verwerflich, Wald mit Totholz als unordentlich empfunden. Nachhaltigkeit wird kaum verstanden. Die traditionelle Umwelterziehung ändert wenig am naturbezogenen Alltagsverhalten von Jugendlichen. Dagegen erwerben jene Jugendliche, die sich oft im Wald aufhalten, deutlich mehr Naturkompetenz (Brämer und Koll 2017).

Stadtnatur kann und sollte zwei Aufgaben zugleich erfüllen, durchaus emotionaler Naturerfahrungsort und gleichzeitig Lernort über Natur und ihre Prozesse sein. Dies fördert die gesunde Entwicklung von Kindern und Jugendlichen, ihre Eigenverantwortung, Kreativität, Risikokompetenz, soziale Kompetenz sowie ihre sprachlichen, motorischen und naturwissenschaftlichen Fähigkeiten. Nicht zuletzt erfolgt im Umgang mit Stadtnatur die Herausbildung genereller Einstellungen zur Natur, die auch außerhalb der Städte zur Anwendung kommen. Dazu sind der Erhalt und die gezielte Lokalisation von Stadtnatur im Wohn- und Lebensumfeld nötig. Formelle und informelle grüne Lernorte, urbane Wildnisse, sollten in ihrer Vielfalt erhalten und gefördert werden (TEEB 2016) (s. ▶ Abschn. 7.4).

Das Konzept der Naturerfahrungsräume basiert auf dem Erleben von Natur mit allen Sinnen. Obwohl das Konzept eher emotional ausgerichtet ist, wirken doch Emotion und Kognition beim Naturerleben zusammen (Reidl et al. 2005). Das Konzept ist allerdings oft auf „alte" und „neue" Wildnisse orientiert, kann aber Naturerfahrung in gestalteten Stadtnaturräumen einschließen. Die städtischen Wildnisse sind häufig struktur- und artenreich und erlauben die Entwicklung einer besonderen Beziehung zur Biodiversität, was angesichts des Biodiversitätswissens dringend notwendig erscheint (s. ▶ Abschn. 7.3 und 7.4).

> **Urbane Naturerfahrungsräume**
>
> Urbane Naturerfahrungsräume sind auf mindestens der Hälfte ihrer Fläche ihrer natürlichen Entwicklung überlassene „urbane Wildnisse" (alte Wildnisse = Wald, neue Wildnisse = Brachen) im Wohnumfeld, die jeweils mindestens 1 ha groß sind und die durch Kinder und Jugendliche ohne pädagogische Betreuung und ohne Spielgeräte zum spielerischen Erfahrungsgewinn im Umgang mit Natur genutzt werden können. Sie vermitteln spielenden Kindern das Gefühl „in der Natur" zu sein. Naturerfahrungsräume sind überwiegend informell, also nicht für diese Funktion ausgewiesen. Sie können aber auch direkt dafür vorgesehen werden (Schemel 1998; Schemel und Wilke 2008; Reidl et al. 2005; Stopka und Rank 2013, Naturkapital Deutschland – TEEB DE 2016).

Kinder nutzen Stadtnatur immer weniger selbstständig, sondern geregelt und unter Kontrolle. Bildungseinrichtungen vermitteln an organisierten (formellen) grünen Lernorten Naturlernen durch Naturerfahrung. Natur-Lernorte oder grüne Lernorte werden als wichtig erachtet, weil Kinder in Städten immer weniger Möglichkeiten für Naturkontakt haben und zunehmend und dominant Innenräume in ihrer Freizeit nutzen. Naturkontakte spielt für Kinder in Städten heute nur noch eine untergeordnete Rolle. Dadurch entfallen die zahlreichen nachgewiesenen positiven Effekte von Naturkontakten in der Entwicklung von Kindern. Natur-Lernorte können Bestandteile von Stadtnatur sein, der Stadtwald, der Stadtpark, das Stadtgewässer, der Garten oder die „neue urbane Wildnis". Kinder sind für alle Naturarten offen, mit ihnen Erfahrungen zu machen und sie als Lernorte zu nutzen (Schemel und Wilke 2008). Ergänzend zu den grünen Lernorten für Kinder und Jugendliche können grüne Lernorte für Erwachsene wichtige Multiplikatoren sein. Dazu zählen Lernorte an Hochschulen, Lerngärten, Lehr- und Forschungsstationen u. a. Auch für Erwachsene versucht manche Stadtkommune, Wissen über ihre Stadtnatur durch Tafeln, Informationsbroschüren oder Lehrpfade zu vermitteln. Der Erfolg dieser Maßnahmen wird jedoch meist nicht überprüft (s. ◘ Abb. 8.21, 8.22, 8.23, 8.24, 8.25 und 8.26).

> **Grüne Lernorte**
>
> Bildungsinstitutionen organisieren die formelle Naturerfahrung durch Kinder und Jugendliche und nehmen Naturlernen an „grünen Lernorten" in ihr Programm auf. Neben diesen formellen Formen grüner Lernorte kann jede Form von Stadtnatur informell zum grünen Lernort werden (Naturkapital Deutschland – TEEB DE 2016).

Naturerlebnis und Naturlernen in Linz, Österreich

Die Hälfte des Linzer Stadtgebietes ist Stadtnatur. Dazu zählen der Botanische Garten, das angeschlossene Arboretum, die vielen Stadtparks, Stadtwälder wie der weitläufige Wasserwald, der Schiltenberg, die Traunauen und der Pichlingersee. Die Naturkundliche Station, die seit 2005 dem Botanischen Garten angeschlossen ist, bemüht sich erfolgreich um die Erhaltung und Entwicklung der Stadtnatur und ist für Naturschutz und Stadtökologie der Stadt Linz ein wichtiger lokaler Vertreter. Sie wurde bereits 1953 gegründet. Wichtige Aufgaben umfassen dabei die regelmäßige Bestandskontrolle ausgewählter Tierarten (z. B. Vogelarten, Amphibien, Reptilien, Libellen), Natur- und Artenschutzpraxis, Sachverständigendienst und Öffentlichkeitsarbeit.

Die Öffentlichkeitsarbeit der Station ist in herausragender Weise vorbildlich, wendet sich an alle Bevölkerungsgruppen, von Kindern bis zu Älteren. Sie umfasst Aktivitäten wie naturkundliche Wanderungen, vogelkundliche Exkursionen, Kinderangebote, Fachvorträge, Ausstellungen zum Stadtnaturschutz, zur Stadtökologie und zum Natur- und Artenschutz in der Stadt.

Überregional wirksam wird die Stadt Linz durch ihre viermal jährlich erscheinende populärwissenschaftliche Zeitschrift ÖKO.L – Zeitschrift für Ökologie, Natur- und Umweltschutz, die seit 1979 von der Naturkundlichen Station herausgegeben wird. Anliegen der Zeitschrift sind die populärwissenschaftliche Behandlung von Themen im Bereich Stadtökologie, Natur- und Umweltschutz in der Stadt und im Stadtumland und die Verbreitung des Umweltschutzgedankens im Sinne der Umweltbildung. Im Jahr 2018 wurde das Jubiläumsjahr von ÖKO.L mit der Linzer Ausstellung „Bewusst für Natur! 40 Jahre ÖKO.L – Zeitschrift der Naturkundlichen Station" gefeiert (Magistrat Linz 2018) (s. ◘ Abb. 8.27 und 8.28).

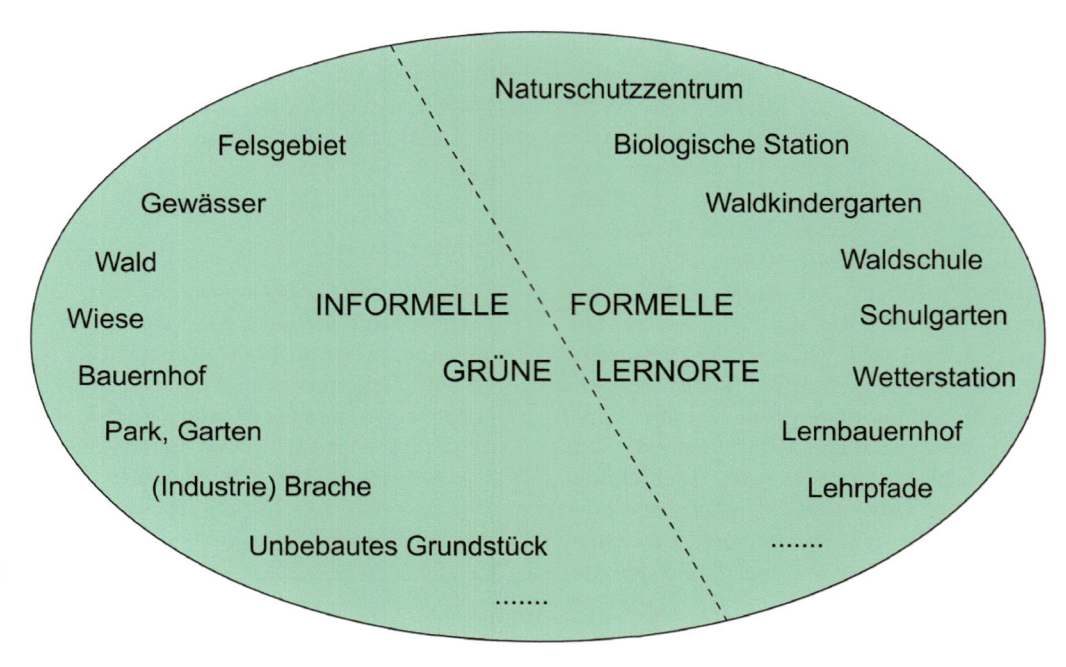

Abb. 8.21 Konzept der grünen Lernorte. (verändert nach Naturkapital Deutschland – TEEB DE 2016, Zeichnung: W. Gruber)

8.6 Stadtnatur schützen und nutzen

Ziel sollte es sein
Stadtnatur nutzbar und zugänglich für alle Bürger zu machen und sie gleichzeitig in angemessener, differenzierter Weise zu schützen.

Die Grüne Stadt kann nur entstehen, wenn Stadtnatur Wertschätzung erfährt, geschützt und entwickelt wird. Ein breites Verständnis für unterschiedliche Natur, Naturprozesse und ihre Sensibilität oder Robustheit ist dafür Voraussetzung. Stadtnatur sollte nicht „Reservat-Charakter" haben und wie ein Zoologischer Garten „besichtigt", sondern genutzt werden. Dazu bedarf es verbreiteter Vorstellungen von der zerstörungsfreien Nutzbarkeit und Belastbarkeit verschiedener Stadtnaturbestandteile. Dies betrifft die Rasenflächen eines Parks genauso wie das Waldgebiet am Rande der Stadt (s. ◘ Abb. 8.29).

Schutz vor Zerstörung haben Städte oft bereits Teilen der Stadtnatur zuteilwerden lassen. Sie wenden dazu Landesgesetze an oder erlassen Bestimmungen, die insbesondere die Benutzung dieser Stadtnatur regeln sollen. Diese Schutzbestimmungen sind meist jedoch orientiert auf wenige Naturelemente, denen ein hoher Wert zugemessen wird (z. B. seltene Arten und deren Lebensräume). Ihre Einhaltung wird selten systematisch kontrolliert. Städtische Schutzgebiete für Natur sind damit oft „Schutzinseln", ohne verbindenden Zusammenhang untereinander. Sie sind oft mit der Absicht geschützt, die menschliche Nutzung zu reduzieren oder z. T. sogar auszuschließen. Dazu dienen unterschiedliche Schutzkategorien (s. ▶ Abschn. 7.3).

8.6 · Stadtnatur schützen und nutzen

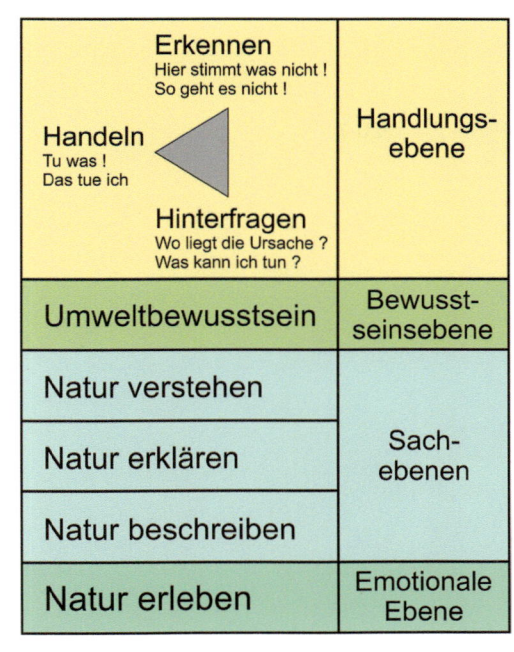

	Erkennen Hier stimmt was nicht! So geht es nicht!	
Handeln Tu was! Das tue ich		Handlungs- ebene
	Hinterfragen Wo liegt die Ursache? Was kann ich tun?	
Umweltbewusstsein		Bewusst- seinsebene
Natur verstehen		Sach- ebenen
Natur erklären		
Natur beschreiben		
Natur erleben		Emotionale Ebene

Abb. 8.22 Konzept des Naturerlebens. (nach Janssen 1988, Zeichnung: W. Gruber)

> **Naturschutz in der Stadt**
>
> Der Ausschluss der Nutzung von Natur durch den Menschen sollte in Städten die seltene Ausnahme sein. Naturschutz erfüllt sich in Städten am besten durch verantwortungsvolle Naturnutzung, auf der Basis von grundlegendem Wissen über Natur.

Nur akzeptierte Natur kann für den Stadtbewohner, nicht akzeptierte nur gegen den Stadtbewohner geschützt werden. Natur in der Stadt vor dem Stadtbewohner zu schützen, sollte die seltene Ausnahme besonderer Begründung (z. B. Schutz ist anderswo nicht möglich) sein (Breuste 1994).

Der Akzeptanzfrage kommt besondere Bedeutung zu. Akzeptanz in der Stadtbevölkerung für Natur und Naturschutzmaßnahmen zu erreichen, ist damit auch eine der Bemühungen des institutionalisierten Stadtnaturschutzes (s. Abb. 8.30).

Abb. 8.23 Kinder erfahren und erlernen selbstständig experimentierend, spielerisch Natur, Bodenabbruchkante nahe des Wohngebietes Silberhöhe in Halle/Saale. (© Breuste 2008)

Abb. 8.24 Naturerfahrung mit dem Smartphone im Bailu Wan Wetland, Teil des Grünen Rings in Chengdu, China. (© Breuste 2013)

Natur schützen und Natur nutzen, muss heute weit mehr noch als in der Vergangenheit besonders in Städten miteinander verbunden werden. Dies kann durchaus auch als Chance begriffen werden, denn viele geschützte Bereiche liegen entweder im Umgebungsbereich der Städte und werden bereits für die Naherholung genutzt oder sind sogar in oder unmittelbar an Städten lokalisiert (Landy 2018). Dies betrifft sogar eine Reihe von Nationalparks, die inzwischen oder gezielt zur urbanen Stadtnatur zählen, z. B. Nationalparks wie Table Mountain NP in Cape Town, Nairobi NP in Nairobi, Sanjay Gandhi NP in Mumbai, Tijuca NP in Rio de Janeiro, Tyresta NP in Stockholm, Donauauen NP nahe Wien etc.

Waren noch vor 10 Jahren weltweit ein Viertel der Naturschutzgebiete in einem 17-km-Umkreis von Städten lokalisiert, so sind dies heute bereits deutlich mehr. Der Grund dafür ist das Wachstum von Städten ins weitere Umland und die dadurch entstehende neue Nachbarschaft von Schutzgebieten und städtischen Strukturen. Dies führt nicht immer zu möglichen positiven Partnerschaften, sondern auch zu Konflikten. Die neuen Nachbarschaften haben aber das Potenzial, Menschen Natur in ihrem Lebensumfeld „Stadt" näher zu bringen und dadurch eigene Naturerfahrungen zu ermöglichen. Dieses Kennenlernen kann zu einer höheren Wertschätzung von Natur führen. Schützen und Nutzen können damit eine positive Partnerschaft eingehen.

8.6 · Stadtnatur schützen und nutzen

Abb. 8.25 Kinder erlernen besonders am Wasser unter Anleitung und Aufsicht spielerisch Natur, Dordelta, Argentinien. (© Breuste 2015)

Urban Protected Areas (städtische Naturschutzgebiete)

Die International Union for Conservation of Nature (IUCN) definiert Proteced Areas (Naturschutzgebiete) als:
„*A clearly defined geographical space, recognised, dedicated and managed, through legal or other effective means, to achieve the long-term conservation of nature with associated ecosystem services and cultural values*" (Trzyna 2014b).
Darunter fallen sechs Kategorien in öffentlicher, privater oder kombinierter Verwaltung:
„*Ia Strict nature reserve; Ib Wilderness area; II National park; III Natural monument or feature; IV Habitat/species management area; V Protected landscape or seascape; VI Protected areas with sustainable use of natural resources*" (Trzyna 2014b).
Protected Areas werden durch ihre Lage zu Urban Protected Areas, wenn sie „*situated in or at the edge of larger population centres*" sind (Trzyna 2014b, S. xi).
Da es bei Protected Areas ausschließlich um „*conservation of nature*" geht, ist die Übersetzung mit Naturschutzgebieten gerechtfertigt, ohne dass dabei eine bestimmte Schutzgebietskategorie gemeint ist (z. B. NSG in Deutschland).

Abb. 8.26 Vogelfütterung ist bei Stadtbewohnern beliebt – Fütterungsstelle von Wildvögeln an der Moldau in Prag, Tschechische Republik. (© Breuste 2017)

Städtische Naturschutzgebiete sind besonders gekennzeichnet durch:
- eine große Zahl von täglichen Nutzern, größerer ethnischer und sozialer Diversität als in entfernten Schutzgebieten,
- vielfältige Beziehungen zu unterschiedlichen Akteuren in der Stadt,
- ihre akute Bedrohung durch bauliche Stadtentwicklung,
- besondere Betroffenheit durch Kriminalität, Vandalismus, Müll, Lichtverschmutzung und Lärmbelästigung
- besondere Betroffenheit von urbanen Randeffekten, wie häufige und schwerere Brände, Luft- und Wasserverschmutzung und Ausbreitung invasiver Arten (Trzyna 2014b, S. xi).

Trzyna 2014b (S. 3) betont zu Recht:
„The international conservation movement traditionally has concentrated on protecting large, remote areas that have relatively intact natural ecosystems. It has given a lot less attention to urban places and urban people."

Städtische Naturschutzgebiete
- sind auch Habitat für einige global gefährdete Arten, die nur hier erhalten werden können,
- sind Teil des Tourismus-Konzeptes der Städte (Bsp. Kapstadt, Rio de Janeiro, Stockholm) und
- können die Lebensqualität der Stadtbewohner entscheidend verbessern, Arbeitsplätze schaffen und zur kommunalen Stabilität beitragen (Trzyna 2014a).

Abb. 8.27 ÖKO.L – Zeitschrift für Ökologie, Natur- und Umweltschutz – seit 40 Jahren (1979) eine der führenden populärwissenschaftlichen Zeitschriften zum Thema „Stadtnatur", herausgegeben vom Magistrat der Stadt Linz, Österreich. (Magistrat Linz 2018)

Abb. 8.28 ÖKO.L – Titelblatt Heft 1, 2003. (Magistrat Linz 2018)

8.6 · Stadtnatur schützen und nutzen

30 Empfehlungen für die Entwicklung und das Management von städtischen Naturschutzgebieten *(urban protected areas)* (nach Trzyna 2014b)

Städtische Naturschutzgebiete und Stadtbewohner
1. Zugang für alle, besonders auch für alle ethnischen und benachteiligten Gruppen schaffen
2. Sinn für lokale Eigentümerschaft dieser Naturgebiete entwickeln
3. Freiwillige und Unterstützer ins Management einbinden
4. Rücksichtsvoll kommunizieren
5. Gutes Umweltverhalten demonstrieren, erleichtern und unterstützen
6. Vorteile des Naturkontakts und von guten Essgewohnheiten für Gesundheit verdeutlichen und unterstützen
7. Wegwerfen von Abfällen vermeiden
8. Kriminellem Verhalten vorbeugen und dies nicht tolerieren
9. Kontakte und Konflikte mit Wildtieren vermeiden und der Verbreitung von Infektionskrankheiten damit vorbeugen
10. Wilderei kontrollieren
11. Die Ausbreitung von invasiven Arten (Tiere und Pflanzen) kontrollieren

Städtische Naturschutzgebiete im räumlichen Kontext
1. Verbindungen zu anderen Naturschutzgebieten fördern
2. Natur auch in bebaute Gebiete integrieren und damit den Gegensatz „Natur" und „urban" reduzieren
3. Eingriffe in die Stadtschutzgebiete kontrollieren
4. Gewässer kontinuierlich beobachten und wenn nötig gestaltend eingreifen
5. Wildfeuer einschränken
6. Einfluss von Lärm und künstlicher Beleuchtung in der Nacht reduzieren, die Forschungen zu elektromagnetischen Strahlungen beachten

Städtische Naturschutzgebiete und Institutionen
1. Zusammenarbeit mit Institutionen und Organisationen mit ähnlichen gesetzlichen Aufgaben
2. Zusammenarbeit mit Institutionen und Organisationen, die ähnliche Interessen vertreten
3. Ein Netzwerk von Förderern und Verbündeten entwickeln
4. Mit Universitäten zusammenarbeiten, die Manager für Stadtschutzgebiete ausbilden, nutzen dieser Gebiete für wissenschaftliche Forschung und spezielles Lernen
5. Von Erfahrungen anderer durch Zusammenarbeit lernen, sorgfältig auf Strukturen, Prozesse und den Naturgegenstand dabei achten

Städtische Naturschutzgebiete fördern, schaffen und verbessern
1. Stadtschutzgebiete fördern und verteidigen
2. Stadtschutzgebiete im nationalen und globalen Schutz prioritär machen
3. Neuschaffung und Erweiterung von Stadtschutzgebieten
4. Regeln und Umgangskulturen, die die Unterschiede zwischen urbanen und anderen Schutzgebieten ausdrücken, unterstützen
5. Erkennen, dass politische Fähigkeiten entscheidend für den Erfolg sind, sie stärken und politisches Kapital aufbauen
6. Unterstützende Finanzierungen aus einer Vielzahl von Quellen erschließen
7. Vorteile von internationalen Organisationen und Austauschprogrammen nutzen
8. Verbesserung der Schutzgebiete durch Forschung und Evaluierung

Abb. 8.29 Anleitung von Besuchern zum Umweltverhalten – Hinweis zum Grasschutz in einem Park in Suzhou, China. (© Breuste 2006)

Damit kommen auf den Stadtnaturschutz neue und im Vergleich mit Naturschutz außerhalb von Städten zusätzliche und z. T. sogar andere, erweiterte Aufgaben zu.
Dazu gehören z. B.:
- Entwicklung neuer Naturbeziehungen,
- Entwicklung von Vertrautheit mit und Zugehörigkeit zu einem Gebiet („Heimatgefühl"),
- Eröffnung von Möglichkeiten nicht reglementierten Kinderspiels,
- Erholungsangebote in der Natur,
- Angebot von Lern-, Forschungs- und Lehrflächen zur Natur,
- Beitrag zum Umweltschutz und zum Landschaftshaushalt (Wasserhaushalt, Gewässerhygiene, Klima, Lufthygiene, Lärmschutz),
- Bioindikation von Umweltveränderungen und -belastungen und
- Eröffnung von Möglichkeiten ökologischer Forschungen (s. a. Sukopp und Weiler 1986; Trepl 1991; Breuste 1994; Breuste et al. 2016; Landy 2018).

Damit geht es beim Stadtnaturschutz um die Schnittstelle von naturwissenschaftlichen und sozialwissenschaftlichen Ansätzen. Die Nutzungsziele sind dabei bei verschiedenen Nutzergruppen unterschiedlich. Management muss sich dem anpassen, dabei aber nicht das Ziel der Erhaltung vielfältiger Natur aus dem Auge verlieren (Plachter 1991).

Es ist sinnvoll für verschiedene Stadtbereiche angepasste, siedlungsspezifische Naturschutzziele zu bestimmen.

8.6 · Stadtnatur schützen und nutzen

> **Prinzipien des Stadtnaturschutzes**
>
> Als Prinzipien des städtischen Naturschutzes können gelten:
>
> 1. Vorranggebiete für Umwelt- und Naturschutz,
> 2. zonal differenzierte Schwerpunkte des Naturschutzes und der Landschaftspflege,
> 3. Berücksichtigung der Naturentwicklung in der Innenstadt,
> 4. historische Kontinuität,
> 5. Erhaltung großer zusammenhängender Freiräume,
> 6. Vernetzung von Freiräumen,
> 7. Erhaltung von Standortunterschieden,
> 8. differenzierte Nutzungsintensitäten,
> 9. Erhaltung der Vielfalt typischer Elemente der Stadtlandschaft,
> 10. Unterbindung aller vermeidbaren Eingriffe in Natur und Landschaft,
> 11. funktionelle Einbindung von Bauwerken in Ökosysteme,
> 12. Schaffung zahlreicher Luftaustauschbahnen,
> 13. Schutz aller Lebensmedien (Sukopp und Sukopp 1987, S. 351–354).

Mit Bezug auf Auhagen und Sukopp 1983 entwickelt Plachter 1991 unter besonderer Berücksichtigung zooökologischer Aspekte „siedlungsspezifische Naturschutzziele" und Maßnahmen (S. 137):
- Erhaltung und Wiederherstellung durchgängiger Grünzüge,
- Herabsetzung des Versiegelungsgrades
- Verzicht von Neubauten in Bereichen, die als Ausbreitungsachsen für Tiere und Pflanzen eine besondere Bedeutung haben, wie Fließgewässerufer oder Waldrandbereiche,
- Strikte Beachtung des Prinzips der Eingriffsminimierung bei allen Baumaßnahmen,
- Herabsetzung der Pflegeintensität auf einem erheblichen Teil der öffentlichen Flächen,
- Gezielter Schutz von Lebensräumen hohen Alters
- Entwicklung von Altbaumbeständen. Sanierungsmaßnahmen sollten nur aus zwingenden Gründen der Verkehrssicherung durchgeführt werden,
- Regeneration der Fließgewässer einschließlich ihrer Uferzonen durch Wiederöffnung verrohrter Abschnitte und Anlage breiter, naturbelassener Uferzonen,
- Schutz und ggf. Regeneration vielgestaltiger Grüngürtel,
- Erhalt und ggf. Neuentwicklung von Lebensräumen wie Kleingewässer, Alleen, Streuobstgärten, Bauerngärten, Ruderalfluren.

Wie viel Wildnis wir in den Städten tolerieren oder gar bewusst im System der Naturschutzgebiete entwickeln, wird eine lokal zu lösende Aufgabe sein (s. ▶ Abschn. 6.3 und 7.4). Wildnisentwicklung als einzig sinnvollen Weg städtischen Naturschutzes zu sehen (Hard 1998, S. 41), wird wohl eher die Ausnahme als die Regel sein. Städtischen Ordnungssinn überall anzuwenden, sollte jedoch auch überdacht werden.

Die bessere Integration von Natur in Städte ist nicht konfliktlos. Die oft mit Natur wenig vertrauten Stadtbewohner haben teilweise unbegründete, aber von vielen geteilte Ängste in Bezug auf Natur. Vermutet werden:
- Ausbreitung von Krankheitserregern,
- Insektenkalamitäten,
- Ausbreitung von giftigen Tierarten (z. B. Spinnen, Schlangen etc.),
- Ausbreitung von „Unsauberkeit" durch natürliche Entwicklungsprozesse und
- Störungen des sozialen Friedens (Erwartung, dass Naturgebiete in der Stadt Rückzugsräume von Kriminellen oder Randgruppen mit wenig tolerierten Verhaltensweisen gefährlich sein könnten).

Abb. 8.30 Naturschutz durch Nutzung und Pflege – Informationstafel im Lainzer Tiergarten, einen 2450 ha großen Naturschutzgebiet in Wien, Österreich. (© Breuste 2018)

Sicher ist, dass sich mit mehr Natur auch Wildtiere und Wildpflanzen in Städten, z. T. an ungewöhnlichen Orten, etablieren. Dies erfolgt nicht immer im Einvernehmen mit den Stadtbewohnern, die besonders Wildtiere als Bedrohung oder einfach als Ordnungsstörer wahrnehmen. Für Bären in Brasov (Rumänien), Leoparden in Mumbai (Indien), Wildschweine in Berlin, Warane in Bangkok oder Affen in z. B. indischen Städten trifft dies sicher auch zu. Andere Wildtiere bleiben in Städten oft weitgehend unsichtbar und unerkannt, gehören aber längst zu unserem städtischen Lebensraum (z. B. Füchse in Zürich oder Stockholm) (s. ◘ Abb. 8.31 und 8.32).

Aravalli Biodiversity Park, Delhi, Indien

Der Aravalli Biodiversity Park in Delhi stellt auf 153,7 ha Fläche ein Stück wiedergewonnene Wildnis mitten in Delhi dar. Am Weltumwelttag 2010 wurde er eröffnet, indem ein länger ungenutzter Bereich mit sekundärem Trockenwald durch Infrastruktur, Umzäunung und Management für Besucher zugänglich gemacht und als Naturschutzgebiet präsentiert wurde. Damit wurde auch verhindert, dass sich auf dem ungenutzten Land andere Nutzungen ausbreiten.

Der Park ist mit allein 175 Vogelarten ein Biodiversitäts-Hotspot in Delhi. Sein Entstehen ist auf Privatinitiativen zur Wiederherstellung von verloren gegangener Natur in der Stadt zurückzuführen. Um einheimische Natur wieder zu etablieren, bedarf es eines weitgehenden Managements gegen die Ausbreitung von *Prosopis juliflora*, einer sich im

8.6 · Stadtnatur schützen und nutzen

subtropischen Afrika, Asien und Australien invasiv ausbreitenden Gehölzart aus Mexico, die bereits große Bereiche einnimmt. Der Park eröffnet für Besucher einen guten Einblick in die Pflanzen- und Tierwelt der Hügelketten des Aravali, die die Großstadt Delhi in den letzten Jahrzehnten baulich umschlossen und damit zu einem Teil der Stadt gemacht hat (Bansal 2017) (s. ◘ Abb. 8.33).

Oft werden städtische Naturschutzgebiete wenig genutzt, insbesondere dann, wenn sie weniger bekannt und beworben, weniger gut zugänglich gemacht, weniger gut mit Infrastruktur ausgestattet oder schwer erreichbar sind oder wenn Sicherheitsbedenken bestehen. An all diesen Hindernissen kann verbessernd gearbeitet werden, wenn sie durch die Verantwortlichen erkannt wurden und die Attraktivität der Gebiete gesteigert werden soll. Manchmal ist dies auch nicht Ziel des Managements, insbesondere, wenn durch hohe Besucherzahlen Gefahren für den Artenbestand und die Habitatqualität durch den amtlichen Naturschutz vermutet werden. In den meisten Fällen sind diese Qualitätsminderungen der Naturschutzgebiete, bei gutem Management, jedoch vermeidbar. Während in entfernten Naturschutzgebieten auch eine Reduzierung der Besucher Ziel sein kann, sollte dies jedoch für städtische Naturschutzgebiete nicht gelten. Hier sollten die Nutzung und die Entwicklung von Naturkontakt absolut im Vordergrund stehen. Ein gutes Management kann dies auch bei Erhalt der Lebensräume durch eine geeignete Besucherlenkung erreichen (Breuste et al. 2016).

◘ Abb. 8.31 Wildtiere gehören zum städtischen Lebensraum. Affe in Nainital, Indien. (© Breuste 2018)

Abb. 8.32 Verwilderte Schweine in den siedlungsnahen Müllflächen des Mehrauli Archeological Parks in Delhi, Indien. (© Breuste 2018)

Văcărești-Naturpark – eine Wildnis als Schutzgebiet inmitten von Bukarest, Rumänien

Der Văcărești Natur Park ist ein 190 ha großes Gelände mitten in Bukarest, Rumänien. Es war ursprünglich ein Sumpfgebiet, das in der Ceaușescu-Ära trockengelegt und mit einem Damm versehen wurde. Es bestand die Absicht, es als zukünftige gestaute Wasserfläche z. B. für Olympische Segelregatten zu nutzen. Die dafür notwendige Wasserversorgung durch den Argeș-Fluss über den Mihăilești-See reichte jedoch nie aus. Auch die wachsenden Kosten konnten nicht aufgebracht werden. Die Pläne wurden deshalb aufgegeben.

Zurück blieb ein unfertiges Projekt, eine riesige ungenutzte Fläche inmitten der Stadt, die als teilweises Feuchtgebiet sich selbst überlassen und zu einer neuen „städtische Wildnis" wurde. Es stellten sich bald informelle Nutzungen durch Angler, Jäger, soziale Randgruppen und damit eine verbreitete Ablehnung in der Bevölkerung gegenüber dem Văcărești-Gebiet ein.

Im Jahre 2003 übertrug das zuständige rumänische Umweltministerium für 49 Jahre einer privaten Organisation (Royal Romanian Corporation) die Nutzungsrechte für 6 Mio. US$ um daraus mit einer Investition von 1 Mrd. US$ einen Sport- und Kulturkomplex zu entwickeln. Dies wäre das Ende des Naturgebietes gewesen. Auch dieses Projekt scheiterte.

Im Jahre 2014 wurde Văcărești durch die rumänische Regierung vorläufig geschützt und 2016 zum Naturschutzgebiet Văcărești-Naturpark (Parkul Natural Văcărești) erklärt. Dies erfolgte vielleicht in Ermangelung weiterer

8.6 · Stadtnatur schützen und nutzen

Abb. 8.33 Aravali Biodiversity Park in Delhi, Indien. (© Breuste 2018)

großer Entwicklungsideen, vielleicht auch in Erkenntnis des Naturschutzwertes des Gebietes und unter dem Einfluss wachsenden Interesses an der außergewöhnlichen und besonderen Naturentwicklung inmitten der Stadt.

Der Văcărești-Naturpark ist nicht nur der größte städtische Park in Rumänien, sondern auch das erste Naturschutzgebiet inmitten Bukarests. Es ist darüber hinaus von internationaler Bedeutung, da es sich inzwischen durch die jahrzehntelange eigenständige Entwicklung der Natur zu einem artenreichen und schützenswerten Ökosystem entwickelt hat. Verwaltet wird es durch die Asociația Parcul Național Văcărești (Vacaresti-Nationalpark-Association). Die Entwicklungspläne zielen darauf ab, dabei dem Beispiel des London Wetland Centres (s. ▶ Abschn. 5.4.2) zu folgen. Dazu wird international mit Umweltinstitutionen wie Wetland Link International und Wildfowl and Wetland Trust zusammengearbeitet. Ziel ist eine struktur- und artenreiche „Natur-Oase" mit artenreichen Lebensräumen, die Einwohner und Gäste der rumänischen Hauptstadt zum Naturkontakt einlädt (Manea et al. 2016; Imperialtransylvania 2018) (s. ◻ Abb. 8.34 und 8.35).

Abb. 8.34 Vacaresti-Naturpark inmitten von Bukarest, Rumänien. (© Breuste 2017)

Tokai Forest, Cape Town, Südafrika – Moderation der Konkurrenz von Renaturierung und Erholungsnutzung

Tokai Forest ist ein Waldgebiet in den südlichen Vororten Kapstadts. Es ist gleichzeitig Teil des Table Mountain National Park, eines Nationalparks in der Stadt. Ursprünglich wurde das Waldgebiet vom Gärtner Joseph Lister 1885 als Arboretum für exotische Baumarten angelegt, um festzustellen, welche Arten sich unter den natürlichen Bedingungen des Kaplandes zur forstlichen Einbürgerung eignen. Dies war eine Bestrebung, den durch Raubbau verlorenen afromontanen Wald des Tafelbergmassivs wenigstens teilweise zu ersetzen, aber auch Holzimporte durch eigene Holzproduktion zu reduzieren. Den derzeit etwa 1500 nun über 100 Jahre alten Bäumen gehören etwa 150 nicht-einheimische Arten, z. B. Eichen, Zypressen, Kiefern und Kalifornische Redwoods, an. Der Tokai Forest ist für den Naturschutz des Nationalparks ein Problemgebiet zum Erhalt der einheimischen Fynbos-Vegetation gegenüber dem Vordringen exotischer Arten, die den schützenswerten Vegetationsbestand gefährden. Andererseits ist der Tokai Forest ein beliebtes Gebiet der Kapstädter für Camping, Picknick, Wandern, Reiten und Mountainbiking.

8.6 · Stadtnatur schützen und nutzen

◘ **Abb. 8.35** Symbol des Vacaresti-Naturparks in Bukarest, Rumänien. (© Breuste 2017)

Das Naturschutzmanagement hatte die Idee zur Entwicklung der Biodiversität, den nicht einheimischen Waldbestand abzuholzen und durch einheimische Fynbos-Vegetation wieder zu entwickeln. Dies wurde rasch zugunsten des Erhalts des exotischen Waldes wegen seiner kulturellen Ökosystemleistungen aufgegeben, obwohl dies der generellen Strategie des Arten- und Biotopschutzes des Naturschutzmanagements widerspricht. Erholungsnutzung ist hier eindeutig die wichtigste Funktion (Trzyna 2014b) (s. ◘ Abb. 8.36 und 8.37).

Abb. 8.36 Tokai Forest, Cape Town, Südafrika. (© Breuste 2008)

Parque Nacional da Tijuca, Rio de Janeiro, Brasilien – Hotspot der weltweiten Biodiversität und Stadtnationalpark

Der Tijuca-Nationalpark ist mit 39,72 km² Fläche einer der größten städtischen Nationalparks weltweit. Er ist das Natur-Markenzeichen von Rio de Janeiro, dessen grüne Naturkulisse er bildet.

Der Nationalpark Tijuca (portugiesisch Parque Nacional da Tijuca) befindet sich innerhalb des Stadtgebietes von Rio de Janeiro und besteht aus (sekundärem) Atlantischem Regenwald (*Mata Atlântica*), eines der am meisten bedrohten Wald-Ökosysteme weltweit.

Das Gebiet diente lange als Kaffeeplantage und wurde ab der Mitte des 19. Jahrhunderts in seiner Waldstruktur allerdings auch mit z. T. regionsfremdem Baumbestand gezielt renaturiert. Der brasilianische Kaiser Dom Pedro II gab 1861 dazu den Auftrag. Einige Jahre später ließ er ein Wegenetz und Aussichtsplätze für die Erholungsnutzung anlegen. 1961 wurde der Wald zum Nationalpark erklärt. Im Jahre 2012 wurde er Teil der größeren UNESCO-World-Heritage-Kulturlandschaft (UNESCO Carioca Landscapes).

8.6 · Stadtnatur schützen und nutzen

◘ Abb. 8.37 Tokai Forest, Barbecue-Platz, Cape Town, Südafrika. (© Breuste 2008)

und der Mata Atlântica Biosphere Reserve (Fläche 1660 km^2).

Der Nationalpark wird durch die Stadt und die nationale Regierung gemeinsam bewirtschaftet. Er hat jährlich etwa 2,5 Mio. Besucher, die den Park kostenlos besuchen und bequem mit öffentlichen Verkehrsmitteln erreichen können. Etwa 1000 km Wanderwege erschließen ihn im Innern.

Mehrere Straßen führen durch den Wald zu den Aussichtspunkten, Wanderwege führen zu Höhlen und Wasserfällen. Auffällige Gipfel sind die Pedra da Gávea und der 1022 m hohe Pico da Tijuca. Auch das viel besuchte Wahrzeichen Rios, der Corcovado, befindet sich im Park (Mc Neely 2001, Sociedade dos Amigos Parque Nacional da Tijuca 2004; Trzyna 2014a, b) (s. ◘ Abb. 8.38).

Abb. 8.38 Parque Nacional da Tijuca, Rio de Janeiro, Brasilien, Vista Chinesa. (© Jana Breuste 2009)

8.7 Stadtnatur zur Klimamoderation nutzen

Ziel sollte es sein

Eine gezielte Erhöhung des Grünflächenanteils generell und vor allem in vulnerablen und wärmebelasteten Stadtteilen mittelfristig zu erreichen, um den Folgen des Klimawandels zu begegnen. Der Bestand an Stadtnatur, besonders beschattende Bäume, sollte deshalb unbedingt erhalten und möglichst erweitert werden.

Die zu erwartenden Klimaänderungen sind bereits in Städten als „Reallabore" des generellen Klimawandels spürbar. Städte weisen ein im Vergleich zur Umgebung durchschnittlich wärmeres und trockeneres Klima auf. Von Klimaextremereignissen sind sie ebenfalls betroffen. Für die Stadtbewohner sind sommerliche Temperaturextreme das am meisten Belastende des Stadtklimas. Diese werden in Zukunft weiter zunehmen. Hier ist Klimamoderation zur Temperatursenkung ein erstrebenswertes Ziel, um gesundheitliche Gefährdungen von besonders sensiblen Bevölkerungsteilen abzuwenden. Städte können dafür mittel- bis langfristig strukturelle Maßnahmen treffen, um Überwärmungseffekte zu vermeiden bzw. zu reduzieren und dabei Stadtnatur zur Moderation gezielt einsetzen bzw. die vorhandene Stadtnatur dafür optimieren. Zu beachten ist jedoch, dass die Optimierung der Temperaturmoderation durch Stadtnatur in der Regel dichte Vegetationsbestände mit viel funktionsfähiger Biomasse zur Voraussetzung hat. Diese regulierende Ökosystemleistung kann oft nur unter Hinnahme von Minderungen anderer Ökosystemleistungen (z. B. Erholung und anderer kultureller Leistungen) erfolgen. Das Maß der Temperaturmoderation kann deshalb unter Beachtung dieser Wirkungen bestmöglich (möglicherweise nicht maximal) bestimmt werden. Die Temperaturmoderation findet in der Regel dort statt, wo die Stadtnatur lokalisiert ist (z. B. Baumbestand, Straße, Parkanlage, Wald). Nur in besonderen Lokalisationen (keine Ausbreitungshindernisse der Kaltluft) kann eine Ausdehnung der Moderationswirkung in die Umgebung erwartet werden (s. ▶ Kap. 5, s. ◘ Abb. 8.38, 8.39 und 8.40).

8.7 · Stadtnatur zur Klimamoderation nutzen

Abb. 8.39 Baumbewässerung im Parque General San Martin, Mendoza, Argentinien. (© Breuste 2000)

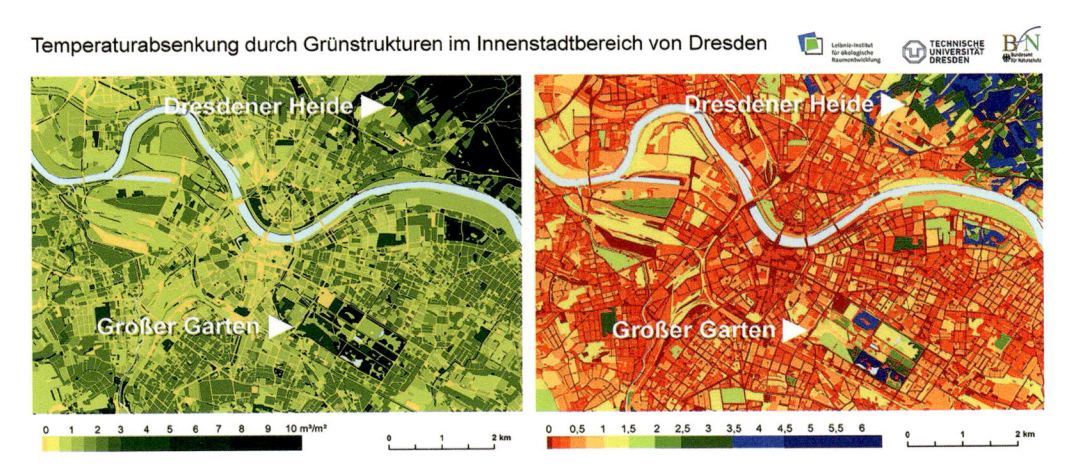

Temperaturabsenkung durch Grünstrukturen im Innenstadtbereich von Dresden

Verteilung des Grünvolumens [m³/m²]

Kartengrundlage beider Karten: Stadtvegetationsstrukturtypen, IÖR auf Basis der Stadtbiotopkartierung der Stadt Dresden 1999

Maximaler Abkühlungseffekt unterschiedlicher Stadtvegetationsstrukturtypen in 1,5 m Höhe gegenüber versiegelten Flächen an einem sommerlichen Strahlungstag

Modellierung Abkühlungseffekte: HIRVAC-2D, TU Dresden

Abb. 8.40 Verteilung des Grünvolumens und damit verbundene maximale Abkühlungseffekte an einem strahlungsreichen Sommertag in Dresden. Sichtbar werden die Abkühlungseffekte des Großen Gartens und der Dresdener Heide (In K = Kelvin; Quelle: verändert nach Mathey et al. 2011a)

Die temperaturreduzierende Wirkung von Vegetationsbeständen ist meist nachts am größten, wenn sie kaum oder gar nicht durch Nutzer der Flächen in Anspruch genommen werden kann. Die städtische Vegetation ist allerdings auch selbst den Folgen des Klimawandels ausgesetzt. Trockenheit und Hitze in der Vegetationsperiode schränken die Wettbewerbsfähigkeit vieler einheimischer Arten ein. Gezielte Pflanzenauswahl und Pflegemaßnahmen zur Wasserversorgung in Trockenperioden können dem entgegenwirken (Roloff et al. 2010).

Wesentliche Elemente einer kommunalen Klimamoderation durch Stadtnatur sind:
— Analyse des Stadtklimas in Klimafunktionskarten,
— ein kleinräumiges und strukturreiches Freiraumsystem im Innenbereich, ergänzt durch unbebaute Kaltluftbahnen in den Randbereichen,
— je größer das Grünvolumen, desto höher ist in der Regel der erzielbare Abkühlungseffekt bei geringen Luftaustauschverhältnissen,
— schattenspendende Bäume und größere Rasenflächen bewirken meist sowohl nächtliche Abkühlung als auch Minderung der Wärmebelastung am Tage (University of Manchester 2006; Pauleit 2011; Mathey et al. 2011a, b; Norton et al. 2015) (s. ◘ Abb. 8.41).

Um Klimamoderationsmaßnahmen effektiv zu planen und zu implementieren, sind
a) Überwärmungsgebiete
b) Exposition durch Aufenthalt von Menschen und
c) Empfindlichkeit/Verwundbarkeit der Exponenten gegenüber Hitze zu bestimmen (Norton et al. 2015, s. ◘ Abb. 8.42)

Verwundbare Exponenten sind bei dieser Überlegung Bevölkerungsteile, die unter Hitzestress besonders leiden, gesundheitlich Vorbelastete, Kleinkinder und ältere Menschen. Sie exponieren sich bei Hitzestress häufiger nicht, indem sie Freiräume außerhalb ihrer Wohnungen in dieser Zeit nicht aufsuchen. Alternativen wären aber auch kühlere Freiraumangebote in der unmittelbaren Wohnumgebung. Damit können klimatisch sensitive Wohngebiete in Städten bestimmt und geeignete Maßnahmen zur Temperaturmoderation, einschließlich durch Stadtnatur, getroffen werden (Henseke und Breuste 2015, s. ◘ Abb. 8.43).

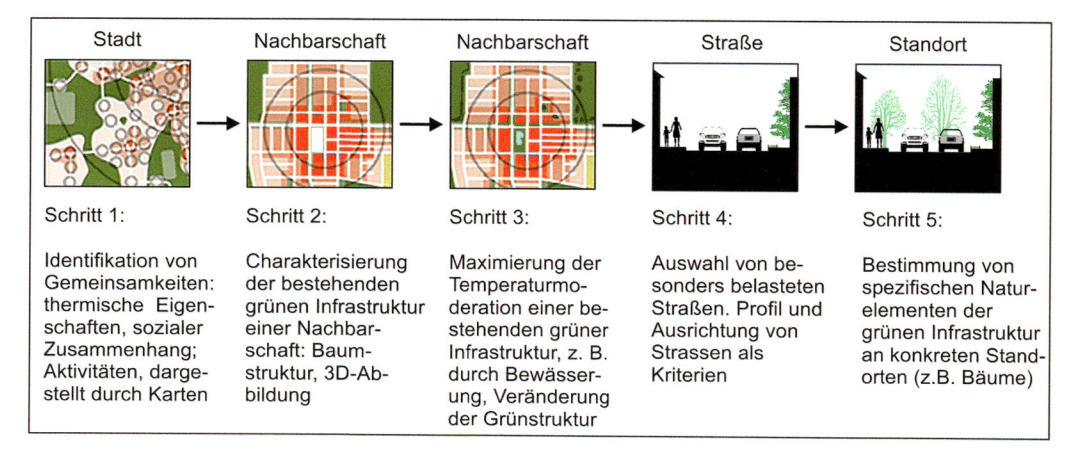

◘ Abb. 8.41 Klimamoderation mit Stadtnatur in einem mehrstufigen Verfahren. (nach Norton et al. 2015), Entwurf: J. Breuste, Zeichnung: W. Gruber

8.7 · Stadtnatur zur Klimamoderation nutzen

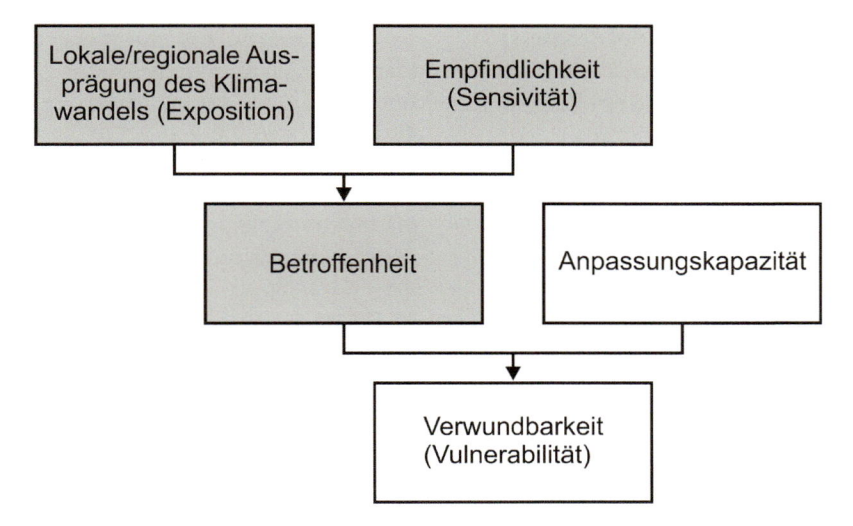

◘ **Abb. 8.42** Konzept der Vulnerabilität. (Stark vereinfacht nach Rittel et al. 2011, Zeichnung: W. Gruber)

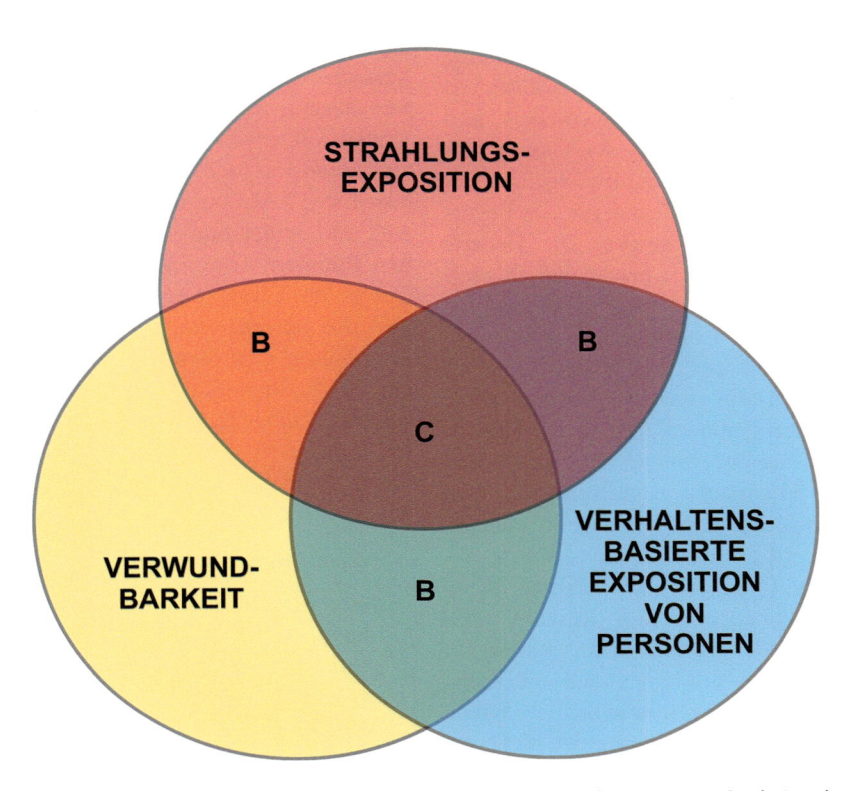

◘ **Abb. 8.43** Faktoren zur Identifizierung der Priorität zur Temperaturmoderation eines Stadtviertels oder eines Baublocks. (nach Norton et al. 2015 Prioritätsskala: C = hoch, B = mittel, A = moderat, Zeichnung: W. Gruber)

8.8 Mit Stadtnatur Probleme lösen und Risiken reduzieren – Nature-Based Solutions (NbS)

> **Ziel sollte es sein**
>
> Mit Stadtnatur an der Lösung von Problemen der Stadt und zur Minderung von Risiken zur Verbesserung des Lebensraums „Stadt" für die Stadtbewohner zu arbeiten (Nature-Based Solutions, NbS).

Im Rahmen der Stadtentwicklung wird zur Lösung von Problemen und zur Minderung von Risiken meist der Einsatz von technischen Lösungen gesucht. Das Konzept der Smart City scheint dem gut zu entsprechen (s. ▶ Abschn. 8.9). Environmental Engineering bietet jedoch bereits seit Langem auch an, mit Natur zur Problemlösung zu kommen. Technik als Problemlöser ist jedoch vertraut, berechenbar, etabliert und anerkannt, auch generell in der Gesellschaft und außerhalb der Community der Techniker. Das ist häufig der Grund für die Bevorzugung technischer Lösungen. Die Debatte um Ökosystemleistungen macht jedoch auch Angebote zu Lösungen außerhalb technischer Interventionen oder ergänzend zu diesen. Auch Natur kann zielgerichtet Aufgaben übernehmen. Dafür werden Naturprozesse und -strukturen genutzt. Dies wird außerhalb von Städten und zunehmend auch in Städten angeboten. Finanzielle Überlegungen und eine breitere Sicht der Stadtplaner machen in Städten seit ca. 20 Jahren auch „Nature-Based Solutions" (NbS) möglich, ein Begriff für derartige Überlegungen und Ansätze. Dies hat auch mit der zunehmend verbreiteten Erkenntnis des fundamentalen Beitrags der Ökosysteme zum menschlichen Wohlbefinden generell zu tun, eine neue Sicht auf viele Phänomene (Dudley et al. 2010).

Von der Sicht des eher passiven Nutzens von Vorteilen durch die Natur war es nur noch ein kleiner Schritt, diese Vorteile durch gezielte Gestaltung von Natur zu vergrößern und zu optimieren. Diese Betrachtung passt besonders gut zu Städten, wo fast die gesamte Stadtnatur ohnehin bereits durch Menschen gestaltet ist. Es kommt nur mehr darauf an, diese Gestaltung auch mit Problemlösungsstrategien zu verbinden und zu optimieren. Das wird bereits mit dem Konzept der Ökosystemleistungen angestrebt. Das Konzept der Nature-Based Solutions (NbS) dient aktuell vor allem als verständliches Kommunikationsmittel für Politik und Entscheidungsträger mit großer „Überschneidung" zum Konzept der Ökosystemleistungen. In wissenschaftlichen Publikationen findet die NbS-Bezeichnung immer mehr Eingang (z. B. MacKinnon et al. 2011; MacKinnon und Hickey 2009; Eggermont et al. 2015; Maes und Jacobs 2015; Kabisch et al. 2016, 2017). Das NbS-Konzept begann zuerst mit Ansätzen in globaler Dimension, wird bereits verbreitet in regionaler Dimension (z. B. Europa) verwendet (Projekt ESMERALDA, ▶ www.esmeralda-project.eu/) und findet nun auch verstärkt in urbanen Räumen Anwendung. Die International Union for Conservation of Nature (IUCN) und die Europäische Kommission haben es in politische und Steuerungsdokumente (z. B. United Nations Framework Convention on Climate Change (UNFCCC) COP 15, Horizon 2020 Research and Innovation Programme) bereits einfließen lassen.

> **Nature-based Solutions (NbS)**
>
> Nature-based Solutions (NbS) werden durch die IUCN als
> „actions to protect, sustainably manage, and restore natural or modified ecosystems that address societal challenges effectively and adaptively, simultaneously providing human well-being and biodiversity benefits"

8.8 · Mit Stadtnatur Probleme lösen und Risiken reduzieren …

(International Union for Conservation of Nature 2016) definiert.
Die Definition der Europäischen Kommission lautet ähnlich:
„*Living solutions inspired by, continuously supported by and using nature designed to address various societal challenges in a resource efficient and adaptable manner and to provide simultaneously economic, social and environmental benefits*" (Maes und Jacobs 2015, S. 121).

Modified ecosystems, z. B. die Ökosysteme der Städte, sind ausdrücklich als Leistungsträger einbezogen. Ziele der Problemlösungen sind
a) Verbesserung der Lebensbedingungen in Städten (*human well-being*) und
b) Erhalt der Biodiversität auch in Städten (*biodiversity benefits*) (s. ◘ Abb. 8.44).

Gesellschaftliche Herausforderungen in Städten sollen in einer effizienten Weise pariert werden, um damit kombinierte wirtschaftliche, soziale und Umweltvorteile zu generieren.

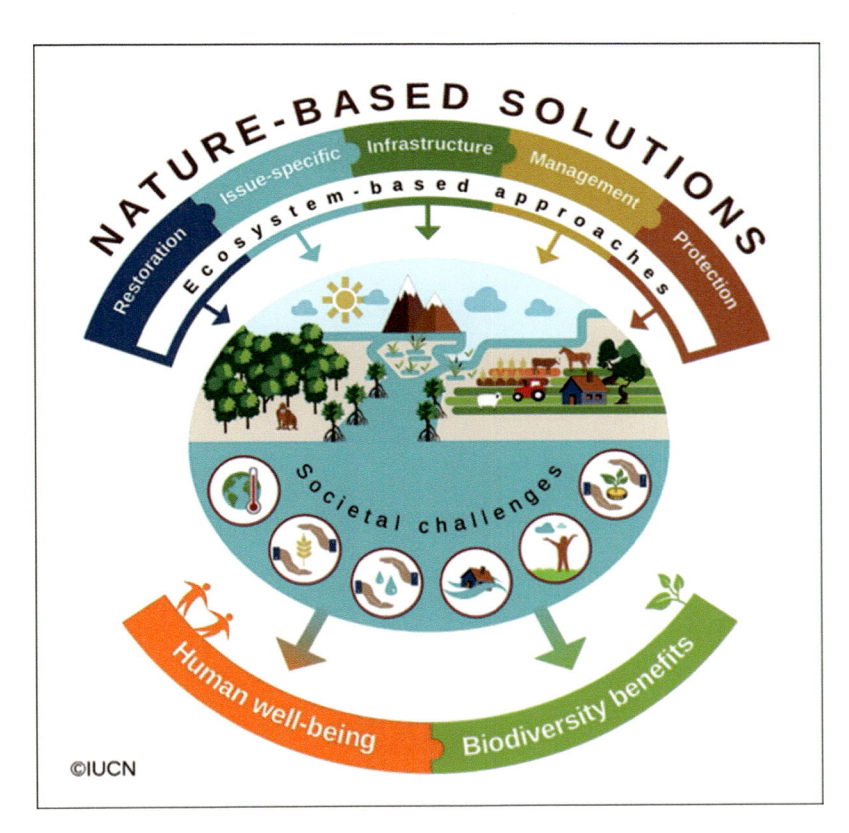

◘ **Abb. 8.44** Konzept der Nature-based Solutions (NbS) als Rahmenbegriff für ökosystembezogene Ansätze. (IUCN 2016)

Wenn NbS Probleme in Städten lösen sollen, sollten diese auch konkret benannt werden können. Solche Probleme sind typischerweise:
- Lärmminderung,
- Reduzierung der Luftverschmutzung,
- Minderung der Wirkungen des Klimawandels (besonders Temperatursenkungen),
- Minderung von Hochwasserrisiken,
- Förderung von Lebens- und Erholungsqualität,
- Erhalt und Wiederherstellung von Feucht- und Trockengebieten,
- Schutz von Wäldern und Erhalt von Energie- und Nahrungsgrundlagen und lokalem Einkommen,
- Erhalt der Biodiversität,
- Küstenschutz durch natürliche Vegetation (z. B. Mangrovenwälder) und
- Entwicklung einer grünen Infrastruktur durch begrünte Gebäude, Bäume und Flächengrün.

Diese Aspekte finden sich natürlich auch im Konzept der Ökosystemleistungen. Im NbS-Konzept geht es jedoch konkret darum, technische Lösungen zu ersetzen oder zu ergänzen und dadurch Kosten zu sparen und Effizienz zu erhöhen.

Prinzipien der Nature-based Solutions sind

- Erhaltung von Natur als Leistungsträger (alleiniger Leistungsträger oder in Kombination mit anderen Problemlösungen),
- Einbeziehung von traditionellen örtlichen und wissenschaftlichen Kenntnissen im Natur- und Kulturkontext,
- Ermöglichen von gesellschaftlichem Nutzen in fairer und ausgewogener Weise, transparent und mit breiter Teilnahme durch die Betroffenen,
- Erhalt von biologischer und kultureller Diversität und der Fähigkeit der Entwicklung von Ökosystemen,
- Anwendung im Landschaftsmaßstab,
- Erkennen der Balance zwischen wenigen, sofort erreichbaren wirtschaftlichen Vorteilen und der langfristigen Wirkung von Ökosystemleistungen,
- Integraler Bestandteil von politischen Bestrebungen, allgemeinen Gestaltungsmaßnahmen und spezifischen Problemlösungen
- kein Ersatz von Naturschutzmaßnahmen, sondern deren Förderung (nicht alle Naturschutzmaßnahmen sind jedoch auch NbS)
- eine unter mehreren Problemlösungsmöglichkeiten und können gemeinsam mit diesen angewandt werden,
- Unterstützung kultureller und sozialer Komponenten und Werte,
- Spezifik in einen Natur- und Problemkontext,
- Formate können sowohl Wiederherstellung, nachhaltiges Bewirtschaften und Erweitern der Vorteile aus der Natur für Menschen sein (Cohen-Shacham et al. 2016; IUCN 2016).

8.8 · Mit Stadtnatur Probleme lösen und Risiken reduzieren ...

Drei Haupttypen von NbS auch in Städten können bestimmt werden:
- Nachhaltige und bessere Nutzung bestehender Natur-Nutzungsstrukturen (z. B. urbane Landwirtschaft),
- Wiederherstellung von Natur-Nutzungsstrukturen durch verbessertes Management (z. B. urbane Feuchtgebiete) und
- Gestaltung von neuen Ökosystemen (z. B. begrünte Gebäude)

Wiederherstellung natürlicher Ökosysteme an Stadtgewässern

Mangrovenrehabilitationsprogramm in Haikou, China. 2015 begann die Stadtverwaltung zusammen mit einem privaten Investor ein Naturschutzprogramm zur Wiederherstellung des natürlichen Küstenschutzes in den Flussmarschen der Stadt Haikou, China, durch Wiederanpflanzung von früher beseitigtem Mangrovenwald (Mangrove Conservation Program). Erschlossen durch einen Lehrpfad erfüllt das Projekt außerdem Umweltbildungsaufgaben. Das Gebiet wird, durch geeignete Infrastruktur erschlossen, zudem als Erholungsgebiet genutzt (s. ◘ Abb. 8.45).

Green Rivers – Flussrenaturierung zur Reduzierung des Hochwasserrisikos

Die großen Flusshochwässer in Mitteleuropa 2002, 2006 und 2013 haben zu einer deutlichen Zunahme der Sensibilität gegenüber Naturprozessen geführt und Planer, Entscheidungsträger und Wissenschaftler angeregt, zusätzlich zu technischen Problemlösungen nach neuen Lösungen zur Senkung der Risiken unter Einbeziehung von Naturprozessen zu suchen.

Das aus Sicht der Biodiversität bereits seit Längerem empfohlene und auch angewandte Konzept der Fließgewässerrenaturierung wird nun auch verstärkt zum Hochwasserschutz eingesetzt. Dazu gehört die Rücknahme der einengenden technischen Flussbegrenzungen, wo dies nicht durch etablierte Nutzungen unmöglich ist und die „Aufweitung" der Flussauen, um damit Retensionsräume zu erhalten. Dies ist eine (Rück-)Anpassung an „pulsierende", prozessuale Flussdynamik im Rahmen der noch vorhandenen, urban häufig begrenzten Möglichkeiten, um dem Ziel von *strechable floodplains* und *green rivers* zumindest näher zu kommen. Die Verhinderung weiterer, neuer besonders baulicher Nutzungen in den dynamischen Flussauen, um sich dem Risiko gar nicht erst auszusetzen, ist jedoch unterblieben. Dazu fehlte überall der politische Wille angesichts von Baulandknappheit und scheinbar unüberwindlichen Zwängen in ohnehin dicht bebauten Städten.

Diese Entwicklungen – sowohl die Flutereignisse als Anlässe, als auch die Aktionen hin zu NbS als Reaktionen – finden sich nicht nur in Mitteleuropa, sondern weltweit.

Zusammen mit Gestaltungsmaßnahmen müssen weitere Maßnahmen getroffen werden, um
- das Bewusstsein der Menschen besonders in Städten über Natur und Naturprozesse wiederherzustellen,
- Kenntnisse über dynamische Ökosysteme zu verbreiten,
- Akzeptanz für Naturgestaltungsmaßnahmen zu fördern und
- einen Gesamtplan für neue „urbane Wasserlandschaften" in Städten zu entwickeln, in dem Hochwasserschutz, Biodiversität und Erholung keine Gegensätze mehr sind (IUCN 2016; Cohen-Shacham 2016, s. ◘ Abb. 8.46).

Abb. 8.45 Wiederherstellung des Mangrovenwalds im Rahmen des Mangrove Conservation Program in Haikou, China. (© Breuste 2017)

8.9 Mit guten Beispielen Orientierung geben

> **Ziel sollte es sein**
>
> Mit guten Beispielen lokal, in Stadtteilen oder in Stadtentwicklungsplänen und neuen Stadtentwürfen voranzugehen und damit zu beweisen, dass die Grüne Stadt realisierbar ist. Sie ist ganz überwiegend die Stadt von heute, ergänzt und verbessert durch Stadtnatur, die wir zum Nutzen der Stadtbewohner in ihr entwickeln und erhalten.

Orientierung für kommunale Entscheider auf dem Weg zur Grünen Stadt ist nicht leicht zu finden. Das Ideal als Konzept existiert nicht, Ansätze bedürfen überall der Anpassung. Die Grünen Städte sind die bestehenden Städte der Gegenwart, die meist langsam in kleinen Schritten einen Umbauprozess durchlaufen müssen. Diesen Umbauprozess mit vielen unterschiedlichen Anforderungen werden sie ohnehin erfahren. Es kommt nur darauf an, darin Stadtnatur in diesem Prozess zu einem wichtigen Mitgestalter zu machen.

Neue „Ökostädte" zu bauen, können nur wenige Gesellschaften derzeit angehen. Allen voran bemüht sich China darum. Im Ökostadt-Konzept spielt Stadtnatur eine wichtige Rolle, oft aber nicht die entscheidende. Die Ökostadt als Grüne Stadt kann also auch neu gebaut werden. Das wird jedoch die Ausnahme bleiben.

In Europa, wo man dem Leitbild Planung, die auch bis in Kommunen Erfolge zeigt, folgen lässt, erfolgt die Orientierung am kompakten, grün aufgelockerten Bild der europäischen Stadttradition. In China und

8.9 · Mit guten Beispielen Orientierung geben

Abb. 8.46 Hochwasser der Salzach am 2. Juni 2013 in Salzburg, Österreich. (© Breuste 2013)

Südkorea macht ein durchsetzungsfähiger Staat Vorgaben und schafft, zumindest in Beispielen, vorzeigbare Realitäten, die dem Bild von der „ökologischen Harmonie" in Gesellschaft und Stadt entsprechen. Echte Stadtnaturpräferenzen mit klaren Zielen dafür fehlen meist.

In reichen Ölstaaten der arabischen Halbinsel experimentiert man mit Energie-, Wasser- und Ressourceneffizienz auf möglichst technologischem Höchststand beim Neubau von Städten mit einer aufwendigen und wasserverbrauchenden „grünen Fassade".

In den USA entwickelt sich das Leitbild der Grünen Stadt eher in kleinen Quartiersschritten zur Realität. Ein realisiertes Beispiel ist, bei guten Ansätzen (z. B. Seattle, Portland), nicht vorzuweisen.

In Lateinamerika werden innovative Beispiele, oft durch das Engagement kleiner Gruppen und einzelner Kommunen, realisiert. Ein Modell für die ökologische (grüne) lateinamerikanische Stadt existiert jedoch nicht.

In Afrika realisieren politische und wirtschaftliche Eliten meist postmoderne urbane Vorzeigebeispiele, inhaltlich weit entfernt von grünen Städten. Das ist nicht zuletzt den gesellschaftlichen Bedingungen, aber auch dem dort verbreiteten Vorbehalt gegenüber Stadtnatur zu schulden. Gerade erst hat man sich mit Stolz von der risikoreichen Natur außerhalb der Städte unabhängig gemacht und an der Modere durch Urbanisierung teilgenommen. Lediglich in Western Cape (Südafrika) empfindet man die einzigartige Bedeutung der Biodiversität (Cape Flora Kingdom) in einem urbanen und kulturlandschaftlichen Umfeld auch oder gerade für Städte als besondere Aufgabe und Herausforderung.

Die Modelle der Ökostadt starteten vor etwas mehr als 100 Jahren als Antwort auf in den Städten konzentrierte soziale Probleme. Die Städte sollten diese beispielhaft lösen. Natur und Raum für Natur im täglichen Lebensablauf gehörte unbedingt zum Modell der Gartenstadt, für die der „gepflegte Garten" zum Symbol wurde. Die Gartenstadt wurde am Beginn des vergangenen Jahrhunderts zur Gartenstadtbewegung, das Verhältnis zu Raum und Natur zu ihrem Leitbild (Howard 1898). Der ideale Entwurf „Stadt der Zukunft" des deutschen Gartenstadtpioniers Theodor Fritsch lässt die Hälfte der Stadt aus Stadtnatur (Stadtwald) bestehen (Fritsch 1896, s. ▶ Abschn. 2.3 und 2.6).

Die Architektur der Moderne (Charta von Athen) macht den Menschen zum Maß der Stadtgestaltung, dessen Bedürfnissen, funktional getrennt, sich auch die Stadtnatur anzupassen hat (Le Corbusier 1943).

Richard Registers, amerikanischer Vorreiter der Ökostadtidee (Register 1987), sieht die zukünftige „Ecocity" als eine Stadt, in der Menschen die verlorene Balance mit der Natur wiederfinden und zum Leitbild machen. Solch eine Stadt sollte in Harmonie mit der Natur bestehen *(coexist peacefully with nature)*, ein Ideal, dessen Realisierung in kleinen Schritten als Ziel entwickelt wurde (Register 2006).

Die „ökologische Stadtentwicklung" in Europa sieht als Leitbild (besonders 1970er- bis 1990er-Jahre) eine Stadt, die die physische und psychische Gesundheit des Menschen nicht schädigt, sondern fördert, die ihr Umland nicht belastet oder zerstört und die die Entwicklung aller Arten von Natur in der Stadt fördert (z. B. Wittig et al 1995).

Die Ökostadt und die Smart City (seit ca. 2000) sind weit größere Modelle als die Grüne Stadt, die als ein Baustein dieser Modelle verstanden werden kann. Zunehmend zentral ist gegenwärtig das Leitbild der Smart City. Es unterstreicht die Erwartung, dass die bestehenden Stadtprobleme vorrangig technologischer Natur und durch bessere Effizienz von Technologien lösbar sind. Dazu gehören High-Tech-Entwicklung bei intelligenten Stromnetzen, intelligentem Verkehr und IT-Netzwerken in der Energie- und Dienstleistungsversorgung (Albino und Berardi 2015; Breuste et al. 2016; Vanolo 2016). Zu bedenken ist allerdings, dass Städte vorrangig sozial-ökologische Systeme sind, die sich der Technik für die Bedürfnisse ihrer Bewohner bedienen (McPhearson et al. 2016).

> **Ökostadt im engeren Sinne**
>
> Eine Ökostadt (Ecocity Builders 2013) solle
> - eine gesunde Stadt, basierend auf selbstregulierenden, widerstandsfähigen (resilienten) Strukturen und Funktionen natürlicher Ökosysteme und von Lebewesen sein,
> - eine Raumeinheit sein, die ihre Einwohner und deren ökologischen Einflüsse einschließt und Teil ihrer Naturumgebung ist.
>
> Die Ökostadt wird als Ökosystem verstanden. Die Beziehung der Stadt zur (belebten und unbelebten) Natur ihres Raumes und der von ihr neu geschaffenen Stadtnatur sind zentraler Handlungsgegenstand. Die Stadtnatur bietet unverzichtbare Ökosystemleistungen, deren Inwertsetzung angestrebt wird (Breuste et al. 2016).

> **Smart City**
>
> Smart meint im Zusammenhang mit Smart City: effizient, technologisch fortschrittlich, grün und sozial inklusiv. Im Mittelpunkt stehen technologiebasierte Veränderungen und Innovationen in urbanen Räumen. Der Begriff wird seit den 2000er-Jahren im Stadtmarketing, von großen Technologiekonzernen und von unterschiedlichen Akteuren in Politik, Wirtschaft, Verwaltung und Stadtplanung verwendet. Faktoren einer Smart City sind: Smart Economy (Wirtschaft), Smart People (Bevölkerung), Smart Governance (Verwaltung), Smart Mobility (Mobilität), Smart Environment (Umwelt) und Smart Living (Leben). Die Stadtbewohner sollen Teil der technischen Infrastruktur einer Stadt werden. Unter *„smart environment"* werden mit Indikatoren behandelt:

attractivity of natural conditions, pollution, environmental protection und sustainable resource management (Giffinger et al. 2007; Albino und Berardi 2015; Breuste et al. 2016; Vanolo 2016; TU Wien 2018).

Giffinger et al. 2007 weisen für Smart Cities im Bereich „*Smart environment*" folgende Faktoren auf:
- Attraktivität von Naturbedingungen (Indikatoren: Sonnenscheinstunden und Grünflächenanteil),
- Verschmutzung (Indikatoren: Ozon-Smog, Feinstaubbelastung, tödliche chronische Erkrankungen der unteren Atemwege je Einwohner),
- Umweltschutz (Indikatoren: individuelle Bemühungen an Naturschutzaktivitäten, Möglichkeiten für den Naturschutz) und
- nachhaltiges Ressourcenmanagement (Indikatoren effiziente Wasser- und Energienutzung).

Artmann et al. 2019a versuchen die Smart City durch deutlich mehr Inhalte von Stadtnatur und deren Leistungen zu einer Smart Green City zu ergänzen, beide zur Smart Compact Green City zu erweitern und dadurch bessere Orientierung zu geben.

In vier Bereichen werden Ziele benannt:

Smart Environment:
- Integration von grüner Infrastruktur
- Grünqualität
- Nähe der Grünelemente zu Wohngebieten
- Grünverbund

Smart Multifunctionality
- soziale Funktionen
- ökonomische Funktionen
- ökologische Funktionen

Smart Government
- strategisches Management (Prozesse und Prinzipien, Kooperation u. a.)
- reflektierendes Management (Monitoring, Ziele)
- mehrstufiges Management

Smart Governance
- transdisziplinäre Kooperation

Das „Compact Green City Model" wird als Alternative zur Flächenstadt entwickelt und für die Planung empfohlen (Artmann et al. 2019b), s. Abb. 8.47 und 8.48).

> **Smart Compact Green City**
>
> Das Konzept der Smart Compact Green City ergänzt das Smart City Konzept durch a) Kompaktheit der städtischen Struktur und Begrenzung des Flächenwachstums als Ressourcen- und Flächeneffizienz und b) Erhalt und Entwicklung der Stadtnatur als urbane grüne Infrastruktur und Leistungsträger. Das Konzept kann als indikatorbasiertes Zielsystem aufgefasst werden (Artmann et al. 2019a).

Stadtgrün und Natur gehören zu den Konzepten von Öko-, Smart- und Zukunftsstädten, manchmal mit mehr Beachtung, manchmal mit weniger Bedeutung. In jedem Fall ist der Aspekt Stadtnatur nur ein Teilaspekt ganzheitlicher Stadtentwicklungskonzepte und gerät dadurch auch leicht in den Hintergrund. Das ist ein guter Grund, das Konzept der Grünen Stadt offensiv in Beispielräumen und integriert in andere Konzepte zu vertreten. Gute Beispiele geben dafür Orientierung.

SMART COMPACT CITY
4C · 12 F · 39 Indikatoren

I. 1) Bauliche und Versiegelungsstruktur (grey infrastructure)
- Dichte
- Nutzbarkeit
- Nähe
- Konzentration

I. 2) Multifunktionalität
- sozial
- ökonomisch
- ökologisch

I. 3) Verwaltung
- strategisch
- rückkoppelnd
- mehrdimensional

I. 4) Betreuung (Governance)
- transdisziplinäre Kooperation für Dichten
- transdisziplinäre Kooperation für Nutzbarkeit der Versiegelungsflächen

SMART GREEN CITY
4C · 12 F · 44 Indikatoren

II. 1) Umwelt
- Integration der Grünen Infrastruktur (GI)
- Qualität der GI
- Nähe der GI
- Verbundenheit der GI

II. 2) Multifunktionalität
- sozial
- ökonomisch
- ökologisch

II. 3) Verwaltung (Governance)
- strategisch
- rückkoppelnd
- mehrdimensional

II. 4) Betreuung (Governance)
- transdisziplinäre Kooperation für Grüne Infrastruktur
- transdisziplinäre Kooperation für Qualität der grünen Infrastruktur

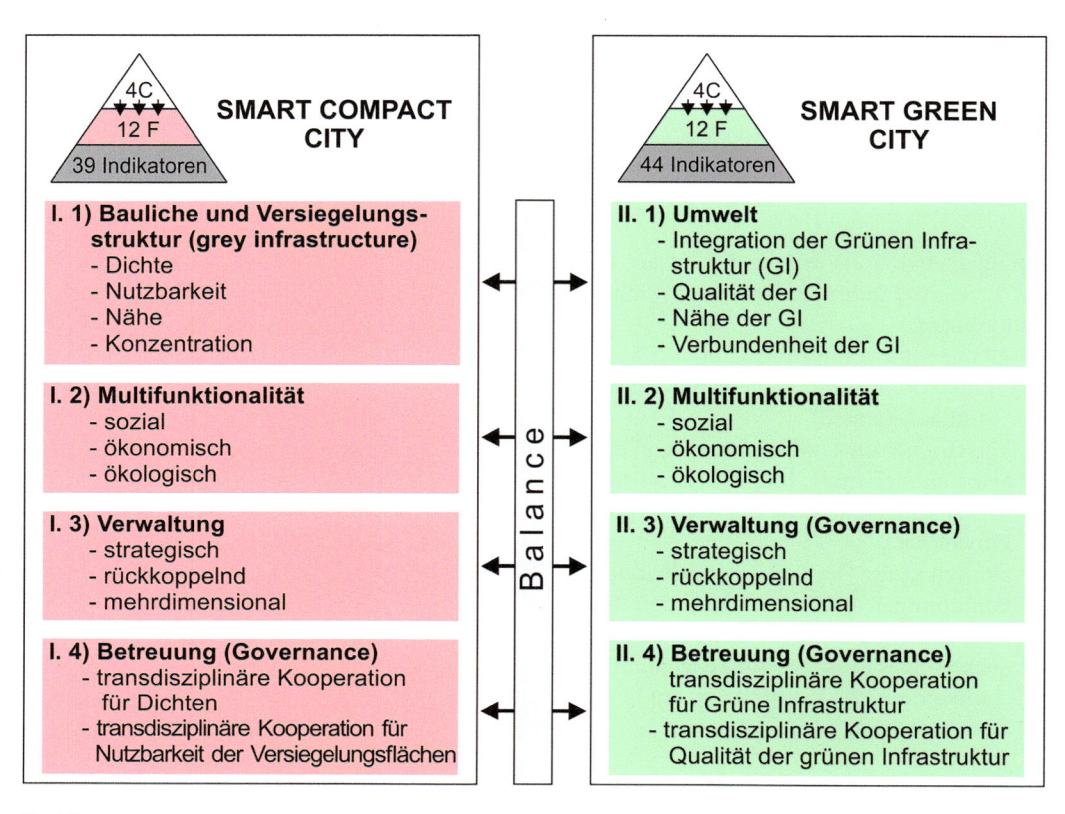

(Balance zwischen beiden)

Abb. 8.47 Smart Compact Green City als Konzept. (nach Artmann et al. 2019a, Zeichnung: W. Gruber)

Geringe Konzentration → Hohe Konzentration → Verbundenheit der Grünen Infrastruktur

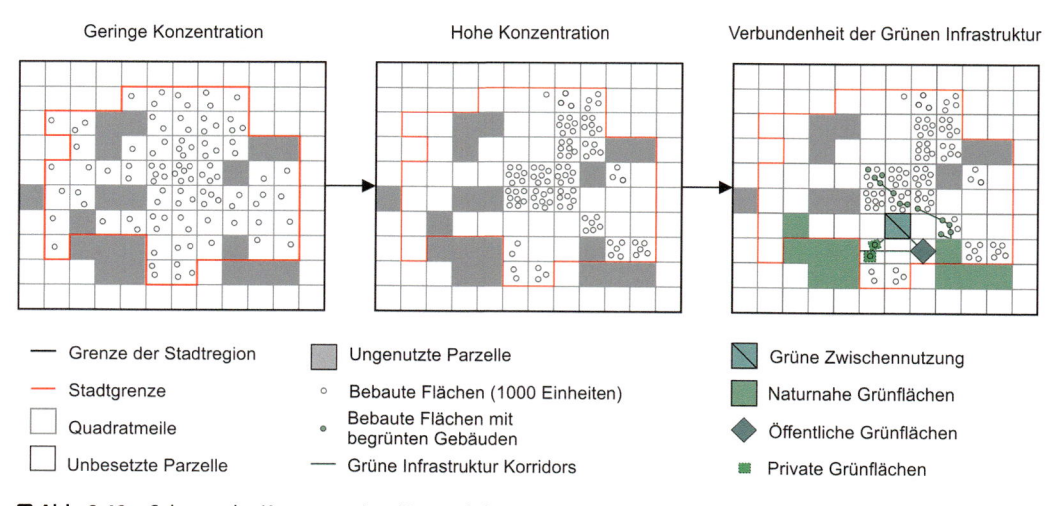

Legende:
- Grenze der Stadtregion
- Stadtgrenze
- Quadratmeile
- Unbesetzte Parzelle
- Ungenutzte Parzelle
- Bebaute Flächen (1000 Einheiten)
- Bebaute Flächen mit begrünten Gebäuden
- Grüne Infrastruktur Korridors
- Grüne Zwischennutzung
- Naturnahe Grünflächen
- Öffentliche Grünflächen
- Private Grünflächen

Abb. 8.48 Schema der Konzentration (Kompaktheit) und grünen Infrastruktur-Verbindung. (nach Galster et al. 2001 und Artmann et al. 2019a, Entwurf: J. Breuste, Zeichnung: W. Gruber)

Zukunftsstadt ohne Grünkonzept? – Neom

Die Verlockung, eine Zukunftsstadt ohne alle Hinterlassenschaften einer bereits bestehenden Stadt völlig neu zu schaffen, ist, weitreichende Ambitionen vorausgesetzt, groß. Diese Ambitionen hat das saudische Königshaus und drückt sie mit dem Projekt „Zukunftsstadt Neom" eindrucksvoll aus.

Auf einer Fläche von 26.500 km² soll in der saudischen Wüste, angrenzend an Jordanien und Ägypten, eine Mega-Zukunftsstadt entstehen. Sie soll 468 km Küstenlinie haben und von der Küste bis auf 2500 Höhe aufsteigen. Vergleichbares hat es bisher noch nicht gegeben: „The world's most ambitious project: an entire new land, purpose-built for a new way of living".

Kann der saudische urbane Wüstentraum auch als Grüne Stadt Beispiele geben?

Einbezogen werden die Bereiche Energie und Wasser, Mobilität, Biotechnologie, Nahrungsmittel, fortschrittliche Produktion und Fertigung, Medien, Unterhaltung, technologische und digitale Wissenschaften, Tourismus und Sport. Als Ausblick in die Lebensweise zukünftiger Generationen findet sich im Projekt jedoch nur der vage Hinweis auf „üppige Grünflächen" *(lush green spaces)*. Da diese in dieser ariden Region sehr viel Energie und Wasser brauchen werden, wäre es gut zu wissen, was hier Innovatives geplant ist. Informationen dazu fehlen bisher. Interessant wäre das allemal, denn viele Städte in heißen und ariden Regionen leiden gerade darunter, Grün nur sehr aufwendig mit viel Bewässerung erhalten und entwickeln zu können (Neom 2018; s. ◘ Abb. 8.49).

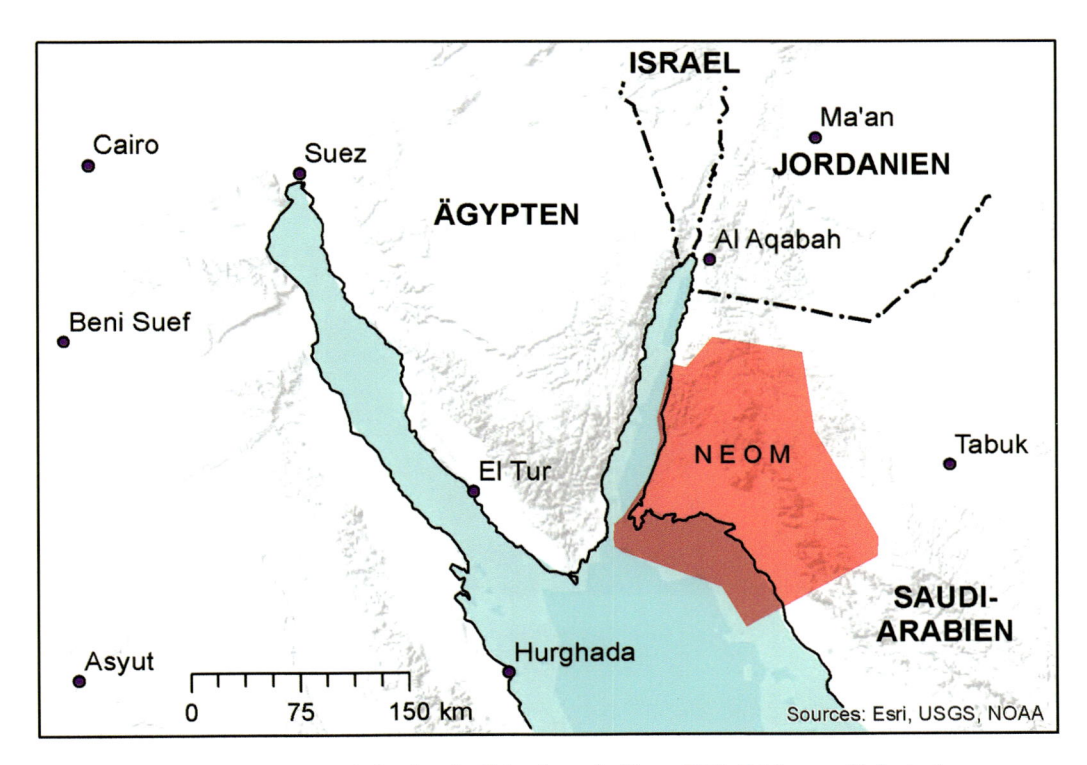

◘ Abb. 8.49 Neom – geplante Lokalisation der Zukunftsstadt. (Neom 2018, Zeichnung: W. Gruber)

Compact Smart City New Songdo, Incheon, Südkorea

New Songdo City entsteht 65 km von Seoul entfernt ab 2003 in 3 Bauphasen bis ca. 2020 auf 600 ha Polderfläche im Wattenmeer. Im Endausbau sollen 60–65.000 Menschen hier leben. 2012 waren es 22.000, überwiegend aus dem gehobenen Mittelstand. Der Masterplan der Planstadt wurde von der Architektengruppe Kohn Pedersen Fox (KPF, ► https://www.kpf.com/) erarbeitet. Neben vor allem wirtschaftlichen Vorteilen, soll die Ökostadt Wohnen, Arbeiten und Freizeit in einer nachhaltig ausgerichteten Kommune mit international anerkannten, zertifizierten Umweltstandards beim Bau und Betrieb und umweltschonendem Individual- und öffentlichem Verkehr bieten. Die Planstadt fühlt sich dem Compact-Smart-City-Konzept verbunden. Die Einwohner sind in eine ständige Datenerhebung eingebunden. In den Wohnungen werden individuelle Verbrauchsdaten, Zugangsdaten usw. erhoben. Dies soll die Energieoptimierung und -einsparung um 30 % ermöglichen. Videoüberwachung des öffentlichen Raums bis in die Häuser, Chipkarten mit Multifunktion wie ÖPNV-Nutzung, Krankenversorgung, Wohnungszugang, Bankdienste usw. gehören zum Stadtkonzept (Alusi et al. 2011). Die Kosten des Projektes werden privat getragen und betragen ca. 35 Mrd. US$. 40 % der Flächen sind Parks, Grün- und Erholungsflächen. 2009 wurde der 40 ha große Central Park, am New Yorker Vorbild orientiert, eingeweiht (s. ◘ Abb. 8.50 und 8.51).

◘ Abb. 8.50 New Songdo City, Compact Smart City, Südkorea, Central Park. (© Breuste 2014)

8.9 · Mit guten Beispielen Orientierung geben

Abb. 8.51 Symbol von New Songdo City, Compact Smart City, Südkorea, Central Park. (© Breuste 2014)

Ecological Wetland Belt Chengdu – sechs Seen und acht Feuchtgebiete

Chengdu, die 14-Millionen-Einwohner Hauptstadt der chinesischen Provinz Sichuan ist neben Chongqing das bedeutendste Wirtschaftszentrum Westchinas. 2006 belegte Chengdu den vierten Platz der lebenswertesten Städte Chinas (China Daily). Chengdus Grüngürtel umschließt die Stadt vollständig durch ein 200 km² großes, miteinander verbundenes System von Flüssen, Seen und Feuchtgebieten entlang der Ringstraße um die Stadt. Sechs Seen und acht Feuchtgebiete sind miteinander verbunden. Ziel des Grünen Gürtels ist neben Erholung, die Erhöhung der Biodiversität und die Reduzierung der Luftverschmutzung. Vorbild ist das 2200 Jahre alte Bewässerungssystem der Shu im nahen Dujiangyan, das die Stadt schon früh zu einem florierenden, vor Hochwässern geschützten Landwirtschaftszentrum machte. Ambitioniert strebt die Stadt damit auch eine Balance zwischen industrieller und ökologischer Entwicklung an.

Das überaus ehrgeizige Grüngürtel-Projekt begann 2012. Es wird die Stadt tatsächlich mit einem breiten, grünen Ring umgeben. Das Projekt hat die städtische Wasserfläche von 1,8 % auf 6 % der gesamten Stadtfläche erweitert und damit mehr als verdreifacht. Keine andere chinesische Stadt setzt so auf die Entwicklung einer grün-blauen Infrastruktur als Entwicklungsimpuls: *"Building wetlands on such a large scale is uncommon, especially when many other cities are reclaiming land from lakes"* (Li und Peng 2015).

Nach dem Grünentwicklungsplan der Stadt wurden Flächen in einem 500-Meter-Gürtel beiderseits der Ringstraße um die Stadt für den Grüngürtel verwendet. 2013 wurde der 160 ha große Jincheng-See-Park mit 42 % der Wasserflächen des Grüngürtels eröffnet. Das 20.000 ha große Bailu-Wan-Feuchtgebiet ist Teil des Grüngürtels im Süden und ein beliebtes Gebiet für Erholung und Naturbeobachtung (Go Chengdu 2014; Li und Peng 2015; China Daily 2017, s. **Abb. 8.52, 8.53 und 8.54**).

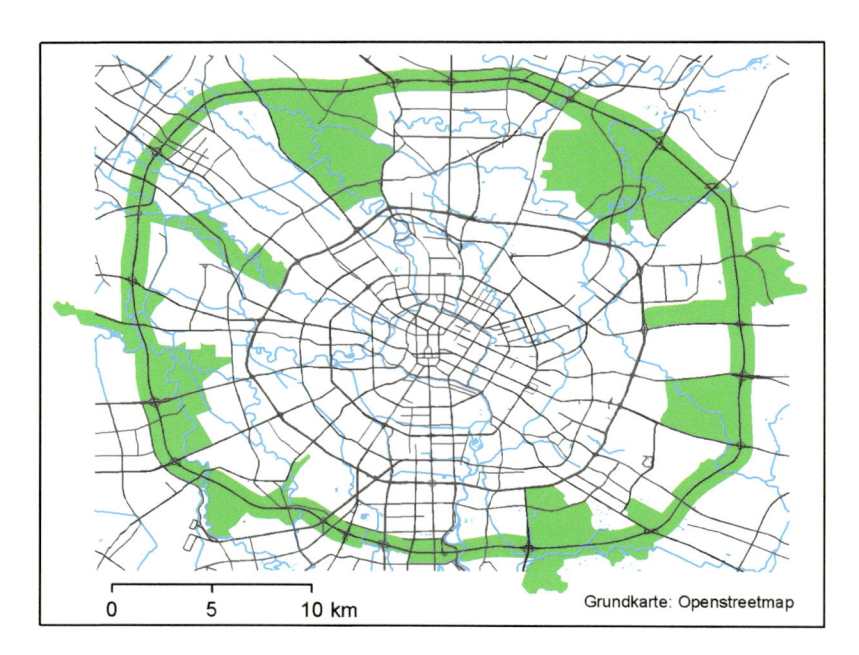

Abb. 8.52 Chengdu, China, Grüner Ring. (Entwurf: J. Breuste, Zeichnung: W. Gruber)

Abb. 8.53 Bailu Wan Wetland, Teil des Grünen Rings in Chengdu, China. (© Breuste 2013)

8.9 · Mit guten Beispielen Orientierung geben

Abb. 8.54 Bailu Wan Wetland, Informationstafel zur Naturausstattung in Chengdu, China. (© Breuste 2013)

Bang Krachao – die grüne Insel in der Metropole Bangkok

Genau genommen gehört Bang Krachao administrativ gar nicht zu Bangkok. Es ist Teil des selbständigen Phra-Pradeang-Distrikts der Provinz Samut Prakan im Süden der Stadt. Bang Krachao wird aber von der Metropole und ihren urbanen Strukturen völlig eingeschlossen. Es ist vom Stadtzentrum nur durch den Fluss, den Mae Nam Chao Phraya, der Bangkok durchfließt, getrennt. Außer auf dem Wasserweg ist es nur durch eine Zufahrtsstraße erreichbar.

Bang Krachao ist eine ca. 16 km² große Flussinsel im Mae Nam Chao Phraya. Sie wurde ursprünglich von Fischern bewohnt. Die Bevölkerungs- und Nutzungsstruktur ist immer noch dörflich, auch wenn der Tourismus und der Naturschutz längst Einzug gehalten haben. Strenge Nutzungsvorschriften bewahren die grüne Insel (oft auch „grüne Lunge" genannt) Bangkoks vor der Bebauung durch Eigenheime und Bürohäuser. Etwa 800 Familien leben auf Bang Krachao auf ca. 400 ha Land noch von der Landwirtschaft mit anderen Zusatzeinkünften. Insgesamt leben hier ca. 40.000 Einwohner.

Die Insel ist von einem lockeren, landwirtschaftlichen Kulturwald aus von Kanälen durchschnittenen bäuerlichen Parzellen geprägt, auf denen auch die einheimische Bevölkerung noch ländlich lebt, aber auch zunehmend vom Tagestourismus der Hauptstadt profitiert. Durch den dichten Grünbestand und die extensive Bewirtschaftung ist die Insel reich an wildlebenden Pflanzen- und Tierarten. Die Biodiversität wird im Sri-Nakhon-Khuean-Khan-Park Besuchern vorgestellt. Im Suan Pa Ket Nom Klao Community Forest entsteht seit 2007 auf 10,16 ha durch die Einwohner unter der Anleitung des Royal Forest Departments mit einheimischen Arten auf Brachland ein Naturwald, der auch einheimische Nutzpflanzen aufweist und die Informationen dazu und die Vermarktung von deren Früchten einschließt. Öko-Tourismus in der Stadt soll die Lebensbedingungen nachhaltig verbessern.

2006 wurde Bang Kachao vom Time Magazin als *„best urban oasis"* in seiner „Best-of-Asia"-Serie benannt. Es wird heute regelmäßig von Naturfreunden, Radfahrern und Touristen besucht und stellt eine reale Gegenwelt zum nur 6 km entfernten Zentrum der Metropole Bangkok dar (Marshall 2006). Ein 2016 begonnenes Drei-Jahres-Projekt des Royal Forest Departments, der Kasetsart University und der Ölgesellschaft PTT hat zum Ziel, dass 60 % der Fläche von neuen, vor allem baulichen Entwicklungen frei bleiben (Easey 2017). Bestreben ist es, den Ausverkauf der Grundstücke an Investoren durch Regeln und Beschränkungen, aber auch dadurch zu verhindern, dass der ländlichen Bevölkerung ein auskömmliches Leben mit urbanen Vorteilen im ruralen Umfeld ermöglicht werden kann. Nur das wird langfristig die grüne Insel in Bangkok sichern. Das Beispiel Bang Krachao zeigt, dass Biodiversität, landwirtschaftliche Nutzung und modernes urbanes Leben zumindest in „grünen Inseln" in der Stadt zusammen erhaltbar sind, wenn alle Bemühungen auch mit den Interessen der Einwohner verbunden werden können und diese sich daran beteiligen (s. ◘ Abb. 8.55).

◘ Abb. 8.55   Bang Krachao – das Dorf in der Stadt Bangkok, Thailand, Plakat in Bang Krachao

8.9 · Mit guten Beispielen Orientierung geben

Stadtnatur kann uns in sehr unterschiedlicher Form begegnen. In jedem Fall sucht sie sich ihren eigenen Weg, wenn wir damit kein konkretes Ziel verfolgen. Die Leistungen von Stadtnatur in allen Formen zu nutzen, ohne sie zu zerstören, sollte das Ziel künftiger Stadtentwicklung sein (s. ◘ Abb. 8.56, 8.57 und 8.58).

◘ **Abb. 8.56** Wohnen in einer Obstplantage, Garden Home, Nature Resort, Thaton, Thailand. (© Breuste 2018)

Abb. 8.57 Stadtnatur hüllt auch von selbst Gebäude ein – wenn man sie gewähren lässt, Freilassing, Bayern. (© Breuste 2018)

Abb. 8.58 Hinweis zum Umweltschutz in einem Park in Nainital, Indien. (© Breuste 2018)

Literatur

Albino V, Berardi U, Dangelico RM (2015) Smart cities: definitions, dimensions, performance, and initiatives. J Urban Technol 22(1):3–21

Alusi A, Eccles RG, Edmondson AC, Zuzul T (2011) Sustainable cities: oxymoron or the shape of the future? Working paper 11–062, Harvard Business School. ► https://www.hbs.edu/faculty/Publication%20Files/11-062.pdf. Zugegriffen: 5. Sept. 2018

Artmann M, Kohler M, Meinel G, Gan J, Ioja J-C (2019a) How smart growth and green infrastructure can mutually support each other – a conceptual framework for compact and green cities. Ecol Ind 96(2019):10–22

Artmann M, Inostroza L, Fan P (2019b) Urban sprawl, compact urban development and green cities. How much do we know, how much do we agree? Ecolog Ind 96(2):3

Arvi Park (Hrsg) (2018) Arvi Park. ► https://parquearvi.org/en/. Zugegriffen: 30. Aug. 2018

Auhagen A, Sukopp H (1983) Ziel, Begründungen und Methoden des Naturschutzes im Rahmen der Stadtentwicklung von Berlin. Natur Landschaft 58(1):9–15

Bansal M (2017) Evaluating the impact of ecological restoration on the bird community of Aravalli Biodiversity Park, Gurugram. M. Sc. Dissertation, School of Life Sciences, Jawaharlal Nehru University, New Delhi

Barbosa O, Tratalos JA, Armsworth PR, Davies RG, Fuller RA, Johnson P, Gaston KJ (2007) Who benefits from access to green space? A case study from Sheffield, UK. Landsc Urban Plann 83:187–195

Bongardt B (2006) Stadtklimatologische Bedeutung kleiner Parkanlagen – dargestellt am Beispiel des Dortmunder Westparks. Essener Ökologische Schriften24, Westarp Wissenschaften, Hohenwarsleben. Dissertation Universität Duisburg-Essen

Brämer R (2006) Natur obskur. Wie Jugendliche heute Natur erfahren. Oekom, München

Brämer R, Koll H (2017) Siebter Jugendreport Natur 2016. Grundauswertung: (1) Schwerpunkt

Wald. ► https://www.natursoziologie.de/files/jrn2016-grundauswertung-19_1704111205.pdf. Zugegriffen 1. Sept. 2018

Breuste J (1994) "Urbanisierung" des Naturschutzgedankens: Diskussion von gegenwärtigen Problemen des Stadtnaturschutzes. Naturschutz und Landschaftsplanung 26(6):214–220

Breuste J, Qureshi S, Li J (2014) Scaling down the ecosystem services at local level for urban parks of three megacities. Hercynia N. F. 46:1–20

Breuste J, Pauleit S, Haase D, Sauerwein M (Hrsg) (2016) Stadtökosysteme. Springer, Berlin

Bundesinstitut für Bau-, Stadt- und Raumforschung (BBSR) (Hrsg) (2017) Handlungsziele für Stadtgrün und deren empirische Evidenz. Indikatoren, Kenn- und Orientierungswerte. BBSR, Bonn

Bundesinstitut für Bau-, Stadt- und Raumforschung (BBSR) (Hrsg) (2018) Handlungsziele für Stadtgrün und deren empirische Evidenz. Indikatoren, Kenn- und Orientierungswerte. BBSR, Bonn

Bundesministerium für Umwelt, Naturschutz und nukleare Sicherheit (BMU), Bundesamt für Naturschutz (BfN) (Hrsg) (2018) Naturbewusstsein 2017. Bevölkerungsumfrage zu Natur und biologischer Vielfalt. Berlin, Bonn

Bundesministerium für Umwelt, Naturschutz, Bau und Reaktorsicherheit (BMUB) (Hrsg) (2017) Grün in der Stadt – Für eine lebenswerte Zukunft. BMUB, Berlin

China Daily (2017) Chengdu paints the town green. ► www.chinadaily.com.cn/m/chengdu/.../content_29115994.htm. Zugegriffen: 3. Sept. 2018

Cohen-Shacham E, Walters G, Janzen C, Maginnis S (Hrsg) (2016) Nature-based solutions to address global societal challenges. IUCN, Gland

Corbusier L (1943) La charte d'Athénes. Jean Giraudoux; Jeanne de Villeneuve. Paris,

De Wit M, van Zyl H (2011) Assessing the natural assets of Cape Town, South Africa: key lesson for practitioners in other cities. ► https://www.researchgate.net/.../284724522_Investing_in_Natural_Assets_A_business_c. Zugegriffen: 2. Sept. 2018

De Wit M, van Zyl H, Crookes D, Blignaut J, Jayiya T, Goiset V, Mahumani B (2009) Investing in natural assets. A business case for the environment in the city of Cape Town'. Cape Town. ► https://www.researchgate.net/.../284724522_Investing_in_Natural_Assets_A_business_c... Zugegriffen: 2. Sept. 2018

Deutsches Institut für Urbanistik (DIFU) (2013) Doppelte Innenentwicklung. Strategien, Konzepte und Kriterien im Spannungsfeld von Städtebau, Freiraumplanung und Naturschutz. Difu-Berichte 4/2013. ► https://difu.de/publikationen/difu-berichte-42013/doppelte-innenentwicklung.html. Zugegriffen: 30. Sept. 2018

Dudley N, Stolton S, Belokurov A, Krueger L, Lopoukhine N, MacKinnon K, Sandwith T, Sekhran N (Hsrg) (2010) Natural solutions: protected areas helping people cope with climate change, IUCNWCPA, TNC, UNDP, WCS, The World Bank and WWF, Gland, Switzerland, Washington D.C. and New York

Easey R (2017) The battle to save Bangkok's ‚Green Lung'. Agence France-Presse. ► https://www.yahoo.com, ► https://yahoo.com/news/battle-save-bangkoks-green-lu. Zugegriffen: 28. Okt. 2018

Ecocity Builders (2013) Ecocity. ► http://www.ecocity-builders.org/. Zugegriffen: 28. Dez. 2013

Eggermont H, Balian E, Manuel J, Azevedo N, Beumer V, Brodin T, Claudet J, Fady B, Grube M, Keune H, Lamarque P, Reuter K, Smith M, van Ham C, Weisser WW, Le Roux X (2015) Nature-based solutions: new Influence for environmental management and research in Europe. GAIA 24(4):243–248

Ernstson H (2013) The social production of ecosystem services: a framework for studying environmental justice and ecological complexity in urbanized landscapes. Landsc Urban Plann 109:7–17

Fritsch T (1896) Die Stadt der Zukunft. Fritsch, Leipzig

Galster G, Hanson R, Ratcliffe M, Wolman H, Coleman S, Freihage J (2001) Wrestling sprawl to the ground: definition and measuring an elusive concept. Hous. Policy Debate 12(4):681–717

GEO (2017) Die Grüne Revolution. Wie die Natur unsere Städte erobert, 9

Giffinger R, Fertner C, Kramar H, Kalasek R, Pichler-Milanovi N, Meijers E (2007) Smart cities. Ranking of European medium-sized cities. Wien, Hrsg. Centre of Regional Science, TU Wien. ► www.smart-cities.eu/download/smart_cities_final_report.pdf. Zugegriffen: 3. Sept. 2018

Go Chengdu (Hrsg) (2014) Bailuwan ecological wetland park. ► www.gochengdu.cn/.../bailuwan-ecological-wetland-park-a283.html. Zugegriffen: 3. Sept. 2018

Grunewald K, Richter B, Meinel G, Herold H, Syrbe R-U (2016) Vorschlag bundesweiter Indikatoren zur Erreichbarkeit öffentlicher Grünflächen Bewertung der Ökosystemleistung „Erholung in der Stadt". Naturschutz und Landschaftsplanung 48(7):218–226

Grunewald K, Richter B, Meinel G, Herold H, Syrbe R-U (2017) Proposal of indicators regarding the provision and accessibility of green spaces for assessing the ecosystem service "recreation in the city" in Germany. Int J Biodivers Sci Ecosyst Serv & Manage, Spec Issue: Ecosyst Serv Nexus Thinking 13(2):26–39

Haase D, Kabisch S, Haase A, Andersson E, Banzhaf E, Baró F, Brenck M, Fischer LK, Frantzeskaki N, Kabisch N, Krellenberg K, Kremer P, Kronenberg J, Larondelle N, Mathey J, Pauleit S, Ring I, Rink D,

Schwarz N, Wolff M (2017) Greening cities – to be socially inclusive? About the alleged paradox of society and ecology in cities. Habitat Int 64:41–48

Habibi S, Asadi N (2011) Causes, results and methods of controlling urban sprawl. Procedia Eng 21:133–141

Hard G (1998) Ruderalvegetation. Ökologie und Ethnoökologie. Ästhetik und Schutz (= Notizbuch 49 der Kasseler Schule). Kassel, Universität Kassel, Kassel

Henseke A, Breuste J (2015) Climate change sensitive residential areas and their adaptation capacities by urban green changes: case study of Linz, Austria. J Urban Plann Dev 141(3):A5014007

Howard E (1898) To-morrow: a peaceful path to social reform. Cambridge Library Collection, London

ICLEI-Local Governments for Sustainability (2017) Nature-based solutions for sustainable urban development. ICLEI Briefing Sheet. ► http://www.iclei.org/briefingsheets.htm. Zugegriffen: 4. Sept. 2018

Imperialtransylvania (2018) Văcărești natural park. ► www.imperialtransilvania.com/…/vacaresti-natural-park-paradise. Zugegriffen: 18. Okt. 2018

IUCN-International Union for Conservation of Nature (2016). Defining Nature-based Solutions (NbS). ► https://www.iucn.org/. Zugegriffen: 4. Sept. 2018

James P, Tzoulas K, Adams MD, Barber A, Box J, Breuste J, Elmqvist T, Frith M, Gordon C, Greening KL, Handley J, Hawort S, Kazmierczak AE, Johnston M, Korpela K, Moretti M, Niemelä J, Pauleit S, Roe MH, Sadler JP, Wardthompson C (2009) Towards an integrated understanding of green space in the European built environment. Urban For Urban Green 8(2):65–75

Janssen W (1988) Naturerleben. Unterr Biol 137(9):2–7

Johnston J (1990) Nature areas for city people. A guide to the successful establishment of community wildlife sites, Bd 14. Ecology handbook. The London Ecology Unit, London

Kabisch N, Strohbach M, Haase D, Kronenberg J (2016) Urban green spaces availability in European cities. Ecol Ind 70:586–596

Kabisch N, Korn H, Stadler J, Bonn A (Hsrg) (2017) Nature-based solutions to climate change in urban areas – linkages between science, policy, and practice (= Theory and practice of urban sustainability transitions). Springer, Heidelberg

Klett Verlag (Hrsg) (2018) Die Zukunft unserer Städte? 978-3-623-29440-7 FUNDAMENTE Kursthemen Städtische Räume im Wandel, Schülerbuch, Oberstufe, S 160–171. ► https://www2.klett.de/sixcms/media.php/229/29260X-8702.pdf. Zugegriffen: 30. Aug. 2018

Kowarik I (1992) Berücksichtigung von nichteinheimischen Pflanzenarten, von »Kulturflüchtlingen« sowie von Pflanzenvorkommen auf Sekundärstandorten bei der Aufstellung Roter Listen. Schriftenreihe für Vegetationskunde 23:175–190

Landeshauptstadt Dresden (Hrsg) (2014) Landschaftsplan Dresden. Bürgerinformation zur Öffentlichkeitsbeteiligung. ► https://www.dresden.de/media/pdf/umwelt/LP_Faltblatt_Buergerflyer.pdf. Zugegriffen: 3. Sept. 2018

Landy F (Hrsg) (2018) From urban national parks to natured cities in the global south. The quest for naturbanity. Springer, Heidelberg

Li Y, Peng C (2015) Chengdu's ecological belt: new water system gets afloat. The Telegraph/China Daily. ► www.chinadaily.com.cn, ► https://www.telegraph.co.uk/…/chengdu-ecological-belt.html. Zugegriffen: 5. Sept. 2018

MacKinnon K, Hickey V (2009) Nature-based solutions to climate change. Oryx 43(1):13–16

MacKinnon K, Dudley N, Sandwith T (2011) Natural solutions: protected areas helping people to cope with climate change. Oryx 45(4):461–462

Maes J, Jacobs S (2015) Nature-based solutions for Europe's sustainable development. Conservation letters. S 121–124, ► https://onlinelibrary.wiley.com/toc/1755263x/10/1. Zugegriffen: 26. Okt. 2018

Manea G, Matei E, Vijulie J, Tîrlă L, Cuculici R, Cocoș O, Tișcovschi A (2016) Arguments for integrative management of protected areas in the cities – case study in Bucharest city. Procedia Environ Sci 32:80–96

Magistrat Linz (2018) ÖKO.L – Zeitschrift für Ökologie, Natur- und Umweltschutz. ► https://www.linz.at/umwelt/4043.asp. Zugegriffen: 26. Okt. 2018

Marshall A (2006) "Best of Asia: Best Urban Oasis". Time Journal 15. May. ► https://www.content.time.com/time/magazine/article/0,9171,1194117,00. Zugegriffen: 28. Okt. 2018

Mathey J, Rößler S, Lehmann I, Bräuer A, Goldberg V, Kurbjuhn C, Westbeld A, Hennersdorf J (2011a). Noch wärmer, noch trockener? Stadtnatur und Freiraumstrukturen im Klimawandel. Naturschutz und Biologische Vielfalt 111. Landwirtschaftsverlag, Münster.

Mathey J, Rößler S, Lehmann I, Bräuer A, Goldberg V (2011b) Anpassung an den Klimawandel durch Stadtgrün – klimatische Ausgleichspotenziale städtischer Vegetationsstrukturen und planerische Aspekte In: Böcker, R. (Hrsg.): Die Natur im Wandel des Klimas. Eine Herausforderung für Ökologie und Planung. Darmstadt: Kompetenznetzwerk Stadtökologie, Conturec 4. Darmstadt, Kompetenznetzwerk Stadtökologie, 79–88

Mc Neely JA (Hrsg) (2001) Cities and protected areas. Parks, 11(3), IUCN, Gland, Switzerland. ► https://www.iucn.org/protected…protected…/

urban-conservation-strategies. Zugegriffen: 12. Okt. 2016

McPhearson T, Pickett STA, Grimm NB, Niemelä J, Alberti M, Elmqvist T, Weber C, Haase D, Breuste J, Quresh S (2016) Advancing urban ecology toward a science of cities. Bioscience 66(3):198–212

Naturkapital Deutschland – TEEB DE (2016) Ökosystemleistungen in der Stadt – Gesundheit schützen und Lebensqualität erhöhen. Hrsg. von Kowarik I, Bartz R, Brenck M, Technische Universität Berlin, Helmholtz-Zentrum für Umweltforschung – UFZ, Berlin

Naturschutzbund Deutschland, NABU (2017) 30-Hektar-Tag: Kein Grund zum Feiern. Unser Flächenverbrauch ist noch immer viel zu hoch. ▶ https://www.nabu.de. Zugegriffen: 24. Aug. 2018

Neom (2018) Fact sheet – Neom. ▶ www.neom.com/…/NEOM_FACT_SHEET_RGB_100073132_L. Zugegriffen: 18. Okt. 2018

Nordelta (2015) ▶ http://www.nordelta.com/ingles/inicio.htm. Zugegriffen: 26. Okt. 2015

Norton BA, Coutts AM, Livesley SJ, Harris RJ, Huntera AM, Williams NSG (2015) Planning for cooler cities: a framework to prioritise green infrastructure to mitigate high temperatures in urban landscapes. Landsc Urban Plann 134:127–138

Pauleit S (2011) Stadtplanung im Zeichen des Klimawandels: nachhaltig, grün und anpassungsfähig. Conturec, Darmstadt 4:5–26

Penn-Bressel G (2018) „Urban, kompakt, durchgrünt" – Strategien für eine nachhaltige Stadtentwicklung. Umweltbundesamt (Hrsg). ▶ https://www.umweltbundesamt.de/sites/default/files/medien. Zugegriffen: 3. Sept. 2018

Plachter H (1991) Naturschutz (= UTB für Wissenschaft: UNI-Taschenbücher; 1563). Fischer, Stuttgart

Register R (1987) Ecocity Berkeley: building cities for a healthy future. North Atlantic Books, Berkely

Register R (2006) Ecocities: rebuilding cities in balance with nature. New Society Publishers, Gabriola Island

Reidl K, Schemel H-J, Blinkert B (2005) Naturerfahrungsräume im besiedelten Bereich. Ergebnisse eines interdisziplinären Forschungsprojektes. Nürtinger Hochschulschriften 24:1–283

Ribbeck E (2007) Rasches Wachstum, schwache Planung, städtische Armut. Bundeszentrale für politische Bildung. Dossier Megastädte. 8.5.2007. ▶ www.bpb.de/internationales/weltweit/megastaedte/…/stadtplanung-in-megastaedten?p. Zugegriffen: 30. Aug. 2018

Rittel K, Wilke C, Heiland S (2011) Anpassung an den Klimawandel in städtischen Siedlungsräumen – Wirksamkeit und Potenziale kleinräumiger Maßnahmen in verschiedenen Stadtstrukturtypen. Dargestellt am Beispiel des Stadtentwicklungsplans Klima in Berlin. In: Böcker R (Hrsg) Die Natur der Stadt im Wandel des Klimas – eine Herausforderung für Ökologie und Planung, Conturec, Bd 4. Kompetenznetzwerk Stadtökologie, Darmstadt, S 67–78

Roloff A, Thiel D, Weiss H (Hrsg) (2010) Urbane Gehölzverwendung im Klimawandel und aktuelle Fragen der Baumpflege. Forstwissenschaftliche Beiträge Tharandt/Contribution to Forest Sciences Beiheft 9:63–81

Rusche K, Fox-Kämper R, Reimer M, Rimsea-Fitschen C, Wilker J (2015) Grüne Infrastruktur – eine wichtige Aufgabe der Stadtplanung. ILS – Institut für Landes- und Stadtentwicklungsforschung (Hrsg), ILS-Trends 3/2015, S 1–8. ▶ https://www.ils-forschung.de/files_publikationen/pdfs/ILS-TRENDS_3_15.pdf. Zugegriffen: 3. Sept. 2018

Schemel HJ (1998) Naturerfahrungsräume. Ein humanökologischer Ansatz für naturnahe Erholung in Stadt und Land. In: Angewandte Landschaftsökologie, Nr. 19. BfN-Schriften-Vertrieb, Münster

Schemel H-J, Wilke T (2008) Kinder und Natur in der Stadt. Spielraum Natur: Ein Handbuch für Kommunalpolitik und Planung sowie Eltern und Agenda-21-Initiativen. BfN-Skripten 230. Bundesamt für Naturschutz (Hrsg), Bonn–Bad Godesberg. ▶ http://www.bfn.de/fileadmin/MDB/documents/service/skript230.pdf. Zugegriffen: 28. Dez. 2015

Schwarz C, Sturm U (2008) Garden Cities of To-Morrow – oder die schrumpfende Stadt und der Garten. Forum der Forschung, BTU Cottbus. Eigenverlag, Cottbus, S 99–104

Sociedade dos Amigos Parque Nacional da Tijuca (Hrsg) (2004) Trilhas. Parque Nacional da Tijuca. Rio de Janeiro

Statistisches Bundesamt (2017) Bodenfläche nach Art der tatsächlichen Nutzung vom 15.11.2017, Berechnungen des Umweltbundesamtes, Fachserie 3, Reihe 5.1.2016, Wiesbaden

Stopka I, Rank S (2013) Naturerfahrungsräume in Großstädten. Wege zur Etablierung im öffentlichen Freiraum. BfN-Skripten 345. Bundesamt für Naturschutz (Hrsg), Bonn-Bad Godesberg

Sukopp H, Weiler S (1986) Biotopkartierung im besiedelten Bereich der Bundesrepublik Deutschland. Landschaft und Stadt 18(1):25–38

Sukopp H, Sukopp U (1987) Leitlinien für den Naturschutz in Städten Zentraleuropas. In: Miyawaki A, Bogenrieder A, Okuda S, White J (Hrsg) Vegetation ecology and creation of new environments. Tokai University Press, Tokio, S 347–355

Taubenböck H, Esch T, Felbier A, Wiesner M, Roth A, Dech S (2012) Monitoring of mega cities from space. Remote Sens Environ 117:162–176

Literatur

Taubenböck H, Wurm M, Esch T, Desch S (Hrsg) (2015) Globale Urbanisierung. Perspektive aus dem All. Springer, Berlin

TEEB (2011) TEEB manual for cities: ecosystem services in urban management. ► http://www.naturkapital-teeb.de/aktuelles.html. Zugegriffen: 26. Aug. 2014

The Green City (2015) France adopted a new green rooftop law. ► http://thegreencity.com/france-adopted-a-new-green-rooftop-law/. Zugegriffen: 17. Febr. 2016

Trepl L (1991) Forschungsdefizit: Naturschutz, insbesondere Arten- und Biotopschutz, in der Stadt. In: Henle K, Kaule G (Hrsg) Arten- und Biotopschutzforschung für Deutschland, Bd 4. Forschungszentrum Julich, Julich, S 304–311 (= Berichte aus der ökologischen Forschung)

Trzyna T (2014a) Urban protected areas: important for urban people, important for nature conservation globally. Claremont. ► www.thenatureofcities.com/…/urban-protected-areas-important-for-urban-people. Zugegriffen: 12. Okt. 2016

Trzyna T (2014b) Urban protected areas: profiles and best practice guidelines. Best practice protected area guidelines series, no. 22, IUCN, Gland, Switzerland. ► https://www.iucn.org/protected…protected…/urban-conservation-strategies. Zugegriffen: 18. Okt. 2018

TU Wien (2018) Europeansmartcities. ► www.smart-cities.eu. Zugegriffen: 4. Sept. 2018

Umweltbundeamt (2018) Siedlungs- und Verkehrsfläche. ► https://www.umweltbundesamt.de/daten/flaeche-boden…/siedlungs-verkehrsflaeche. Zugegriffen: 24. Aug. 2018

Unger F (1995) Wie Detroit so das ganze Land. Stadtbauwelt 127(36):1986–2003

University of Manchester, Centre for Urban and Regional Ecology (2006) Adaptation Strategies for Climate Change in the Urban Environment (ASCCUE) (2006). Draft final report of the National Steering Group. Manchester

Vanolo A (2016) Is there anybody out there? The place and role of citizens in tomorrow's smart cities. Futures 82:26–36

Wittig R, Breuste J, Finke L, Kleyer M, Rebele F, Reidl K, Schulte W, Werner P (1995) Wie soll die aus ökologischer Sicht ideale Stadt aussehen? – Forderungen der Ökologie an die Stadt der Zukunft. Zeitschrift f Ökol und Naturschutz 4:157–161

Serviceteil

Sachverzeichnis – 371

Sachverzeichnis

2050 Nagoya Strategy for Biodiversity 293
30-Hektar-Ziel 305

A

Aalborg Commitments 287
Abwasserkanal, industrieller 60
Agrarlandschaft 13
Agrarnatur 90
Akzeptanz 273
allotments 175
Almkanal 58
ancient urban wilderness 271
Anforderung („demands") 108
Apophyt 10
Arbeitergarten 56
Armengarten 53
Artenvielfalt 228
Arvi Park 310

B

Balance with Nature 291
Basis-Landschaftsmodell 132
Basisleistung 104
Baumbestand, städtischer 318
Bestandsinnenklima 154
Bewertung
– monetäre 157
– von urbanen Ökosystemleistungen 121
Biodioversitäts-Interaktionen 236
Biodiversität 104, 223
– subjektive 234
– urbane 223
Biodiversitätsindikator 260
Biodiversitätsschutz 256
Biodiversitätsstrategie, kommunale 264
Biotopkartierung 226
Birkenhead Park 37
Bonner Biodiversitätsbericht 268
Boulevard 31
Brutvogel 231
Bundeshauptstadt der Biodiversität 268

C

Central Park 39

Choleraepidemie 59
City Biodiversity Index (CBI) 260
Community Gardening (Gemeinschaftsgärten) 175

D

Die Grüne Stadt 3
Disservices 106
District Park 133

E

ecosystem
– benefits 102
– properties 102
Einzugsgebiet 129
Empfindlichkeit 344
Entspannung 135
Erholung 135, 136
Erholungsgarten 180
Erholungswald 149
European
– Landscape Contractors Association (ELCA) 288
– Sustainable Cities & Towns Compaign 287
Exposition 344

F

Feuchtgebiet 193, 319, 357
– im engeren Sinne 193
Filterwirkung 159
Flächeninanspruchnahme 305
Flächenstadt 307
Flächenverbrauch 248
Flächenzerschneidung 248
Fließ- und Stillgewässer 193
Forst 148
Freiraum 15

G

Garten 21
– englischer 36, 91
Gartenstadt 352
Gärtnern, naturnahes (wildlife gardening) 172
Gebäudebegrünung 319

Gebirgsstadt 79
Gemeinschaftsgarten (Community Garden) 178
Gemeinschafts- oder Bürgergarten (Community Garden) 173
Gesundheit 27
Gesundheitsleistung 106, 136
Gewässer
– offenes 193
– urbanes 57
Gewässermanagement, urbanes 201
Gewässerrenaturierung 201
Gewässerverschmutzung 195
global picturesque 91
Golfplatz 42
Green City
– Europe 248
– Konzept 5
Green Guerillas 174
Grün 248
Grün-Blaues Netzwerk 311
Grünbuch Stadtgrün 249
Grüngerechtigkeit 313
Grüngürtel 357
Grünplanung 22
Grünraum 15
Grünraumversorgung 313

H

Habitat III 289
Habitatangebot 137, 159
Habitatstruktur 228
Handlungsfeld des Weißbuches Stadtgrün 250
Hausgarten 169
Hochwasserrisiko 195
Hochwasserschutz 195
Hotspots der Biodiversität 224
Hyde Park 38

I

Indikator 123
– für Biodiversität 230
Industriestadt 27
Infrastruktur 253
– grüne 252
– grüne und blaue 194
– urbane grüne 252

Initiations-Wildnis 88
Innenentwicklung, doppelte 311

K

Kläranlage 60
Kleingarten 53, 169, 171, 175, 318
– (Allotments) 178
Kleingartenwesen 172
Kohlenstoffbindung 155
Konservativismus 270
Kulturerdteil 68
Kulturlandschaft 72

L

Landschaft 72
Landschaftsgarten 27, 91
Landschaftspark/Regionalpark 134
Landwirtschaft, urbane 167
Landwirtschaftsfläche 318
Lärmminderung 158
Laubenkolonie 55
Lebensreform 54
Lebensstil, gesundheits-
    bewusster 190
Leipzig Charta 287
Leistung, kulturelle 105
Lernort
– grüner 323
– über Natur und ihre Prozesse 322
– urbaner 188
Local Park 133
Lunge, grüne 28

M

Mainstreaming Biodiversity 260
Malaria 71
Meiji Schrein 86
Millennium Ecosystem Assessment
    Report 289

N

Nachbarschaftswald 149
Nachverdichtung 248
Nationale Strategie
– zur biologischen Vielfalt in
    Deutschland 263
– zur Grünen Stadt 249
Native Biodiversity 260

Natur 6
Naturbeobachtung 195
Naturbewusstsein 188
Nature-Based Solutions (NbS) 346
Naturempfinden 7
Naturentfremdung 322
Naturerfahrung 188
Naturerfahrungsort 322
Naturerfahrungsraum 322
– urbaner 322
Naturerleben 152
Naturerlebnis 188, 323
Naturkapital 100
Naturkategorie 10
Naturlandschaft 72
Naturlernen 323
Natur-Park Schöneberger Süd-
    gelände 285
Naturschutz 325
Naturtyp 10
Naturverstehen 7
Naturwald 148
Neighbourhood Park 133
Neobiota 10
Neuer Urbaner Wald 160
Neue Urbane Agenda 289
novel urban wilderness 271
Nutzgarten 180
Nutznatur 20
Nutzungsangebot („supply") 108
Nutzungstypenkartierung 226

O

Ökostadt 350
Ökosystem 102
Ökosystemeigenschaft 102
Ökosystemfunktion 102
Ökosystemleistung 101, 315
– klimatische und luft-
    hygienische 154
Orobiom 79
Ost- und Gemüseanbau 182

P

Paradiesgarten 51
Park 32, 128
Parkfriedhof 45
Parkkategorie 133
Parkwald 148, 157
Parque Central 41
people-biodiversity paradox 234

Pferderennbahn 42
Pilotprojekt „Urbaner Wald Leip-
    zig" 160
Principal/City/Metropolitan Park 133
Produktionswald 149
Projekt „Städte wagen Wildnis" 280
Promenade 30

Q

Quality of Life-Konzept 258

R

Ramsar Konvention 193
Rasen 92
Regulierungsleistung 105
Renaturierung 338
Rieselfeld 60

S

Schmucknatur 20
Schrein-Wald 85
Selbstversorgung 186
service providing units 102, 114
Shintoismus 85
Siedlungs- und Verkehrsfläche 305
Smart
– City 352
– Compact Green City 353
– Green City 353
Squares 30
Stadt
– allochthone 69
– autochthone 69
– der Trockenräume 74
– europäische 71
– gesunde 73
– kompakte im ökologischen
    Netz 291
– Natursystem 8
– westliche 71
Stadtbrache 274
Stadtentwicklung, ökologische 352
Stadtgarten 169, 182
Stadtgewässer 193
Stadtgrün 249
Stadtgrünplatz 134
Stadtgrün-Strategie 288
Stadtlandschaft 15
– europäische 72

Sachverzeichnis

Stadtnatur 7
Stadtnaturkorridor 291
Stadtnaturschutz 333
Stadtnaturtyp 115
Stadtpark 134
Stadtplanung und Stadtverschönerung 40
Stadtstruktur 72
– Typen 228
Stadtstrukturtyp 118
Stadtteilpark 134
Stadtteilwald 149
Stadt-Verwaldung 162
Stadtwald 47
Stadtwildnis 88
Standards für Parks 129
Stillgewässer 193
Straßenbaum 151
Strukturdiversität 227
Studie Naturbewusstsein 234
Sukzessionsstufe 274
Sukzessionswald 148
Synergie- und Trade-off-Effekte 119

T

TEEB-Ansatz 101
Tempelhofer Feld 280
Temperaturmoderation 344
Therophyt 11
Transpirationsleistung 155
Trockenstress 151

U

Überwärmungsgebiet 344
Umwelterziehung 322
Umweltgerechtigkeit 313
Urban
– and peri urban agriculture 167
– Ecosystem Services 101
– Forest 145
– Forest Management Plan 161
– Forestry 148
– Gardening 169, 175
– Protected Areas 327
– wildness 271
– wildscape 271
– wild spaces 271
– woods and woodlands 144
UV-Licht 159

V

Vernetzung 311
Versorgungsleistung 105
Verwundbarkeit 344
Victorian Gardenesque 92
Vision und Konzept 247
Volkspark 35

W

Wald
– urbaner 144
– vertikaler 164
Waldfriedhof 46
Waldklima 154
Waldstadt 50, 74
Waldwind 155
Wasserfläche, städtische 318
Wasserqualität 195, 201
Weißbuch Stadtgrün 249
Wildnatur 20
Wildnis 11, 270, 333
Wildnis-Gebiet, urbanes 271
Wildnis-Konzept, urbanes 271
Wildnisschutz 270
Wildtier 334
Wohnbereichspark 134
WWT London Wetland Centre 200

Z

Zonobiom 68
Zukunftsstadt 355

Printed by Printforce, the Netherlands